KB070670

초심으로 읽는

Global 시대

손자
兵法
해설

초심으로 읽는
글로벌 시대
손자兵法 해설

초판 1쇄 발행 2021년 1월 11일

지 은 이 신병호
발 행 인 권선복
편 집 오동희
디 자 인 최새롬
전 자 책 서보미
발 행 처 도서출판 행복에너지
출판등록 제315-2011-000035호
주 소 (157-010) 서울특별시 강서구 화곡로 232
전 화 0505-613-6133
팩 스 0303-0799-1560
홈페이지 www.happybook.or.kr
이 메 일 ksbdata@daum.net

값 25,000원
ISBN 979-11-5602-863-5 93390

Copyright ⓒ 신병호, 2021

* 이 책은 저작권법에 따라 보호받는 저작물이므로 무단전재와 무단복제를 금지하며, 이 책의 내용을 전부
또는 일부를 이용하시려면 반드시 저작권자와 〈도서출판 행복에너지〉의 서면 동의를 받아야 합니다.

도서출판 행복에너지는 독자 여러분의 아이디어와 원고 투고를 기다립니다. 책으로 만들
기를 원하는 콘텐츠가 있으신 분은 이메일이나 홈페이지를 통해 간단한 기획서와 기획의
도, 연락처 등을 보내주십시오. 행복에너지의 문은 언제나 활짝 열려 있습니다.

초 심 으 로   읽 는

Global 시대

손자
兵法
해설

신 병 호 지음

도서
출판 행복에너지

일러두기

1. 이 책의 《손자병법》 원문은 《孫子兵法-The Art of War》, 「Chiness Text Project」, 〈https://ctext.org/art-of-war〉에서 다운로드 받은 것입니다.

2. 위 원문은 무경본으로, 일부 구독점 등이 보완된 것이며, 이 책에 옮길 때 원문의 眾은 衆으로, 于는 於로 수정하였으며, 죽간본(한간본)과 다른 내용은 〈참고〉에서 설명합니다.

3. 원문에는 [1]과 같은 번호가 없습니다. 이 책에서 《영어 손자병법》을 포함하기 때문에, 비교하여 읽을 수 있도록 영어에 표시된 번호를 붙였습니다.

4. 영어 손자병법은 LIONEL GILES, M.A. (1910), 「Sun Tzu on the Art of War」(Allandale Online Publishing)를 인터넷에서 다운로드 받은 것입니다.
   〈https://www.pdfdrive.com/sun-tzu-on-the-art-of-war-e5698199.html〉

5. 본문의 〈참고〉를 설명할 때, 조조약해는 주로 '신동준'의 번역을 인용하고, 기타 중국 측 자료는 신동준, 박삼수 등 역자들의 자료를 인용하였으며, 자료는 역자의 《손자병법》해당 어구에서 인용했기 때문에 이름만 표시했습니다.

6. 각 편에 있는 부호, 즉 **C** 는 cirtical 또는 common의 뜻, **A** 는 army, 곧 군사 중요 사항, **L** 는 lovely Tip 표시, **D** 는 영어 사전을 각각 의미합니다.

7. 군사 업무는 공개된 자료를 인용하고 출처를 밝혔으며, 비공개된 교범과 교리는 연합 작전을 하는 미군과 대부분이 같기 때문에 공개된 미군 자료를 사용합니다.

42대 국방부장관
사단법인 군인자녀교육진흥원 이사장
김태영

 사관학교 생도 시절부터 군사 서적을 탐독했으며, 금년에는 많은 동기생 구독자들을 위해 손자병법 원문을 하나하나 설명하는 카톡방을 운영하고 이를 정리하여 저서로 발간하시는 저자의 정열과 성과에 감탄합니다.

 손자병법에 관한 서적이 많이 나와 있지만 이 책에는 원문과 상세한 해설 외에 젊은 세대가 한문에 익숙하지 못함을 고려하여 한자에 대한 설명, 오늘날 현실에 적용할 수 있는 팁과 영문까지 실려 있어 어느 서적보다 훨씬 폭넓은 지식을 제공하는 최고의 해설서라고 말씀드릴 수 있겠습니다.

 저는 저자에 비해 훨씬 늦게 손자병법을 접했기에 이를 뒤늦게 후회하게 되었는데 후배들이 저와 같이 아까운 기회를 잃지 않아야겠다는 생각에서 추천의 글을 올립니다.

사관학교 1학년 재학 시에는 생활에 적응하느라 그러한 서적이 있는 줄도 몰랐습니다. 1학년 말에 서독 연방군 사관학교로 파견되어 지낸 3년 반의 기간에는 독일어에 익숙해지고 그곳의 교육 과정을 따라가느라 그 외의 책을 읽을 여유를 갖지 못했습니다. 또한 대령으로 영국 왕립 국방 대학교에서 지낸 1년간에도 똑같은 상황이었습니다. 국내에서 여러 직책을 수행하면서도 직무에 충실한답시고 그러한 시도조차 하지 않았습니다. 돌이켜보면 얼마든지 탐구할 수 있는 여건이었기에 이는 평계에 불과한 것이었습니다.

서독 사관학교 유학 시 그곳에서 처음 뵈었던 홍성태 장군께서 자신은 클라우제비츠의 전쟁론을 20번쯤 읽으셨다며 "김 생도는 독일어에 능통하니 원문으로 몇 번 읽었는가"를 질문하셨을 때 매우 당황하면서 그 책을 구해 읽어야겠다고 마음먹었지만 며칠 뒤에는 까맣게 잊어버리고 말았습니다.

손자병법이 저술된 시기는 고대 중국에 중앙집권체제가 붕괴되어 군웅이 할거하던 시대이며 이에 따라 전통 문화의 지배력이 상실되고 역동적 변화가 거듭되던 시기였습니다. 이때 크고 작은 국가의 군주들은 경쟁적으로 인재를 등용하여 부국강병에 전력을 투구하였으며, 이에 따라 제자백가의 정치적, 실용적인 사상들이 많이 등장했고 손자병법도 그 당시에 저술된 최고의 병법서입니다.

이보다 훨씬 뒤인 1800년대 중반에 저술된 클라우제비츠의 전쟁론도 프랑스 혁명의 와류 속에서 유럽 열강들의 군주제 복원 노력이 부딪히는 가운데 전쟁의 현실을 직접 체험한 저자가 심리적 측면과 정치적 측면에서 전쟁의 본질을 파고들어 저술했고 프러시아군 개혁의 바탕이 되었다고 합니다.

"역사는 반복된다"는 격언처럼 역사적 사건이 전개되는 과정에서 반복되는 법칙과 유형을 찾아내고 이를 기록한 선조들의 저술들은 현재와 미래의 중대한 사안을 다루는 데 필요한 전략적 사고능력을 배양하고 매우 효과적인 참고사항이 되어줄 것입니다.

이제 모든 정부 공직을 떠난 시점에서 오랜 기간 현역 군인으로서, 1년 3개월간 국방장관으로서 지낸 기간 동안 판단과 결정을 앞두고 고민했던 순간들을 돌이켜보면 늦게라도 공부했던 손자병법과 전쟁론이 얼마나 큰 도움이 되었었는지 감탄하게 됩니다. 반면 그러한 병법서를 읽기 전에 현역 장교로서 내렸던 어설펐던 판단과 결정에 부끄러워집니다.

이제 새로운 세상을 향해 힘찬 발걸음을 내딛는 젊은이들, 미래를 위한 투자의 방향을 고민하는 기업인들, 국가의 앞날을 책임지고 있는 정치인들 등 판단과 결심을 앞두고 고민하는 모든 분들에게 『초심으로 읽는 글로벌 시대 손자兵法 해설』의 열독을 적극 권장합니다.

추천의 글

제21대 제3야전군 사령관(육군대장)
제19대 국회의원, 現 용인시장
백군기

오늘날 손자병법은 병서(兵書)를 넘어, 현대인의 복잡하고 다양한 문제를 해결하는 데 필요한 깊은 통찰을 담고 있는 만큼, 국가발전의 전략서, 기업과 인생의 지침서로서 높은 평가를 받고 있습니다.

육사 생도 시절. 선택과목인 전쟁사를 통해 손자병법을 처음으로 깊이 있게 접하게 되었고, 손자병법을 통해 군사 전략을 넘어, 장교로서의 사명감, 그리고 국가의 중대사에 해당하는 전쟁, 국가 안보에 관해 깊은 성찰을 하는 계기가 되었습니다. 특히, 현대전에서는 DIME, 즉 외교(Diplomacy)·정보(Intelligence)·군사(Military)·경제(Economy)에 따라, 전략적으로 접근할 때 포괄적 안보위기 상황에서 보다 효과적, 평화적으로 대응할 수 있을 터인데, 이 책은 고전의 원문과 영문이 정확하게 기재되어 있고, 저자의 탁월한 군사학적 식견과 구체적인 사료가 뒷받침되어 있기에, 현대 군사 전략의 참고서로서도 전혀 손색이 없으리라 생각됩니다.

지휘관 시절, 손자병법 제10편에 나오는 시졸여애자(視卒如愛子, 병사들을 사랑하는 자식처럼 대한다)라는 구절을 리더십의 근본이라 생각하고 마음 깊이 새겼습니다. 당시 '병사들의 인권이 강조되면 군 기강이 무너진다'는 일부 우려의 목소리가 있었으나, 진정한 전투력은 외부가 아닌, 내부의 강함에서 나온다(外柔內剛)는 점, 그리고 병사들의 인권과 전투력은 양립할 수 있다는 점에 대한 강한 믿음이 있었기에, 국민들의 소중한 자녀인 병사들을 친자식처럼 대하려고 충심으로 노력하였습니다. 이러한 철학을 바탕으로 국회의원 시절에도 영내 사병 수돗물 공급문제, 장병들의 생필품 자비 구입, 예비군 보상비 관련 소위 애국페이 문제 등 장병 인권 및 복지 향상을 위해 소신을 다하였습니다. 이러한 소신의 토대에는 손자병법에서 얻은 교훈이 크게 작용했으며, 타인을 대하는 태도, 남을 배려하는 자세와 관련하여 이 책은 독자들에게 하나의 이정표가 되어주리라 믿습니다.

현재 용인시장으로 재직하면서, 가장 마음에 와닿는 손자병법의 구절은 제1편에 나오는 도자, 영민여상동의야(道者, 令民與上同意也, 도는 사람들로 하여금 군주와 함께 한마음이 되게 하는 것이다)입니다. 도(道)란 우주의 질서이자 생활에서 구현해야 할 도리로, 넓은 의미에서 리더십이 포함됩니다. 따라서 위 구절을 현대적 의미로 재해석하자면, 시장은 시민들이 직면한 문제를 함께 고민하고 적극적으로 해결하고자 할 때 창조적 리더십이 발현될 수 있으며, 나아가 이러한 과정에서 시민과 더불어 한마음이 될 때 엄청난 시너지 효과를 발휘할 수 있다고 해석될 것입니다. 이처럼 손자병법이 강조한 군주의 가치관은 전쟁과 행정의 목적이 개인의 영욕이나 재물적 이익이 아닌, 보민(保民), 보국(保國)에 있다는 점에서 동서고금을 막론하고 모두가 공감할 수 있다고 생각합니다.

중국에서 공자(孔子)는 문성(文聖)으로, 손자(孫子)는 무성(武聖)으로 추앙받는다고 합니다. 모두 13편으로 구성된 손자병법은 현존하는 최고의 병서로, 많은 분들이 이 책을 통해 다시 한번 국가 안보의 중요성에 대해 인식하고, 동력자승(同力者勝)의 정신을 되새겼으면 하는 간절한 마음입니다. 또한 마이크로소프트(MS)사의 빌 게이츠가 "오늘날 나를 만든 것은 손자병법이다"라고 고백한 것처럼, 「초심으로 읽는 글로벌 시대 손자兵法 해설」를 독파함으로써, 군주와 장수의 필수적인 자질과 덕목이 오늘날 국가 조직과 단체를 이끄는 리더들에게, 인간관계에 관한 사유와 기본 원칙이 동 시대를 살아가는 현대인들에게 체득될 것으로 확신합니다.

예비역 중령
신한시스템(주) 대표이사
김 진 양

2020년 1월 업무차 미국을 방문했는데, 그때는 전 미국이 새해(구정)를 맞이하여 손님맞이 준비에 많은 노력을 하고 있었습니다. 특히 중국인의 방문을 준비해서 엄청난 돈을 쏟아부어 중국어와 함께 쥐띠를 맞아 미키 마우스 등 화려한 장식이 곳곳에 아름답게 빛나고 있었습니다. 그런데 1월 말 갑자기 중국인 입국이 거절되었습니다. 한국인은 중국인과 구별하여 동맹국 대우를 받았으나 갑작스러운 사태는 충격적인 일이었습니다.

귀국 후 처음 들어보는 팬데믹(Pandemic, 감염병의 세계적 유행)이라는 새로운 용어, 그리고 모든 것이 멈추고 말았습니다. 그런 가운데 평소 지장으로 존경하던 동기생 신병호 장군이 외출이 제한되자 카톡방에 손자병법을 연재하기 시작했고, 이 연재는 코로나 바이러스라는 중국 공산당이 만든 독종 감기 바이러스가 전국에 맹위를 떨치고 있을 때 매일 아침 카톡방을 찾는 우리 동기생의 희망이고 즐거움이 되었습니다. 이제 연재를 마감하면서, 그 내용을 카톡방에서 꺼내어 책을 만들어, 우리뿐 아니라 나라를 사랑하고 걱정하는 모든 분들과 함께 나누고자 준비하게 되었고, 많은 분의 사랑을 받게 될 것 같아 아주 마음이 행복합니다.

손자병법은 고전 중의 고전으로 인생의 어느 시점에 읽어도 큰 도움을 주는 전략서입니다. 북한 김일성이 일으킨 한국전에 중공군이 한반도 전쟁에 뛰어들어 유엔군에 대항하면서 많은 피해를 준 이후 미군도 중공군과 전투를 하기 위해 손자병법을 연구하고 실 전투에 적용함으로써 중공군에게 많은 피해를 주었다고 합니다. 이 책은 비록 손자병법에 관해서 다루고 있지만, 우리의 모든 삶의 분야에서도 긍정적인 영감을 불러일으킵니다. 특히 청소년 시절에 이 책을 읽는다면 앞날을 설계하는 데 큰 힘을 보탤 수 있을 것입니다.

2021년 새해에는 코로나 바이러스가 종식되고, 다신 이런 사태가 오지 않길 기원하면서 마무리합니다. 모두에게 빛나는 꿈과 희망, 지성이 함께 깃들기를 소망합니다. 건강과 지혜 두 마리 토끼를 잡길 바라며 출간을 축하하는 바입니다.

이 책은 2020년 4월부터 9월까지 친구들에게 카톡으로 보낸 '손자병법 연구'를 편집하여 발간하는 것입니다. 제가 코로나19로 인해 집에서 많은 시간을 보내게 된 친구들에게 《손자병법》의 원문 읽기를 제안했습니다. 곧 80여 명의 친구와 함께 카톡방을 만들어서 매일 3~4줄을 해석한 자료와 그날 연구한 내용에 대하여 사유(思惟)한 것을 게재했습니다. 그리고 친구들뿐만 아니라 자제들도 같이 《손자병법》을 읽어볼 수 있도록, 특히 한자를 읽는 데 어려운 사람들을 위하여 한자 풀이를 포함했고, 또한 자제들이 글로벌 시대에 외국인과 소통하며 살아가는 데 도움이 될 수 있도록 《영어 손자병법》도 포함했습니다. 이렇게 시작하여 약 5개월 동안 게재한 것을 많은 사람이 볼 수 있도록 하자는 의견이 있어, 그동안 게재한 내용을 정리하여 책을 만들게 된 것입니다.

제가 《손자병법》을 처음 읽었던 것은 초급장교 시절이었습니다. 그리고 30년 전 연대장으로 근무할 당시에 다시 읽었고 그 책을 지금도 갖고 있습니다. 그 후 2004년에 군에서 예편하여 대학교에서 경영학과 지휘통제론을 16년간 강의를 하면서 군사 전략학을 잊고 지냈습니다. 2019년 가을 어느 날 우연히 손자병법 원문을 정독하고 싶은 생각이 들어서 책을 구입하여 정독했는데, 한 권, 두 권, 세 권을 읽어도 제가 원하는 지식 욕구를 채워주지 못했습니다. 책들이 원문을 해석하는 데 도움을 주기보다는 군사 전문 지식, 자기 계발, 조직 경영에 중점을 두었기 때문에 원문을 몇 번 읽어도 정확하게 이해하기엔 부족한 부분이 있었습니다.

그리고 '내가 오랜 군사 경력과 다소의 학문적 지식을 갖고 있는데도 불구하고 이해가 안 되는 부분이 있다면…' 하는 생각이 들어서, 바로 친구들과 함께 《손자병법》을 본격적으로 연구하게 된 것입니다.

《손자병법》은 고대 중국의 병법서로서 오늘날까지 읽히는 최고의 군사 고전입니다. 저자는 춘추 시대 제(濟)나라 태생의 손무(孫武)입니다. 손무는 생애를 정확히 알 수 없으나 공자와 같은 시대 사람으로 추정하며, 춘추 시대 오나라 왕 합려(闔閭)를 섬겼습니다. 현재까지 전해지는 손자병법은 조조가 해석을 붙인 《위무주손자(魏武註孫子)》 13편입니다.

《손자병법》은 2,500년 이상 동서고금의 군주나 군인들뿐만 아니라, 오늘날은 경영, 리더십, 자기 계발 등에 관심이 있는 많은 기업의 CEO나 일반인도 읽는 불후의 고전입니다. 손자병법을 가장 적극적으로 활용하여 전쟁을 수행한 사람은 조조이며, 나폴레옹도 즐겨 읽었다고 전해지고, 이순신 장군은 손자병법이 바라는 바를 가장 이상적으로 실천한 장군입니다. 특히 현대에 와서는 세계 유수의 경영대학원이 교재로 사용하며, 세계적인 CEO인 일본 소프트뱅크의 손정의, 마이크로소프트의 빌 게이츠, 페이스북의 마크 저커버그도 손자병법을 경영에 적극적으로 활용한 것으로 알려져 있습니다.

이 책은 《손자병법》의 13편을 순서대로 설명하며, 83일 동안 카톡으로 보낸 내용을 일자별로 구분(D일~D+82일)하여 작성되었습니다. 각 편은 공통적으로 개요 설명, 핵심 내용, '러블리 팁'과 이어서 원문과 해석, 참고, 영문, 그리고 오늘의 사유(思惟) 순으로 구성되어 있습니다. 핵심 내용은 해당 편에서 유명한 명언이나 군사적으로 중요한 어구를 제시한 것입니다. 러블리 팁(Lovely Tip)은 '사랑하는 젊은이들에게 추천하는 말'이란 뜻으로 각 편의 내용에서 뽑은 자기 계발 사항을 제안한 것입니다.

이 책은 손자가 병법을 창의적으로 저술한 것과 같이 해설도 창의적이고 차별화된 구성으로 독자들에게 읽을 가치를 제공하고 보다 더 도움이 되도록 다음 세 가지 사항에 중점을 두고 기술했습니다.

　첫째, 원문을 이해하고 해석하는 데 필요한 자료를 수록했습니다.《손자병법》은 매우 짧은 문장으로 작성되었기 때문에 역자에 따라 해석이 다양합니다. 실제 제가 해석하면서 10여 개 출처의 역서들을 어구마다 비교 검토했는데, 모두 권위 있는 해석을 했겠지만 의역이 심한 경우도 있고, '역자마다, 구절마다, 해석이 제각각 다르다'는 느낌을 받았습니다. 그리고 '왜 그렇게 해석했는지, 다른 해석은 없는지' 등등 궁금하고 이해되지 않는 문구가 많았습니다. 그래서 이러한 궁금증을 해소하면서, 우리가 매일 학습한 내용을 그대로 독자들과 공유할 수 있도록 〈참고〉에 포함했습니다. 이것은 독자들도 혼자 해석할 때 '자기 주도적인 학습'이 가능한 자료가 될 것입니다.

　둘째, 병법에 대한 해의나 해설 대신에 오늘의 사유(思惟)를 수록했습니다. 통상《손자병법》을 번역한 책은 해석 외에도 해의, 해설, 그리고 자기 계발, 경영 등의 추가적인 설명을 포함합니다. 특히 군사 이론을 전문적으로 기술하거나 과거의 중국이나 우리나라 고사의 예화를 수록한 책도 있습니다. 이 책은 해석과 영문 번역 외에 '오늘의 思惟(대상을 두루 생각하는 일)'로 이름 짓고 현재 시점에서 유익한 자료나 생각을 서술했습니다. 여기에는 독자가 유익하면서 흥미 있게 읽을 수 있도록 세계와 한국 전쟁사에서 30여 개의 전쟁과 전투, 전쟁 사상, 손자의 지침을 현대전 관점에서 적용, 현행 군사 제도나 운영, 그리고 조직 경영과 자기 계발에 관련된 제언 등을 포함했습니다. 이 내용은 '책 속의 또 한 권의 책'이 될 수도 있습니다.

셋째, 젊은 사람들이 편하게 읽을 수 있도록 다양하게 보강했습니다. 무엇보다도 한자를 읽고 이해하는 데 어려운 세대가 스스로 읽고 뜻을 이해할 수 있도록 한자의 음(音)과 훈(訓)을 적어 두었습니다. 또한 영미권에 권위 있는 Lionel Giles의 영어 번역을 포함하고, 단어의 뜻도 병법에 맞게 풀이하여 사전을 찾지 않고도 읽을 수 있도록 했습니다. 이 번역은 영어 공부도 하면서 병법을 이해하는 데 유용하며, 외국인들(특히 미군)이 손자병법을 어떻게 해석하고 활용하는지를 이해하고 그들과 소통하는 데에도 큰 도움이 될 것입니다. 그리고 앞에서 설명한 '러블리 팁'을 포함하여 젊은 사람들이 '인생을 살아가면서' 유용하게 적용할 수 있는 '생활 지침'을 포함했습니다. 저는 젊은 사람, 특히 군 입대를 앞두고 있는 장정들이 입대 전에 꼭 손자병법을 빌려서라도 읽어보고 입대했으면 하는 희망을 갖고 있습니다.

끝으로 좋은 책으로 많은 사람에게 행복에너지를 주시는 도서출판 행복에너지의 권선복 대표님과 관계자 분들에게 진심으로 감사의 말씀을 드립니다. 그리고 초고를 보고 흔쾌히 추천의 글을 써주신 김태영 전 국방부 장관님, 백군기 용인 시장님, 연재 및 발간하는 동안 많은 관심과 격려를 보내주신 김수용 교수님, 친구들, 육군사관학교 29기 초석 동기회에 깊이 감사드립니다. 특히 책의 발간을 적극적으로 후원하고, 많은 분들에게 증정하는 헌신적인 친구인 신한시스템의 김진양 대표에게 다시 한번 감사의 말을 전합니다. 감사합니다.

2020년 어느 날, 새해를 기다리며
신 병 호

차 례

제1편

계(計)

★ Laying Plans ★

계는 '헤아리다, 계산하다'는 뜻이다. 이 편을 '시계'라고도 부르며, 전쟁과 전략의 핵심적 사상을 설명하고 있다. 먼저 전쟁은 국가의 중대한 일이기 때문에 전쟁을 시작하기 전에 면밀히 검토할 것을 주장한다. 이에 오사·칠계를 설명하고 장수가 이것을 알아야 승리할 수 있다고 한다. 그리고 전쟁에서 승리하기 위한 실전 핵심 지침으로 궤도와 공격 방법을 설명한다. 이와 같은 모든 점을 검토하여 전쟁의 승패 여부를 미리 판단할 것을 강조한다.

:

◆ 계편 핵심 내용 ◆

C [1] 兵者, 國之大事。전쟁은 국가의 중대한 일이다.

A [4] 五事: 道, 天, 地, 將, 法 오사: 도의, 천시, 지리, 장수, 법제

C [9] 將者 智, 信, 仁, 勇, 嚴也。장수는 지혜와 신의, 인애, 용기, 엄격함이 있어야 한다.

A [18] 兵者, 詭道也。전쟁의 요체는 적을 속이는 데 있다.

A [24] 攻其無備, 出其不意。적이 대비하지 않는 곳을 공격하고, 적이 예상치 않은 곳으로 나아간다.

◆ 러블리 팁(Lovely Tip) ◆

L 싸우지 말자. 싸우기 전에 먼저 신중하게 승부를 살피자.

L 지, 신, 인, 용, 엄의 품격을 갖자. 특히 신뢰를 잃지 말자.

L 창의적인 아이디어로 상황 변화에 빠르게 대응하자.

L 싸울 때는 나의 장점은 살리면서, 상대의 허점을 노리자.

L 손자병법을 읽고 경영이나 자기 계발에 응용하자.

[D일] 계(計, Laying Plans) 1

[1] 孫子曰, 兵者, 國之大事, [2] 死生之地, 存亡之道, 不可不察也。(손자 왈, 병자, 국지대사, 사생지지, 존망지도, 불가불찰야)

손자가 말했다. 전쟁은 국가의 중대한 일이다. 백성의 생사와 국가의 존망이 걸린 것이니 신중하게 살피지 않을 수 없다.

<한자> 計(셀 계) 세다, 헤아리다 ; 兵(병사 병) 병기, 군대 ; 者(놈 자) ~(라는) 것 ; 之(갈 지) ~의, 이것, 그것 ; 地(땅 지) 땅, 영역 ; 道(길 도) 길, 방법 ; 可(옳을 가) 옳다, 허락하다 ; 察(살필 찰) 살피다 ; 也(어조사 야) ~이다

<참고> ① 손자왈(孫子曰): 손자병법은 손무가 살아있을 때 완성했기 때문에 자신이 적은 것이 아니며, 후대에 조조 혹은 그 이전에 누군가가 정리하면서 붙인 것으로 추정됨. 해석은 전편에 걸쳐 '손자가 말했다'로 통일함. ② 병(兵): 손자병법 내에서 '병법, 병사, 군대, 전투, 전쟁, 전략' 등으로 해석되며, 여기서는 '전쟁'의 의미임. ③ 국지대사(國之大事): '국가의 중대한 일'임. 또는 '나라의 중대사', '중대한 국가대사'로 해석할 수도 있음. ④ 사생지지(死生之地), 존망지도(存亡之道): 地와 道를 地(땅), 道(길, 방법, 관두)로 해석할 수 있지만, 여기서는 번역하지 않고 문맥상 의미 전달에 주안을 두고 해석함. 두목은 "나라의 존망과 백성의 생사가 모두 전쟁에서 비롯된다는 뜻이다"라고 풀이했음. [신동준]. ⑤ 불가불찰야(不可不察也): 不可不은 "반드시 해야 한다", 이 어구는 전편에 걸쳐 여러 번 나오는데, '신중하게 살피지 않을 수 없다'로 해석함.

[1] Sun Tzu said: The art of war is of vital importance to the State. [2] It is a matter of life and death, a road either to safety or to ruin. Hence it is a subject of inquiry which can on no account be neglected.

D vital 필수적인 ; importance 중요성 ; State 국가, 나라 ; "The art of war"는 손자병법, 전쟁술, 전쟁 등 ; matter 문제 ; safety 안전하게 하다 ; ruin 파멸시키다 ; subject 주제, 대상 ; inquiry 탐구, 조사 ; on no account 어떤 일이 있더라도 ; neglect 방치[무시]하다

[3] 故經之以五事, 校之以計, 而索其情, [4] 一曰道, 二曰天, 三曰地, 四曰將, 五曰法。(고경지이오사, 교지이계, 이색기정, 일왈도, 이왈천, 삼왈지, 사왈장, 오왈법)

그러므로 전쟁에 앞서 적과 나를 다섯 가지 요인으로 헤아리고, 계로써 적과 나의 상황을 비교하며 그 정황을 살펴야 한다. 첫째는 도, 둘째는 천, 셋째는 지, 넷째는 장, 다섯째는 법이다.

<한자> 故(연고 고) 고로, 그러므로 ; 之(갈 지) 그것 ; 以(써 이) ~로, ~에 따라 ; 經(지날 경) 지나다 ; 校(학교 교) 헤아리다, 비교하다 ; 計(셀 계) 계산하다 ; 索(찾을 색) 찾다 ; 而(말이을 이) 그리고 ; 其(그 기) 그, 그것 ; 情(뜻 정) 사정, 실상, 형편 ; 道(길 도) 길, 도리, 이치 ; 天(하늘 천) 하늘 ; 地(땅 지) 땅 ; 將(장수 장) 장수 ; 法(법 법) 법

<참고> ① 경지이오사(經之以五事): 經은 '헤아리다, 근본으로 삼다' 등의 뜻임. 여기서는 '헤아리다'로 해석함. 之는 '그것', 곧 '전쟁에 앞서 적과 나'를 의미함. 五事는 전쟁의 승패를 좌우하는 다섯 가지 기본 요소를 말함. ② 교지이계(校之以計): 校는 '비교하다', 計는 뒤에서 설명하는 '7계'를 의미함. ③ 이색기정(而索其情): '그 정황을 찾다, 살피다, 판단하다'임. 여기서 정황은 '전쟁의 승패 여부, 승부의 흐름, 누가 유리하고 불리한지' 등을 의미함. ④ 일왈(一日): '첫째로 말하면', 곧 '첫째는'이라는 뜻임. ⑤ 오사(五事): 도(道), 천(天), 지(地), 장(將), 법(法)이며, 역자마다 한자 음대로 적기도 하고, 뜻을 풀어서 道는 '도의, 정치', 天은 '천시, 기상', 地는 '지리', 將은 '장수', 法은 '법제'로 해석함. 궁위전(宮玉振) 베이징대 교수는 五事를 '비전, 대세, 시장, 리더십, 조직 관리'로 해석했음. [ECONOMY Chosun].

[3] The art of war, then, is governed by five constant factors, to be taken into account in one's deliberations, when seeking to determine

제1편 계(計)

the conditions obtaining in the field. [4] These are: (1) The Moral Law; (2) Heaven; (3) Earth; (4) The Commander; (5) Method and discipline.

D governed by ~에 의해 지배[좌우]되다 ; constant 불변의 ; take into account ~을 고려하다 ; deliberation 숙고, 심의 ; seeking to determine 결정하다 ; in the field 현장에서, 전투에 참가하여 ; Moral Law 도덕률 ; discipline 규율

◎ 오늘(D일)의 思惟 ◎

손자는 "전쟁은 국가의 중대한 일이며, 백성의 생사와 국가의 존망이 걸린 것이니 신중하게 살피지 않을 수 없다"고 했습니다. 그리고 군주와 장수들은 전쟁에 앞서 적과 아군에 대한 오사·칠계를 헤아리고 비교하여 전쟁의 승패 여부를 우선 판단해야 한다고 말했습니다.

손자병법은 이와 같이 "전쟁은 국가의 중대한 일(兵者, 國之大事)"이라는 문구로 시작합니다. 저는 이 문구를 포함하여 처음에 언급한 첫 문장이 병법의 핵심 주제라고 생각합니다. 손자병법을 잘 모르는 사람들에게도 〈모공편〉에 나오는 "적을 알고 나를 알면 백 번 싸워도 위태롭지 않다(知彼知己 百戰不殆)"라는 말은 널리 알려져 있습니다. 그러나 저는 방대한 손자병법의 내용을 한 문구로 집약하면 이 문구로 표현할 수 있다고 생각합니다. 그 이유는 의미하는 바가 손자병법의 내용 중에 으뜸가는 사상이라고 생각하기 때문입니다. 또한 제가 손자를 혁신적이고 천재적인 이론가라고 생각한 것도 이 문구를 보고 판단한 것입니다.

중국뿐만 아니라 동양에서 군인들이 읽어야 할 병서로서 《손자》, 《오자》, 《육도》, 《삼략》, 《사마법》, 《율로자》, 《이위공문대》를 일컫는 말로

무경칠서가 있습니다.[1] 이 병서들 중에《손자》외 다른 6권의 책의 대강을 보면 대부분이 전쟁의 의미에 대한 설명보다는 '어떻게 싸울 것인지'에 중점을 두고 논하고 있으며, 오직《육도》의 논장(論將)에 '병자, 국지 대사(兵者, 國之大事)'라는 말이 장수가 갖추어야 할 덕목과 관련하여 나옵니다.[2]《육도》의 저자가 주나라 초기의 정치가인 강태공이므로, 후세 사람인 손자의 시대에도 이미 그러한 말이 있었던 것 같습니다. 그렇지만 대부분의 사람들이 이 말의 중요성을 제대로 인식하지 못하고 평범하게 사용했다는 생각입니다. 손자는 그 말을 병법에서 가장 핵심적인 위치에 두고 전쟁의 의미와 전쟁 여부의 판단을 〈計篇〉에서 논하고 있습니다. 그래서 후세 사람들은《손자병법》을 단순한 병서가 아닌 통치 사상서로 생각하면서, 무경칠서 중에 가장 으뜸으로 간주하였던 것 같습니다.

결국 손자는 국가의 존망이 걸려 있는 전쟁에 대해 함부로 전쟁을 시작하지 말라며 군주나 장수들에게 경각심을 고취시키는 한편 신중하게 살필 것을 주문하고 그 판단 요소로서 오사·칠계를 제시한 것입니다.

---

1 정토웅(2010). 세계전쟁사 다이제스트 100(손자병법과 손무). 「네이버 지식백과」.
   〈https://terms.naver.com/entry.nhn?docId=1835985&cid=43073&categoryId=43073〉.

2 신동준(2012). 무경십서(육도). 「네이버 지식백과」.
   〈https://terms.naver.com/entry.nhn?docId=1835985&cid=43073&categoryId=43073〉.

[D+1일] 계(計, Laying Plans) 2

[5, 6] 道者, 令民與上同意也, 故可與之死, 可與之生, 而不畏危。(도자, 영
민여상동의야, 고가여지사, 가여지생, 이불외위)

    도는 백성들로 하여금 군주와 함께 한마음이 되게 하는 것이다. 그리
하면 백성은 군주와 함께 죽을 수도 있고 살 수도 있으며, 어떠한 위험도
두려워하지 않게 된다.

<한자> 令(명령 령) 하여금, ~하게 하다 ; 民(백성 민) 백성 ; 與(더불 여) 더불다, 같이하다 ; 上
(윗 상) 임금, 군주 ; 意(뜻 의) 뜻 ; 而(말이을 이) 그리고 ; 畏(두려워할 외) 두려워하다 ; 危(위
태할 위) 위태하다

<참고> ① 도(道): 해석이 '정치 또는 도덕적인 정치, 병도(兵道), 도의(道義), 일치된 마음, 조
직 내 단결, 마땅히 따라야 할 진리' 등으로 다양함. 여기서는 '병도'로 이해함. '병도'란 '부득이
하여 군사를 동원했으나 오직 위난을 구제하는 데 그칠 뿐 무력을 이용해 강포한 모습을 드러
내지 않는 것, 즉 최상의 용병'을 뜻함. [신동준]. ② 영민여상동의(令民與上同意): 令民은 '백
성으로 하여금', 與上은 '군주와 함께,' 同意는 '한마음 한뜻이 됨'임. ③ 가여지사(可與之死):
之는 앞에서 말한 上, 즉 군주를 가리킴. ④ 이불외위(而不畏危): 不畏危는 '위험을 두려 워하
지 않음' 일부 판본에서는 而民不畏危라고 民(백성)이 포함되어 있음.

[5, 6] The Moral Law causes the people to be in complete accord
with their ruler, so that they will follow him regardless of their lives,
undismayed by any danger.

D in (complete) accord with …와 (완전히) 일치하다 ; ruler 통치자, [임금] ; follow 따르다
; regardless of …에 상관없이 ; undismayed 걱정하지 않는

[7] 天者, 陰陽, 寒暑, 時制也。[8] 地者, 遠近, 險易, 廣狹, 死生也。(천자, 음양, 한서, 시제야. 지자, 원근, 험이, 광협, 사생야)

천이란 밤과 낮, 추위와 더위, 계절의 변화이다. 지란 멀고 가까움, 험준하고 평탄함, 넓고 좁음, 사지와 생지를 말한다.

<한자> 陰(그늘 음) 어둠 ; 陽(볕 양) 낮, 밝다 ; 寒(찰 한) 차다, 춥다 ; 暑(더울 서) 덥다 ; 時(때 시) 때, 계절 ; 制(절제할 제) 절제하다 ; 遠(멀 원) 멀다 ; 近(가까울 근) 가깝다 ; 險(험할 험) 험하다 ; 易(쉬울 이) 쉽다, 평탄하다 ; 廣(넓을 광) 넓다 ; 狹(좁을 협) 좁다

<참고> ① 천(天): 천시(天時) 또는 현대적 의미에서는 '기상과 기후'를 말함. ② 음양(陰陽): '어두움과 밝음', 곧 낮과 밤을 의미함. ② 시제(時制): '봄, 여름, 가을, 겨울 사계절의 변화'를 의미함. ③ 지(地): 내가 싸울 땅의 지리적 조건을 말함. 이에 대한 구체적인 설명은 구지(九地)편에 나옴. ④ 원근(遠近): 전장의 위치가 '멀고 가까움'. ⑤ 험이(險易): 전장의 지세가 '험난하고 평탄함.' ⑥ 광협(廣狹): 전장의 지역·공간이 '넓음과 좁음'. ⑦ 사생(死生): 지형이 사지(死地)인지 생지(生地)인지를 이름.

[7] Heaven signifies night and day, cold and heat, times and seasons.
[8] Earth comprises distances, great and small; danger and security; open ground and narrow passes; the chances of life and death.

D signify 의미하다. 나타내다 ; comprises 구성한다 ; narrow pass 좁은 통로, [애로] ; chance 가능성

◎ 오늘(D+1일)의 思惟 ◎

손자는 전쟁에 앞서 적과 아군을 비교하는 오사·칠계(五事·以計)에 대하여 논했습니다. 손자가 살던 춘추 시대에 이미 전쟁이 총력전으로

변화되고 장기화됨에 따라 그 피해가 막심했던 것 같습니다. 그럼에도 불구하고 무턱대고 전쟁을 한다면 국가가 패망하거나 민생이 피폐해질 수 있기 때문에 전쟁을 시작하기 전에 신중히 살피라고 하면서 그 판단 요소를 제시한 것입니다. 오늘은 먼저 오사(五事) 중에 도(道), 천(天), 지(地)에 대하여 생각해 보겠습니다.

도(道)는 군주나 장수들이 백성이나 병사들과 한마음이 되게 하는 것이며, 전쟁을 할 경우에 명분을 세우는 것이라고 생각합니다. 그래야 백성이나 병사들이 군주나 장수를 믿고 따르면서 더불어 함께 죽기도 하고 살기도 하겠다는 마음으로 단결하여 국가나 전쟁의 목적을 달성하게 될 것이기 때문입니다. 이 같은 도의 개념은 국가 간의 전쟁에서도 매우 중요하지만, 특히 중국 내에서 제후들 간의 전쟁에서 더욱 중요했을 것입니다.

도(道)의 적용은 예나 지금이나 조직의 운영에 있어서 다를 바가 없습니다. 현대 기업에서 도는 기업의 경영 철학이나 경영 이념에 비유되는 개념입니다. 경영 이념은 "우리 회사는 무엇 때문에 존재하는가, 그리고 우리 기업을 어떤 목적으로, 어떤 방식으로 경영해 나가야 할 것인가에 대한 신념 체계를 제시하는 것입니다."[3] 그러므로 경영 이념이 훌륭한 기업은 구성원들이 가치관과 신념을 공유하면서 기업 운영에 단결하고 능동적으로 참여하며, '지속 가능 경영'을 실현할 수 있습니다. 따라서 경영 이념과 그 실천이 소비자로부터 신뢰받는 기업은 다른 기업과의 경쟁에서 경쟁 우위를 가질 수 있을 것입니다.

천(天)과 지(地)는 전쟁에서 매우 중요한 요소이지만, 자신이 마음대

---

3 조동성(2008). 「21세기를 위한 경영학」. 서울경제경영. 272.

로 할 수 없는 외부 환경입니다. 그렇지만 전쟁의 승패에 결정적으로 영향을 미칠 수 있는 요소이기도 합니다. 그래서 〈地形篇〉에서 지피지기 (知彼知己)에 더하여 "천시를 알고 지리를 알면 승리가 완전할 수 있다 (知地知天, 勝乃可全)"고 했습니다. 세계 전쟁사에서 1812년 나폴레옹이 러시아를 침공하고, 1941년 히틀러가 소련을 침공하여 실패한 것도 겨울의 혹독한 날씨를 극복하지 못했기 때문이며, 1939년에 소련이 핀란드를 침략하여 큰 고통을 받은 것도 동계 작전에 대한 대비가 미흡했기 때문입니다. 그러므로 천과 지는 현상을 아는 것도 중요하지만, 다양한 현상을 활용할 수 있어야 하며, 예상 외의 상황에서는 임기응변 또는 우발 조치를 할 수도 있어야 할 것입니다. 오늘날 기업 등의 조직에서도 기상, 기후, 지형 등은 전략이나 계획 수립의 외부 환경으로서 조직의 운영에 위협 또는 기회가 될 수 있다는 생각입니다.

[D+2일] 계(計, Laying Plans) ③

[9] 將者 智, 信, 仁, 勇, 嚴也。[10] 法者, 曲制, 官道, 主用也。(장자, 지, 신, 인, 용, 엄야, 법자, 곡제, 관도, 주용야)

  장수는 지혜와 신의, 인애, 용기, 엄격함이 있어야 한다. 법이란 군대의 조직이나 편제, 장수와 군관의 관리, 군수 물자의 공급과 비용의 군사제도를 말한다.

<한자> 智(슬기/지혜 지) 슬기, 지혜 ; 信(믿을 신) 믿다, 신의 ; 仁(어질 인) 어질다, 자애롭다 ; 勇(날랠 용) 용감, 용기 ; 嚴(엄할 엄) 엄격하다 ; 曲(굽을 곡) 굽다 ; 官(벼슬 관) 벼슬 ; 主(주인 주) 임금, 주인 ; 用(쓸 용) 쓰다, 비용

<참고> ① 장자(將者): 장수의 자질에 관한 것으로 이와 같은 자질을 모두 겸비해야 함을 의미함. 현대적인 의미는 리더가 갖추어야 할 자질을 뜻함. 지·신·인·용·엄(智·信·仁·勇·嚴)의 해석은 전체적으로, 장수는 '지략에 뛰어나고, 군주와 병사들에게 신의를 얻으며, 장병을 인애하고, 전투나 전투 지휘에서 용감하며, 군기를 엄정히 확립해야 함'을 의미함. ② 법자(法者): 다양한 해석이 있으나 조조는 "곡제(曲制)는 부대 편성과 작전 명령을 전달하는 깃발 신호 및 북과 징 신호에 관한 규정이며, 관자(官者)는 정부 관원 및 군대 계급 체계에 따른 역할 분담을 뜻하고, 주용(主用)은 국고 및 조세를 통해 군사 비용을 감당하는 것을 말한다"고 하였음. [신동준]. 현대적인 의미에서는 편제, 명령 하달(곡제), 조직 관리(관도), 군수 관리(주용) 등의 '제반 군사 제도' 또는 '군사 운영 시스템'으로 이해함.

[9] The Commander stands for the virtues of wisdom, sincerely, benevolence, courage and strictness. [10] By method and discipline are to be understood the marshaling of the army in its proper subdivisions, the graduations of rank among the officers, the maintenance of roads by which supplies may reach the army, and the control of military expenditure.

D stand for 나타내다, 의미하다 ; virtue 미덕, 덕목 ; sincerely 진심으로 ; benevolence 자비심, 선행 ; strictness 엄격 ; marshal 원수, [통제하다] ; proper subdivisions 적절한 세분 ; graduation 등급(매김) ; expenditure 지출, 경비

[11] 凡此五者, 將莫不聞, 知之者勝, 不知者不勝。 (범차오자, 장막불문, 지지자 승, 부지자불승)

　무릇 이 다섯 가지는 장수가 들어보지 않았을 리가 없는 것으로, 이를 아는 자는 승리하고 알지 못하는 자는 승리하지 못한다.

<한자> 凡(무릇 범) 무릇 ; 此(이 차) 이 ; 莫(없을 막) 없다 ; 聞(들을 문) 듣다, 알다 ; 知(알 지) 알다 ; 勝(이길 승) 이기다

<참고> ① 장막불문(將莫不聞): '장수가 들어보지 않았을 리' 또는 '모르는 자가 없다'는 뜻인데, 즉 '반드시 알아야 하는 것'이라는 의미임. ② 지지자승(知之者勝): 단순히 알면 승리한다기보다는 깊이 이해하고 꿰뚫어 아느냐, 그리고 전쟁의 다양한 상황에서 어떻게 실행하느냐에 따라 승패가 결정된다는 뜻으로 이해해야 함.

[11] These five heads should be familiar to every general: he who knows them will be victorious; he who knows them not will fail.

D head 항목 ; familiar to ...에게 잘 알려진 ; general 장수 ; victorious 승리한

◎ 오늘(D+2일)의 思惟 ◎

　손자는 전쟁에 앞서 적과 아군을 비교하는 오사(五事)에서 장(將)과 법(法), 즉 장수의 자질과 군사 제도 또는 시스템에 대하여 논했습니다. 이어서 오사를 아는 자는 승리하고 알지 못하는 자는 승리하지 못한다고 했습니다.

　먼저 장수의 자질 또는 덕목으로 제시한 지·신·인·용·엄(智·信·仁·勇·嚴)에 대하여 알아보겠습니다. 덕목마다 자세히 설명할 지면이 부족

하고, 장수의 자질은 병법에서 계속 반복 설명될 뿐만 아니라 이미 현대인들도 많이 알기 때문에 상세한 설명을 생략합니다. 다만 손자는 다섯 가지 덕목을 다 중요하게 생각하지만, 특히 병사를 사랑하는 마음에 대하여 여러 편에서 매우 강조하고 있습니다.

《육도》에 "장수는 추운 겨울에도 혼자서 따뜻한 외투를 입지 않고, 무더운 여름에도 혼자만 부채를 들지 않으며, 비가 와도 혼자만 우산을 받쳐 들지 않는다. 행군 중 진펄을 만나면 말에 타고 있다가도 내려서 병사들과 함께 걷는다" 등 장수와 병사와의 관계에 대한 말이 있습니다.[4] 이 말은 주나라 여상의 생각으로서 손자가 영향을 받았던 것 같습니다. 오늘날에도 이와 같은 덕목은 사회의 많은 조직이나 기업에서 인재 선발, 양성, 관리 면에서 여전히 중요하며, 어떤 조직에서든 리더의 위치에 있는 사람들이 갖춰야 할 덕목으로 간주합니다.

다음에 법(法)에서 말하는 곡제·관도·주용(曲制·官道·主用)은 현대적인 의미에서 제반 군사 제도 또는 군사 운영 시스템으로 해석했습니다. 손자는 법에 관련되는 내용을 각 편에서 다소 부분적인 설명은 하지만 더 이상 자세한 설명을 하지 않았습니다. 손자가 말하는 법과 관련하여 오늘날 많은 조직의 운영을 이해하려면 '시스템적 접근'을 할 필요가 있습니다. 그리고 제도 또는 시스템 자체가 중요한 것이 아니라, 설립에서부터 운영에 이르기까지 공정하고 효율적으로 운용하여 성과를 얻는 것이 더 중요하다고 생각합니다.

끝으로 오사를 알면 승리한다고 했는데, 단순히 아는 것으로 승리한다기보다는 깊이 이해하고 꿰뚫어 아느냐, 그리고 다양한 상황에서 어떻

---

4 강상구(2011). 「마흔에 읽는 손자병법」. 흐름출판. 28.

게 실행하느냐에 따라 승패가 결정된다는 뜻으로 이해해야 할 것입니다. 이와 같은 오사는 군사적인 면에서만 중요한 것이 아니라, 모든 조직이나 기업, 그리고 개인에게도 응용할 수 있는 지침이라고 생각합니다. 특히 급변하는 환경에 적응하기 위해 오사는 계속 창의적으로 개선하거나 혁신하는 노력이 필요한데, 결국 이것은 사람이 하는 것입니다. 그러므로 조직에는 智, 信, 仁, 勇, 嚴을 갖춘 인재들이 많아야 하며, 그 인재들이 조직의 핵심 역량이 될 것입니다.

[D+3일] 계(計, Laying Plans) 4

[12] 故校之以計, 而索其情。 [13] 曰: 主孰有道, 將孰有能, 天地孰得, 法令孰行, 兵衆孰强, 士卒孰鍊, 賞罰孰明, [14] 吾以此知勝負矣。 (고교지이계, 이색기정. 왈: 주숙유도, 장숙유능, 천지숙득, 법령숙행, 병중숙강, 사졸숙련, 상벌숙명. 오이차지 승부의)

그러므로 계로써 적과 나의 상황을 비교하며 그 정황을 살핀다. 말하자면, 군주는 어느 편이 더 도가 있는가, 장수는 어느 편이 더 유능한가, 천시와 지리는 어느 편이 더 유리한가, 법과 명령을 어느 편이 더 잘 시행되고 있는가, 군대는 어느 편이 더 강한가, 군사는 어느 편이 더 잘 훈련되어 있는가, 상벌은 어느 편이 더 공정하게 시행하는가, 나는 이것으로 승부를 알 수 있다.

<한자> 索(찾을 색) 찾다 ; 曰(가로 왈) 말하자면 ; 主(임금 주) 군주 ; 孰(누구 숙) 누구, 어느 ; 能(능할 능) 능하다 ; 得(얻을 득) 얻다, 이득 ; 行(다닐 행) 행하다 ; 衆(무리 중) 무리 ; 强(강할 강) 강하다 ; 士卒(선비 사, 마칠 졸) 군사, 병졸 ; 鍊(단련할 련) 단련하다 ; 賞罰(상줄 상, 벌할 벌) 상과 벌 ; 明(밝을 명) 밝다 ; 吾(나 오) 나 ; 此(이 차) 이 ; 矣(어조사 의) 이다

<참고> ① 교지이계(校之以計) 이색기정(而索其情: [3]의 해석과 같음. 計는 후술하는 7계이며, 피아실정을 비교하여 승부를 예측함. ② 주숙유도(主孰有道): '군주는 어느 쪽이 더 道가 있는가', 즉 병도가 있는가? 혹은 도덕적인 밝은 정치를 행해 백성의 지지와 신임을 받고 있는가로 해석함. 여기서 主는 '군주', 孰은 술어인 孰有道의 주어에 해당함. 이하 6개 어구는 모두 같은 문장 구조임. ③ 득(得): '이익 혹은 이득'인데, 여기서는 '유리함' 또는 '이로움'의 의미임. ④ 병중(兵衆), 사졸(士卒): 역자마다 다양하게 해석하는데, '군대'와 '군사'로 해석함. ⑤ 명(明): '밝다'는 뜻이나 '공정하다'로 해석함. ⑥ 오이차지승부의(吾以此知勝負矣): "나는 이러한 7가지 상황을 비교해 봄으로써 전쟁의 승부를 미리 알 수 있다"는 의미임.

[12] Therefore, in your deliberations, when seeking to determine the military conditions, let them be made the basis of a comparison, in this wise:— [13] (1) Which of the two sovereigns is imbued with the Moral law? (2) Which of the two generals has most ability? (3) With whom lie the advantages derived from Heaven and Earth? (4) On which side is discipline most rigorously enforced? (5) Which army is stronger? (6) On which side are officers and men more highly trained? (7) In which army is there the greater constancy both in reward and punishment? [14] By means of these seven considerations I can forecast victory or defeat.

D deliberation 숙고, 심의 ; victorious 승리를 거둔 ; the basis of a comparison 비교의 근거[기초, 기준] ; in this wise 이와 같이(이런 식으로) ; sovereign 군주, imbue with ...에 물든[고취된] ; lie 있다 ; derive from 파생하다 ; rigorously enforce 엄격하게 집행하다 ;

army 군대 ; officers and men 장교와 병사[사졸] ; constancy 불변, 한결같음 ; reward and punishment 보상과 처벌[상벌] ; by means of ...에 의하여 ; forecast 예측하다

[15] 將聽吾計, 用之必勝, 留之; 將不聽吾計, 用之必敗, 去之。[16] 計利以聽, 乃爲之勢, 以佐其外; [17] 勢者, 因利而制權也。 (장청오계, 용지필승, 유지; 장불청오계, 용지필패, 거지. 계리이청, 내위지세, 이좌기외. 세자, 인리이제권야)

장수가 나의 이런 계책을 듣고 군사를 운용하면 반드시 승리할 것이니 이런 장수는 유임시켜도 되지만, 나의 이런 계책을 쫓지 않은 채 군사를 운용하면 반드시 패할 것이니 그러한 장수는 물러나게 해야 한다. 계산하여 유리한 계책을 채택하고 곧 유리한 계책으로 세를 만들며, 그 밖에 고려하지 못한 우발적인 상황의 대처를 돕는다. 세는 유리함을 이용하여 싸움의 주도권을 장악하는 것이다.

<한자> 將(장수/장차 장) 장수, 장차 ; 聽(들을 청) 듣다, 따르다 ; 計(셀 계) 계산하다, 계책 ; 必(반드시 필) 반드시 ; 留(머무를 유) 머무르다 ; 敗(패할 패) 패하다 : 去(갈 거) 가다 ; 利(이로울 리) 이롭다, 유익하다 ; 乃(이에 내) 곧, 바로 ; 爲(할 위) 만든다 ; 佐(도울 좌) 돕다, 보좌하다 ; 勢(형세 세) 형세, 기세, 권세 ; 因(인할 인) 인하다, 의지하다 ; 制(절제할 제) 제정하다, 만들다 ; 權(권세 권) 권세

<참고> ① 장청오계(將聽吾計)...유지(留之): 將은 '장수' 또는 '장차'인데, 어느 뜻으로 해석하느냐에 따라 두 가지로 해석됨. 여기서는 '장수'로 해석한 것임. '장차'로 해석하면, '장차 나의 계책을 듣고 전쟁을 한다면 반드시 승리할 것이니, 나는 이곳에 남을 것이다'로 해석됨. 곧 '손자' 자신이 머무르는 주체가 됨. ② 장불청오계(將不聽吾計)...거지(去之): 앞 문장과 동일한 관점에서 해석됨. ③ 계리이청(計利以聽): 計利는 '계산해 보니 유리하다', 聽은 '따르다, 채택하다'임. 곧 '계산하여 유리한 계책을 채택하고'로 해석함. ④ 내위지세(乃爲之勢): 乃는 '곧', 爲는 '만들다, 형성하다', 之는 '그것으로', 앞의 '유리한 것', 따라서 '곧 유리한 계책으로 세를 만들며'로 해석함. ⑤ 이좌가외(以佐其外): 佐는 '돕다', 其外는 '그 외'의 뜻인데 '뜻밖의 상황, 여

기서는 '그 밖에 고려하지 못한 우발적인 상황의 대처를 돕는다'로 해석함. ⑥ 인리이제권(因利而制權): 因利는 '유리함을 이용, 유리한 상황 변화를 활용, 유리한 조건들을 만듦' 등의 해석에서 '유리함을 이용하여'로 해석함. 制權은 '주도권, 권도(모), 승기, 대책과 전략을 만들다' 등의 해석에서 '싸움(전장)의 주도권을 장악한다'로 해석함. ⑦ 계리이청(計利以聽)...인리이제권(因利而制權): 역자마다 해석이 다르고 복잡하게 설명함. 여기에서 해석도 그중의 하나지만 '計부터 勢의 조성, 전쟁에서 세의 역할을 말한 것'으로 이해하고 각 어구를 해석함.

[15] The general that hearkens to my counsel and acts upon it, will conquer: let such a one be retained in command! The general that hearkens not to my counsel nor acts upon it, will suffer defeat:—let such a one be dismissed! [16] While heading the profit of my counsel, avail yourself also of any helpful circumstances over and beyond the ordinary rules. [17] According as circumstances are favorable, one should modify one's plans.

D hearken (~에) 귀를 기울이다 ; counsel 조언 ; act upon ...에 따라 행동하다 ; conquer 이기다 ; retain (계속) 유지하다 ; suffer 겪다, 고통받다, suffer defeat 패배하다; dismiss 해고[면직]하다 ; head 이끌다 ; counsel 조언 ; avail 도움이 되다, 이용하다 ; helpful circumstances 도움이 되는 상황 ; ordinary rule 일상적인 규칙[원칙] ; According as ...에 따라서, favorable 호의, 유리한, modify 수정하다.

◎ 오늘(D+3일)의 思惟 ◎

손자는 계로써 적과 아군의 상황을 비교해 보면 승부를 알 수 있고 자신의 계책을 받아들일 것을 주장했습니다. 그리고 계에서 세의 형성과 역할을 설명하고, 세의 유리함을 이용하여 싸움의 주도권을 잡을 수 있다고 말했습니다. 오늘은 세에 대한 것은 〈勢篇〉에서 자세한 내용을 다루기 때문에, 역사상 손자병법을 적극적으로 활용한 사람에 대하여 알아보겠습니다.

손자병법을 활용한 사람 중에 가장 중요한 사람은 조조이며, 현재까지 전해지는 손자병법이 바로 그가 원본을 요약하고 해석을 붙인 《위무주손자》13편입니다. 이후 손자병법은 송나라 때 '무경칠서'로 일컬어지는 병서에서 가장 높은 권위를 가진 책으로 존숭하게 됨에 따라 우리나라, 일본 등으로 전파된 것으로 보입니다. 일본의 전국 시대 다이묘인 다케다 신겐이 전투에서 응용했고, 이순신 장군은 손자병법이 바라는 바를 가장 이상적으로 실천한 장군이었습니다. 한편 나폴레옹은 손자병법을 전쟁터에도 지참했다고 하며, 리델하트는 〈전략론〉에서 손자병법의 영향을 받았다고 적었습니다. 마오쩌둥은 16자 전법이란 게릴라 전법을 손자병법에서 창안해서 실전에 적용했습니다.

"현대전에서도 1991년 걸프 전쟁을 승리로 이끈 노먼 슈워츠코프 장군은 '손자의 지식을 실천했을 뿐'이라고 말했습니다."[5] 현대의 경영인 중에서는 손정의 소프트뱅크 사장이 손자병법을 자신의 경영 전략과 접목해 '제곱병법'을 만들어서 경영 지침으로 삼아왔고, 마이크로소프트의 빌 게이츠는 자서전에 "오늘날 나를 만든 것은 손자병법"이라고 말했으며, 페이스북 창업자인 마크 저커버그도 "중요한 결정의 순간에 손자병법을 찾는다"고 했습니다.[6]

손정의(孫正義)의 제곱병법(법칙)은 20대 중반에 직접 개발한 경영 방침으로 손자병법에서 고른 14자와 자신이 독자적으로 생각해 낸 11자

---

5 한기흥(2009). 손자병법. 「동아닷컴」.
   〈https://www.donga.com/news/article/all/20060421/8298286/1〉.

6 ECONOMY Chosun(2017. 8.14). 손자병법. 「CEO handbook」.
   〈http://economychosun.com/client/news/view.php?boardName=C24&t_num=12164〉.

제1편 계(計)

를 합쳐서 25자로 구성한 것입니다(1행: 道天地將法[계], 2행: 頂情略七
鬪, 3행: 智信仁勇嚴[계], 4행: 一流攻守群, 5행: 風林火山[군쟁] 海). 그는
자신의 후계자를 키우는 소프트뱅크 아카데미아에서 가르치고 싶은 것
이 이 법칙이며, "지금까지 저는 수천 권의 책을 읽었고 온갖 경험을 했
으며, 시련도 많이 겪었습니다. 그 과정에서 이 25문자를 달성하면 리더
십을 발휘할 수 있다는 것을 알게 되었습니다"라고 말했습니다. 25문자
는 최초에는 첫 행이 일류공수규(一流攻守群)이었는데 소프트뱅크 아
카데미아 개교식 전날에 변경했을 만큼 손자병법을 중요하게 여겼던
것 같습니다. 요컨대 이 법칙은 그의 경영 지침인 동시에 인생의 지침이
고 성공 법칙이었습니다.[7] 저는 손정의의 법칙이 경영인에게만 중요한
것이 아니라 앞으로 인생을 개척해 나가는 젊은이에게도 유용하다고 생
각합니다. 덧붙여 이 법칙의 토대가 된 손자병법을 읽고 이해하며 응용
할 것을 권하고 싶은 것입니다.

[D+4일] 계(計, Laying Plans) 5

**[18] 兵者, 詭道也。[19] 故能而示之不能, 用而示之不用, 近而視之遠,
遠而示之近。** (병자, 궤도야. 고능이시지불능, 용이시지불용, 근이시지원, 원이시지근)

　전쟁의 요체는 적을 속이는 데 있다. 그러므로 능력이 있으면서도 없

7　이타가키 에이젠. 김정환(역)(2015)., 「손정의 제곱법칙」. 한국경제신문. 7~15.

는 것처럼 보이고, 공격하려 하면서도 하지 않는 것처럼 보이며, 가까이 있으면서도 멀리 있는 것처럼 보이고, 멀리 있으면서도 가까이 있는 것처럼 보이게 한다.

<한자> 兵(병사 병) 전쟁 ; 詭(속일 궤) 속이다 ; 能(능할 능) 능력 ; 而(말이을 이) ~하면서 ; 示(보일 시) 보이다 ; 用(쓸 용) 쓰다, 행하다

<참고> ① 병자(兵者), 궤도야(詭道也): 兵은 '전쟁, 용병'으로 번역할 수 있는데, 직역하면 '전쟁(용병)은 속임수이다', 그런데 詭道는 여러 가지 방법이 있으며, 꼭 '속임수'라고 말하기 어려움. 따라서 '전쟁에는 속이는 여러 가지 방법이 있다' 또는 '전쟁의 요체는 적을 속이는 데 있다'라는 의미인데, 후자로 해석함. 참고로 이 말은 춘추 시대의 전쟁관과는 전혀 다른 새로운 개념임. ② 능이시지불능(能而示之不能): 示之는 '~처럼 보이게 한다', 곧 '능력이 있으면서도 능력이 없는 것처럼 보인다'임. 또는 '할 수 있으면서도 할 수 없는 것처럼 보인다'는 의미임. 이하 친이이지(親而離之)까지 열두 가지 전략을 궤도십이법(詭道十二法)이라고 함. [박삼수]. ③ 용이시지불용(用而示之不用): 用은 '용병 또는 군대를 움직여 공격하려 하는 것'을 의미함. ④ 근이시지원(近而示之遠): '가까운 곳을 노리면서, 먼 곳을 노리는 것처럼 보이게 한다'로 해석하기도 함.

[18] All warfare is based on deception. [19] Hence, when able to attack, we must seem unable; when using our forces, we must seem inactive; when we are near, we must make the enemy believe we are far away; when far away, we must make him believe we are near.

D based on ...에 기초[근거]를 두고 있다 ; deception 속임, 기만 ; seem ...인 것처럼 보이다 ; inactive 활동(발)하지 않는 ; far away 멀리 (떨어져)

[20] 利而誘之, 亂而取之, [21] 實而備之, 强而避之, [22] 怒而撓之, 卑而驕之, [23] 佚而勞之, 親而離之。(이이유지, 난이취지, 실이비지, 강이피지, 노이요지, 비이교지, 일이로지, 친이리지)

적이 이로움을 탐하면 이로움을 보여주어 유인하고, 적이 혼란스러우면 혼란을 틈타서 취하며, 적이 충실하면 대비하고, 적이 강하면 피하고, 적의 사기가 왕성하면 교란하여 사기를 꺾어야 하며, 적이 낮추면 교만하게 만들고, 적이 편안하면 지치게 만들며, 적이 친밀하게 단합되어 있으면 이간하여 갈라지게 한다.

<한자> 誘(꾈 유) 유혹[유인]하다 ; 亂(어지러울 난) 어지럽다 ; 取(가질 취) 가지다, 취하다 ; 實(열매 실) 튼튼하다 ; 備(갖출 비) 준비[대비]하다 ; 避(피할 피) 피하다 ; 怒(성낼 노) 성[화] 내다 ; 撓(어 지러울 요) 요란하다 ; 卑(낮을 비) 낮(추)다 ; 驕(교만할 교) 교만하다 ; 佚(편안 할 일) 편안하다 ; 勞(일할 로/노) 일하다, 지치다 ; 親(친할 친) 친하다 ; 離(떠날 이/리) 떠나다, 갈라지다

<참고> ① 난이취지(亂而取之): 일설에는 "상대방의 상태를 교란시켜 놓고 기회를 틈타 공략하다"로 해석함. ② 실이비지(實而備之): '적의 내실이 충실하면 공격하지 말고 대비하다, 즉 굳게 지키면서 실력을 키워나가야 한다'는 뜻임. ③ 강이피지(强而避之): 적이 강하면 정면 충돌을 피하고 빈틈을 노려야 한다는 의미임. ④ 노이요지(怒而撓之): 怒를 '기세 등등 또는 적의 사기가 왕성한 것'으로 해석함. 또는 '적을 성나게 해서 소란하게 만들다', '적이 쉬이 분노하면 어떻게든 집적거려서 흥분해 이지력을 잃게 한다'는 해석도 있음. ⑤ 비이교지(卑而驕之): 卑는 '적이 낮추면, 조심하면, 신중하면', 곧 자만심을 부추겨 교만하게 만들라는 뜻임.

[20] Hold out baits to entice the enemy. Feign disorder, and crush him. [21] If he is secure at all points, be prepared for him. If he is in superior strength, evade him. [22] If your opponent is of choleric temper, seek to irritate him. Pretend to be weak, that he may grow

arrogant. [23] If he is taking his ease, give him no rest. If his forces are united, separate them.

D hold out bait 미끼를 보이다[내밀다] ; entice 유도[유인]하다 ; Feign disorder 무질서를 가장하다 ; crush 눌러 부수다, 궤멸시키다 ; secure 안전한, 확실한 ; prepared for ~에 준비된 ; superior 우수[우세]한 ; evade 피하다 ; opponent 적수, 상대 ; choleric 화를 잘 내는, choleric temper 다혈질 ; irritate 짜증[화] 나게 하다 ; pretend ...인 체하다 ; arrogant 오만한 ; take ease 쉬다, 몸을 편안히 하다 ; rest 휴식 ; unite 연합하다

◎ 오늘(D+4일)의 思惟 ◎

손자는 전쟁의 요체를 궤도(詭道)에 있다고 말하면서 궤도 12가지를 설명했습니다. 궤도는 적을 속이는 일체의 행보로 전략 전술의 기본 이치를 뜻합니다. 조조는 궤도를 궤사(詭詐)로 풀이했는데 '궤(詭)'는 단순히 상대방을 착각에 빠뜨린다는 뜻에 지나지 않으나 '사(詐)'는 말을 꾸며내 '사기를 친다'는 뜻을 지니고 있습니다. 도덕적으로는 비난을 받을 수밖에 없으나 백성의 생사와 나라의 존망이 걸린 전쟁에서는 불가피하다는 것입니다.[8]

먼저 손자의 말은 춘추 시대의 전쟁 양상과 많이 다릅니다. 중국에서 상·주 시대의 전쟁은 주로 전차가 평원 지대를 달리며 전투를 벌이는 전차전의 형태였으며, 춘추 시대까지는 대략 전차전 중심의 전투가 벌어졌습니다. 전차전은 일정한 진법에 따라 전차가 늘어선 상태에서 북이 울리면 공격이 시작되었고 전투 도중에도 양쪽 모두 예절을 지켰으며, 무엇보다 용맹과 신의를 중하게 여겼습니다. 이때 전투는 일반적으로 짧은

---

8 신동준(2012). 같은 자료.

시간 내에 끝나고, 결과에 따라 제후국들 간의 합병이 잇따랐습니다. 전국 시대에 들어와서 전쟁이 단번에 결판나지 않고 길게는 몇 년에 걸쳐 진행되었고 전쟁이 총력전으로 전개되었습니다.[9] 손자가 정확히 어느 시기에 살았고, 그때 전쟁 양상이 어떻게 변화되었는지는 불명확하지만, "전쟁의 요체가 궤도에 있다"고 말한 것은 당시의 전쟁에서는 전혀 상상할 수 없었던 매우 혁신적인 생각이었던 것 같습니다. 그 시대에 백성의 생사와 나라의 존망이 걸린 전쟁에서 예절과 신의를 지키면서 싸운다는 것이 문제라는 사실을 오로지 손자만 생각했던 것 같습니다.

손자가 궤도라고 말하면서 12가지를 설명했지만 전부 속임수만 있는 것은 아닙니다. 전투를 유리한 방향으로 전개하고 전장의 주도권을 장악하기 위하여 실행할 수 있는 여러 가지 방법들을 제시한 것입니다. 빌 게이츠가 중국 시장을 공략할 때 이와 같은 손자의 전략을 사용했습니다.

MS는 1990년대 초 중국 워드프로세스 분야 시장 진출에 애를 먹었습니다. 중국 본토 중소기업들은 가격 경쟁력으로 MS에 저항했는데, 빌 게이츠는 손자병법에 나온 '능력이 없는 척 속였다가 적을 공격하는 전략'을 택했습니다. 빌 게이츠는 MS의 워드프로세서가 무단 복제되어 시장에 엄청나게 풀리고 있음에도 별다른 조처를 하지 않았습니다. 무려 10여 년을 방치했는데, 중국 본토 워드프로세서 기업들은 결국 무단 복제된 MS의 워드프로세서에 모든 시장을 잃고 무릎을 꿇었습니다.[10] 이와 같은 사례를 보면 전투나 글로벌 경쟁에서 승리하기 위해서는 사고가 혁신적일 필요가 있습니다. 이것을 손자병법에서 배울 수 있는 것입니다.

---

9 안정애(2012). 중국사 다이제스트 100(춘추 시대의 개막). 「네이버 지식백과」.
   〈https://terms.naver.com/entry.nhn?docId=1832969&cid=62059&categoryId=62059〉.

10 ECONOMY Chosun(2017. 8.14). 같은 자료.

[D+5일] 계(計, Laying Plans) 6

[24] 攻其無備, 出其不意, [25] 此兵家之勝, 不可先傳也。 (공기무비, 출기불의, 차병가지승, 불가선전야)

적이 대비하지 않는 곳을 공격하고, 적이 예상하지 않은 곳으로 나아간다. 이것은 병가에서 말하는 승리의 비결이며, 사전에 알려져서는 안된다.

〈한자〉 攻(칠 공) 치다, 공격하다 ; 備(갖출 비) 준비하다, 대비하다 ; 出(날 출) 나가다 ; 意(뜻 의) 생각하다 ; 兵家(병사 병, 집 가) 병학의 전문가 ; 傳(전할 전) 전하다, 알리다

〈참고〉 ① 공기무비(攻其無備), 출기불의(出其不意): 리델하트의 간접 접근 전략은 이 개념에서 영향을 받음. 일설은 '곳'이 아닌 '상황'으로 해석함. 즉 "적이 생각하지 못한 상황에 나아간다"고 함. 또한 攻其無備는 물리적인 곳, 出其不意는 정신적인 빈 곳이라고도 해석함. ② 병가지승(兵家之勝): 兵家는 병학의 전문가, 군사에 종사하는 사람, 특히 장수이며, 勝은 '승리의 비결 또는 방법'을 뜻함. ③ 불가선전(不可先傳): 일설은 "어떤 고정된 이론으로 정형화하여 말할 수 있는 것이 아니다"라고 해석함. 곧 실전에서 구사되는 무궁무진한 임기응변의 이치를 어떤 고정된 이론으로 정립해 미리 전수할 수 없다는 의미가 있음.

[24] Attack him where he is unprepared, appear where you are not expected. [25] These military devices, leading to victory, must not be divulged beforehand.

D unprepared 준비[대비]가 안 된 ; expected 예상되는 ; devices 장치, 방법, 방책/계책 ; divulge (비밀 등을) 누설하다 ; beforehand 사전에

[26] 夫未戰而廟算勝者, 得算多也; 未戰而廟算不勝者, 得算少也; 多算勝, 少算不勝, 而況於無算乎 ? 吾以此觀之, 勝負見矣。(부미전이묘산승자, 득산다야; 미전이묘산불승자, 득산소야; 다산승, 소산불승, 이황어무산호? 오이차관지, 승부견의)

　　무릇 전쟁을 시작하기 전에 묘산을 통해 승리를 예측하는 것은 승산이 많기 때문이다. 전쟁을 시작하기 전에 묘산에서 패배를 예측하는 것은 승산이 적기 때문이다. 승산이 많으면 승리하고 승산이 적으면 승리하지 못하는데, 하물며 묘산이 없으면 어찌 되겠는가? 나는 이러한 방법으로 살펴보면 전쟁의 승패를 내다볼 수 있다.

<한자> 夫(지아비 부) 무릇, 대저 ; 未(아닐 미) 아니다 ; 廟(사당 묘) 사당, 정전 ; 算(셈 산) 셈, 계산 ; 況(하물며 황) 하물며, 더군다나 ; 於(어조사 어) ~에 있어서 ; 乎(어조사 호) ~느냐? ; 觀(볼 관) 보다 ; 見(볼 견) 보다, 드러나다 ; 負(질 부) 지다, 패하다 ; 矣(어조사 의) ~이다

<참고> ① 미전(未戰): 전쟁을 아직 하지 않은 상태를 뜻함. ② 묘산(廟算): '사당인 묘당에서 군신이 모여 논의한 끝에 결정한 계책'이라는 뜻임. 또는 '전쟁 전에 종묘에서 국왕과 신하들이 형세를 가지고 계산하면서 토의하는 것'을 뜻함. 算은 여기서는 승산, 승리의 조건을 이름. ③ 득산다(得算多): 得算은 계산을 통해 얻은 점수 또는 결과로 '승산'을 의미함. 따라서 이길 조건을 구비했다는 의미임. 일설은 多算은 전략 전술을 많이 짬, 즉 多는 충분하면서도 치밀하다는 뜻으로 해석했음. ④ 무산(無算): '묘산, 승산, 전략, 계' 등이 없는 것으로 해석됨. 여기서는 '묘산이 없다'로 해석함. ⑤ 승부견의(勝負見矣): '승부'는 '전쟁의 승패'를 의미하며, 見의 목적어로서 앞에 나온 것임.

[26] Now the general who wins a battle makes many calcula- tions in his temple ere the battle is fought. The general who loses a battle makes but few calculations beforehand. Thus do many calculations lead to victory, and few calculations to defeat: how much more no

calculation at all! It is by attention to this point that I can who is likely to win or lose.

D make calculations 계산하다, many calculations 다산(多算) ; temple 사원, 전당 ; ere ...의 전에 ; lose 패하다 ; beforehand 사전에 ; defeat 패배하다 ; at all 전혀 ; attention 주의, 주목, by attention to ...에 주의를 기울여

◎ 오늘(D+5일)의 思惟 ◎

손자는 "적이 대비하지 않는 곳을 공격하고, 적이 예상하지 않은 곳으로 나아가라"는 병가의 승리의 비결을 말했습니다. 그리고 전쟁을 시작하기 전에 묘산을 함으로써 전쟁의 승패를 내다볼 수 있다고 하면서 〈計篇〉에서 논의한 내용을 정리했습니다.

먼저 "공기무비, 출기불의(攻其無備, 出其不意)"라는 말이 〈計篇〉에 있다는 것은 손자가 전략 및 작전 차원에서 이 말을 핵심적인 지침으로 생각한 것 같습니다. 이 명구(名句)는 군인들이 가장 추구하고자 하는 작전의 개념일 뿐만 아니라 리델하트의 간접 접근 전략에서도 근간이 되는 개념입니다. 리델하트는 《전략론》에서 간접 접근 전략을 주장했습니다. 이 전략은 "적 부대를 견제하는 가운데 적의 최소 저항선 및 최소 예상선으로 기동하여 적을 교란시키고, 이를 통해 유리한 전략적 상황을 조성하고 적 저항 가능성을 감소시키며 이로써 최소 전투에 의한 승리를 달성하는 전략"입니다. 리델하트가 말한 최소 저항선은 '물리적 측면에서 적의 대응 준비가 가장 적은 곳'인데, 손자가 주장한 '적이 대비하지 않는 곳을 공격하는 것(攻其無備)'과 일치합니다. 또한 최소 예상선은 '심리적 측면에서 적이 예상하지 않은 선, 장소, 방책'을 의미하는데 손자의 '적이

예상하지 않은 곳으로 진출하는 것(出其不意)'과 일치합니다.[11] 따라서 간접 접근 전략은 리델하트 스스로도 《전략론》 서두에서 손자의 영향을 받았다고 기술했던 것입니다.

다음은 손자는 〈計篇〉을 마무리하면서 전쟁을 시작하기 전에 승산을 계산하여 전쟁 여부를 판단할 것을 다시 한번 강조했습니다. 당시의 군주들이 화가 나서 감정적으로 전쟁을 하거나, 점을 친다든지 주먹구구식으로 전쟁을 결심했던 상황에서 전쟁이 국가의 중대사임을 명심하고 묘산을 하고 전쟁의 승부 여부를 판단할 것을 요구했습니다. 만일 승산이 없다면 당연히 전쟁을 하지 말아야 한다는 의미도 포함되어 있다고 생각합니다. 결과적으로 손자병법에 〈計篇〉이 있다는 것이 손자가 전쟁의 본질에 대한 통찰력이 있고 그의 천재성을 나타내는 것이며, 다른 병법에 비하여 높은 가치를 갖게 된 것으로 여겨집니다.

끝으로 오늘날 빠르게 변하며 복잡하고 불확실한 글로벌 경영 환경에서 손자병법의 가치와 효용성은 여전히 중요하며, 오히려 더 커지고 있습니다. 손정의, 빌 게이츠, 마크 저커버그 등 세계적인 기업의 CEO들이 손자병법을 경영에 접목하고 있는 것은 우연이 아닐 것입니다. 우리나라에서도 현재 굴지의 기업 CEO들 중에 많은 사람들이 손자병법을 이해하고 경영에 활용하고 있다고 생각합니다. 저는 경영자뿐만 아니라 조직의 중추적인 역할을 담당하고 있는 젊은 사람들이 할 일이 많고 일상 생활이 바쁘더라도 꼭 시간을 할애하여 손자병법을 읽고 경영이나 실생활에 활용하기를 기대합니다.

---

11 케니(Kenny)(2020). 손자와 리델하트의 전략사상 비교. 「The In and Outside」.
    〈https://brunch.co.kr/@yonghokye/149〉.

제2편

작전(作戰)

★ Waging War ★

작전은 '전쟁의 착수나 준비'하는 것을 뜻한다. 즉 군사 목적을 이루기 위해 전투를 하는 것이 아니다. 이 편에서는 전쟁을 치르는 데 막대한 비용이 들고, 승리가 오래 걸리면 군대가 지치고 적의 침략을 받을 수 있다고 한다. 따라서 전쟁은 미흡하더라도 빠른 것이 가장 좋기 때문에 단기전, 곧 '속전속승(速戰速勝)'을 강조하며, 현지 조달 등 비용을 줄이는 방안을 제시한다. 또한 장수는 이러한 전쟁의 속성을 잘 알아야 하는 국가 안위의 주재자라고 한다.

◆ 작전편 핵심 내용 ◆

C [3] 久暴師則國用不足 군대를 장기간 무리하게 운용하면 국가의 재정이 부족해진다.

A [16] 殺敵者怒也 적을 죽이는 것은 적개심으로 한다.

A [18] 勝敵而益強 적을 이길수록 더욱 강해진다.

C [19] 兵貴勝, 不貴久。 전쟁은 빨리 이기는 것을 귀하게 여기지, 오래 끄는 것을 귀하게 여기지 않는다.

A [20] 知兵之將, 民之司命, 國家安危之主也。 전쟁의 속성을 잘 아는 장수는 백성의 생명을 책임지며 국가 안위를 주재하는 자이다.

◆ 러블리 팁(Lovely Tip) ◆

L 싸움에는 비용이 들고 폐해가 있음을 알자.

L 싸움은 질질 끌지 말고 빠르게 마무리하자.

L 성과를 내려면 사기를 높이고 포상을 활용하자.

L 변화 관리를 잘하고, 변화에 민첩하게 대응하자.

L 리더는 구성원을 아끼고 안위에 책임을 갖자.

[D+6일] 작전(作戰, Waging War) [1]

[1] 孫子曰: 凡用兵之法, 馳車千駟, 革車千乘, 帶甲十萬; 千里饋糧, 則內外之費, 賓客之用, 膠漆之材, 車甲之奉, 日費千金, 然後十萬之師擧矣。

(손자왈, 범용병지법, 치차천사, 혁차천승, 대갑십만, 천리궤량, 즉내외지비, 빈객지용, 교칠지재, 차갑지봉, 일비천금, 연후십만지사거의)

손자가 말했다. 무릇 용병할 경우 말이 끄는 전차 천 대, 치중 수레 천 대, 무장한 병사 십만 명을 동원하고, 천 리까지 식량을 실어 보내야 한다. 그러자면 나라 안팎으로 드는 비용, 빈객을 접대하는 비용, 활과 화실 등 무기를 제작하거나 정비하는 재료 준비, 치량과 갑옷 등 무기의 장비를 정비하고 보충하는 비용 등 매일 천금의 비용이 든다. 이러한 여건이 마련된 연후에 비로소 십만 명의 군사를 일으킬 수 있다.

<한자> 作(지을 작) 만들다, 행하다 ; 戰(싸움 전) 싸움, 전쟁 ; 馳(달릴 치) 달리다, 질주하다 ; 車(수레 차/거) 수레 ; 駟(사마 사) 사마 ; 革(가죽 혁) 가죽 ; 乘(탈 승) 타다, 수레 ; 帶(띠 대) 띠, 두르다, 차다 ; 甲(갑옷 갑) 갑옷 ; 饋(보낼 궤) (음식을) 보내다 ; 糧(양식 량) 양식 ; 費(쓸비) 쓰다, 비용 ; 則(법칙 칙, 곧 즉) 곧, 즉 ; 賓(손 빈) 손님 ; 客(손 객) 손님 ; 膠(아교 교) 아교 ; 漆(옻 칠) 옻 ; 材(재목 재) 재목, 재료 ; 奉(받들 봉) 받들다 ; 然後(그럴 연, 뒤 후) 그러한 뒤 ; 師(스승 사) 군사, 군대 ; 擧(들 거) 일으키다, 흥기하다

<참고> ① 용병지법(用兵之法): 法은 '법, 방법'을 뜻하는데, 여기서는 ~할 경우로 해석함. 곧 '용병의 법에 10만 명을 일으킬 경우'를 뜻함. ② 치차천승(馳車千駟): 馳車는 '네 마리의 말이 끄는 전투용 전차' 또는 '속도가 매우 빨라 무장한 병사들을 태우고 적을 공격할 때 쓰던 전차'임. [유종문]. ③ 혁차천승(革車千乘): 革車는 양식과 무기를 운송하는 수레, 가죽 덮개를 한 까닭에 혁차라고 했음. 乘은 수레를 세는 단위임. ④ 대갑십만(帶甲十萬): 帶甲은 '갑옷을 입

은 장졸, 병사', 十萬의 규모는 "국가의 명운을 건 전쟁에서 제후국이 동원할 수 있는 최대 규모였던 것으로 짐작함." [박창희]. ⑤ 천리궤량(千里餽糧): 餽糧은 '식량을 보내다', 전쟁을 치를 경우 국경을 넘어 천 리 밖까지 진출하는 경우가 비일비재함. ⑥ 내외(內外): 內는 나라 안, 곧 후방, 外는 나라 밖, 곧 전방(군영)을 뜻함. ⑦ 빈객(賓客): 각국 제후의 사절 및 내빈, 춘추시대에는 전쟁을 하는 동안에도 제후의 사자와 협상을 하는 경우가 있었음. ⑧ 교칠지재(膠漆之材): 활과 갑옷 등을 관리할 때, 아교와 옻을 섞어서 썼음. 즉 무기와 장비를 제작하거나 정비하는 재료를 말함. ⑨ 차갑지봉(車甲之奉): 차량과 갑옷 등 전쟁 무기와 장비를 정비하고 보충하는 비용임. 奉은 '비용'을 뜻함. ⑩ 일비천금(日費千金): 日費는 날마다의 비용, 千金은 정확히 얼마를 뜻하기보다 그만큼 많은 막대한 돈이 든다는 것을 의미함. ⑪ 연후(然後): 문맥상 앞의 '여건이 마련된' 또는 '준비를 갖춘 후'로 해석함.

[1] Sun Tzu said: In the operations of war, where there are in the field a thousand swift chariots, as many heavy chariots, and a hundred thousand mail-clad soldiers, with provisions enough to carry them a thousand li, the expenditure at home and at the front, including entertainment of guests, small items such as glue and paint, and sums spent on chariots and armor, will reach the total of a thousand ounces of silver per day. Such is the cost of raising an army of 100,000 men.

D in the field 현장에서 ; swift 신속한, 빠른 ; chariots 경전차 ; mail-clad 갑옷을 입은 ; provision 공급, provisions 식량 ; li 리(里)[약 500미터] ; at the front 일선에서 ; entertainment 접대 ; item 항목, 물품 ; glue 접착제, [아교] ; paint 물감, [옻칠] ; sums spent on ~에 지출된 총액 ; armor 갑옷 ; raise 올리다, 모집[편성]하다

[2] 其用戰也, 勝久則鈍兵挫銳, 攻城則力屈, [3] 久暴師則國用不足。 (기

용전야, 승구즉둔병좌예, 공성즉력굴, 구폭사즉국용부족)

전쟁을 수행함에 있어, 승리가 오래 걸리면 군대는 지치고 예기가 꺾이며, 성을 공격하면 힘이 다하게 되고, 군대를 장기간 무리하게 운용하면 국가의 재정이 부족해진다.

<한자> 用(쓸 용) 쓰다, 행하다 ; 鈍(둔할 둔) 둔하다, 무디다 ; 挫(꺾을 좌) 꺾이다 ; 銳(날카로울 예) ; 屈(굽힐 굴) 굽다, 쇠퇴하다 ; 久(오랠 구) 오랫동안 ; 暴(사나울/쬘 폭) 쬐다, 햇볕에 말리다 ; 足(지나칠 족) 넉넉하다

<참고> ① 기용전야(其用戰也): 用戰은 '전쟁을 수행', 也는 '~함에, ~할 때'임. ② 둔병좌예(鈍兵挫銳): 鈍兵은 '군대 또는 병사가 무디어진다', 즉 '곤핍하다, 지치다'는 뜻임. 挫銳는 '예기가 꺾인다'임. ③ 공성즉력굴(攻城則力屈): 攻城은 적의 '성을 공격하다', 力屈은 '힘을 다하다'임. ④ 구폭사즉국용부족(久暴師則國用不足): 久暴師는 '군대를 장기간 무리하게 부림', 또한 暴은 '햇볕에 쬐다'는 뜻이 있음. 즉 '장기간 야전에 있음'을 의미함. 일설은 '군대를 먼 국외로 파병해서 오랫동안 고생시키는 것'으로 해석함. 國用은 국가가 쓰는 것, 즉 '국가의 재정'을 뜻함. 따라서 전쟁이 지구전으로 되면 결국 국가의 재정이 부족하게 됨을 의미함.

[2] When you engage in actual fighting, if victory is long in coming, then men's weapons will grow dull and their ardor will be damped. If you lay siege to a town, you will exhaust your strength. [3] Again, if the campaign is protracted, the resources of the State will not be equal to the strain.

D engage in actual fighting 실전에 참여하다 ; in coming 오는 데 ; grow dull 둔해지다 ; ardor 열정 ; damp 꺾다 ; lay siege to 포위(공격)하다 ; exhaust 다 써 버리다 ; Again 그리고 또 ; campaign 캠페인[군사 작전] ; protract 오래 끌다 ; not be equal to ...를 감당할 수 없는 ; strain 부담, 압력

◎ 오늘(D+6일)의 思惟 ◎

손자는 〈作戰篇〉 첫머리에 전쟁의 비용을 설명하면서 매일 천금의 비용이 들고, 전쟁을 오래 끌게 되면 국가의 재정이 부족해진다고 말했습니다. 손자가 말하는 작전이 우리가 일반적으로 생각하는 전투를 하는 행위를 말하는 것이 아니라 전쟁을 하기 위한 준비를 하는 것을 의미하기 때문에 〈計篇〉에 이어서 설명한 것입니다.

우리는 통상 전쟁에 대하여 생각할 때 최소한 전쟁의 정의와 목적이 무엇인가를 알고자 합니다. 그런데 손자는 전쟁에 대하여 많은 말을 하지만 전쟁의 정의나 목적은 명확하게 설명하지 않았습니다. 이와 관련하여 병법에 대한 고전이 동양에 《손자병법》이 있다면 서양에는 클라우제비츠의 《전쟁론》이 있기 때문에, 《전쟁론》에 대하여 간략하게 살펴보고자 합니다. 《전쟁론》은 전 세계의 많은 군사 교육 기관에서 교재로 읽히고 있는 고전이며, 대부분의 사람들이 전략과 전술을 논할 때 두 사람의 저작과 사상을 서로 비교하기도 합니다.

《전쟁론》은 19세기 초반 프로이센의 장군이자 전쟁 이론가인 카를 폰 클라우제비츠(Carl von Clausewitz)가 쓴 것입니다. 그는 나폴레옹의 프랑스군이 전쟁의 개념을 국민 전체가 참여하는 국민 전쟁으로 바꾸어 놓은 것으로 인식하고, 새로운 전쟁 이론의 필요성을 절감하면서 전쟁의 보편적인 개념을 밝히고자 했습니다. 그는 "전쟁은 나의 의지를 관철하기 위해 적에게 굴복을 강요하는 폭력 행위다"라고 정의했습니다. 전쟁과 정치의 관계에 대해서는 "전쟁은 단순히 정치를 다른 수단으로 계속하는 것"이라고 했습니다.[1] 그리고 그는 "전쟁의 두 가지 측면에서 사

---

1 이진우(2015). 「클라우제비츠의 전쟁론」. 10~16.

기가 중요하다고 보았다. 하나는 한 국가의 군대와 국민의 사기이고 다른 하나는 적국의 사기이다. 그는 적의 물리적 그리고 정신적 전투력을 격멸하지 않고서는 전장을 장악하더라도 승리를 달성할 수 없다"[2] 고 말했습니다.

손자와 클라우제비츠는 고대의 춘추 전국 시대와 근대의 나폴레옹 시대라는 시간적 간극이 있고, 전쟁의 양상이 달랐기 때문에 서로 차이가 있을 수밖에 없습니다. 손자는 중국 내전을 다루었지만, 클라우제비츠는 국가 간의 전쟁을 다루었습니다. 손자는 상대국을 합병하는 것을 주제로 전쟁과 전략, 전술 실행에 대하여 논했기 때문에 전쟁의 정의가 꼭 필요하지 않았습니다. 클라우제비츠는 전쟁을 주제로 해서 이론적으로 분석했기 때문에 당연히 전쟁의 본질을 연구했습니다. 그리고 손자가 말한 백성과 클라우제비츠가 말한 국민이 또한 차이가 있기 때문에 전쟁의 방법론에도 차이가 있습니다. 결론적으로 두 사람의 전쟁관에 대하여 세부적인 내용을 고찰해 보면 어떤 면에서는 같은 점도 있고 다른 점도 있다고 생각합니다.

---

2 베아트리체 호이저. 윤시원 (역)(2016). 「클라우제비츠의 전쟁론 읽기」. 일조각. 180.

[D+7일] 작전(作戰, Waging War) ②

[4] 夫鈍兵, 挫銳, 屈力, 殫貨, 則諸侯乘其弊而起。雖有智者, 不能善其後矣! (부둔병, 좌예, 굴력, 탄화, 즉제후승기폐이기. 수유지자, 불능선기후의)

무릇 군대가 지치고 예기가 꺾이며 힘이 소진되고 재정이 고갈되면, 이웃 제후들이 그 폐단에 편승하여 전쟁을 일으킨다. 그렇게 되면 아무리 지혜를 가진 자라고 해도 그 뒷감당을 잘할 수 없다!

<한자> 屈(굽힐 굴) 다하다, 소진하다 ; 殫(다할 탄) 다하다 ; 貨(재물 화) 재물, 재화 ; 侯(제후 후) 제후 ; 乘(탈 승) 타다, 오르다 ; 弊(폐단 폐) 폐단 ; 起(일어날 기) 일어나다 ; 雖(비록 수) 비록, 아무리 ~하여도 ; 善(착할 선) 잘하다 ; 後(뒤 후) 뒤

<참고> ① 굴력, 탄화(屈力, 殫貨): 屈力은 '힘을 다함', 곧 군사력이 소진됨을 뜻함, 殫貨는 '재화가 고갈됨'을 의미함. 곧 국가 재정 내지 경제가 파탄함을 이름, ② 제후승기폐이기(諸侯乘其弊而起): 諸侯는 봉건 시대에 일정한 영토를 가지고 그 영내의 백성을 지배하는 권력을 가진 사람임. 乘其弊는 '그 폐단에 편승, 틈타, 이용하여', 起는 '전쟁을 일으키다, 침공한다'는 의미임. ③ 불능선기후의(不能善其後矣): 不能善은 '잘할 수 없다', 其後는 '그 뒤의' 인데 '뒷감당' 또는 '뒷수습'의 의미임.

[4] Now, when your weapons are dulled, your ardor damped, your strength exhausted and your treasure spent, other chieftains will spring up to take advantage of your extremity. Then no man, however wise, will be able to avert the consequences that must ensue.

Ⓓ treasure 보물, [재화] ; chieftains 족장, [제후] ; spring up [튀어나오다] ; take advantage of ~을 이용하다 ; extremity 극단, 곤경 ; however wise 아무리 현명해도 ; avert 피하다 ; consequences 결과 ; ensue 뒤따르다

[5] 故兵聞拙速, 未睹巧之久也。[6] 夫兵久而國利者, 未之有也。[7] 故 不盡知用兵之害者, 則不能盡知用兵之利也。(고병문졸속, 미도교지구야. 부병구 이국리자, 미지유야, 고부진지용병지해자, 즉불능진지용병지리야)

그러므로 전쟁은 미흡하더라도 빠르게 종결해야 한다는 말은 들었어도, 교묘하게 하여 오래 끄는 것은 보지 못했다. 무릇 전쟁을 오래 끌어서 나라에 이로운 경우는 없었다. 따라서 용병의 해로움을 다 알지 못하면, 곧 용병의 이로움을 다 알 수 없다.

<한자> 聞(들을 문) 듣다 ; 拙(옹졸할 졸) 옹졸하다, 서툴다 ; 速(빠를 속) 빠르다 ; 睹(볼 도) 보다, 분별하다 ; 巧(공교할 교) 공교[교묘]하다 ; 盡(다할 진) 다하다, 모든

<참고> ① 병문졸속(兵聞拙速): 兵은 '병서, 병법' 또는 '전쟁'인데, 여기서는 문맥을 고려하여 '전쟁'으로 해석함. 拙은 '서툴다'인데, 의미상 '졸렬, 미흡하다'로 해석됨. 곧 '지모와 전략은 매끄럽지 못하고 서툴고 졸렬 미흡하지만, 빠르게 종결 또는 승리를 쟁취함'의 의미임. ② 미도교지구야(未睹巧之久也): 未睹는 '보지 못했다', 巧之久는 '교묘하게 하여 오래 끄는 것'임. 곧 이와 같은 일은 있을 수 없다는 의미임. ③ 병구(兵久): '전쟁을 오래 끌다'임, 일설은 '병기는 흉기이기 때문에 오래 쓰면 변고가 생긴다'는 의미로 해석함. ④ 부진지용병(不盡知用兵): 不盡知는 '다 알지 못한다'임. 用兵은 '용병' 또는 '전쟁'으로 해석할 수 있음. 많은 역자들이 '전쟁'으로도 해석함.

[5] Thus, though we have heard of stupid haste in war, cleverness has never been seen associated with long delays. [6] There is no instance of a country having benefited from prolonged warfare. [7] It

is only one who is thoroughly acquainted with the evils of war that can thoroughly understand the profitable way of carrying it on.

D heard of ...에 대해 듣다 ; stupid haste 어리석은 서두름 ; cleverness 영리함 ; associated with ~와 관련된 ; long delays 오랜 지체[지연] ; instance 사례, 경우 ; benefited from ~로부터 이익을 얻다 ; prolonged 장기적인 ; thoroughly 철저히 ; acquainted with ...을 알고 있는 ; evil 폐해 ; profitable 유익한 ; carry on 계속하다

◎ 오늘(D+7일)의 思惟 ◎

손자는 전쟁을 오래 끌면 군대가 지치고 예기가 꺾이며, 힘이 소진되고 재정이 고갈되며 국가가 위기에 처할 수 있다고 했습니다. 그리고 전쟁을 오래 끌어서 이로운 경우는 없으며 용병의 해로움을 알아야 용병의 이로움을 알 수 있다고 했습니다. 그러므로 전쟁을 하면 속전속승(速戰速勝)의 단기전을 해야 하며, 용병의 폐해에 대해 자세히 알아야 한다는 것입니다.

춘추 시대는 많은 제후국이 있었는데 춘추 말기에 진(秦), 초(楚), 제(齊), 한(韓), 위(魏), 조(趙), 연(燕)의 7개국으로 정리되었고 기록에 남겨진 전쟁의 횟수만도 1,200회가 넘었습니다.[3] 이와 같은 역사와 현실을 목격했던 손자는 제후들이 전쟁을 함부로 시작하고, 또한 전쟁을 오래 끌어서 멸망한 사례가 많았다고 여긴 듯합니다. 그래서 병법을 시작하면서 먼저 전쟁을 신중히 고심해야 하며, 전쟁을 시작한 후 오래 끌어서 장기전이 될 경우에 국가가 망할 수도 있다고 설명한 것입니다. 이와 같은 설명은 그가 병법에서 전쟁은 "싸우지 말고 이기고, 이겨놓고 싸우고, 빠

---

3 안정애(2012). 같은 자료.

르게 승리하라"로 요약할 수 있는 전쟁관으로 발전시키기 위하여 전제로 제시한 개념으로 판단합니다.

춘추 시대에 제후국이 전쟁을 하는 목적이 여러 가지가 있을 수 있지만, 손자가 서술한 전쟁은 기본적으로 원정을 하여 상대국을 합병하는 것이라 생각합니다. 그래서 병법 내용이 공격 위주로 서술되어 있습니다. 만일 적국을 공격한다면 손자가 말한 구체적인 전략과 전술을 실천하여 단기간에 전승할 수도 있을 것입니다. 그러나 같은 조건이라면 방어국도 이점이 있습니다. 예를 들어, 손자도 〈謀攻篇〉에 오즉공지(五則攻之)라 했는데, 즉 '다섯 배이면 공격한다'는 뜻입니다. 이 말은 방자가 병력의 수에서 상대적으로 유리하다는 것입니다. 또한 본국에서 전쟁을 치르기 때문에 지형 이용에 유리한 점이 있으며 보급 문제가 해결되고 백성들이 참전하여 일치단결하여 전쟁에 임할 수도 있습니다. 그러므로 상대에 따라 단기간에 승리하지 못하고 전쟁이 장기화될 가능성도 얼마든지 있을 것입니다.

결국, 적국을 공격하여 예상외로 장기전이 된다면 적시에 철군이나 협상 등의 방법으로 전쟁을 종결시켜야 합니다. 그런데 전쟁을 종결시킨다는 것이 실제로 쉽지 않습니다. 589년 중국을 통일한 수나라가 문제, 양제의 2대에 걸쳐 4차례나 총력전의 양상으로 고구려를 침공했지만 결국 패했습니다. 그에 따라 군량미와 물자의 소진, 재정의 소모 등 피해가 막심했으며 결국 내분에 휩싸여 멸망했는데 고구려 원정이 멸망에 큰 영향을 주었던 것입니다.[4] 이와 같이 잘못 시작한 것, 그리고 늦기 전에 종

---

4 고구려 수 전쟁(2020. 10. 4.). 「나무위키」.
〈https://namu.wiki/w/%EA%B3%A0%EA%B5%AC%EB%A0%A4-%EC%88%98%20%EC%A0%84%EC%9F
%81?from=%EA%B3%A0%EC%88%98%EC%A0%84%EC%9F%81〉.

결하는 것을 제대로 하지 못한 사례는 현대에도 전쟁뿐만 아니라 기업에서도 많은 실패 사례가 있습니다.

[D+8일] 작전(作戰, Waging War) ③

[8] 善用兵者, 役不再籍, 糧不三載, [9] 取用於國, 因糧於敵, 故軍食可足也。(선용병자, 역불재적, 양불삼재, 취용어국, 인량어적, 고군식가족야)

용병을 잘하는 자는 병력을 거듭 징집하지 않으며 군량도 여러 번 실어 나르지 않는다. 무기와 장비 등은 본국에서 가져다 쓰지만 군량은 적국에서 조달해야 한다. 그렇게 하면 군량은 넉넉할 수 있다.

<한자> 役(부릴 역) 부리다 ; 再(두 재) 재차, 거듭 ; 籍(문서 적) 소집하다, 징집하다 ; 糧(양식 량) 양식 ; 三(석 삼) 셋, 자주, 거듭 ; 載(실을 재) 싣다 ; 於(어조사 어) ~로부터 ; 因(인할 인) 의지하다 ; 敵(대적할 적) 적, 대적하다 ; 足(지나칠 족) 넉넉하다

<참고> ① 역불재적(役不再籍): 再는 '재차, 거듭', 籍은 군적에 올린다는 뜻임. ② 양불삼재(糧不三載): 載는 '싣다, 운송하다', 조조는 "처음에 양식을 운송하고, 그 후에는 적에게서 식량을 구한다. 병사들을 데리고 고국으로 다시 돌아올 때까지 식량을 보급받지 않아도 된다"고 하였음. [유종문]. 곧 출정 시 한 번, 고국에 돌아와서 한 번 하면 두 번이 되는데, 중간에 한 번 더 하지 않는다는 뜻임. ③ 취용어국(取用於國): 取用은 '가져다 씀', 무엇을 가져다 쓰는지는 없지만, 원정 작전을 한다면, 현지 조달에만 의존할 수 없는 무기, 전투 장비 및 물품, 보급품 등이 필요했을 것임. ④ 인량어적(因糧於敵): 糧因於敵의 도치 변형임, 군량은 적국에서 의지함, 곧 조달, 약탈함을 이름. ⑤ 군식(軍食): 군수품과 군량을 모두 가리킴.

[8] The skillful soldier does not raise a second levy, neither are his

supply-wagons loaded more than twice. [9] Bring war material with you from home, but forage on the enemy. Thus the army will have food enough for its needs.

D skillful 숙련된 ; raise 올리다, 모집하다 ; levy 징집, 부역 ; load 싣다 ; supply-wagons 보급 차 ; war material 전쟁물자 ; forage (on) 찾다, (식량 등을) 약탈하다 ; need 필요, 욕구

[10] 國之貧於師者遠輸, 遠輸則百姓貧, [11] 近於師者貴賣, 貴賣則百姓財竭, [12] 財竭則急於丘役。 (국지빈어사자원수, 원수즉백성빈, 근어사자귀매, 귀매즉백성재갈, 재갈즉급어구역)

　　나라가 가난해지는 것은 군대가 멀리 나가 있으면 군수 물자를 멀리까지 수송하기 때문이며, 멀리 수송하면 곧 백성이 가난해진다. 군대와 가까운 곳은 물가가 올라가고, 물가가 올라가면 백성의 재산이 고갈된다. 백성의 재산이 고갈되면 국가는 노역을 모으는 데 급해진다.

<한자> 貧(가난할 빈) 가난하다 ; 貴(귀할 귀) 귀하다 ; 賣(팔 매) 팔다 ; 竭(다할 갈) 없어지다 ; 急(급할 급) 급하다 ; 丘(언덕 구) 모으다 ; 役(부릴 역) 부역

<참고> ① 국지빈어사자원수(國之貧於師者遠輸): 일설은 '나라의 빈곤은 군대를 멀리 보내는 것에 있다'라고 해석함. ② 백성(百姓): "옛날에는 본디 백관(百官) 귀족을 일컬음, 옛날 귀족들은 각기 봉지로 성을 삼았으므로, '백성'이라고 하였음. 대략 漢代 이후에 서민, 민중을 통칭함." [박삼수]. ③ 귀매(貴賣): '비싼 값으로 팔다', 곧 물가가 올라감을 뜻함. ④ 백성재갈(百姓財竭): 군사가 국경 너머로 출정하면 군수품 관련 물자가 부족해지고 생필품 값이 올라감, 결국 백성은 비싼 값을 치르게 되어 재산이 고갈됨. ⑤ 급어구역(急於丘役): 丘는 '모으다', 役은 노역, 따라서 '노역을 모으는 데 급해진다'임. 일설은 丘役을 '춘추 시대에 시행된 구부제(丘賦制)의 요역(徭役), 즉 노동력을 세(稅)로 지출했던 노역'으로 해석하여 '노역을 가중하는 데 급해진다'로 해석함.

[10] Poverty of the State exchequer causes an army to be maintained by contributions from a distance. Contributing to maintain an army at a distance causes the people to be impoverished. [11] On the other hand, the proximity of an army causes prices to go up; and high prices cause the people's substance to be drained away. [12] When their substance is drained away, the peasantry will be afflicted by heavy exactions.

D poverty 빈곤 ; exchequer 국가 재정 ; cause ...의 원인이 되다 ; maintain 유지하다 ; contributions from a distance 원거리에서 기여[수송] ; impoverish 빈곤[가난]하게 하다 ; proximity 가까움, 근접 ; go up 오르다 ; substance 실체, [재산] ; drain away (재물 등) 고갈시키다 ; peasantry 소작농들 ; afflict 시달리다 ; exaction 강요, 가혹한 요구[세금]

◎ 오늘(D+8일)의 思惟 ◎

손자는 〈作戰篇〉에서 여러 가지 관점에서 전쟁과 비용, 그리고 군수 물자와의 관계에 대하여 말했습니다. 손자의 관점을 현대의 말로 바꾸면 전시 경제 또는 국방 경제에 대하여 논하는 것입니다. 국방 경제를 연구하는 학문이 20세기에 들어와서 태동한 것으로 생각하는데 이미 2,500여 년 전에 이러한 식견을 가졌다는 것이 참으로 놀랍습니다.

오늘날에도 국방 경제(Dfense Economics)를 다루는 책을 아마존닷컴(도서)에서 찾아보면 1965년에 샌들러(T. Sandler)와 케이드 하트레이(Keith Hartley)의 공동저서 1권이 발간되었으나 그 이후에는 관련 연구 책자가 거의 없습니다. 그렇지만 수십 세기 동안 누군가 연구를 했든 안 했든 간에 전쟁에서 전쟁 비용의 조달과 군수 물자의 보급은 전략이나 군사 작전보다 더 중요했다는 것은 군사 문제에 관심이 있는 사람은 누구나 인정하는 사실일 것입니다.

손자가 주장한 양불삼재(糧不三載)라는 말은 원정군에게 있어서는 기본적인 개념이 되었습니다. 양불삼재는 출정 시 한 번, 귀국 시 한 번 보급하고 더 이상 보급하지 않는다는 것이며, 필수 장비나 보급품은 자국에서 갖고 가지만 식량 등은 현지에서 조달한다는 것입니다. 이 말은 다른 병서에서도 재이용되어 강조되었으며, 그 후 수많은 전쟁사에서도 큰 영향을 미쳤습니다. 19세기의 나폴레옹 군대도 기본적으로 군수품은 현지 조달을 강조했습니다. 그러나 현지 조달에 대한 대응으로 역사적으로 '청야(淸野) 전술'이 발전했습니다. 오늘날에는 전쟁의 양상과 무기 체계가 다르고, 기본적으로 군수 지원 체계가 발전되어 타국에서 현지 조달한다는 군수 지원 계획은 없을 것입니다.

전쟁 비용 문제는 과거의 전쟁에도 제한 사항이 되었지만, 오늘날에는 핵심적인 문제로 대두되었습니다. 경제사학자 찰스 킨들버거는 프랑스가 단 한 번도 세계사의 중심에 서지 못하고 2인자의 신세를 벗어나지 못한 것은 돈이 없고 신용도가 바닥 수준이었던 탓이 가장 크며, 프랑스 왕실이 거대한 부채에 허덕인 것은 '전쟁' 때문이었다고 했습니다.[5] 현대에 들어서는 미국이 1964년부터 10년 동안 베트남 전쟁에 쏟아부은 돈은 4,943억 달러이며, 이는 우리 돈으로 따지면 500조 원을 훌쩍 넘고, 이 돈을 찍어내느라 1973년 미국은 더는 달러를 갖고 와도 금으로 바꿔주지 않겠다고 선언했던 것입니다.[6] 오늘날에도 미국이 분쟁 지역에 개입할 때 다국적군을 끌어들이고자 하는 이유는 명분을 찾는 것도 물론 중요하

5 홍춘욱(2019). 「50대 사건으로 보는 돈의 역사」. ㈜로크미디어. 67~68.
6 강상구(2011). 「마흔에 읽는 손자병법」. 흐름출판. 40~41.

지만 참전하거나 참전하지 않는다면 전쟁 비용이라도 부담시키고자 하는 것입니다.

[D+9일] 작전(作戰, Waging War) ④

[13, 14] 力屈財殫, 中原內虛於家, 百姓之費, 十去其七, 公家之費, 破軍罷馬, 甲冑矢弩, 戟楯蔽櫓, 丘牛大車, 十去其六。 (역굴재탄, 중원내허어가. 백성지비, 십거기칠, 공가지비, 파군피마, 갑주시노, 극순폐로, 구우대차, 십거기육)

국력이 소진되고 재정이 고갈되며 나라 안의 집들은 텅 비게 된다. 백성들의 재화는 10분의 7이 없어지며, 국가의 재화는 파괴된 군과 지친 말, 갑옷과 투구, 화살과 쇠뇌, 창과 방패, 소와 큰 수레 등의 손실로 인해 10분의 6이 없어진다.

<한자> 屈(굽힐 굴) 다하다, 쇠퇴하다 ; 殫(다할 탄) 다하다 ; 原(언덕 원) 언덕, 들, 벌판 ; 虛(빌 허) 비다 ; 家(집 가) 집, 가족 ; 費(쓸 비) 비용, 재화 ; 去(갈 거) 가다, 버리다 ; 公(공평할 공) 공적인 것, 관청 ; 破(깨뜨릴 파) 깨뜨리다, 파괴하다 ; 罷(고달플 피) 고달프다, 지친 ; 甲冑(갑주) 갑옷과 투구 ; 矢弩(시노) 화살과 쇠뇌 ; 戟楯(극순) 창과 방패 ; 蔽櫓(폐로) (성을 공격할 때 쓰는) 큰 방패 ; 丘牛(구우) 구역으로 징발된 소 ; 大車(대차) 소 두 필이 끄는 커다란 수레

<참고> ① 역굴(力屈): 앞에서는 '힘이 다하다'로 해석했는데, 여기서는 문맥상 '국력이 소진되다'로 해석함. ② 중원(中原): '국중(國中), 국내', 사전적 의미는 '넓은 들판의 가운데', 보통은 황화 중류, 중국의 중심지를 가리킴. ③ 십거기출(十去其七): 조조는 "적의 공격이 없을지라도 전쟁의 지속으로 인해 백성이 피해를 입는 비율을 언급한 것"이라고 했음. [신동준]. ④ 공가(公家): '국가 또는 조정'을 뜻함. ⑤ 파군피마(破軍罷馬): 죽간본과 다른 일부 자료는 軍

대신 車로 되어 있음. 破軍(車)은 '파괴된(부서진) 군(전차)', 罷馬는 '지친 말'로 해석함. ⑥ 갑주시노(甲冑矢弩), 극순폐로(戟楯蔽櫓): 당시의 전쟁 무기와 장비를 통칭함. ⑦ 십거기육(十去其六): 앞에 열거한 것들이 '손실로 인해' 정비하거나 보충을 해야 하기 때문에 비용이 소요된다는 뜻임. ⑧ 구우대차(丘牛大車): "소는 정전법의 公田에 비치하는 소로, 전쟁에는 이것을 징발하여 큰 수송차를 끄는 데 이용함." [노태준].

[13, 14] With this loss of substance and exhaustion of strength, the homes of the people will be stripped bare, and three-tenths of their income will be dissipated; while government expenses for broken chariots, wornout horses, breast-plates and helmets, bows and arrows, spears and shields, protective mantles, draught-oxen and heavy wagons, will amount to four-tenths of its total revenue.

D substance 실체, [재산] ; exhaustion 고갈 ; stripped bare 알몸이 되다, 벌거벗겨지다 ; three-tenths 10분의 3 ; dissipate 소멸하다 ; wornout 닳아 해진, [지친] ; breast-plates and helmets 갑옷과 투구 ; bows and arrows 활과 화살 ; spears and shields 창과 방패 ; protective mantles 보호용 망토[덮게] ; draught-oxen and heavy wagons 수레를 끄는 소와 큰 수레 ; amount to ...에 이르다 ; revenue 세입, 수익

[15] 故智將務食於敵, 食敵一鍾, 當吾二十鍾, 芑秆一石, 當我二十石。
(고지장무식어적, 식적일종, 당오이십종; 기간일석, 당오이십석)

그러므로 지혜로운 장수는 적지에서 군량을 얻기 위해 힘쓴다. 적지에서 얻은 식량 1종은 본국에서 수송한 식량 20종에 해당하며, 사료 1석은 본국에서 수송한 20석에 해당한다.

<한자> 務(힘쓸 무) 힘쓰다 ; 於(어조사 어) ~에서 ; 鍾(쇠북 종) 부피의 단위 ; 當(마땅 당) 필적하다, 비교하다 ; 芑(흰 차조 기) 흰 차조, 풀의 이름 ; 秆(볏짚 간) 볏짚 ; 石(돌 석) 계량 단위

<참고> ① 식적일종(食敵一鍾): 일설은 食敵은 '적지에서 군량과 사료를 조달해 군사와 마소를 먹인다'는 의미임. 一鍾은 춘추 시대에 용량을 세는 단위임. ② 당오이십종(當吾二十鍾): 조조는 "군량을 1,000리에 걸쳐 운송하다 보면 대부분 운송 도중 먹어치우거나 적에게 빼앗긴다. 20종을 보내면 겨우 1종 정도만 도착하게 된다", 즉, "현지에서 조달하는 군량과 사료가 본국에서 운송한 것보다 20배의 가치가 있다고 한 것은 운송에 따른 비용이 그만큼임을 언급한 것임." [신동준]. 當은 '해당한(된)다, 맞먹는다, ~ 과 같다'로 해석함. ③ 기간일석(芑秆一石): 芑秆은 콩대, 사료의 의미를 가짐. "1석은 120斤(근)에 해당함." [박삼수].

[15] Hence a wise general makes a point of foraging on the enemy. One cartload of the enemy's provisions is equivalent to twenty of one's own, and likewise a single picul of his provender is equivalent to twenty from one's own store.

D makes a point of 으레 ...하다 ; forage ...을 찾다 ; cartload 수레 한 대분의 짐 ; provisions 식량 ; equivalent to ~와 같음 ; likewise 같이, 마찬가지로 ; picul 중국 중량의 단위(약 60.48kg) ; provender 여물, 마초 ; store 저장, 창고

◎ 오늘(D+9일)의 思惟 ◎

손자는 전쟁 비용과 군수 물자 수송 등이 한 나라의 경제에 미치는 영향과 군대가 적지에서 군량을 현지 조달했을 때의 효과를 구체적인 숫자를 제시하면서 설명했습니다. 이것은 손자가 실전에서 얻은 경험에 따라 산출한 숫자라고 말하기도 하지만, 저는 그의 전쟁에 대한 깊고 분석적인 통찰에 의해서 나온 것으로 생각하며, 전쟁의 폐해가 국가 못지않게 백성에게도 매우 크다고 주장하는 것으로 느낍니다.

춘추 시대에 '백성'에 대한 해석을 많은 역자가 '백관, 귀족'이라고 하는데, 춘추시대에는 그들이 군주에게 권력 유지 및 국가 재정 운영에 절

대 필요한 집단이기 때문에 그러한 해석이 타당한 것으로 생각합니다. 그러나 저는 모든 사람이 바로 백성이라고 해석하고 싶습니다. 왜냐하면 손자는 백관, 귀족이 재정 부담을 많이 하더라도 백성의 폐해를 말하고, 백성을 많이 언급하고 있는 것으로 보아 민본적인 개념의 '백성'을 뜻하는 것으로 생각하기 때문입니다.

다음으로 식량의 현지 조달을 주장하는 것은 그 시대에 원정 작전에서 신속하게 승리하기 위한 방편으로 설득력이 있습니다. 그리고 동서고금의 많은 군대가 원정했을 경우에 현지 조달로 군량을 조달하고자 했을 것입니다. 그러나 옛날의 전쟁이라고 해도 현지 조달은 군량 조달의 하나의 수단이지 전적으로 의존할 수는 없습니다. 예를 들면, 앞서 말한 청야 전술로 인해 나폴레옹은 러시아 침공을 실패했고, 강감찬은 거란 3차 침입 때 청야 전술로 맞서서 후퇴하는 거란군에게 대승했습니다. 또한 원정 작전을 한다고 해도 약탈을 장려하는 것은 문제가 될 수 있으므로 기본적으로 자체적으로 해결할 능력을 갖추어야 할 것입니다.

역사적으로 군대의 보급 문제를 자체적으로 해결한 군대는 칭기즈칸의 기마 군단입니다. 대규모 부대가 기동할 때 보급 부대와 같이 움직이면 기동력이 빠를 수 없습니다. 몽골군은 보급 부대 없이 스스로 자기가 먹을 것을 안장 밑에 갖고 다니며 식사를 해결했습니다. 그들은 양고기를 건조시켜 가루로 만든 일명 '보르츠(borcha)'라고 불리는 전투 식량을 말안장 밑에 갖고 다녔습니다. 그리고 전쟁 중에 불을 피워 조리할 필요도 없이 육포 가루만 물에 타 먹어도 한 끼 식사로 충분했습니다.[7] 이와 같이 몽골군은 보급 문제를 매우 창의적인 방법으로 해결함으로써 다른

---

7 이호근(2011. 11.15.) 디지털노마드시대 4E리더십. 「디지털타임스」와 홍익희(2016. 8.18.) 칭기즈칸 신화를 만든 육포 이야기.「팝조선닷컴」을 참조함.

나라에 비해 기동과 속도전에 유리할 수밖에 없었으며 서아시아와 유럽 지역까지 영역을 확장시킬 수 있었습니다.

[D+10일] 작전(作戰, Waging War) 5

[16] 故殺敵者怒也, 取敵之利者貨也。[17] 故車戰, 得車十乘以上, 賞其先得者, 而更其旌旗, 車雜而乘之, 卒善而養之, [18] 是謂勝敵而益强。

(고살적자노야, 취적지리자화야. 고차전, 득차십승이상, 상기선득자, 이경기정기, 차잡이승지, 졸선이양지, 시위승적이익강)

　무릇 적을 죽이는 것은 적개심으로 하고, 적에게서 이익을 취하는 것은 재물로 한다. 그러므로 전차로 싸울 때는 전차를 10대 이상 획득하면 그것을 먼저 획득한 자에게 상을 주고, 적 전차의 깃발을 바꾸어 우리의 전차와 섞어서 그 전차에 타고, 포로로 잡힌 병사는 잘 대우하여 그들을 아군의 병사로 만들어야 한다. 이것을 일러 적을 이길수록 더욱 강해진다고 하는 것이다.

<한자> 殺(죽일 살) 죽이다 ; 怒(성낼 노) 성, 화, 성내다 ; 貨(재물 화) 재물 ; 更(고칠 경) 변경, 교체하다 ; 旌旗(기 정, 기 기) 기의 총칭, 군기 ; 雜(섞일 잡) 섞다 ; 卒(마칠 졸) 병졸 ; 養(기를 양) 기르다 ; 謂(이를 위) 일컫다, 가리키다 ; 益(더할 익) 더하다

<참고> ① 고(故): 대부분 '그러므로'로 번역함. 그러나 여기서는 '그러므로'는 전후 문맥상 적절치 않으며, '夫(무릇)'과 같은 발어사로 이해됨. [박삼수]. ② 노야(怒也): '분노 또는 적개심을 일게 함'을 의미함. 전쟁에서 승리하기 위해서는 전쟁의 명분을 내세우거나 혹은 군사들에

게 적에 대하여 적개심을 불러일으켜야 함. ③ 화야(貨也): '재물이다, 재물 때문이다'로 해석할 수도 있지만 여기서는 이익을 취하면 공로에 따라 '재물을 (포상)한다'는 의미임. ④ 정기(旌旗): 旌은 왕명을 받은 신하에게 신임의 표시로 주던 기이며, 旗는 깃발임. 旌旗는 기의 총칭인데, 각 전차에 다는 것이기 때문에 평범하게 '깃발'로 해석함. ⑤ 차잡이승지(車雜而乘之): 雜은 우리의 '전차와 섞어', 즉 혼합 편성하여 그 전차를 타고 전투에 참여하는 것을 뜻함. ⑥ 졸선이양지(卒善而養之) 卒은 '포로로 잡힌 병졸', 善은 죽이지 않고 '좋은 대우를 해서', 養은 우리의 '병사로 만든다'는 뜻임. ⑦ 승적이익강(勝敵而益强): 옛날 전쟁에서는 적의 장비를 획득하고 적군을 투항시켜 아군의 전투력을 증강시킬 수 있기 때문임.

[16] Now in order to kill the enemy, our men must be roused to anger; that there may be advantage from defeating the enemy, they must have their rewards. [17] Therefore in chariot fighting, when ten or more chariots have been taken, those should be rewarded who took the first. Our own flags should be substituted for those of the enemy, and the chariots mingled and used in conjunction with ours. The captured soldiers should be kindly treated and kept. [18] This is called, using the conquered foe to augment one's own strength.

D rouse 깨우다, 불러일으키다 ; rouse to anger 화를 불러일으키다 ; advantage 유리, 이익 ; defeat 패배시키다 ; rewards 보상 ; chariot 전차 ; who took the first 먼저 탈취한 사람 ; substitute for ...을 대신[대체]하다 ; mingle 섞다 ; in conjunction with ...와 함께 ; captured soldiers 포로로 잡힌 병사 ; be kindly treated 극진한 대우를 받다 ; conquered foe 정복당한 적 ; augment 증가시키다

[19] 故兵貴勝, 不貴久; [20] 故知兵之將, 民之司命, 國家安危之主也。

(고병귀승, 불귀구; 고지병지장, 민지사명, 국가안위지주야)

그러므로 전쟁은 빨리 이기는 것을 귀하게 여기지, 오래 끄는 것을 귀하게 여기지 않는다. 따라서 전쟁의 속성을 잘 아는 장수는 백성의 생명을 책임지며 국가 안위를 주재하는 자이다.

<한자> 貴(귀할 귀) 귀하다 ; 久(오랠 구) 오래다 ; 司(맡을 사) 맡다. 수호하다 ; 命(목숨 명) 생명 ; 安(편안 안) 편안하다 ; 主(임금 주, 주인 주) 주인, 주체, 주관하다

<참고> ① 병귀승(兵貴勝): 貴는 '귀하다, 중시한다', 勝은 '속승(速勝)'을 의미함. ② 불귀구(不貴久): 久는 '오래 끄는 것', 즉 지구전을 의미함. ③ 지병지장(知兵之將): 전쟁, 즉 그러한 전쟁의 속성 또는 원칙을 잘 아는 장수를 이름. ④ 민지사명(民之司命): '백성의 생사를 관장, 생명을 보호, 생명을 책임, 생명과 운명의 주관자' 등의 해석이 있는데, 여기서는 의미상 '백성의 생명을 책임지며'로 해석함. 참고로 司命(사명)은 "고대의 별 이름, 사람의 죽음을 주관하는 별의 신이라고 함." [박삼수]. ⑤ 국가안위지주(國家安危之主): 安危는 '안전함과 위태로움', 主는 '주체자, 주재자, 주관자, 책임자, 주인' 등으로 해석하는데, 여기서는 '어떤 일을 중심이 되어 맡아 처리하는 주재자(主宰者)' 즉 '책임을 맡은 사람'이라는 의미로 해석함.

[19] In war, then, let your great object be victory, not lengthy campaigns. [20] Thus it may be known that the leader of armies is the arbiter of the people's fate, the man on whom it depends whether the nation shall be in peace or in peril.

D great 큰, 위대한 ; lengthy 긴, 오랜, 지루한 ; campaign 캠페인, 군사 작전 ; the leader of armies 군의 지도자 ; arbiter 결정권자 ; fate 운명 ; depend ...에 달려 있다 ; peril 위험

◎ 오늘(D+10일)의 思惟 ◎

손자는 포로를 잘 대우해서 아군의 병사로 만들고, 적과 싸워서 이기면 더욱 강해질 수 있으며, 전쟁을 오래 끌지 말고 빨리 끝낼 것을 강조했습니다. 이것은 군사면에서도 중요하지만, 손자는 주로 경제적인 면에서 설명하고 있는 점이 더욱더 의미가 있습니다. 이와 관련하여 2개의 주제에 대하여 생각해 보겠습니다.

먼저, 포로 관리 문제입니다. 손자가 살았던 춘추 전국 시대에는 전쟁 포로는 통상 죽이는 사례가 많았습니다. 심지어 전국 시대 진나라의 명장인 백기(白起)는 장평에서 조나라 대장 조괄을 죽이고 그 군사 40여 만 명을 구덩이에 묻었습니다. 그리고 항우(項羽)도 함양에 입성하기 전에 "군사를 이끌고 진군하다가 신안에 당도하자 경포를 시켜 깊은 밤을 이용하여 진나라 군졸 20여만 명을 습격하고 묻어 버렸다"라고 사마천《사기(史記)》에 기록되어 있습니다.[8] 이와 같은 사례를 보면 손자가 비록 경제적인 면을 고려했다고 하더라도 근본적으로 시대에 앞서는 인본주의에 입각한 생각을 가졌던 것으로 보입니다. 그리고 적과 싸워서 이기면 더욱 강해진다는 말이 있는데, 이 점은 손자가 병법을 쓴 배경이 고대 중국 내의 제후들 간의 전쟁이었기 때문에 의미가 있다고 생각합니다. 손자는 적국의 병사도 전쟁이 끝난 후에는 바로 자국의 백성이나 병사라는 생각으로 병법을 저술했습니다. 이에 반해 백기나 항우는 단순히 군사적인 측면만을 고려했던 것입니다.

다음은 전쟁은 승리를 귀하게 여기지, 오래 끄는 것을 귀하게 여기지

8　항우(2020. 10.7).「나무위키」.〈https://namu.wiki/w/%ED%95%AD%EC%9A%B0〉.

않는다는 말입니다. 이 말은 〈作戰篇〉의 결론과도 같습니다. 결국 전쟁은 오래 끌지 말고 속전속승(速戰速勝)해야 하며 이를 실현하기 위해서는 유능한 장수가 있어야 함을 강조한 것입니다. 전쟁은 예나 지금이나, 공격하는 측은 속전으로 승리하기를 바랍니다. 그러나 전쟁은 상대가 있기 때문에 자신의 의지대로 할 수 없었던 사례도 매우 많습니다. 만일 수세적인 전쟁이라면 지구전을 하는 것이 승리하는 데 유리할 수도 있습니다. 좋은 사례가 삼국지에 나오는 '이릉대전'입니다. 이 전쟁에서 오나라를 공격한 유비군은 오군이 지구전을 펼치는 바람에 손자가 열거한 방법 중에 아무 것도 하지 못했습니다. 그러다가 결국 오군이 이릉에서 총공세로 전환하여 화공 작전으로 촉군을 궤멸했습니다. 그러므로 손자의 이론은 전쟁에 처한 상황을 고려해야 하며, 만일 의도대로 빠르게 승리하지 못할 경우에 대한 대비도 있어야 할 것입니다.

오늘날에도 기업은 손자의 사람 관리에서 지혜를 얻을 수 있을 것입니다. 그리고 기업이나 개인은 성공하면 할수록 성장하고 자신감이 생기는 것은 당연하겠지만, 전략이나 계획을 세울 때는 손자의 가르침을 고려하면 좋을 것 같습니다.

제3편

모공(謀攻)

★ Attack by Stratagem ★

모공은 '공격을 도모하다', 또는 '지략을 써서 공격하다'는 의미이다. 이 편은 전쟁을 시작하기 전에 어떻게 승리를 얻을 수 있는지에 중점을 두고 설명한다. 적을 공격할 때는 반드시 먼저 꾀를 내어, 싸우지 않고 적을 굴복시키고, 어떤 경우이든 온전한 승리를 도모할 것을 강조한다. 그리고 어쩔 수 없이 싸울 때에 군주와 장수의 역할과 승리를 알 수 있는 경우를 설명한다. 특히 "지피지기, 백전불태"라는 손자병법에서 가장 유명한 명언으로 결론을 내린다.

◆ 모공편 핵심 내용 ◆

C [2] 不戰而屈人之兵善之善者也。 싸우지 않고 적을 굴복시키는 것이 가장 좋은 것이다.

A [3] 上兵伐謀, 其次伐交, 其次伐兵。 최상의 용병은 적의 계략을 좌절시키는 것, 그다음은 외교 수단으로 굴복시키는 것, 그다음은 병력을 치는 것이다.

A [7] 必以全爭於天下 반드시 군사를 온전히 하여 천하의 승리를 다툰다.

A [17] 上下同欲者勝 상하가 함께하려고 하면 승리한다.

C [18] 知彼知己, 百戰不殆。 적을 알고 나를 알면 백 번 싸워도 위태롭지 않다

◆ 러블리 팁(Lovely Tip) ◆

L 싸우기 전에 피아 비교할 요소를 확인하자.

L 싸우기 전에 먼저 승리 여부를 예측하자.

L 싸우기 전에 다양한 해결 방법을 생각하자.

L 싸우고 나서도 친구가 될 수 있도록 하자.

L 자신을 알자, 이를 위해 자주 명상을 하자.

[D+11일] 모공(謀攻, Attack by Stratagem) ①

[1] 孫子曰: 凡用兵之法, 全國爲上, 破國次之; 全軍爲上, 破軍次之; 全旅爲上, 破旅次之; 全卒爲上, 破卒次之; 全伍爲上, 破伍次之。(손자왈: 범용병지법, 전국위상, 파국차지; 전군위상, 파군차지; 전려위상, 파려차지; 전졸위상, 파졸차지; 전오위상, 파오차지)

손자가 말했다. 무릇 용병의 법은 적국을 온전하게 하는 것이 최상이며 적국을 파괴하는 것은 차선이다. 적의 군을 온전하게 하는 것이 최상이며 격파하는 것은 차선이다. 여를 온전하게 하는 것이 최상이며 격파하는 것은 차선이다. 졸을 온전하게 하는 것이 최상이며 격파하는 것은 차선이다. 오를 온전하게 하는 것이 최상이며 격파하는 것은 차선이다.

<한자> 謀(꾀 모) 꾀, 지략, 계략, 도모하다 ; 全(온전할 전) 온전하다 ; 爲(하 위, 할 위) 하다, 생각하다 ; 上(윗 상) 윗, 앞, 첫째 ; 次(버금 차) 다음 ; 破(깨뜨릴 파) 파괴하다 ; 軍(군), 旅(여/려), 卒(졸), 伍(오) 군의 편제

<참고> ① 용병지법(用兵之法): 法은 '법, 방법'인데, '이치, 원칙'으로 해석하기도 함. ② 전국위상(全國爲上): 國은 '나라, 국가'의 의미이고 대체로 敵國(적국)을 말함. 全國은 '적국을 온전하게', 곧 적이 나라 전체를 들어 항복하도록 만드는 것이 최상의 계책이라는 의미임. ③ 파군차지(破國次之): 破는 '깨뜨리다, 파괴하다', 불가피하게 적에게 공격을 함으로써 유혈전을 통해 항복을 받아내는 것은 차선책에 지나지 않는다는 것임. ④ 전군(全軍): "軍은 중국 주(周)나라 때의 병제(兵制)로서, 2,500명의 師 5개를 합친 편성 단위이며, 곧 병력은 1만 2,500명임. 그리고 旅는 500명, 卒은 100명, 伍는 5명으로 구성된 군의 편제를 말함." [박창희]. ⑤ 軍,旅,卒, 伍에서 破는 '파괴한다'는 뜻이 적합하지 않아 '격파(쳐부숨)'으로 해석하며,

중복된 주어는 생략함. 곧 각 제대 모두 온전한 상태로 싸우지 않고 이기는 것이 최선책이며, 싸움을 하여 격파해서 이기는 것은 그보다는 한 수 아래라는 뜻임.

[1] Sun Tzu said: In the practical art of war, the best thing of all is to take the enemy's country whole and intact; to shatter and destroy it is not so good. So, too, it is better to recapture an army entire than to destroy it, to capture a regiment, a detachment or a company entire than to destroy them.

□ whole 모든, 온전한 ; intact 온전한, 전혀 다치지 않은 ; shatter 산산조각 내다 ; recapture 탈환하다 ; entire 전체, 완전한 ; regiment 연대 ; detachment 파견대 ; capture 포획하다, 차지하다

[2] 是故百戰百勝, 非善之善者也; 不戰而屈人之兵, 善之善者也。(시고백전백승, 비선지선자야; 부전이굴인지병, 선지선자야)

그러므로 백 번 싸워서 백 번 이기는 것이 가장 좋은 것이 아니다. 싸우지 않고 적을 굴복시키는 것이 가장 좋은 것이다.

<한자> 是故(이 시, 연고 고) 그러므로 ; 而(말이을 이) ~하면서, ~하지만 ; 屈(굽힐 굴) 굽히다, 굴복하다 ; 人(인) 사람, 타인, 남

<참고> ① 선지선(善之善): '최상, 최선, 가장 좋은, 가장 훌륭한'의 의미임. ② 굴인지병(屈人之兵): 屈人은 '남을 굴복시킴', 곧 싸우지 않고 적이 스스로 무릎을 꿇도록 하는 것임.

[2] Hence to fight and conquer in all your battles is not supreme excellence; supreme excellence consists in breaking the enemy's resistance without fighting.

D conquer 정복하다 ; supreme 최고의 ; excellence 뛰어남, 탁월함 ; consists in ...에 있다 ; resistance 저항, break resistance 저항을 파괴하다[꺾다, 무너뜨리다]

◎ 오늘(D+11일)의 思惟 ◎

손자는 싸우지 않고 이기는 것이 최상이라고 했습니다. 이 말은 손자의 핵심 사상이며, 부전승(不戰勝) 또는 전승(全勝) 사상이라고도 합니다. 대부분의 병서가 싸워서 이기는 방법을 기술했지만, 그의 사상은 무력 충돌에 의한 전쟁을 반대하는 것으로서 많은 군사 전문가가 그를 존경하고, 이 사상을 손자병법의 명언으로 기억하고 있습니다.

그러면 부전승 또는 전승 사상이 보편적으로 실현 가능하며 합리적인 사상인지에 대하여 생각해 보겠습니다. 역사를 돌이켜 보면 싸우지 않고 적의 항복을 받거나 굴복시킨 사례가 있습니다. 그러나 실현 가능하다고 해서 보편적인 사상이라고 말하기는 어렵습니다. 사실 전쟁을 치르기 전에 적을 굴복시킨다면 그 이상 좋은 것이 어디 있겠습니까? 역사적으로 강력한 군사력을 보유했던 칭기즈칸의 몽골군이나 중국의 전국시대에 강력했던 진(秦)나라와 같은 경우에는 전승(全勝)으로 적을 굴복시킬 수도 있었습니다. 그렇지만 그 나라들도 적의 저항을 전혀 받지 않고 손쉽게 적을 굴복시키기는 어려웠을 것입니다. 예를 들면 고려는 몽골이 매우 강력함을 알고서도 30여 년의 항쟁을 하지 않았습니까? 사실 손자도 초나라와 전쟁하려고 했을 때 부전승을 하기 어려웠기 때문에 정치·외교적인 노력을 한 후에 결국 적부대 파괴를 통해 승리를 얻었습니다. 그러므로 손자의 주장은 사상으로서는 존중받을 수 있고 그것이 실현되도록 노력해야 하겠지만 실제로는 실현되기 어려운 '이상론'에 가깝다고 생각합니다.

춘추 전국 시대에 다른 국가를 공격한다는 것은 그 국가를 굴복시키거나 합병할 목적으로 실행한 경우가 일반적이었습니다. 그런데 쌍방이 전쟁 결과에 따라 국가 존망과 생존에 위협을 느낀다면 어떻게 저항을 하지 않고 쉽게 포기하겠습니까? 손자도 부전승이 최상이지만 파괴도 그다음이라고 한 것을 보아 부전승이 이상론이라는 것을 인식했을 것으로 여겨집니다. 그럼에도 불구하고 다른 병법가들은 싸우는 방법에 중점을 두었지만, 그만이 병법의 전략 부분에 이상적이지만 부전승 사상을 포함했다는 사실이 매우 창의적이며 존경스럽습니다.

오늘날에도 이상적인 기업 비전을 가진 기업이 많습니다. 그리고 기업 비전이 기업이 미래에 원하는 모습이나 목표이기 때문에 대부분이 실현되기 어렵게 보이는 이상적인 것입니다. 예를 들면 테슬라와 스페이스엑스의 CEO인 일론 머스크는 전기차와 완전 자율 주행차를 만들고, 우주선을 쏘아 올리며 화성 탐사를 목표로 하고 있습니다.[1] 이와 같은 일은 상상하기 어려운 이상적인 비전으로 생각했는데 점차 실현되고 있습니다. 우리 사회에서도 젊어서부터 이상적인 목표를 설정하고 계속 노력하여 성공한 사람들이 많은 것으로 알고 있습니다. 그러므로 조직이든, 개인이든 '이상'을 갖는 것이 매우 중요하다고 생각합니다.

---

1 이상우(2014. 12.4.) IT 인물열전(일론 머스크). 「네이버 지식백과」.
   〈https://terms.naver.com/entry.nhn?docId=3578919&cid=59086&categoryId=59090〉.

[D+12일] 모공(謀攻, Attack by Stratagem) ②

[3] 故上兵伐謀, 其次伐交, 其次伐兵, 其下攻城。 (고상병벌모, 기차벌교, 기차벌병, 기하공성)

그러므로 최상의 용병은 적의 계략을 좌절시키는 것이며, 그다음은 외교 수단으로 적을 굴복시키는 것이며, 그다음은 적의 병력을 치는 것이며, 그 아래는 적의 성을 공격하는 것이다.

<한자> 伐(칠 벌) 치다, 정벌하다 ; 謀(꾀 모) 지략, 계략 ; 交(사귈 교) ; 下(아래 하) 아래 ; 攻城(공성) 성을 침[공격함]

<참고> ① 상병벌모(上兵伐謀): 兵은 '전략, 전쟁, 용병, 병법' 등으로 해석할 수 있는데, 여기서는 '용병'으로 해석함. 伐은 '치다, 깨다, 정벌하다, 무너뜨리다' 등으로 해석할 수 있는데, 여기서는 똑같이 해석하지 않고 내용에 따라 각각 의역을 하였음. 伐謀는 '모략으로 적을 굴복시키는 것'과 '적의 침략을 모의 단계에서 좌절시키는 것'이란 해석이 있는데 여기서는 후자의 의미로 해석함. ② 교(交): 적의 '외교' 또는 '동맹 관계'로 해석함. ③ 벌병(伐兵): 야외에서 전투를 통해 치는 것 또는 무너뜨리는 것임.

[3] Thus the highest form of generalship is to balk the enemy's plans; the next best is to prevent the junction of the enemy's forces; the next in order is to attack the enemy's army in the field; and the worst policy of all is to besiege walled cities.

D generalship 용병술 ; balk 방해하다 ; prevent 막다 ; junction 접합, 연합 ; in order 순차적으로 ; besiege 포위하다 ; walled cities 성벽으로 둘러싸인 도시

[4] 攻城之法, 爲不得已; 修櫓轒轀, 具器械, 三月而後成; 距闉, 又三月 而後已; **[5]** 將不勝其忿, 而蟻附之, 殺士三分之一, 而城不拔者, 此攻之 災也。(공성지법, 위부득이. 수로분온, 구기계, 삼월이후성, 거인, 우삼월이후이. 장불승기분, 이의 부지, 살사삼분지일, 이성불발자, 차공지재)

적의 성을 공격하는 법은 부득이할 때 하는 것이다. 큰 방패와 공성용 수레인 분온을 수리하고 공성용 장비를 갖추는 데 3개월이 걸린다. 작은 토산을 쌓아 올리는 데 또 3개월이 걸린다. 장수가 분노를 이기지 못하 여 병사들을 개미 떼처럼 성벽에 기어오르게 하고 그 3분의 1을 죽이고 도 성을 빼앗지 못하면 이것은 공격의 재앙이다.

<한자> 已(이미 이) 이미, 끝나다 ; 修(닦을 수) 고치다, 갖추다 ; 櫓(방패 로) 큰 방패, 망루 ; 轒(병거 분) 병거 ; 轀(수레 온) 수레 ; 具(갖출 구) 갖추다, 구비하다 ; 器械(그릇 기, 기계 계) 도구, 기구의 총칭 ; 成(이룰 성) 이루어지다 ; 距(막을 거) 거부하다 ; 闉(성곽문 인) 성곽의 문, 막다 ; 又(또 우) 또, 다시 ; 忿(성낼 분) 분노 ; 蟻(개미 의) 개미 ; 附(붙을 부) 붙다 ; 拔 (뽑을 발) 쳐서 빼앗다 ; 災(재앙 재) 재앙

<참고> ① 부득이(不得已): 마지못하여, 어쩔 수 없이. ② 분온(轒轀): 공성용 수레를 말함. 병 사가 그 안으로 들어가 적의 공격을 피하면서 성벽 아래까지 접근한 뒤 성문을 부수거나 성벽 을 기어오를 때 사용함. ③ 거인(距闉): "距는 준비한다는 뜻의 거(拒)와 통함. '闉'은 '성곽의 문'인데, 많은 역자들이 작은 토산으로 번역함." [신동준]. ④ 불승(不勝): 어떤 감정이나 느낌 을 스스로 억눌러 이기지(참지, 견디지) 못함. ⑤ 의부(蟻附): 군사들로 하여금 사다리를 놓고 개미 떼처럼 성벽을 타고 올라 공격하게 함을 이름. ⑥ 살사삼분지일(殺士三分之一): 죽간본 은 사졸(士卒)로 되어 있음.

[4] The rule is, not to besiege walled cities if it can possibly be avoided. The preparation of mantlets, movable shelters, and various

implements of war, will take up three whole months; and the piling up of mounds over against the walls will take three months more. [5] The general, unable to control his irritation, will launch his men to the assault like swarming ants, with the result that one-third of his men are slain while the town still remains untaken. Such are the disastrous effects of a siege.

D possibly 혹시, 가능한 한 ; avoid 피하다 ; preparation 준비 ; mantlets 방탄 방패 ; movable shelters 이동 대피시설 ; implement 도구 ; take up 계속하다 ; pile up 쌓다 ; mound 흙더미 ; irritation 짜증, 화 ; launch 시작 ; assault 공격 ; swarm 떼를 짓다 ; slain, slay(죽다)의 과거분사 ; untaken 획득되지 않은 ; disastrous effects 비참한 결과 ; siege 포위

◎ 오늘(D+12일)의 思惟 ◎

손자는 용병함에 있어 적의 계략을 좌절시키는 것이 최상이며, 그다음이 외교, 병력을 치는 것이며, 공성은 하책이라고 하면서, 장수가 분노로 공성 준비가 완료되기 전에 병사들을 성벽에 기어오르게 하고, 그 3분의 1을 죽이고도 성을 빼앗지 못하면 공격의 재앙이라고 말했습니다.

이 같은 손자의 전략은 군주와 장수들에게 좋은 전쟁 수행 지침을 주었으며, 전장에 출정한 장수도 계략과 외교의 중요성을 인식하고 실천했다고 생각합니다. 그런데 상위의 계략이나 외교를 어떻게 해야 하는지에 대하여 추가적인 설명을 하지 않고, 군사력 운용이나 공성에 중점을 두고 설명한 것이 조금 아쉽게 느껴집니다. 아마도 어쩔 수 없이 마지막에 공성전을 해야 하는 경우가 빈번하기 때문에 그 폐해를 강조했던 것 같습니다. 특히 춘추 전국 시대에 "제후들이 많은 성지를 구축했는데 당시

는 아직 난공불락의 철옹성을 공략할 무기가 발달하지 못한 상태"[2]였기 때문에 더욱 공성의 폐해를 강조하고 이를 피할 것을 주장한 것으로 생각합니다. 그런데 어쩔 수 없이 공성전을 해야 한다면 어떻게 공격해야 하는지, 오래 지속된다면 그 징후는 어떻게 파악해야 하는지, 어떤 상황일 때 공성을 중지해야 하는지 등에 대한 개략적인 지침이라도 있었으면 좋았을 텐데, 뒤에 나오는 편에서도 추가적인 설명이 없어서 또한 아쉬움이 있습니다.

그리고 손자가 오나라 왕 합려(闔閭)에게 발탁되기 위해서였는지는 몰라도 오나라의 입장에서 전쟁을 상정했기 때문에 전반적으로 공자(攻者)의 입장에서 병법을 설명한 것 같습니다. 따라서 상대적인 약자나 방자(防者)의 입장에서 대응하는 전략에 대한 언급이 없습니다. 이 문제에 대해서는 손자 이후 후대의 훌륭한 장수들이 자국의 관점에서 전략을 발전시켰다고 생각합니다. 예를 들어 수(隋), 당(唐)나라가 고구려를 침략했을 때, 고구려군이 이에 대해 훌륭하게 대처하여 적을 모두 패퇴시켰습니다. 특히 당나라에서 하늘이 내린 장수라는 천책상장(天策上將)의 칭호를 받은 당 태종도 안시성 전투를 3개월간 끌고도 치욕적인 참패를 당하고 물러났습니다.

따라서 공자가 벌모, 벌교 등의 순으로 용병의 중점을 둔다면, 방자 입장에서도 책략, 외교에 중점을 두면서, 용병은 전장에서 정면 대결하기보다는 공자가 전략적으로 반드시 취하고자 하는 곳, 즉 견고한 성에서 사전에 철저한 준비를 하고 적에 대비하는 전략이 있어야 할 것입니다.

---

2 박삼수(2019). 「손자병법」. 문예출판사. 90.

[D+13일] 모공(謀攻, Attack by Stratagem) ③

[6] 故善用兵者, 屈人之兵而非戰也, 拔人之城而非攻也, 毁人之國而非久也。(고선용병자, 굴인지병이비전야. 발인지성이비공야, 훼인지국이비구야)

그러므로 용병을 잘하는 자는 적의 군대는 굴복시키지만 싸우지 않으며, 적의 성을 빼앗지만 공격하지 않고, 적국을 무너뜨리지만 오래 끌지 않는다.

<한자> 屈(굽힐 굴) 굽히다, 굴복하다 ; 而(말이을 이) ~하면서, 그런데도 ; 拔 (뽑을 발) 쳐서 빼앗다 ; 毁(헐 훼) 부수다, 훼손하다

<참고> ① 굴인지병이비전(屈人之兵而非戰): 人之兵은 적의 군대를 가리키며, 非戰은 싸우지 않음. ② 훼인지국(毁人之國): 毁는 '훼손한다', '무너뜨리다'라는 의미이며, 國은 국가를 가리킴.

[6] Therefore the skillful leader subdues the enemy's troops without any fighting; he captures their cities without laying siege to them; he overthrows their kingdom without lengthy operations in the field.

D subdue 진압하다 ; capture 점령, 차지하다 ; lay siege to ...을 포위하다 ; overthrows 전복, 타도하다 ; lengthy 긴, 오랜

[7] 必以全爭於天下, 故兵不頓而利可全, 此謀攻之法也。(필이전쟁어천하, 고병부둔이리가전, 차모공지법야).

반드시 군사를 온전히 하여 천하의 승리를 다툰다. 그러므로 군대가

둔해지지 않으면서 이익을 온전하게 할 수 있다. 이것이 계략으로 공격하는 법이다.

<한자> 全(온전할 전) 온전하다 ; 爭(다툴 쟁) 다투다 ; 頓(둔할 둔) 둔하다 ; 謀(꾀 모) 지략, 계략

<참고> ① 전쟁어천하(全爭於天下): 全은 '온전하다', 爭은 '다투다', 於는 어조사로 '~를'의 뜻임. 여기서 全은 역자에 따라 '자국의 군대를 온전'과 '적을 온전'으로 해석이 다름. 여기서는 의미상 전자로 이해함. ② 병부돈(兵不頓): 頓은 '돈' 또는 '둔'으로 읽는데, '둔'의 뜻으로 해석함. 일설은 '손실, 손상 없이'로 해석함. ③ 모공지법(謀攻之法): '공격을 꾀하는 방법', '모공의 법'으로 해석한 역자도 있음.

[7] With his forces intact he will dispute the mastery of the Empire, and thus, without losing a man, his triumph will be complete. This is the method of attacking by stratagem.

D intact 온전히 ; dispute 다툰다 ; mastery 숙달, 지배 ; losing 손실 ; triumph 승리 ; stratagem 책략, 술수

◎ 오늘(D+13일)의 思惟 ◎

손자는 용병을 잘하는 자는 적의 군대는 굴복시키지만 싸우지 않고, 적국을 무너뜨리지만 오래 끌지 않는다고 했습니다. 그래서 군사를 온전히 하여 천하의 승리를 다툰다는 등의 계략으로 공격하는 방법에 대하여 말했습니다. 곧 어쩔 수 없이 벌병(伐兵)을 하더라도 '최소한의 파괴'와 '최소한의 전투'로 '최단 기간'에 승리할 것을 요구한 것입니다.

저는 손자의 말대로 용병을 잘할 수 있는 장수가 역사상 그리 많지는 않겠지만 유사하게 용병한 장수들은 있다고 생각합니다. 그리고 전략적

인 관점에서 손자가 말한 바와 같이 승리한 군대도 있습니다. 대표적인 사례로서 초한 전쟁 때의 한신(韓信)의 군대, 칭기즈칸의 몽골 기마 군단, 2차 세계 대전 때의 독일의 전격전 부대 등을 들 수 있겠습니다. 그러나 손자가 말하는 전승(全勝)은 중국 내전 상황에서는 같은 민족이기 때문에 피를 흘리지 않고 적을 제압할 수 있는 정황이 되었지만, 일반적인 국가 간의 국제전일 경우에는 유혈 전투를 치르지 않고 적국을 굴복시키거나 전쟁 목적을 달성하는 것은 쉽지 않았습니다.

그리고 전쟁에서 계략을 사용하여 온전한 상태로 목적을 이루는 것은 최상의 방법이 틀림없습니다. 이같이 전쟁이나 전투를 하지 않고 목적을 달성했던 사례도 있습니다. 예를 들면, 유방과 항우가 함양을 먼저 점령하여 관중의 왕이 되고자 경쟁했을 때, 항우는 공격 일변도로 점령지를 초토화하면서 전진했지만, 유방은 음모를 꾀하고 내부자와 내통하는 등의 책략을 사용하며, 인덕을 베풀면서 요충지의 성에 무혈입성하고, 먼저 함양에 입성할 수 있었습니다. 즉 유방이 손자병법의 가르침을 실천한 것으로 생각합니다.

외교 및 계략의 측면에서, 전국 시대에 대국이었던 초(楚) 회왕이 진(秦)나라의 이간질에 놀아나 동맹을 갈아치우는 저질 외교를 벌이면서 나라가 기울기 시작하여 결국 진나라에 의해 멸망되었습니다.[3] 현대에는 히틀러가 기만 외교로 1938년에 오스트리아를 합병했습니다. 그런데 영국 총리 체임벌린은 "어떤 유혈 사태도 일어나지 않았다는 점에서 안도했다"고 말했습니다. 이후 1938년 9월 30일에 '뮌헨 협정'을 맺었지만

---

3 배진영(2018. 2.). 이간책, 동맹을 깨고 나라를 망하게 하다. 「월간조선」.
 〈http://monthly.chosun.com/client/news/viw.asp?ctcd=A&nNewsNumb=201802100028〉.

결국 독일군이 체코슬로바키아로 진군했습니다.[4] 이 같은 사례는 계략, 이간, 기만 등을 통해 국가의 목적을 달성한 것이라 하겠습니다.

　오늘날 조직의 경영이나 개인에게 있어서도 이와 같은 지혜는 필요합니다. 싸우지 않고 이기는 방법이 쉽지는 않겠지만 창의적인 지혜를 발휘하여 서로 윈-윈하는 방법을 찾을 수도 있을 것입니다. 즉 싸우지 않고 온전하면서도 자신의 이익을 얻을 수 있는 것이 바로 최상의 방법이라고 생각합니다.

[D+14일] 모공(謀攻, Attack by Stratagem) 4

[8] 故用兵之法, 十則圍之, 五則攻之, 倍則分之, [9] 敵則能戰之, 少則能逃之, 不若則能避之。(고용병지법, 십즉위지, 오즉공지, 배즉분지, 적즉능전지, 소즉능도지, 불약즉능피지)

　무릇 용병하는 법은 아군의 병력이 적의 열 배이면 포위하고, 다섯 배이면 공격하며, 두 배이면 적을 분산시켜 공격한다. 적과 대등하면 능숙하게 싸우며, 적으면 적과 충돌을 피해야 하고, 적보다 못하면 적을 피해 퇴각해야 한다.

<한자> 則(법칙 칙) 법칙, ~하면 ; 圍(에워쌀 위) 에워싸다, 포위 ; 分(나눌 분) 나누다 ; 能(능할 능) 능하다, ~할 수 있다 ; 逃(도망할 도) 달아나다, 피하다 ; 若(같을 약) 같다 ; 避(피할 피)

4　김준태(2020. 6.22). 히틀러와 담판에서 허점 노출, 뒤통수 맞아. 「중앙시사매거진」.
　　〈http://jmagazine.joins.com/economist/view/330321〉.

피하다, 물러나다

<참고> ① 십즉위지(十則圍之): 十은 꼭 10배를 뜻하기보다는 병력이 적보다 월등히 많다는 뜻으로도 해석할 수 있음. 之는 적군을 가리킴. ② 오즉공지(五則攻之): 5배가 되어야 공격한다는 뜻인데, 적을 공격해도 좋을 정도의 상대적인 우위로 이해해야 함. 현대 전술에서는 통상 3배로 봄. ③ 배즉분지(倍則分之): 아군이 두 배 정도 많으면, 적을 분산시켜 어떤 부분에서 수적 우세를 유지하거나 또는 한 부대는 정병, 다른 한 부대는 기병으로 운용한다는 의미임. ④ 적즉능전지(敵則能戰之): 敵은 실력이 비슷한 적의 의미임. 能은 '능숙하다'는 뜻인데 '열심히, 다양한 전술을 활용하여, 치밀한 지략을 갖고' 등의 의미가 있음. ⑤ 소즉능도지(少則能逃之): 逃는 '도주하다', 여기서는 '(적과 충돌을) 피하고'라고 해석함. ⑥ 죽간본에는 倍則分之 이하 3개 어구가 倍則戰之 敵則能分之 少則能守之으로 되어 있어서 해석에 약간 차이가 있음. ⑦ 불약즉능피지(不若則能避之): 不若은 '~만 못하다'인데, '병력뿐만 아니라 여러 조건에서 열세이면'으로 이해함. 避는 '피하다'인데 여기서는 '물러난다, 퇴각한다'는 의미로 해석함.

[8] It is the rule in war, if our forces are ten to the enemy's one, to surround him; if five to one, to attack him; if twice as numerous, to divide our army into two. [9] If equally matched, we can offer battle; if slightly inferior in numbers, we can avoid the enemy; if quite unequal in every way, we can flee from him.

D surround 에워싸다, 포위하다 ; numerous 많은 ; match 어울리다, 일치하다 ; offer 제의하다 ; slightly 약간, 조금 ; inferior 못한, 열등한 ; in every way 모든 점에서 ; flee 도망하다

[10] 故小敵之堅, 大敵之擒也。 [11] 夫將者, 國之輔也, 輔周則國必强, 輔隙則國必弱。 (고소적지견, 대적지금야. 부장자, 국지보야, 보주즉국필강, 보극즉국필약)

그러므로 적보다 적은 병력으로 굳게 버티면 강대한 적에게 포로로

잡히게 된다. 무릇 장수는 군주의 보목과 같다. 보좌가 주밀하면 나라가 반드시 강해지고, 보좌에 틈이 있으면 나라는 반드시 약해진다.

<한자> 堅(굳을 견) 굳다 ; 擒(사로잡을 금) 사로잡다, 생포하다 ; 輔(도울 보) 돕다 ; 周(두루 주) 두루, 골고루 ; 隙(틈 극) 틈, 결점 ; 弱(약할 약) 약하다

<참고> ① 소적지견(小敵之堅): 小敵은 '적보다 적은(약소한) 병력', 堅은 '견고함'이지만 여기서는 '고집스럽게 맞서서 버티거나 섣불리 교전을 벌이는 것'을 의미함. ② 대적(大敵): '세력이 강한, 강대한 적'을 말함. ③ 국지보야(國之輔也): 國은 '나라'로 해석하기도 하지만, "국군(國君)을 뜻함. 輔는 원래 수레의 양쪽 가장자리에 덧대는 덧방나무를 말함. 여기서는 수레로 비유되는 군주를 보필(輔弼) 내지 보좌(輔佐)한다는 뜻임." [신동준]. 輔에 대하여 "보루, 보좌, 기둥, 보목, 보조자" 등의 다양한 해석이 있음. ④ 보주(輔周): 장수가 자신의 보좌 역할은 주도 면밀하게 수행하는 것으로 해석함. 일설은 輔를 '보목, 대들보' 등으로 해석하여 '보목이 튼튼하면'으로 해석함. ⑤ 보극(輔隙): 隙은 '틈'인데 장수에게 결함이 있거나 보좌가 미흡함을 뜻함. 일설은 '임금과 장수 사이에 불화가 있다'고 해석함.

[10] Hence, though an obstinate fight may be made by a small force, in the end it must be captured by the larger force. [11] Now the general is the bulwark of the State; if the bulwark is complete at all points; the State will be strong; if the bulwark is defective, the State will be weak.

D obstinate 완강한, 난감한 ; in the end 마침내, 결국 ; bulwark 방벽, 보호자 ; at all points 모든 점에서 ; defective 결함이 있는

◎ 오늘(D+14일)의 思惟 ◎

손자는 병력의 상대적인 비교에 따라 싸우는 방법에 대하여 설명하면

서 약한 병력으로 우세한 적에 맞서지 말라고 강조했습니다. 그리고 장수는 군주의 보목과 같아서 보좌를 잘하면 나라가 강해지고, 보좌에 틈이 있으면 나라가 약해진다고 했습니다.

전투할 때 피아 병력 비율에 따라 싸우는 방법은 쌍방이 비슷한 조건이라면 참고하여 병력을 운용하라는 일반적인 지침으로 보입니다. 그러므로 적을 포위하기 위해 병력이 반드시 10배까지 되어야 할 필요는 없을 것입니다. 성을 포위하는 것에 대해 조조는 "단지 2배 정도의 병력만으로도 하비성을 포위해 용맹하기 그지없는 여포를 생포했다"고 말했습니다.[5] 따라서 전투에서는 병력 비율 외에도 장수의 능력, 지형 및 기상, 상황, 장병의 자세, 무기 체계 등에 따라 얼마든지 유연성 있게 병력을 운용할 수 있습니다.

장수의 능력에 대하여 말하면, 한신은 적은 병력으로 배수진을 치고 우세한 입지에서 위치한 조나라 대군과 대적했는데, 결국 대승하여 조왕을 포로로 잡았습니다. 한신은 승리 후에 부하들이 배수진에 대하여 물었을 때, "이것도 병법에 있는 것이오. 단지 그대들이 살펴보지 않았을 뿐이오. 병법에서 '죽을 곳에 빠진 뒤에야 살아나고, 절망의 경지에 놓인 뒤에야 생존한다'라고 말하지 않았소?" 하면서 배수진을 친 이유를 설명했습니다.[6] 우리나라 이순신 장군도 명량 해전에서 13척의 전선으로 왜의 함대 133척을 맞아 싸워 31척의 적선을 격파하고 크게 이겼습니다. 이 같은 전례는 손자의 말을 뛰어넘어 지형, 상황, 임전 자세 등을 고려한 장수의 지략에 따른 승리일 것입니다.

---

5 신동준(2012) 같은 자료.

6 김영수(2013. 5.1). 사기: 열전(번역문)(회음후열전). 「네이버지식백과」.
   〈https://terms.naver.com/entry.nhn?docId=3435342&cid=62144&categoryId=62250〉

현대전에도 상대적인 전투력은 방책 개발에 있어 가장 기본적인 고려 사항입니다. 미군 교범에 의하면, 최소 계획 비율(아군:적군)을 아군이 방어할 경우 1:3, 공격할 경우 3:1, 지연전 1:6, 역습 1:1 등으로 기술하고 있습니다. 물론 교리를 실제 전투에 적용하고자 할 때는 항상 임무 변수 (METT-TC) 요소들을 고려해서 결정합니다.[7] 이와 같은 병력 운용은 전술의 기본 원칙이지만, 그 비율까지 이미 손자가 설명했다는 것이 경이롭습니다.

손자가 장수는 나라나 군주의 보목과 같다고 한 것은 장수의 자질과 역할에 따라 국가 존망이 좌우될 수 있다는 뜻입니다. 오늘날에는 장군들이 안보 분야에서는 계속 중요한 역할을 하겠지만, 국가 전체에 미치는 영향은 경제·경영인들이 더 크다고 생각합니다. 그러므로 그들과 앞으로 경영인이 될 사람들은 경제·경영 분야의 이론과 실행뿐만 아니라 손자병법에서 얻을 수 있는 경영 방법도 창의적으로 생각하고 응용하는 지혜가 필요합니다.

---

7 HQ, Department of the ARMY(2014. 5.). 「FM 6-0, Commander and Staff Organization and Operations」. 9-20. 〈https://www.thelightningpress.com/fm-6-0-commander-staff-organization-operations/〉.

[D+15일] 모공(謀攻, Attack by Stratagem) ⑤

[12] 故君之所以患於軍者三: [13] 不知軍之不可以進而謂之進, 不知軍之不可以退而謂之退, 是爲縻軍; (고군지소이환어군자삼: 부지군지불가이진이위지진, 부지군지불가이퇴이위지퇴, 시위미군)

무릇 군주가 군대에 해를 끼치는 경우가 세 가지이다. 군대가 진격해서는 안 되는 것을 모르면서 진격하라고 명하고, 군대가 퇴각해서는 안 되는 것도 모르면서 퇴각하라고 명하는 것인데, 이를 일러 군대를 속박한다고 한다.

<한자> 所(바 소) 것, 곳 ; 患(근심 환) 근심, 걱정, 환난 ; 於(어조사 어) ~에 ; 進(나아갈 진) 나아가다 ; 而(말이을 이) ~하면서 ; 謂(이를 위) 이르다, 일컫다 ; 縻(고삐 미) 얽어매다, 묶다

<참고> ① 환(患): '환난, 재앙, 해, 위해, 근심' 등으로 해석됨. ② 부지군지불가이진이위지진(不知軍之不可以進而謂之進): 不知는 '모른다', 軍은 '군대 또는 군사 운용', 不可以는 '할 수 없다', 進은 '나아가다', 군사 용어인 '진격'으로 해석함. 위(謂)는 ~하게 함, 곧 명령함. ③ 미군(縻軍): 縻는 소의 고삐를 뜻함. "속박한다는 뜻의 縻는 군주가 장수를 무시하고 군을 통제하는 것을 말함." [신동준]. ④ [12], [13]의 4개 어구가 세 가지 중에 첫 번째임.

[12] There are three ways in which a ruler can bring misfortune upon his army:— [13] (1) By commanding the army to advance or to retreat, being ignorant of the fact that it cannot obey. This is called hobbling the army.

Ⓓ ruler 통치자, 지배자 ; bring misfortune upon ~에 불행을 초래하다 ; advance 전진, 진

격하다 ; retreat 후퇴하다 ; ignorant 무지, 무시하다 ; obey (명령, 법 등을)따르다[지키다] ; hobble 두 다리를 묶다, 방해하다

[14] 不知三軍之事, 而同三軍之政, 則軍士惑矣; [15] 不知三軍之權, 而同三軍之任, 則軍士疑矣。[16] 三軍旣惑且疑, 則諸侯之難至矣, 是謂亂軍引勝。(부지삼군지사, 이동삼군지정, 즉군사혹의; 부지삼군지권, 이동삼군지임, 즉군사의의. 삼군기혹차의, 즉제후지난지의, 시위난군인승)

군대의 일을 알지 못하면서 군대의 행정을 간섭하면 군사들이 미혹하게 된다. 군대의 임기응변의 작전을 알지 못하면서, 군대의 임무를 간섭하면 군사들이 의심을 갖게 된다. 군대가 이미 미혹하고 또한 의심을 갖게 되면, 이웃 제후들이 침략하는 난을 겪게 될 것이다. 이를 일러 군을 어지럽게 하여 적에게 승리를 안겨 주는 것이라고 한다.

<한자> 事(일 사) 일 ; 同(한가지 동) 같이하다 ; 政(정사 정) 정사 ; 惑(미혹할 혹) 미혹하다, 의심하다 ; 權(권세 권) 권력, 권한 ; 任(맡길 임) 맡기다, 책무 ; 疑(의심할 의) 의심한다 ; 難(어려울 난) 어렵다, 병란 ; 至(이를 지) 이르다, (영향을)미치다 ; 亂(어지러울 난) 어지럽다 ; 引(끌 인) 이끌다, 넘겨주다

<참고> ① 삼군지사(三軍之事): "옛날 주나라 제도에 따르면 천자는 여섯 군대인 육군(六軍)을 보유하고 있었고, 제후는 삼군(三軍)을 유지하였음. 군대의 편제로 보면 1군은 12,500명이니 3군은 37,500명의 병사로 이루어져 있음." [유동환]. ② 동삼군지정(同三軍之政): 同은 '동참함, 간여함'의 뜻인데 '간섭'의 의미로 해석. 軍之政은 군대의 행정을 의미함. 조조는 "장수는 조정에 간섭하지 않고, 대신은 군대에 간섭하지 않았다. 예의규범으로 군대를 지휘할 수 없다"고 풀이했음. [신동준]. ③ 혹(惑): '미혹, 의심하다'라는 뜻인데, 미혹(迷惑)은 '정신이 헷갈리어 갈팡질팡 헤맴'의 뜻임. ④ 삼군지권(三軍之權): 權은 '권변(權變)' 즉 '임기응변의 작전[기동], 권한, 지휘권' 등으로 해석됨. ⑤ 임(任): 權의 해석에 따라 '작전, 지휘, 직책' 등의 해석이 있는데, 작전과 관련된 '임무'로 해석함. ⑥ 제후지난지의(諸侯之難至矣): 難은 '어렵다, 재

앙'을 뜻하는데, '이웃 제후들이 기회를 틈타 군사를 일으켜 침략해 오는' 의미로 해석함. 至矣는 '(난이) 이르다'는 뜻인데, '난을 겪게 될 것이다'로 해석함. ⑦ 난군인승(亂軍引勝): 亂軍은 스스로 '군을 어지럽게 하다'는 뜻임. 引勝은 승리를 '이끌다, 넘겨주다'의 뜻인데, '적에게 승리를 넘겨주다'는 의미로 해석함.

[14] (2) By attempting to govern an army in the same way as he administers a kingdom, being ignorant of the conditions which obtain in an army. This causes restlessness in the soldier's minds. [15] (3) By employing the officers of his army without discrimination, through ignorance of the military principle of adaptation to circumstances. This shakes the confidence of the soldiers. [16] But when the army is restless and distrustful, trouble is sure to come from the other feudal princes. This is simply bringing anarchy into the army, and flinging victory away.

D attempt 시도하다 ; govern 통치, 지배하다 ; in the same way 같은 방법으로 ; administer 관리, 운영하다 ; ignorant 무지한, 무식한 ; restlessness of mind 마음의 동요 ; employ 고용[사용]하다 ; discrimination 차별 ; adaptation 적응 ; shake 흔들다 ; confidence 신뢰, 자신감 ; restless 침착하지 못한, 불안한 ; distrustful 불신하는 ; feudal 봉건 ; prince 왕자, 군주 ; bring into ...로 이동시키다 ; anarchy 무정부상태 ; fling away ...을 내팽개치다, ...를 놓치다

◎ 오늘(D+15일)의 思惟 ◎

손자는 군주가 군대에 해를 끼치는 경우가 세 가지라고 말했습니다. 즉 군주가 군대를 잘 알지 못하면서 진격 및 퇴각을 간섭하는 것, 군대의

행정을 간섭하는 것, 군대의 작전이나 임무를 간섭하는 것을 말하면서, 군사들이 미혹하고 의심을 갖게 되면 제후들의 침략을 받을 수 있다고 했습니다.

손자는 일단 장수에게 군권을 주었으면 권한을 일임하고 군사력 운용에 대하여 전적으로 믿고 맡길 것을 강조한 것입니다. 실제로 중국처럼 천 리 이상 떨어진 곳에 가서 원정 작전을 했을 경우에는 통신 수단이 제한되어 군주가 전장 상황을 잘 알 수 없고 간섭하기도 쉽지 않았을 것입니다. 그러나 군주는 장수가 수행한 전쟁의 결과가 국가의 존망에 영향을 미칠 수 있으며, 군사력의 대부분에 대한 군권을 장수가 갖고 있다면 반역을 꾀할 가능성도 항상 있기 때문에 전적으로 맡기기도 또한 쉽지 않았을 것입니다.

그러므로 손자의 말은 군 운용 측면에서는 당위성이 있지만 실제로는 당시의 정치·사회적인 상황에서 완전히 실행하기는 어려웠을 것입니다. 예를 들면 손자 이후 시대의 유방도 한신에게 군권이 있을 때 혹시 반역을 꾀할지도 모른다고 노심초사했습니다. 또한 유비는 "줄곧 제갈량에게 민정과 후방 보급 임무를 맡겼지 독단적으로 군사를 장악하게 하지 않았다"고 합니다.[8] 따라서 손자가 살았던 약육강식의 춘추 전국 시대에 장수를 믿고 간섭하지 말아야 한다는 주장을 펼쳤다는 것은 시대에 매우 앞선 창발적인 사고라 하지 않을 수 없습니다.

군주의 간섭에 대하여 우리나라의 선조와 이순신 간의 관계를 얘기할 수 있습니다. 정유재란(1597년) 때에 이중간첩 요시라로부터 가토 기요마사가 바다를 건너올 것이라는 정보가 입수되어 선조가 이순신에게 부

---

8 자오위핑. 박찬철(역)(2012). 「마음을 움직이는 승부사 제갈량」. 200.

산포로 나아가라는 지시를 내렸는데, 이미 가토가 부산에 도착했고 이순신은 뒤늦게 함대로 부산포에 출동했습니다. 이에 이순신을 숙청하고자 하는 자들이 처벌을 상소했으며 선조는 이순신을 삼도수군통제사에서 파직하고 압송했습니다. 다행히 이원익과 권율, 결정적으로 정탁의 적극적인 변호로 이순신은 목숨을 지키게 되었지만, 그 후 조선 수군은 칠천량 해전에서 붕괴되었고 겨우 12척의 전선만 남았습니다.

이와 같은 손자의 말과 사례를 보면, 오늘날 조직이나 기업의 리더들이 정보 통신 등 환경은 다르지만 조직의 인재들을 어떻게 관리해야 하는지에 대한 방향을 제시하는 지침이 될 것 같습니다. 무엇보다도 아랫사람에게 임무를 부여했다면 스스로 잘할 수 있도록 도와주면서 간섭하지 말고 믿고 기다리는 것이 중요합니다.

[D+16일] 모공(謀攻, Attack by Stratagem) ⑥

[17] 故知勝有五: 知可以戰, 與不可以戰者勝, 識衆寡之用者勝, 上下同欲者勝, 以虞待不虞者勝, 將能而君不御者勝; 此五者, 知勝之道也。 (고지 승유오: 지가이전, 여불가이전자승, 식중과지용자승, 상하동욕자승, 이우대불우자승, 장능이군불어 자승. 차오자, 지승지도야)

무릇 승리를 미리 알 수 있는 경우는 다섯 가지가 있다. 싸워야 할 때와 싸우지 말아야 할 때를 알면 승리하고, 병력이 많고 적음에 따른 용병술을 알면 승리하며, 상하가 함께하려고 하면 승리하고, 미리 예상하여 대비한 후에 대비하지 않은 적을 기다리면 승리하며, 장수가 유능하고 군주가 간섭하지 않으면 승리한다. 이 다섯 가지는 승리를 미리 알 수 있는 방법이다.

<한자> 與(더불 여) 더불다 ; 者(놈 자) ~면(접속사) ; 識(알 식) 알다 ; 寡(적을 과) 적다 ; 同(한 가지 동) 함께, 같이 하다 ; 欲(하고자할 욕) 하고자 하다 ; 虞(염려할 우) 염려하다 ; 待(기다릴 대) 기다리다, 대비하다 ; 御(거느릴 어) 다스리다

<참고> ① 지승유오(知勝有五): 知勝은 '승리를 미리 알 수 있는' 또는 '예측할 수 있는' 有五는 '다섯 가지 방법 또는 경우'를 뜻함. ② 가이전(可以戰): '싸워야 할 때인지', '싸울 수 있는지', '싸우는 것이 좋은지' 등으로 해석할 수 있음. ③ 중과지용(衆寡之用): 衆寡는 '병력의 많고, 적음', 用은 '그것에 따른 용병술'을 뜻함. ④ 상하동욕(上下同欲): 上下는 '장수와 병사' 또는 '군주와 장병'을 뜻함. 同欲은 '함께하다, 마음이 일치하다, 일치단결하다' 등의 뜻임. ⑤ 우대불우(虞待不虞): 虞虞는 '염려, 예상하여 미리 적의 침공에 대비한다'는 의미임. 不虞는 그 반대임. ⑥ 군불어(君不御): 御는 '다스리다', '제약, 견제, 간여, 개입, 통제'의 뜻으로 해석하는데, 여기서는 '간섭하다'로 해석함. ⑦ 지승지도(知勝之道): 知勝은 싸우기 전에 5가지를 고려하면 승리를 예측할 수 있기 때문에 '미리 안다'고 해석함.

[17] Thus we may know that there are five essentials for victory: (1) He will win who knows when to fight and when not to fight. (2) He will win who knows how to handle both superior and inferior forces. (3) He will win whose army is animated by the same spirit throughout all its ranks. (4) He will win who, prepared himself, waits to take the enemy unprepared. (5) He will win who has military capacity and is not interfered with by the sovereign.

Ⓓ essentials 본질적 요소, 필수 요소 ; handle 다루다 ; animate 생기를 불어넣다 ; throughout 전체에 걸쳐 ; rank 계급 ; capacity 능력 ; interfere with 간섭하다, ~을 방해하다 ; sovereign 군주, 국왕

[18] 故曰: 知彼知己, 百戰不殆; 不知彼而知己, 一勝一負; 不知彼不知己, 每戰必殆。 (고왈: 지피지기, 백전불태; 부지피이지기, 일승일부; 부지피부지기, 매전필태)

그러므로 말한다. 적을 알고 나를 알면 백 번 싸워도 위태롭지 않다. 적을 알지 못하고 나를 알면 승부는 반반이다. 적을 알지 못하고 나도 알지 못하면 매번 싸울 때마다 반드시 위태롭다.

<한자> 彼(저 피) 저, 저쪽 ; 己(몸 기) 몸, 자기 ; 殆(위태할 태) 위태하다, 위험하나 ; 負(질 부) 지다, 패하다 ; 每(매양 매) 매양, 늘, 마다

<참고> ① 백전불태(百戰不殆): 百은 백 번 또는 매번으로 해석함. 殆는 위태로울 위(危)와 통함. 곧 백 번 또는 매번 싸워도 비록 승부는 알 수 없지만, 어쨌든 위태롭지 않게 대비할 수 있다는 뜻임. ② 일승일부(一勝一負): '한 번 이기고, 한 번은 패한다' 또는 '승부가 반반'이라는 뜻으로 직역하지만, 승률이 50%이면 사실 합리적으로 생각하면 '승부를 예측할 수 없다'고 해석할 수도 있음. ③ 매전필태(每戰必殆): 殆자가 일부 판본에는 敗로 되어 있음. 참고로 영문에도 敗의 의미로 번역되었음.

[18] Hence the saying: If you know the enemy and know yourself, you need not fear the result of a hundred battles. If you know yourself but not the enemy, for every victory gained you will also suffer a defeat. If you know neither the enemy nor yourself, you will succumb in every battle.

D fear 두려워하다 ; gain 하게 되다, 얻다 ; suffer a defeat 패배를 당하다, succumb 굴복하다, 무릎을 꿇다

손자는 전쟁에서 '승리를 미리 알 수 있는 다섯 가지'를 말했습니다. 그리고 〈謀攻篇〉을 마무리하면서 손자병법에서 가장 유명한 문구로 알려진 "적을 알고 나를 알면 백 번 싸워도 위태롭지 않다(知彼知己, 百戰不殆)"라고 했습니다. 참으로 전쟁뿐만 아니라 모든 사람들이 살아가면서 교훈으로 가질 수 있는 황금 같은 말이라고 생각합니다.

먼저 지승유오(知勝有五)에 대한 것입니다. 손자는 〈計篇〉에서 묘산(廟算)을 통해 전쟁의 승패를 알 수 있다고 했는데, 이 편에서는 구체적으로 군주와 장수가 전쟁을 수행함에 있어서 어떻게 행동하느냐에 따라 전쟁의 승리를 미리 알 수 있다고 한 것입니다. 말하자면 오늘날에 있어서 전쟁 지도부나 사령부에 대한 '전쟁 지도 지침'이며, 지침 중에 가장 중요한 핵심 내용이라고 할 수 있습니다.

이와 같은 지침은 현대전에서도 필요합니다. 그런데 이와 연관되는 내용이 현재 우리 군의 교범이나 문서에 포함되어 있는지 궁금합니다. 교범에는 전쟁의 원칙, 작전의 준칙 및 고려 사항, 군사 의사결정 프로세스(MDMP) 등은 있지만, 군사력을 운용하면서 승리를 예측하거나 승리하기 위해서 어떻게 확인하고 대비하며 실행해야 하는지를 설명한 지침은 읽지 못했습니다. 만일 '작전 요무령'과 같은 교범이 있다면 손자가 뜻하는 바를 현대적인 의미에서 해석하여 포함한다면 좋을 것 같습니다.

다음은 지피지기론(知彼知己論)에 대한 것입니다. 사실 전쟁은 동서고금을 막론하고 항상 '안개와 마찰' 때문에 전투원을 괴롭히며, 일단 전투 상황에 돌입하면 상황이 어떻게 전개될지 예측하는 것이 매우 어렵습니다. 손자는 "적을 알고 나를 알면, 위태롭지 않다"고 했지만, 군사 운용이 그렇게 쉽지는 않다는 것을 알고 있었습니다. 후술하는 〈地形篇〉에서 '지피지기' 외에도 지형과 기상 등을 알아야 한다고 했습니다. 현대의 군사 전술에서도 항상 피아를 포함한 METT-TC(임무, 적, 지형 및 기상, 가용 부대, 가용 시간, 민간 고려 요소)를 고려하여 전투력을 운용하고 있습니다.

끝으로 손자의 '지피지기론'은 전쟁 상황뿐만 아니라 기업 경영, 개인의 인생 등 모든 면에서 적용될 수 있는 보편적인 원칙이라고 생각합니다. 현대 전쟁에서 미국이 베트남 전쟁이나 아프가니스탄 전쟁, 이라크 전쟁 등에서 의외로 수렁에 빠진 것도 '지피지기'가 부족했던 것으로 판단합니다. 기업도 경영을 하면서 이와 같은 사례가 누구나, 언제든지 있을 수 있습니다. 지기(知己)는 소크라테스의 '너 자신을 알라'는 말과 같은 의미일 것입니다. 유발 하라리(Yuval Noah Harari)는 "수천 년 동안 철학자들과 선지자들은 사람들에게 자신을 알라고 촉구했다. 하지만 이 조언은 21세기에 와서 더없이 다급한 것이 되었다"고 했습니다[9]. 저는 손자의 말을 새기면서, 전쟁이든 경영이든 인생이든 지기가 참으로 중요하다고 생각합니다.

---

9   유발 하라리. 전병근(역)(2018). 「21세기를 위한 21가지 제언」. 김영사. 401.

제4편
형(形)
★ Tactical Dispositions ★

형은 '형상, 형세'를 뜻하는데, 통상 '군형'으로 사용하면서 군대의 대형 또는 물질적 역량으로서 군대의 전력을 설명한다. 손자병법은 이 편부터 주로 전쟁의 전술적인 면을 다루고 있다. 상황이 변함에 따른 군형의 변화를 설명하면서 변화하는 상황에서 어떻게 승리하는가에 중점을 두고 있다. 그 방법으로 자신을 보전하면서 승리하는 것, 쉽게 이길 수 있는 적에게 승리하는 것, 먼저 이겨 놓고 난 후에 싸움을 구하는 것, 승리하는 군대의 태세, 즉 '형'을 설명한다.

◆ 형편 핵심 내용 ◆

A [2] 不可勝在己, 可勝在敵。 적이 나를 이기지 못하도록 하는 것은 나에게 달려 있지만 내가 적을 이길 수 있는 것은 적에게 달려 있다.

A [4] 勝可知, 而不可爲。 승리를 예측할 수는 있지만, 그렇게 만들 수는 없다.

C [7] 自保而全勝 자신을 보전하면서 온전한 승리를 한다.

A [11] 善戰者, 勝於易勝者也。 전쟁을 잘하는 자는 쉽게 이길 수 있는 적에게 승리했다.

C [15] 勝兵先勝而後求戰 승리하는 군대는 먼저 이기고 난 후에 싸움을 구한다.

◆ 러블리 팁(Lovely Tip) ◆

L 이기는 것보다 먼저 지지 않도록 하자.

L 실수하지 말고, 상대의 실수를 이용하자.

L 우리는 한마음, 한뜻이 되도록 하자.

L 쉽게 이길 수 있을 때에 공격하자.

L 공격할 때는 신속하고 과감하게 하자.

[D+17일] 형(形, Tactical Dispositions) [1]

[1] 孫子曰: 昔之善戰者, 先爲不可勝, 以待敵之可勝。[2] 不可勝在己, 可勝在敵。 (손자왈: 석지선전자, 선위불가승, 이대적지가승. 불가승재기, 가승재적)

    손자가 말했다. 옛날에 전쟁을 잘하는 자는 먼저 적이 나를 이기지 못하도록 해놓고, 내가 적을 이길 수 있는 기회를 기다렸다. 적이 나를 이기지 못하도록 하는 것은 나에게 달려 있지만, 내가 적을 이길 수 있는 것은 적에게 달려 있다.

<한자> 形(모양 형) 모양, 형상, 형세 ; 昔(예 석) 옛, 옛날 ; 爲(하 위) 하다 ; 以(써 이) 그리고 ; 待(기다릴 대) 기다리다 ; 在(있을 재) 있다

<참고> ① 선위불가승(先爲不可勝): 先爲는 '먼저 ~하도록 한다', 不可勝은 敵과 我가 없지만 '적이 나를 이기지 못하는 것'이란 의미임. ② 이대적지가승(以待敵之可勝): 以는 '그렇게 하고는', 敵之는 可勝 뒤의 목적어인데 앞으로 나온 것임. 목적어가 앞으로 도치되어 之가 삽입되었음. ③ 가승재적(可勝在敵): 적이 허점 또는 틈이 있어야 승리할 수 있다는 뜻임. 만일 적이 허점이 없다면 드러날 때까지 기다린다는 의미임.

[1] Sun Tzu said: The good fighters of old first put themselves beyond the possibility of defeat, and then waited for an opportunity of defeating the enemy. [2] To secure ourselves against defeat lies in our own hands, but the opportunity of defeating the enemy is provided by the enemy himself.

D fighters 전사 ; possibility 가능성 ; wait for ~을 기다리다 ; opportunity 기회 ; secure 안전하게 하다, 보증하다 ; lie in ~에 있다 ; provide 제공하다

**[3] 故善戰者, 能爲不可勝, 不能使敵之可勝。[4] 故曰: 勝可知, 而不可
爲。** (고선전자, 능위불가승, 불능사적지가승. 고왈: 승가지, 이불가위)

그러므로 전쟁을 잘하는 자는 적이 나를 이기지 못하도록 할 수는 있
어도, 적으로 하여금 내가 이길 수 있도록 할 수는 없다. 그래서 말한다.
승리를 예측할 수는 있지만 마음대로 그렇게 만들 수는 없다.

<한자> 能(능할 능) ~할 수 있다 ; 使(하여금 사) 하여금 ; 而(말이을 이) 그러나

<참고> ① 능위불가승(能爲不可勝): 能爲는 '~할 수 있다', 不可勝은 '적이 나를 이기지 못하게
여러 조치를 취할 수 있다'는 뜻임. ② 불능사적지가승(不能使敵之可勝): 내가 승리할 수 있도
록 적에게 여러 가지 수단과 방법을 사용할 수 있겠지만, 그것을 적에게 강제할 수 없고, 적이
의도대로 움직여 줄 것으로 생각할 수 없다는 의미임. 죽간본은 之가 必로 되어 있음. ③ 승가
지(勝可知): 전쟁에 대하여 관념적으로 생각하여 '승리를 알 수 있다'이므로, 곧 '예측할 수 있
다'로 해석함. ④ 이불가위(而不可爲): 不可爲는 내 마음대로, 억지로 그렇게 '만들 수는 없다'
는 뜻임. 왜냐하면 상대방이 내 뜻대로 움직이기보다는 자신의 의지에 따라 움직이기 때문임.

[3] Thus the good fighter is able to secure himself against defeat, but
cannot make certain of defeating the enemy. [4] Hence the saying:
One may know how to conquer without being able to do it.

D make certain of 반드시 ~하다 ; without being able to do ~을 하지 않아도

◎ 오늘(D+17일)의 思惟 ◎

손자는 〈形篇〉에서 전쟁술 또는 전술적 차원에서 설명하면서 첫 부분
에서 승리를 하기 위한 조건을 말했습니다. 그는 먼저 적이 나를 이기지
못하도록 해놓고 내가 적을 이길 수 있는 기회를 기다리며, 적이 나를 이

기지 못하도록 하는 것은 나에게 달려 있고 내가 적을 이길 수 있는 것은 적에게 달려 있다고 했습니다.

손자는 결국 내가 적을 이기도록 할 수 있는 것이 아니라 적이 어떤 실수나 허점이 있어야 이길 수 있다고 했습니다. 곧 '선 대비 후 공격'할 수 있는 기회를 추구하라는 것입니다. 이 말은 군사적인 관점에서 매우 타당하지만, 만일 적에게 허점이나 틈이 없다면 마냥 기다릴 수는 없을 것입니다. 즉 적의 허점을 인위적으로 만드는 방법도 있습니다. 예를 들면 완전무결한 이순신의 수군도 조정의 무능 때문에 요시라의 이간책에 무너지지 않았습니까? 따라서 전쟁에 임하는 자는 기본적으로 방어 태세를 완비해야 하겠지만, 적이 실수나 허점이 표출될 때까지 기다리지 말고 적극적으로 적의 허점을 찾거나 적이 실수하도록 대책을 강구하여 실행하는 것도 승리하기 위한 하나의 방법이 될 것입니다.

그리고 세계 전쟁사에서 전승 사례를 분석해 보면, 전승은 혁신적인 전략, 전법 또는 전술, 병력의 질 등에도 영향을 받았습니다. 칭기즈칸 몽골군의 기동력은 당시 상식으로는 상상할 수 없을 정도로 높아서 전장의 주도권 장악과 기습을 달성할 수 있었으며 유라시아에 걸쳐 대제국을 형성했습니다. 나폴레옹도 국민군을 편성하여 18세기 당시의 일반적인 전략과는 달리, 예상하지 못한 거리와 속도로 전략적인 기동과 기습을 달성했고, 결정적인 지점에, 결정적 시간에서 적보다 상대적으로 우세한 병력을 집중하여 적 병력을 격멸했습니다. 그래서 당시의 어떤 장군도 나폴레옹에게 맞서지 못했던 것입니다. 제2차 세계대전에서 독일군은 '마지노선'을 돌파하여 프랑스를 침공한 후 불과 1개월 만에 파리를 함락시키고 이어서 항복을 받아냈습니다. 이것은 현대전의 수행 방식에 대한 생각의 차이에서 승패가 결정된 것입니다.

손자의 뜻을 기업이나 개인에게 적용하면, 경쟁에서 승리할 수 있는 경우가 어떤 것인지를 검토하고 그에 따라 조치할 사항을 결정하여, 그 결과를 현재는 비교 보완하고 미래에는 강화할 수 있을 것입니다. 보완, 강화할 사항을 예를 들면, 기업은 핵심 역량이며 개인은 어학 능력, 전문성, 창의성 등이 될 것입니다. 그리고 자신이 철저히 대비했다고 해서 경쟁 상대보다 항상 경쟁 우위를 갖는 것은 아닙니다. 상대가 약점이나 문제가 있다면 경쟁 우위를 갖겠지만, 강점이 더 많고 임기응변을 더 잘한다면 경쟁에서 이기기 어렵다는 것을 손자가 말하고 있습니다.

[D+18일] 형(形, Tactical Dispositions) ②

[5] 不可勝者, 守也; 可勝者, 攻也。[6] 守則不足, 攻則有餘。(불가승자, 수야; 가승자, 공야. 수즉부족, 공즉유여)

적을 이길 수 없으면 수비를 하고, 적을 이길 수 있으면 공격을 한다. 수비하는 것은 전력이 부족하기 때문이며, 공격하는 것은 전력에 여유가 있기 때문이다.

<한자> 守(지킬 수) 지키다 ; 足(지나칠 족) 넉넉하다 ; 餘(남을 여) 남다, 여분

<참고> ① 불가승자(不可勝者), 수야(守也): 일설은 '승리하지 못하게 하는 것은 수비다 또는 수비하기 때문이다'라고 해석함. ② 수즉부족(守則不足), 공격유여(攻則有餘): 수비를 하는 것은 전력(힘, 병력)이 부족하거나 여건이 마련되지 않았기 때문이며, 공격하는 것은 전력에 여유가 있기 때문임. 죽간본에는 '守則有餘(수즉유여), 攻則不足(공즉부족)'으로 되어 있음. 즉

적의 병력이 여유가 있거나 부족한 것을 말함.

[5] Security against defeat implies defensive tactics; ability to defeat the enemy means taking the offensive. [6] Standing on the defensive indicates insufficient strength; attacking, a superabundance of strength.

[D] security 안전, 안심 ; implies 암시, 의미하다 ; take the offensive 공세를 취하다 ; stand on ...에 의거[기초]하다 ; insufficient 불충분한 ; superabundance 과다

[7] 善守者, 藏於九地之下; 善攻者, 動於九天之上。故能自保而全勝也。

(선수자, 장어구지지하; 선공자, 동어구천지상. 고능자보이전승야)

수비를 잘하는 자는 깊은 땅속에 숨는 것처럼 하며, 공격을 잘하는 자는 높은 하늘 위에서 움직이는 것처럼 한다. 그러므로 자신을 보전하면서 온전한 승리를 할 수 있다.

<한자> 藏(감출 장) 감추다, 숨다 ; 自(스스로 자) 자기 ; 保(지킬 보) 지키다

<참고> ① 장어구지지하(藏於九地之下): 九地는 '땅의 깊은 곳', 곧 '적으로 하여금 어디를 방어하고 있는지 모르게 한다'는 의미로 해석함. 일설은 '다양한 지형을 이용하여 적을 막아낸다'고 해석함. 참고로 九地는 11편의 편명임. ② 동어구천지상(動於九天之上): 九天은 '끝없이 높은 하늘', 곧 높은 하늘 위에서 움직이듯이 함으로써, 적으로 하여금 언제, 어디를 공격할지 모르도록 한다는 뜻임. ③ 자보이전승(自保而全勝): 自는 '자신', 全은 '온전, 완전'임. '자신을 보존하면서 온전 또는 완전한 승리를 한다'의 뜻임.

[7] The general who is skilled in defense hides in the most secret recesses of the earth; he who is skilled in attack flashes forth from the

topmost heights of heaven. Thus on the one hand we have ability to protect ourselves; on the other, a victory that is complete.

D is skilled in ...에 능숙하다 ; recess 깊숙한 구석, 오목한 곳 ; flash 번쩍이다 ; forth 앞으로, 밖으로 ; topmost 가장 높은 ; on the one hand... on the other 한편에는... 또 한편에는

◎ 오늘(D+18일)의 思惟 ◎

손자는 전쟁에서 전력을 기준으로 하여 공격과 수비에 대하여 설명했습니다. 그리고 공격과 방어의 요령과 함께, "자신을 보전하면서 온전한 승리를 거둘 수 있다(自保而全勝)"는 손자병법에서 잘 알려진 명언을 말했습니다. 즉 자신을 보전하는 것이 승리보다 먼저라는 그의 생각을 반영한 것입니다.

중국에서는 이러한 병법의 가르침이 후대의 장수들에게 잘 알려진 것 같습니다. 그런데 전투를 지휘하는 장수가 개인적인 감정과 일시적인 의기로 인해 임의로 결정해서 작전에 실패하는 경우도 많았습니다. 예를 들어《초한지》나《삼국지연의》와 같은 소설을 읽다 보면 병력이 열세라서 수성의 명령을 받았음에도 불구하고, 적의 욕설에 화를 참지 못하고 성 밖으로 나가서 전투를 하다 참패한 사례가 매우 많습니다. 반대로 너무 조심해서 병력을 잘못 판단하여 공격 작전에 실패한 경우도 있습니다. 제갈량이 성문을 열어놓고 거문고를 타고 있는 것을 보고 사마의가 회군한 것은 상황을 제대로 판단하지 못하여 작전의 목적을 달성하지 못한 사례로 볼 수 있습니다.

한편 전례를 보면 병력에 의한 결정보다는 '공격이 최선의 방어'일 수도 있습니다. 전력이 비슷하거나 열세라도 선제공격하여 전광석화처럼

운용할 수도 있습니다. 예를 들어 이스라엘은 1967년 6일 전쟁에서 아랍 국에 비하여 병력 규모와 무기에서 결코 우세하지 않았지만, 예방 전쟁 개념의 작전을 계획하고 전격적으로 단 6일 만에 이집트, 요르단, 시리아를 격파하고 대승을 거두었습니다. 이러한 공격 작전은 병력이 열세라도 "적극적 공세 행동과 기습, 결단과 속도, 항공력, 지휘관들의 우수한 작전 능력, 병참 지원 체계, 정신 전력에 의하여 승리"할 수 있다는 것을 보여줍니다.[1]

한편 현대의 미국 군사 교범에 의하면, "공격 작전은 적 부대를 파괴 및 격멸하고 지형과 자원 등을 장악하기 위한 전투 작전이며, 방어 작전은 적의 공격을 물리치고, 시간을 얻고, 병력을 절약하며, 공격 작전이나 안정 작전에 유리한 조건을 조성하기 위해 실시하는 전투 작전이다"라고 정의합니다.[2] 이와 같은 교리에 의한 공격 및 방어 작전은 병력에 의해 결정되는 것이라기보다는 상급부대의 작전 목적이나 임무 요소(METT-TC)에 따라 결정하여 전투력을 운용합니다.

기업 경영에서도 '지속 가능 경영'을 위해 공세적으로 할 것인지, 현상 유지를 할 것인지 등에 대한 전략을 결정할 때 '자보이전승'의 지혜가 필요하다고 생각합니다. 개인도 이와 같은 경쟁 상황에 처할 수 있는데 '자신을 보전하는 것'이 우선이라는 것을 명심해야 하겠습니다.

---

1 정토웅(2010). 같은 자료(6일 전쟁).

2 HQ Department of the Army(2008. 2). 「FM 3-3 OPERATIONS」. 3~7-10.
⟨https://armypubs.army.mil/ProductMaps/PubForm/Details.aspx?PUB_ID=1003121⟩.

[D+19일] 형(形, Tactical Dispositions) ③

[8] 見勝不過衆人之所知, 非善之善者也; [9] 戰勝而天下曰善, 非善之善者也。[10] 故擧秋毫不爲多力, 見日月不爲明目, 聞雷霆不爲聰耳。(견승불과중인지소지, 비선지선자야; 전승이천하왈선, 비선지선자야. 고거추호불위다력, 견일월불위명목, 문뢰정불위총이)

　승리를 예측하는 것이 여러 사람이 알고 있는 수준에 불과하면 최선의 것이 아니다. 싸워서 이긴 것을 천하의 모든 사람이 잘했다고 말한다면 또한 최선의 것이 아니다. 그러므로 가을갈이하는 짐승의 가벼운 털을 들었다고 해서 힘이 세다고 하지 않고, 해와 달을 봤다고 해서 눈이 밝다고 하지 않으며, 천둥과 벼락소리를 들었다고 해서 귀가 밝다고 하지 않는다.

〈한자〉 見(볼 견) 보다, 드러내다 ; 過(지날 과) 초과하다, 넘다 ; 擧(들 거) 들다 ; 秋(가을 추) 가을 ; 毫(가는 털 호) 가는 털, 솜털 ; 目(눈 목) 눈 ; 聞(들을 문) 듣다 ; 雷(우레 뢰) 우레, 천둥 ; 霆(천둥소리 정) 천둥소리 ; 聰(귀밝을 총) 귀가 밝다 ; 耳(귀 이) 귀

〈참고〉 ① 견승불과중인지소지(見勝不過衆人之所知): 見勝은 '승리를 내다봄' 또는 '예측함', 衆人은 여러 사람, 보통 사람, 所知는 알고 있는 것, 수준, 범위, 식견 등의 의미임. 곧 일반인은 물론 적군조차 알 수 있기 때문에 최고가 아니라는 것임. ② 비선지선자(非善之善者): 善之善은 '선 중의 선', 者는 '것', 죽간본에는 비선자(非善者)로 되어 있음. ③ 전승이천하왈선(戰勝而天下曰善): 戰勝은 '싸워서 이김', 天下는 '하늘 아래의 온 세상', 즉 '천하의 모든 사람'으로 해석함. 다음 어구와 연결에서 의미상 '또한'을 포함함. ④ 거추호불위다력(擧秋毫不爲多力): 秋毫는 '가을철에 털갈이하여 새로 돋아난 짐승의 가는 털', '가벼운 털'로 묘사함. 多力은 '힘이 많음', 곧 '힘이 셈'을 이름. ⑤ 문뢰정불위총이(聞雷霆不爲聰耳): 雷霆은 '천둥과 벼락', 聰耳는 '귀가 밝다'임.

[8] To see victory only when it is within the ken of the common herd is not the acme of excellence. [9] Neither is it the acme of excellence if you fight and conquer and the whole Empire says, "Well done!" [10] To lift an autumn hair is no sign of great strength; to see the sun and moon is no sign of sharp sight; to hear the noise of thunder is no sign of a quick ear.

D ken 시야, 이해, 인식의 범위 ; the common herd 보통 사람들 ; acme 절정, 극치 ; Empire 제국, 거대 기업 ; Well done! 잘했어! 훌륭했어! ; lift 들어올리다 ; hair 머리(털), 털, 머리카락 ; no sign of ~의 징후가 아닌 ; sharp 예리한 ; sight 시력, 시야 ; thunder 천둥

[11] 古之所謂善戰者, 勝於易勝者也。[12] 故善戰者之勝也, 無智名, 無勇功。(고지소위선전자, 승어이승자야. 고선전자지승야, 무지명, 무용공)

옛날에 이른바 전쟁을 잘하는 자는 쉽게 이길 수 있는 적에게 승리했다. 그러므로 전쟁을 잘하는 자의 승리는 지략이 뛰어났다는 명성도 없고, 용맹스럽게 싸웠다는 전공도 없다.

<한자> 古(옛 고) 옛날 ; 易(쉬울 이) 쉽다 ; 名(이름 명) 이름, 평판 ; 功(공 공) 공로, 공적

<참고> ① 소위선전자(所謂善戰者): 所謂는 '이른바', 善戰者는 '전쟁(싸움)을 잘하는 자'임. ② 승어이승자(勝於易勝者): 易勝者는 쉽게 이길 수 있는 상대, 곧 약점이 노출된 적을 의미함. ③ 무지명(無智名), 무용공(無勇功): 다양한 해석이 있지만, 뜻이 어렵거나 내용이 다르지도 않음. 名은 '지혜롭다는 명성, 지략의 명성', 功은 '용맹스러운 공, 용감히 싸웠다는 전공' 등의 해석이 있음. 죽간본에는 무지명 앞에 '기발한 전략으로 승리'를 거두지 않았다는 뜻의 무기승(無奇勝)이 추가되어 있음.

[11] What the ancients called a clever fighter is one who not only

wins, but excels in winning with ease. [12] Hence his victories bring him neither reputation for wisdom nor credit for courage.

D ancients 고대인, 옛사람 ; clever 영리한 ; not only... but(also)... ...뿐만 아니라 ...도 ; excel 탁월하다 ; with ease 용이하게, 손쉽게 ; bring 가져오다, 초래하다 ; neither... nor... 이것도 저것도 아닌(부정) ; reputation 평판 ; credit for courage 용기에 대한 명성[신뢰]

◎ 오늘(D+19일)의 思惟 ◎

손자는 승리를 내다보는 것이 여러 사람이 알고 있는 수준이면 최선의 것이 아니라고 말했습니다. 그리고 전쟁을 잘하는 자는 쉽게 이길 수 있는 적에게 승리했으며, 이들의 승리는 명성도 없고 전공도 없다고 말했습니다. 이 말의 뜻은 이해되고 경청해야 할 좋은 내용이지만 실행하기가 쉽지 않은 이상적인 말인 것 같습니다.

손자는 다른 사람이 승리를 예측할 정도의 용병이라면 적들도 대비할 수 있으므로 결국 힘든 전투를 해야 할 것이며, 승리하더라도 자신이나 군이 피해를 많이 입을 수밖에 없다고 생각한 것 같습니다. 따라서 적에게 쉽게 이겨야만 전쟁을 잘하는 자라고 말할 수 있다는 것입니다. 그러나 현실적으로 그와 같은 승리가 쉬운지를 생각해 볼 필요가 있습니다. 만일 적이 전혀 예상하지 못한 방법으로 적을 기만, 기습, 그리고 기동하거나 창의적인 전법이나 전략을 사용한다면 손쉽고 완벽하게 이길 수도 있을 것입니다. 그러나 자신과 대등한 능력을 가졌거나 압도적인 능력을 가진 상대를 손자의 말처럼 쉽게 이길 수 있겠습니까? 잘 대비하면 위태롭지는 않을지 몰라도 이기는 것이 쉽지 않을 것입니다.

탁월한 군사 전략가라도 전투는 상대가 있고 예상치 못한 상황에 영향을 받기 때문에 계획대로 되지 않을 경우가 많습니다. 예를 들면, 중국의 삼국 시대에 당대의 지략가였던 위(魏)의 사마의(司馬懿), 적벽 대전의 영웅인 오(吳)의 주유(周瑜)도 같은 시대에 諸葛亮(제갈량)을 만나 번번이 속거나 패했습니다. 심지어 그러한 제갈량마저 육출기산(六出祁山)하고도 결국 북벌 중원의 뜻을 이루지 못하고 오장원에서 죽었습니다. 그리고 1815년에 있었던 워털루 전투에서 나폴레옹은 예하 장군들의 무능함과 에베데 오용의 망설임 때문에 웰링턴에게 결국 패배했습니다.[3] 이와 같은 사례에서 보듯이, 승리가 결코 쉽지 않다는 것입니다.

전쟁은 손자의 말씀을 염두에 두고 실행해야 하겠지만 예상하지 못하는 상황에 즉응 조치 능력도 필요하며, 무엇보다 중요한 것은 작전에 확신을 갖고 온 정력을 쏟아서 설혹 '가벼운 털 하나를 들었다'는 평을 듣더라도 승리로 이끌어야 할 것입니다. 아마도 칭기즈칸이나 나폴레옹뿐만 아니라 23전 23승의 이순신 장군까지도 승리하기까지 최선의 노력을 경주했었기 때문에 승리했을 것입니다. 즉 끝까지 온 정성을 다해 노력해야 비로소 승리할 수 있다는 것은 전쟁뿐만 아니라 모든 분야에서 다 똑같다고 생각합니다.

3 육군사관학교 전사학과(2004). 「세계전쟁사」. 황금알, 130-136.

[13] 故其戰勝不忒. 不忒者, 其所措必勝, 勝已敗者也. [14] 故善戰者, 立於不敗之地, 而不失敵之敗也. (고기전승불특. 불특자, 기소조필승, 승이패자야. 고선전자, 입어불패지지, 이불실적지패야)

　　그러므로 그 전쟁의 승리는 어긋남이 없다. 어긋남이 없다는 것은 그 조치한 바가 반드시 승리하도록 해놓고 이미 패배한 적에게 승리를 거두기 때문이다. 그러므로 전쟁을 잘하는 자는 패하지 않을 곳에 서서 적을 패배시킬 때를 놓치지 않는다.

<한자> 忒(틀릴 특) 틀리다, 어긋나다 ; 所(바 소) 바, 것 ; 措(둘 조) 두다, 조치하다 ; 已(이미 이) 이미 ; 立(설 입) 서다, 임하다 ; 於(어) ~에 ; 地(땅 지) 땅, 곳, 처지 ; 而(이) 그리고, ~하면서

<참고> ① 전승불특(戰勝不忒): 戰勝은 '전쟁의 승리'인데, 곧 '전쟁을 잘하는 자의 승리'를 말함. 不忒은 '어긋남이 없다, 착오가 없다, 틀림이 없다' 등의 의미인데, 곧 '예상한 것과 어긋남이 없다'는 것임. ② 기소필승(所措必勝): 所措는 '조치한 바(방법, 방도)'임. 죽간본에는 其所措勝으로 必이 없음. ③ 승이패자(勝已敗者): 敗는 '패배한 위치에 있는 상대 또는 적'을 의미하며, 已敗는 必敗와 통하는 뜻임. ④ 입어불패지지(立於不敗之地): 地는 '땅, 자리, 곳, 지형, 위치' 등의 뜻인데, 여기서는 '곳에 서서 또는 임하여'의 의미로 해석함. ⑤ 부실적지패(不失敵之敗): 不失은 '놓치지 않는다', 敵之敗는 '적을 패배시킬 기회 또는 때'로 해석함.

[13] He wins his battles by making no mistakes. Making no mistakes is what establishes the certainty of victory, for it means conquering an enemy that is already defeated. [14] Hence the skillful fighter puts himself into a position which makes defeat impossible, and does not

miss the moment for defeating the enemy.

D make no mistakes 실수를 하지 않다 ; establish 수립하다, 확립하다 ; certainty 확실성 ; skillful 숙련된, 능숙한 ; puts into ...에 들어가다 ; impossible 불가능한 ; miss 놓치다 ; moment for ... 할 시기(때)

[15] 是故勝兵先勝而後求戰, 敗兵先戰而後求勝。[16] 善用兵者, 修道而保法, 故能爲勝敗之政。 (시고승병선승이후구전, 패병선전이후구승, 선용병자, 수도이보법, 고능위승패지정)

　　이런 까닭에 승리하는 군대는 먼저 이기고 난 후에 싸움을 구하고, 패배하는 군대는 먼저 싸우고 난 후에 이기기를 구한다. 용병을 잘하는 자는 병도를 행하고 병법을 지킨다. 그러므로 능히 승패를 주도할 수 있다.

<한자> 是(이 시) 이, 이것 ; 故(연고 고) 까닭 ; 後(뒤 후) 뒤 ; 求(구할 구) 구하다, 청하다 ; 修(닦을 수) 닦다, 행하다 ; 保(지킬 보) 지키다, 보호하다 ; 政(정사 정) 다스리다

<참고> ① 선승이후구전(先勝而後求戰): 先勝은 '먼저 이겨놓고, 이기고', 곧 미리 승리를 거둘 여건이나 조건을 만들어 놓는다는 뜻이 있음. 而後는 '나중에, 이후에, 뒤에, 다음에' 등으로 번역할 수 있음. 求戰은 '싸움을 구한다, 벌인다', 곧 '싸움을 시작한다'는 뜻임. ② 패병선전이후구승(敗兵先戰而後求勝): 敗兵은 '패배하는 군대', 求勝은 '승리를 구하다'인데, '승리의 요행을 구한다'는 의미를 내포함. ③ 수도이보법(修道而保法): 修道는 '도를 수행함', 保法은 '법을 준수함'임. 여기서 道와 法을 計篇에 나오는 뜻으로 해석해도 무리가 없지만, 그것은 군주 차원에서 고려할 요소로 생각함. 여기서는 장수의 입장에서 설명하는 것이 더 적합할 것으로 보아 道는 兵道로, 法은 兵法으로 해석함. ④ 능위승패지정(能爲勝敗之政): 政은 "정(正)과 같은 취지이며, 싸우지 않고 승리를 거두는 병도의 최고 경지를 언급한 것으로 전쟁을 주도하는 결정권을 의미함." [신동준].

[15] Thus it is that in war the victorious strategist only seeks battle after the victory has been won, whereas he who is destined to defeat first fights and afterwards looks for victory. [16] The consummate leader cultivates the moral law, and strictly adheres to method and discipline; thus it is in his power to control success.

D victorious 승리한 ; strategist 전략가; whereas 그런데, ...에 반해서 ; destined ...할 운명인, look for 찾다, 구하다 ; consummate 완벽한 ; cultivates 재배, 양성하다 ; adhere to something ~을 고수하다[충실히 지키다] ; discipline 규율

◎ 오늘(D+20일)의 思惟 ◎

손자는 "승리하도록 해놓고 이미 패배한 적에게 승리를 거둔다"고 말했습니다. 이런 까닭에 "승리하는 군대는 먼저 이기고 난 후에 싸움을 구한다"고 했습니다. 그러므로 용병을 잘하는 자는 병도를 행하고 병법을 지키므로 승패를 능히 주도할 수 있다고 했습니다.

이와 같은 내용은 많은 군사 전문가가 손자병법에서 명언으로 생각하는 말입니다. 이와 관련하여 피아가 전력 조건이 비슷한 상황에서 명언과 같이 실현할 수 있는지에 대하여 생각해 볼 필요가 있습니다. 실제로 전력이 비슷하면, '이미 패배한 적'을 상대로 하거나 '먼저 이기고 난 후에 싸움을 구한다'는 것은 실행하기가 쉽지 않을 것 같습니다. 그럼에도 불구하고 나폴레옹의 울름 전역은 손자의 말에 근접한 사례라고 생각하여 소개합니다.[4]

---

4 육군사관학교 전사학과(2004), 같은 자료, 110-113.

울름 전역은 1805년 오스트리아, 러시아, 영국이 제3차 대불동맹을 체결해서 대불작전을 하자, 나폴레옹이 울름 지역에서 오스트리아의 5만 명 마크군의 항복을 받은 전례입니다. 나폴레옹은 창의적이고 과감한 작전 계획을 세우고, 20만 명의 대병력이 하루에 평균 20km씩 행군을 계속하여 800km의 유럽 대륙을 횡단하는 전략적 대 우회 기동을 강행했습니다. 그리고 실제 병력이 적보다 열세했음에도 불구하고 결정적인 순간과 지접에서 압두적으로 우세한 병력을 확보했습니다 이러한 요인뿐만 아니라 기동의 기도비닉 유지, 기만 및 양동 작전, 병참선 차단 등 적이 전혀 예상하지 못한 작전을 펼쳤습니다.

작전을 수행하는 과정에서 나폴레옹의 의도를 간파하지 못한 예하 뮈라 장군의 실수도 있었지만, 즉각 대응 조치를 하여 결국 적 주력을 포위하여 총공격함으로써 러시아와 오스트리아군이 만나기 전에 마크군의 항복을 받았습니다. 총체적으로 울름 전역은 나폴레옹의 작전이 세밀하게 계획한 원안 그대로 수행된 작전이라고 평가합니다. 그런데 작전을 검토해 보면 전역을 준비하고 실행한 과정이 결코 쉽게 승리했다고 할 수 없습니다. 우리가 보기에는 적이 전혀 예상하지 못했고, '선승이후구전'한 것처럼 보이지만, 군사 천재인 나폴레옹에게도 열정과 노력 끝에 얻은 승리라고 판단합니다. 이것이 승리의 진실인 것입니다.

전사는 비록 전쟁이나 전투에 대한 이야기이지만 구체적으로 교훈을 얘기하지 않더라도 지혜로운 조직이나 개인이 스스로 생각해 보면 많은 교훈을 얻을 수 있습니다. 그러므로 앞으로도 손자병법의 내용과 연관시켜 중요한 전례를 소개함으로써 세계 전쟁사의 주요 맥락과 교훈을 이해할 수 있도록 하겠습니다.

[D+21일] 형(形, Tactical Dispositions) ⑤

[17] 兵法: 一曰度, 二曰量, 三曰數, 四曰稱, 五曰勝。[18] 地生度, 度生量, 量生數, 數生稱, 稱生勝。 (병법: 일왈도, 이왈량, 삼왈수, 사왈칭, 오왈승. 지생도, 도생량, 양생수, 수생칭, 칭생승)

    병법에서는 첫째, 토지의 면적인 도, 둘째, 물자와 자원인 량, 셋째, 병력의 숫자인 수, 넷째, 병력의 강약인 칭, 다섯째, 승부의 예측인 승을 말한다. 한 국가가 점유한 땅은 영토의 면적을 좌우하고, 영토의 면적은 물자와 자원의 양을 좌우하며, 자원의 량은 병력의 숫자를 좌우하고, 병력의 숫자는 전력의 강약을 좌우하며, 전력의 강약은 승부의 예측을 좌우한다.

<한자> 度(법도 도) 법도 ; 量(헤아릴 양) 헤아리다 ; 數(셈할 수) 셈 ; 稱(저울 칭) 저울, 저울질하다 ; 生(날 생) 낳다, 만들다

<참고> ① 병법(兵法): '장수가 병법을 구사할 때는 크게 5가지 요소를 살펴야 한다'는 의미임. 곧 5가지 요소를 비교하면 적군과 아군의 실상을 헤아릴 수 있다는 것임. ② 도(度), 량(量), 수(數), 칭(稱), 승(勝): 역자들이 다양하지만 비슷하게 해석함. 그러나 분석할 정도의 중요 내용이 아닌 것으로 판단하여, 일부 다른 의견도 있지만, 신동준-노병천의 글을 참고하여 해석함. 度는 토지의 면적-면적의 계측, 量은 물자와 자원-자원의 량, 數는 병력의 숫자-군사의 수요, 稱은 전력의 강약-전력의 비교, 勝은 승부의 예측-승리의 예측임. ③ 지생도(地生度): 生 '낳다, 만들다', 여기서는 '결정, 가능, 좌우하다'의 의미로 해석할 수 있음. 뒤의 어구도 동일한 개념으로 해석함.

[17] In respect of military method, we have, firstly, Measure- ment;

secondly, Estimation of quantity; thirdly, Calculation; fourthly, Balancing of chances; fifthly, Victory. [18] Measurement owes its existence to Earth; Estimation of quantity to Measurement; Calculation to Estimation of quantity; Balancing of chances to Calculation; and Victory to Balancing of chances.

D In respect of ...에 관해서는 ; estimation 판단, 평가, 추정 ; chance 가능성, 기회 ; owe ...에게 빚이 있다, ~덕분이다.

[19] 故勝兵若以鎰稱銖, 敗兵若以銖稱鎰。[20] 勝者之戰民也, 若決積水於千仞之谿者, 形也。(고승병약이일칭수, 패병약이수칭일. 승자지전민야, 약결적수어천인지계자, 형야)

    그러므로 승리하는 군대는 480배나 무거운 일로써 1에 해당하는 수를 상대하는 것과 같고, 패배하는 군대는 1에 해당하는 수로써 480배나 무거운 일을 상대하는 것과 같다. 승리하는 자가 군사를 이끌고 싸우는 것은 천 길이나 되는 높은 계곡에 막아놓은 물을 터뜨리는 것과 같으니, 이것이 형이다.

<한자> 若(같을 약) 같다, 만약 ; 鎰(중량 일) 무게 단위(20량 또는 24량) ; 稱(저울 칭) 저울질하다 ; 銖(무게 단위 수) 무게 단위(24분의 1량) ; 決(틀 결) 트다, 터뜨리다 ; 積(쌓을 적) 쌓다 ; 仞(길 인) 길, 어른 키 높이 ; 谿(시내 계) 시내, 개울, 골짜기 ; 形(모양 형) 모양, 형상

<참고> ① 이일칭수(以鎰稱銖): 鎰은 20량(兩) 또는 24량, 銖는 24분의 1량임. 따라서 일과 수는 무게에서 480배 또는 576배의 차이가 나는 셈임. 뜻은 '鎰의 저울추로 銖의 무게를 저울질하는 것과 같다'는 뜻임. 즉 稱은 '저울질한다', 여기서는 '상대한다'는 의미로 해석함. 따라서, '480(또는 576)배나 압도적인 병력으로서 1에 해당하는 열세인 적을 상대하는 것과 같

다'는 것임. ② 이주칭일(以銖稱鎰): 가벼운 저울추로는 무거운 물건을 저울질할 도리가 없다는 의미인데, 곧 적보다 열세인 병력으로 압도적인 적을 상대한다는 것임. ③ 승자지전민(勝者之戰民): 戰民은 '병사를 이끌고 싸움, 전쟁을 함'인데, 춘추 시대에는 백성이 평시에는 농사를 짓다가 전시에 병사로 참여한 까닭에 민(民)과 인(人)이 같은 의미로 사용되었음. 죽간본에는 勝자 앞에 칭(稱: 일컬을 칭)자가 덧붙어 있음. ④ 약결적수어천인지계자(若決積水於千仞之谿者): 決積水는 '막아놓은 물을 터뜨림', 千仞之谿는 '천 길이나 되는 높은 계곡'을 의미함. "仞은 7척(尺) 또는 8척이며, 고대의 8척은 지금의 1.94미터가량 됨." [신동준].

[19] A victorious army opposed to a routed one, is as a pound's weight placed in the scale against a single grain. [20] The onrush of a conquering force is like the bursting of pent-up waters into a chasm a thousand fathoms deep.

D rout 완패, 궤멸 ; scale 규모, 눈금, 저울 ; against ...에 반대하여 ; grain 곡물, 낟알 ; onrush 돌격, 돌진 ; burst 터지다 ; pent-up 억눌린 ; chasm 틈 ; fathoms 패덤(물 깊이 측정 단위, 6피트 또는 1.8미터에 해당)

◎ 오늘(D+21일)의 思惟 ◎

　　손자는 도, 량, 수, 칭, 승의 5가지 요소를 살펴보면 전쟁의 승패를 예측할 수 있다고 말했습니다. 오늘날의 개념을 보면 국력을 비교하는 요소와 같은 것으로서, 손자는 이미 한 국가의 경제력이 전쟁이나 군사력에 미치는 영향이 매우 크다는 것을 인식했던 것입니다. 그리고 압도적인 힘의 격차를 갖고 적과 싸워야 하며, 승리하는 장수가 싸울 때 힘을 구사하는 형상을 형(形)이라고 했습니다.

　　군사력 운용과 관련하여, 전국 시대의 진(秦) 나라에 대하여 알아보겠습니다. 진은 강력한 군사력을 보유했던 군사 대국이었습니다. 진왕 정

(政)은 활발한 정복 사업을 통해 한(韓), 조(趙), 연(燕), 위(魏), 초(楚), 제(齊)나라를 차례차례 멸망시키고 B.C. 221년에 중국을 통일시켰습니다. 그런데 통일 과정을 보면 강력한 군사력을 가진 진나라 장군들이 항상 승리했던 것이 아니라 패배한 기록도 있습니다. 예를 들면 진이 조나라를 여러 차례 공격했으나 이목(李牧) 장군에게 크게 격파되거나 패퇴했습니다. 그리고 진이 초나라를 공격했을 때, 초나라 항연(項燕)의 유인 전술로 인해 대패하고 오히려 초나라 군대가 진나라 국경을 넘었습니다.

한편 진왕이 장군들과 더불어 초나라 정벌을 논하자 신예 장수인 이신(李信)은 20만 군사면 충분하다고 주장했고, 백전노장 왕전(王翦)은 60만 군사를 동원해야 한다고 주장했습니다. 진왕은 왕전이 늙어서 겁이 많아졌다고 생각하고는 이신에게 초나라 정벌의 임무를 맡겼습니다. 이 일로 왕전은 병을 핑계로 낙향했는데, 결국 이신이 패하자 진왕은 왕전을 찾아 초나라 정벌을 요청하고, 왕전에게 60만 대군의 지휘권을 주었습니다. 그런데 왕전은 초군의 도전에 응전하지 않고, 패전으로 지친 군사들에게 휴식을 주었습니다. 초군은 아무리 공격을 해도 대응이 없자 지치고 방심하기 시작했습니다. 한참 지난 후 부하들이 싸울 준비가 되자 초나라 군대를 기습하여 빠르게 무너뜨리고, 그 기세를 타고 초나라 수도까지 진군해 초나라를 멸망시켰습니다.[5] 왕전은 손자의 병법대로 승리할 수 있는 상황이 되었다고 판단되었을 때 공격하여 승패를 결정했던 것입니다.

이와 같은 전례를 보면 압도적인 힘이 있으면 승리할 가능성은 높지만, 유형적인 전력만으로는 승리에 필요충분한 조건을 가진 것이 아닌 것

---

5 왕전. 「두산백과」.
   〈https://terms.naver.com/entry.nhn?docId=1281278&cid=40942&categoryId=34304〉.

같습니다. 승리하기 위해서는 유형 전력 못지않게 지모와 전략, 창의, 사기, 단결 등 무형적인 역량을 갖추어야 할 것입니다. 그래서 손자도 〈形篇〉에 이어서 〈勢篇〉에서 계속 승리하기 위한 방법을 설명하는 것입니다.

제4편 형(形)

제5편

세(勢)

★ Energy ★

세는 '전투태세', '기세' 등을 의미하며, 군대가 세를 발휘한다는 뜻의 '병세'라고도 말한다. 이 편은 형편에서 군형을 갖추었다면 그 바탕 위에 유리한 세를 조성하고 전쟁에서 승리하기 위한 장수의 지휘를 다루고 있다. 곧 승리를 세에서 구한다고 한다. 구체적으로 세를 발휘하기 위해 갖추어야 할 요건, 기정의 의미와 변화를 설명하면서 기병으로 승리하는 것을 강조한다. 이어서 전쟁을 잘하는 자가 유리한 세를 조성하고 이를 이용하여 세를 발휘하는 모습을 설명한다.

◆ 세편 핵심 내용 ◆

A [3] 可使必受敵而無敗者, 奇正是也。 적의 공격을 받고도 모두 패하지 않도록 하는 것은 기와 정에 있다.

C [5] 凡戰者, 以正合, 以奇勝。 무릇 전쟁이란 정병으로 맞서고, 기병으로 승리하는 것이다.

A [12] 激水之疾, 至於漂石者, 勢也。 사납게 흐르는 물이 돌을 떠내려가게 하는 데까지 이르는 것이 세다.

A [12] 善戰者, 其勢險, 其節短。 싸움을 잘하는 자는 그 세가 험하고, 그 절이 짧다.

C [21] 求之於勢, 不責於人。 승리를 세에서 구하지 부하에게 책임을 지우지 않는다.

◆ 러블리 팁(Lovely Tip) ◆

L 싸우는 방법은 원칙과 변칙을 모두 생각하자.

L 싸움에는 정답이 없다. 아이디어로 승부하자.

L 이익으로 상대가 믿게 하고, 이익을 승부에 활용하자.

L 기세를 유지하고 결정적인 타이밍을 놓치지 말자.

L 자신이 책임지고 부하에게 책임을 전가하지 말자.

[D+22일] 세(勢, Energy) 1

[1] 孫子曰: 凡治衆如治寡, 分數是也; [2] 鬪衆如鬪寡, 形名是也; (손자왈: 범치중여치과, 분수시야; 투중여투과, 형명시야)

　손자가 말했다. 무릇 많은 병력을 다루면서도 적은 병력을 다루듯이 하는 것은 조직 편성을 뜻하는 분수에 달려 있다. 많은 병력을 싸우게 하면서도 적은 병력을 싸우게 하듯이 할 수 있는 것은 지휘 수단을 뜻하는 형명에 달려 있다.

<한자> 勢(형세 세) 세력, 형세, 기세 ; 治(다스릴 치) 다스리다 ; 寡(적을 과) 적다, 작다 ; 如(같을 여) 같다 ; 是(이 시) 이것, 옳다 ; 鬪(싸울 투) 싸우다, 투쟁하다

<참고> ① 치중(治衆): '많은 사람을 다스림'임. 여기서는 '많은 병력(군사)를 다룬다 또는 지휘한다'는 뜻으로 해석함. ② 분수시야(分數是也): 分數는 '수를 나누다', 여기서는 군사 조직 및 편제를 의미함. "조조는 부곡(部曲) 단위로 나누는 것이 분(分), 10명과 5명의 십오(什伍)로 편성하는 것이 수(數)라고 풀이했음." [신동준]. 是는 '바로~임, 달려 있다, 또는 ~ 때문이다'로 번역하기도 함. ③ 투중(鬪衆): '많은 병력을 싸우게 함'의 뜻임. ④ 형명(形名): 지휘 수단을 의미함. 形은 눈으로 볼 수 있는 것을 이르고, 名은 귀로 들을 수 있는 것을 뜻함. 참고로, 일부 역자는 '지휘통제 수단'으로 번역했는데, 통제는 오래전부터 사용된 말이지만, '지휘통제'란 용어는 20세기에 처음 사용된 말이므로 손자병법에서는 사용하지 않고 '지휘 수단'으로 표현함.

[1] Sun Tzu said: The control of a large force is the same principle as the control of a few men: it is merely a question of dividing up their numbers. [2] Fighting with a large army under your command

is nowise different from fighting with a small one: it is merely a question of instituting signs and signals.

D merely 단지 ; divide up 나누다, 분배하다 ; nowise=noway(s) 결코 아니다 ; institute ~를 마련하다, 제정하다

[3] 三軍之衆, 可使必受敵而無敗者, 奇正是也; [4] 兵之所加, 如以碬投卵者, 虛實是也。 (삼군지중, 가사필수적이무패자, 기정시야; 병지소가, 여이하투란자, 허실시야)

전군의 군사가 적의 공격을 받고도 모두 패하지 않도록 하는 것은 기정에 있다. 적에게 공격을 가하는 것이 숫돌을 계란에 던지는 것과 같이 하는 것은 허실에 있다.

<한자> 受(받을 수) 받다, 받아들이다 ; 奇(기이할 기) 기이하다 ; 加(더할 가) 더하다, 가하다 ; 碬(숫돌 하) 숫돌 ; 投(던질 투) 던지다 ; 卵(알 란) 알

<참고> ① 가사필수적이무패(可使必受敵而無敗): "必은 畢과 같음. 죽간본에는 必자가 畢자로 되어 있음. '다, 모두'의 뜻임." [박삼수]. 受敵은 '적을 맞이하여, 즉 '적의 공격을 받다'는 의미임. ② 기정(奇正): 正은 '正力, 正兵, 正法, 原則, 모략을 쓰지 않는 용병', 奇는 '奇計, 奇兵, 變則과 임기응변, 모략을 쓰는 용병' 등을 의미함. 내용에 따라 뜻이 다소 다를 경우가 있지만, 이후의 해석은 내용에 따라 주로 '기, 정' 또는 '기병, 정병'으로 함. ③ 병지소가(兵之所加): 加는 '가함'. 여기서는 '적에게 공격을 가하다'는 의미임. ④ 이하투란(以碬投卵): '숫돌을 계란에 던지다'라는 뜻이며, 매우 강한 것으로 약한 것을 친다는 의미임. 죽간본에는 碬자가 段자로 되어 있음. 모두 숫돌을 뜻함. ⑤ 허실(虛實): 조조는 이를 "지극히 실함으로 지극히 허함을 공격함"으로 풀이함. [박삼수].

[3] To ensure that your whole host may withstand the brunt of the enemy's attack and remain unshaken—this is effected by maneuvers

direct and indirect. [4] That the impact of your army may be like a grindstone dashed against an egg—this is effected by the science of weak points and strong.

D ensure 보장하다 ; host 주인, 무리, 군(대) ; withstand 견뎌 내다 ; brunt 예봉 ; unshaken 변함없는, 흔들림 없는 ; maneuver 책략, 기동 ; impact 영향, 충격 ; grindstone 숫돌 ; dash 내던지다, 돌진하다

◎ 오늘(D+22일)의 思惟 ◎

손자는 〈勢篇〉의 첫 부분에서 세(勢)를 발휘하기 위해 갖추어야 할 요건을 설명했습니다. 즉 분수(分數), 형명(形名), 기정(奇正), 허실(虛實)입니다. 〈形篇〉에서 적과 싸울 준비를 했다면, 이제 용병을 위한 전술적 운용에 대하여 구체적으로 논하기 시작했습니다. 이에 네 가지 요건을 말했는데 병력 운용에 있어서 서로 밀접하게 연관되는 것입니다.

많은 사람이 2,500년 전의 병법서가 이토록 신선하고 오늘날 많은 조직에 그대로 적용해도 손색이 없다고 주장하고 있으며, 실제로 세계적인 CEO들도 기업 경영에 활용하고 있습니다. 저도 이 같은 주장에 전적으로 동의하면서 이 글을 쓰고 있습니다. 그래서 세를 발휘하기 위한 4가지 주요한 요건의 개념을 과연 손자가 독창적으로 만들어서 설명한 것인지에 대하여 알아보겠습니다.

먼저 분수와 형명입니다. 중국에서는 이미 주나라 이후 손자에게 이르기까지 수많은 전쟁을 했고 수많은 군사를 동원했습니다. 그리고 주나라 때 이미 군대의 편제나 깃발, 징, 북 등을 사용하는 제도가 있었습니다. 따라서 손자의 분수, 형명에 대한 내용은 그 자체가 독창적으로 만든

내용은 아닙니다. 그렇지만 전해 내려온 제도와 관습을 병법에서 세와 연관시켜 설명한 것이 창의적인 사고라고 생각합니다. 다음은 기정과 허실입니다. 이 개념들은 〈計篇〉에서 전쟁은 궤도(詭道)라고 한 것과 같은 맥락이며, 손자병법에서는 '용병의 대원칙'이라고 생각합니다. 그런데 《도덕경》제57장에 "무위로 나라를 다스리고 기묘한 계략으로 전쟁을 하며 백성을 괴롭히지 않고 천하의 신뢰를 얻는다(以正治國, 以奇用兵, 以無事取天下)"[1]라는 말이 있습니다. 그래서 손자가 도덕경의 사상에 영향을 받아서 병법에서 奇正의 개념을 정립한 것으로 판단합니다.

이와 같이 볼 때, 세에서 손자가 설명하는 네 가지 요건은 자신이 창의적으로 만든 개념이라기보다는 전해 내려오거나 같은 시대에 있었던 사상, 제도, 문헌 등에 다소 영향을 받은 것으로 보입니다. 그러나 그 개념들을 정리하여 자신의 병법에서 체계적으로 군사 운용에 적용한 것은 혁신적인 사고를 가졌던 그만이 할 수 있었던 것 같습니다.

오늘날에는 스티브 잡스가 기술 자체를 혁신하거나 집착했다기보다 기술과 인문학을 접목하고, 창조 경영으로 아이팟, 아이폰, 아이패드 등의 제품을 내놓아 세상을 바꾸어 놓았습니다. 그러므로 창조적인 사고로 혁신을 꾀하고자 노력한 것은 2500년 전의 손자나 현대의 스티브 잡스나 같다고 생각합니다. 미래에는 젊은 사람들이 이 같은 혁신적인 노력이 있어야 우리가 사는 세상이 더 발전될 것 같습니다.

---

1 노자. 소준섭(역)(2020), 「도덕경」. 현대지성. 190.

[D+23일] 세(勢, Energy) ②

[5] 凡戰者, 以正合, 以奇勝。[6] 故善出奇者, 無窮如天地, 不竭如江河。終而復始, 日月是也; 死而復生, 四時是也。 (범전자, 이정합, 이기승. 고선출기자, 무궁여천지, 불갈여강하. 종이부시, 일월시야, 사이복생, 사시시야)

　　무릇 전쟁이란 정병으로 맞서고, 기병으로 승리하는 것이다. 그러므로 기병을 잘 운용하는 것은 하늘과 땅처럼 끝이 없고 강과 바다처럼 마르지 않는다. 끝난 것 같으면서 다시 시작하는 것이 해와 달과 같다. 죽은 것 같으면서 다시 살아나는 것이 사계절과 같다.

<한자> 合(합할 합) 합하다, 맞다, 싸우다 ; 出(날 출) 나다, 내놓다 ; 窮(다할 궁) 다하다, 궁하다 ; 竭(다할 갈) : 다하다, 마르다 ; 終(마칠 종) 마치다, 끝내다 ; 復(다시 부, 회복할 복) 다시, 돌아오다 ; 始(비로소 시) 시작하다

<참고> ① 정(正)과 기(奇): 문장의 의미를 쉽게 전달하기 위하여 정병(正兵)과 기병(奇兵)으로 해석했으나, 사실 기, 정의 더 많은 뜻이 내포될 수 있음. ② 이정합(以正合): 정병이 통상적인 전술로 정면에서 맞서 대적하는 것을 의미함. ③ 이기승(以奇勝): "기 또는 '기병'으로 승리를 한다"는 의미임. 즉 기병 운용으로 적의 허점을 공격함으로써 승부를 결정짓거나 승리에 기여한다는 의미임. ④ 선출기자(善出奇者): 出奇는 '기를 내다'로 즉 '기병을 운용하다'로 해석함. 者는 '~하는 것'임. ⑤ 무궁여천지(無窮如天地): 無窮은 '(공간이나 시간 등의) 끝이 없음', 곧 기병을 잘 운용하면 천지와 같이 그 끝이 보이지 않음을 뜻함. ⑥ 무갈여강하(不竭如江河): 江河는 장강과 황하를 의미함. 죽간본에는 河자가 해(海)자로 되어 있음. ⑦ 일월시야(日月是也): 해와 달이 떴다가 지는 것을 말함. ⑧ 사시시야(四時是也): 四時는 사계절, 곧 봄, 여름, 가을, 겨울이 성했다가 쇠하는 것을 말함.

[5] In all fighting, the direct method may be used for joining battle,

but indirect methods will be needed in order to secure victory. [6] Indirect tactics, efficiently applied, are inexhaustible as Heaven and Earth, unending as the flow of rivers and streams; like the sun and moon, they end but to begin anew ; like the four seasons, they pass away to return once more.

Ⓓ secure 안전한, 확보하다, 획득하다 ; inexhaustible 무궁무진한 ; unending 끝이 없는, 영원한 ; stream 시내, 강 ; anew 다시, 새로이 ; pass away 없어지다

[7] 聲不過五, 五聲之變, 不可勝聽也。[8] 色不過五, 五色之變, 不可勝觀也。[9] 味不過五, 五味之變, 不可勝嘗也。(성불과오, 오성지변, 불가승청야. 색불과오, 오색지변, 불가승관야. 미불과오, 오미지변, 불가승상야)

소리는 다섯 가지에 불과하나 다섯 가지 소리의 변화를 다 들을 수 없다. 색도 다섯 가지에 불과하나 다섯 가지 색의 변화를 다 볼 수가 없다. 그리고 맛도 다섯 가지에 불과하나 다섯 가지 맛의 변화를 다 맛볼 수가 없다.

<한자> 過(지날 과) 초과하다, 넘다 ; 勝(이길 승) 이기다, 모두, 죄다 ; 觀(볼 관) 보다 ; 嘗(맛볼 상) 맛보다

<참고> ① 오성지변(五聲之變): 五聲은 오음을 이름, 오성의 음계는 궁(宮), 상(商), 각(角), 치(徵), 우(羽)임. 變은 '소리의 변화'를 이름. ② 불가승청(不可勝聽): 勝은 '모두, 다', 곧 '다섯 소리의 변화가 만들어내는 소리를 다 들을 수 없다'는 뜻임. ③ 오색(五色): 청(靑), 황(黃), 적(赤), 백(白), 흑(黑)의 다섯 가지 기본 색깔임. ④ 오미(五味): 신맛(酸), 쓴맛(苦), 매운맛(辛), 단맛(甘), 짠맛(鹹)의 다섯 가지 기본 맛임. 문장 연결상 '그리고'를 포함함.

[7] There are not more than five musical notes, yet the combinations

of these five give rise to more melodies than can ever be heard. [8] There are not more than five primary colors(blue, yellow, red, white, and black), yet in combination they produce more hues than can ever been seen. [9] There are not more than five cardinal tastes (sour, acrid, salt, sweet, bitter), yet combinations of them yield more flavors than can ever be tasted.

D not more than ...보다 많지 않은, 많아야 ; note 메모, 음, 음표 ; yet 아직, 그렇지만 ; give rise to 낳다, ~이 생기게 하다 ; primary colors 원색 ; hue 색조 ; cardinal 기본적인, 가장 중요한 ; taste 맛, sour 신, acrid 매운, sweet 단, bitter 쓴 ; yield 내다, 산출하다 ; flavor 맛이 나다

◎ 오늘(D+23일)의 思惟 ◎

손자는 "전쟁은 정병으로 맞서고, 기병으로 승리하는 것이다"라고 했습니다. 이것은 〈勢篇〉의 핵심 문구로서 기병을 강조한 것입니다. 사실 손자의 전쟁 사상을 보면, 〈謨攻篇〉에서 부전승(不戰勝) 사상을 논했고, 〈形篇〉에서 자보이전승(自保而全勝)을 언급했습니다. 따라서 그의 전쟁 사상의 맥락에서 보면 필연적으로 기병 운용이 중요합니다.

전쟁에서 기와 정은 상호 의존 관계가 있습니다. 정병으로 적과 맞서 정면으로 싸우면, 이기더라도 많은 피해와 손실이 있을 수 있기 때문에 온전하게 승리하기가 어렵습니다. 그러므로 정병을 쓰지만 온전하게 승리하기 위해서는 기병의 창의적인 운용이 필요한 것입니다. 그리고 형(形)과 세(勢)는 별개가 아니라 연계되어 있습니다. 형에서 스스로 보존하고 온전한 승리를 하기 위한 용병술이나 편성을 구상할 때, 당연히 기와 정의 운용은 동시에 고려되어야 하는 것입니다.

또한 손자는 "기병으로 승리한다"고 말했는데, 기병 그 자체로 승리하는 것을 의미하기도 하지만, 실제로 기병을 운용할 경우는 두 가지로 대별할 수 있습니다. 첫째, 기병이 주력 부대로서 적의 측, 후방에서 약점을 공격하여 결정적으로 승리를 하는 방법입니다. 둘째, 기병으로 적을 교란하여 정병이 승리하는 데 결정적으로 기여하는 방법입니다. 물론 어느 방법이든 기정이 상호 협력해야 할 것입니다. 전례를 보면 기병의 운용은 전투 양상, 작전 형태, 상황 등에 따라 매우 다양합니다. 그런데 손자는 첫째 방법을 더 선호한 것으로 이해합니다.

　사실 손자의 기정에 관한 논의는 현재의 군사적인 관점에서 보면 당연한 이론이라고 할 수 있습니다. 그러나 중국 춘추 시대의 전쟁이 일정한 진법에 따라 전투를 벌이는 전차전이었던 것을 고려한다면 궤도(詭道)나 기정(奇正)에 대한 이론은 당시에는 혁명적인 전쟁 이론이었다는 생각입니다. 물론 그 시대에도 다양하게 기병을 운용했을 것이며, 전국 시대에 들어와서 기만, 기습을 실시하는 등의 전투 양상이 많이 달라졌지만, 손자만큼 기병을 정병과 동일하게 또는 그 이상으로 중요성을 인식한 사람은 없었다고 생각합니다.

　한편, 역사상의 중요한 전투에서 승리한 사례를 살펴보면 대부분이 기병을 잘 구사했던 측이 승리했다고 말할 수 있습니다. 기병은 통상 적이 전혀 예측하지 못하는 방법으로 운용되었습니다. 최근의 전쟁인 1991년 미국이 쿠웨이트를 침공한 이라크군을 격멸하기 위한 '사막의 폭풍 작전'에서도 후세인은 기만전술에 속아 전방 방어에 몰두하는 동안, 다국적군의 우회 기동에 의한 기습 공격으로 붕괴되어 항복을 선언했습니다.[2]

2　정토웅(2010). 같은 자료(걸프 전쟁과 헤일 매리 플레이).

[D+24일] 세(勢, Energy) ③

[10] 戰勢不過奇正, 奇正之變, 不可勝窮也。[11] 奇正相生, 如循環之無端, 孰能窮之哉！ (전세불과기정, 기정지변, 불가승궁야. 기정상생, 여순환지무단, 숙능궁지재!)

　　전세는 기와 정 두 가지에 불과하지만 기정의 변화는 다 헤아릴 수 없다. 기정이 어우러져 만들어내는 변화는 마치 둥근 고리를 따라 도는 것처럼 끝이 없으니, 누가 그것을 다 헤아릴 수 있겠는가!

<한자> 窮(다할 궁) 다하다, 궁구하다 ; 循(돌 순) 돌다 ; 環(고리 환) 고리, 돌다 ; 端(끝 단) 끝 ; 孰(누구 숙) : 누구, 무엇

<참고> ① 전세불과기정(戰勢不過奇正): 戰勢는 포진과 작전 방식을 말함. [신동준]. 奇正은 '기와 정 두 가지'로 해석함. ② 기정지변(奇正之變): '기정의 변화'인데, '기정이 어우러져 만들어내는 변화'를 의미함. ③ 불가승궁(不可勝窮): '다할 수 없다'는 뜻인데, '다 헤아리지 못한다, 다 알 수 없다, 무궁무진하다'는 의미로 해석함. ④ 기정상생(奇正相生): 相生은 "음양오행설에서 유래된 것으로 서로 다른 것이 작용하여 새로운 것을 만들어낸다는 의미임." [박창희]. 죽간본에는 상생 앞에 환(環) 자가 있음. ⑤ 순환지무단(循環之無端): 循環은 '둥근 고리를 따라 돎', 無端은 끝이 없음. ⑥ 숙능궁지재(熟能窮之哉): 之는 지시대명사, 哉는 어조사임.

[10] In battle, there are not more than two methods of attack—the direct and the indirect; yet these two in combination give rise to an endless series of maneuvers. [11] The direct and the indirect lead on to each other in turn. It is like moving in a circle—you never come to an end. Who can exhaust the possibilities of their combination?

D endless 끝없는, 무한한 ; a series of 일련의 ; maneuver 책략, 기동, 작전행동 ; in turn 차례차례 ; come to an end 끝나다, 죽다 ; exhaust 다 써버리다

[12] 激水之疾, 至於漂石者, 勢也。[13] 鷙鳥之疾, 至於毀折者, 節也。 [14] 是故善戰者, 其勢險, 其節短, 勢如彍弩, 節如機發。(격수지질, 지어표석자, 세야; 지조지질, 지어훼절자, 절야. 시고선전자, 기세험, 기절단. 세여확노, 절여기발)

사납게 흐르는 물이 돌을 떠내려가게 하는 데까지 이르는 것이 세다. 사나운 새가 빠르게 달려가 먹이에 다닥쳐서 숨통을 끊어버리는 것이 절이다. 그러므로 싸움을 잘하는 자는 그 세가 험하고 그 절이 짧으니, 세는 활시위를 끝까지 잡아당긴 것과 같고 절은 그 활을 쏘는 것과 같다.

<한자> 激(격할 격) 격하다, 세차다 ; 疾(병 질) 병, 빠르다 ; 至(이를 지) 이르다, 도달하다 ; 漂(떠다닐 표) 떠내려가다 ; 鷙(맹금 지) 맹금, 사나운 새 ; 鳥(새 조) 새 ; 毀(헐 훼) 헐다, 훼손하다 ; 折(꺾을 절) 꺾다, 자르다 ; 節(마디 절) 마디, 절제하다 ; 險(험할 험) 험하다 ; 短(짧을 단) 짧다 ; 彍(당길 확) 활을 당기다 ; 弩(쇠뇌 노) 쇠뇌(큰 활) ; 機(틀 기) 틀, 기계 ; 發(필 발) 쏘다

<참고> ① 격수지질(激水之疾): 激水는 '격류' 또는 '여울의 급류', 疾은 '빠르고 사나움'의 뜻임. 곧 '사납게 흐르는 물'로 해석함. ② 지어표석(至於漂石): 至於는 '...의 정도에 이르다', 漂石은 '돌을 떠내려가게 하다'는 뜻임. ③ 지조(鷙鳥): '맹금, 즉 사나운 새'를 말함. ④ 훼절(毀折): '다닥쳐서 꺾임'인데, 곧 '먹이를 요절내다, 숨통을 끊어버리다'로 해석함. ⑤ 절(節): '일이나 행동 등을 똑똑 끊어 맺는 마디'의 뜻인데, 절도(節度)로 번역하기도 함. 곧 기회를 놓치지 않고 곧바로 뛰쳐나가 적을 강타하는 것을 뜻함. [신동준]. ⑥ 확노(彍弩): 쇠뇌의 활시위를 끝까지 당김. ⑦ 기발(機發): 쇠뇌를 발사함. 다른 판본은 發機로 되어 있음.

[12] The onset of troops is like the rush of a torrent which will even roll stones along in its course. [13] The quality of decision is like the well-timed swoop of a falcon which enables it to strike and destroy

its victim. [14] Therefore the good fighter will be terrible in his onset, and prompt in his decision.

D onset 시작 ; troop 병력, 부대 ; rush 급히 움직이다, 돌진 ; torrent 급류 ; roll 구르다 ; well-timed 시의 적절한, 때를 잘 맞춘 ; swoop 급습 ; falcon 매 ; victim 희생(자), 먹이 ; terrible 끔찍한 ; prompt 신속한

◎ 오늘(D+24일)의 思惟 ◎

손자는 전세(戰勢)는 기정(奇正) 두 가지뿐이지만 그것이 어우러진 변화는 끝이 없다고 했습니다. 세계 전쟁사를 보면, 양측이 모두 기병을 운용할 수도 있었지만, 기병을 더 많이 창의적으로 운용한 측이 승리했다는 것을 보여줍니다. 그리고 유럽에서는 양측이 모두 방진을 구성해서 적과 싸우던 시기도 있었지만, 그 시기에도 압도적인 승리를 거둔 전례를 보면 기병을 잘 운용한 측이 승리했다는 것을 알 수 있습니다.

기병 운용의 종류를 설명하는 것을 더 많은 분석이 필요하지만, 유럽의 전쟁사를 살펴보면 개략적으로 몇 가지 사례를 확인할 수 있습니다. 방진을 일률적으로 편성하지 않고 일부는 밀집 편성하고 나머지는 얇게 편성하는 사선 대형을 구사하는 경우, 정면에서 기만 작전을 하고 주력 부대가 우회 기동을 하여 적을 공격하는 경우, 기타 침투, 기습, 기만 등으로 주력 부대의 결정적인 전투를 지원하는 경우 등입니다. 중국의 전쟁사는 구체적으로 전역을 확인할 수 있는 사례가 미흡하지만 단편적인 군사 행동을 확인할 수 있습니다. 예를 들어 후퇴하면서 적을 유인한 후에 매복한 병력으로 적을 공격하는 경우, 적을 기만하여 방비를 느슨하게 하거나 공격 방향을 오판하게 만든 후 기습 공격하는 경우, 의도적으

로 방비의 허술함을 노출시키고 이에 속아서 공격하는 적에게 역습하는 경우 등이 있습니다.

현대에도 정규전을 피하고 비정규전 방식으로 싸움을 하는 경우도 전쟁 양상 측면에서 기병의 예가 될 수 있겠습니다. 게릴라 전술은 구약성서 시대에 이미 존재했다고 하지만, 현대에서는 나폴레옹군의 침입에 대항하여 스페인 국민들이 각지에서 저항전을 한 것이 대표적인 사례입니다. 가장 최근에 미국이 월남전이나 아프가니스탄에서의 비정규전 부대와의 싸움에서도 큰 어려움을 겪었다는 것은 잘 알고 있는 사실입니다.

끝으로 손자는 기병을 정병만큼 중요시했는데, 현재 우리 군의 교범과 교리를 보면 정병 위주로 기술되어 있습니다. 통상 작전 계획을 수립할 때 기만 작전, 침투, 기타 특수 작전 등의 기병 운용을 포함합니다. 그러나 대부분의 군인들이 기병을 주력 부대를 지원하는 정병 위주의 사고를 갖고 계획을 수립하는 경향이 있습니다. 오늘날의 전쟁에서도 창의적인 기병 운용이 없으면 승리하기가 쉽지 않습니다. 미국이나 이스라엘이 주도했던 현대전에서도 기정을 혼용하여 잘 운용한 장군이 승리했다는 사실은 이론(異論)의 여지가 없습니다. 그러므로 군에서는 교범과 교리 중에 기병 운용을 확인하여 미흡한 부분은 보완하고, 지휘관들이 창의적으로 기병 운용을 할 수 있는 능력을 향상시킬 필요가 있다고 생각합니다.

[D+25일] 세(勢, Energy) ④

[15] 紛紛紜紜, 鬪亂, 而不可亂也。**[16]** 渾渾沌沌, 形圓, 而不可敗也。
[17] 亂生於治, 怯生於勇, 弱生於強。**[18]** 治亂, 數也。勇怯, 勢也。強
弱, 形也。 (분분운운, 투란, 이불가란야. 혼혼돈돈, 형원, 이불가패야. 난생어치, 겁생어용, 약생

어강. 치란, 수야. 용겁, 세야. 강약, 형야)

   서로 엉키고 뒤섞여 어지러운 가운데 혼란스럽게 싸우지만 혼란에 빠
지지 않는다. 혼탁하고 뒤섞인 혼전이 이루어져 진영이 원형이 되더라도
패하지 않는다. 혼란스러워 보여도 이는 질서를 유지하는 가운데 비롯된
것이며, 겁을 내는 것같이 보여도 이는 용기에서 비롯된 것이며, 약한 것
처럼 보여도 이는 강함에서 비롯된 것이다. 질서와 혼란은 부대 편성에
달렸고, 용기와 겁은 기세에 달렸으며, 강하고 약함은 군형에 달렸다.

<한자> 紛(어지러울 분) 어지럽다 ; 紜(어지러울 운) 어지럽다 ; 鬪(싸울 투) 싸우다 ; 亂(어지
러울 란) 어지럽다 ; 渾(흐릴 혼) 혼탁하다, 뒤섞이다 ; 沌(엉길 돈) 엉기다, 혼탁하다 ; 於(어조
사 어) ~에서 ; 治(다스릴 치) 다스리다, 질서가 잡히다 ; 怯(겁낼 겁) 겁내다, 무서워하다 ; 強
(강할 강) 강하다, 굳세다

<참고> ① 분분온온(紛紛紜紜): 紛紛은 온갖 정기가 엉키고 뒤섞여 어지러운 모양을 가리킴,
紜紜은 군인과 군마가 한데 뒤섞이어 어지러운 모양을 가리킴. ② 불가난(不可亂): '혼란에 빠
지지 않는다', 또는 '전열이 흐트러지게 해서는 안 된다'는 의미임. ③ 혼혼돈돈(渾渾沌沌): '상
황이 혼미하여 불분명하고 불안정한 상황'을 뜻함. ④ 형원(形圓): '진법의 한 형태'임. '원래 사
각형의 진영이 싸우는 과정에서 붕괴되어 원형이 된 것' 또는 '가능한 한 환상의 진형을 유지
해 방어에 유리하게 한다'는 상반된 주장이 있음. ⑤ [15], [16] 어구의 뜻은 세가 발휘되면, 혼
전에도 군사가 일사분란하게 움직이며, 원형이 되더라도 실제는 훈련이 된 군사들이 패하지

않는다는 것을 의미함. ⑥ 난생어치(亂生於治)~약생어강 (弱生於強): 3구의 번역은 역자마다 조금씩 다르게 번역하지만 내용은 유사함. 즉 혼란, 겁, 약함이 질서유지, 용기, 강함이 있기 때문에 그와 같은 모습을 보일 수 있다는 의미로 해석함. ⑦ 치란, 수야(治亂, 數也): 治亂은 '질서와 혼란(어지러움)', 數는 '分數', 곧 조직 편제 또는 부대 편성을 의미함. 也는 '달렸다, 생긴다, 결정한다, 덕분이다, 문제다' 등의 해석이 있는데, '달렸다'로 해석함. 아래 2개 문장도 동일하게 해석함.

[15] Energy may be likened to the bending of a crossbow; decision, to the releasing of a trigger. [16] Amid the turmoil and tumult of battle, there may be seeming disorder and yet no real disorder at all; amid confusion and chaos, your array may be without head or tail, yet it will be proof against defeat. [17] Simulated disorder postulates perfect discipline, simulated fear postulates courage; simulated weakness postulates strength. [18] Hiding order beneath the cloak of disorder is simply a question of subdivision; concealing courage under a show of timidity presupposes a fund of latent energy; masking strength with weakness is to be effected by tactical dispositions.

D liken 비유하다 ; bending 구부림, 굽힘 ; crossbow 석궁 ; releasing 발사 ; trigger 방아쇠 ; Amid 가운데에 ; turmoil 혼란 ; tumult 소란 ; seeming 외견상, 겉보기의 ; disorder 무질서 ; yet 그렇지만 ; at all 전혀 ; confusion 혼란, 혼동 ; chaos 혼돈, 혼란 ; array 무리, 배열 ; proof 증거 ; Simulated 가장된 ; disorder 무질서 ; postulate 상정하다 ; discipline 규율 ; beneath 아래에 ; cloak 외투, 가면 ; subdivision 다시 나눔, 세분 ; conceal 숨기다 ; timidity 소심함 ; presupposes 추정하다, 전제로 하다, a fund of ...의 축적 ; latent 잠재하는 ; mask 가리다, disposition 기질, 배치, 배열

[19] 故善動敵者, 形之, 敵必從之; 予之, 敵必取之; [20] 以利動之, 以卒待之。 (고선동적자, 형지, 적필종지, 여지, 적필취지. 이리동지, 이졸대지)

그러므로 적을 자신의 의도대로 잘 다루는 자는 군형을 보이면 적이 반드시 그것을 따르게 한다. 이익을 미끼로 주면 적이 반드시 그것을 취하게 한다. 이로움으로 적을 움직이게 하고, 준비된 병력으로 적을 공격할 기회를 기다린다.

<한자> 從(좇을 종) 좇다, 따르다 ; 予(줄 여) 주다 ; 取(가질 취) 가지다 ; 待(기다릴 대) 기다리다

<참고> ① 선동적자(善動敵者): 動敵은 '적을 움직임', 즉 나의 의도대로 잘 다룬다는 뜻임. ② 형지(形之): '형을 이루다', 곧 '적을 움직이게 할 수 있는 어떤 형태를 보여준다, 적에게 짐짓 가장된 모습을 보인다' 등의 의미임. ③ 여지(予之): '적에게 작은 이익을 준다' 또는 '이익을 미끼로 내건다'는 의미임. ④ 이리동지(以利動之): '이로움으로 적을 움직이게 함.' 죽간본에는 利자가 此자로 되어 있음. ⑤ 이졸대지(以卒待之): (적이 움직이면) '준비된 병력으로 적을 (공격할 기회를) 기다린다'는 의미임.

[19] Thus one who is skillful at keeping the enemy on the move maintains deceitful appearances, according to which the enemy will act. He sacrifices something, that the enemy may snatch at it. [20] By holding out baits, he keeps him on the march; then with a body of picked men he lies in wait for him.

D keeping~on 계속하다 ; deceitful 기만적인 ; appearances 모습, 출현 ; according to ~에 따라 ; sacrifice 희생하다 ; snatch at ...을 잡아채다 ; hold out ...을 보이다 ; bait 미끼 ; march 행군 ; lie in wait 숨어서 기다리다, 잠복하다

◎ 오늘(D+25일)의 思惟 ◎

손자는 세(勢)와 절(節)에 대하여 말했습니다. 기와 정이 적을 흔들어 허점을 조성하게 되면 본격적으로 세와 절을 발휘하여 결정적인 승리를 거두는 것이라고 설명할 수 있습니다. 이를 전쟁에서 잘 구현했던 전례 중 하나가 프레드릭의 로이텐 전투입니다.[3]

프로이센의 왕인 프레드릭은 1756년에 인접한 강대국들이 그를 압도하기 전에 선제권을 장악함으로써 7년 전쟁을 시작했습니다. 1757년에 오스트리아군이 찰스 왕자의 지휘하에 로이텐 부근에 포진했는데, 프레드릭은 오스트리아군의 방어 정면이 과도하게 신장되어 있는 것을 발견했습니다. 그는 오스트리아군의 좌익을 공격하기로 결심하고 적을 기만하기 위하여 먼저 우익을 공격했습니다. 이에 오스트리아군은 적 주공이 우측이라고 확신하면서 우익 쪽으로 방어진을 재배치했습니다. 그런데 오스트리아 우익 쪽으로 후속하던 프로이센군이 갑자기 방향을 선회하여 좌익으로 기동했고, 좌익 돌출부를 격파한 후 다시 오스트리아군의 전체 대열을 물리치기 시작했습니다.

오스트리아군은 프로이센군이 갑자기 좌익 쪽으로 공격해 오자 크게 당황하여 우익 병력을 좌익으로 이동시켜 재편성하고자 했으나 새로운 방어 진지는 위력을 발휘할 수 없었고, 병사들은 이미 심리적으로 마비된 상태가 되어 전의를 다질 수 없었습니다. 이어서 프로이센군은 기세를 몰아 오스트리아군을 상대로 결전에 나서 방어 진지를 격파하고 로이텐을 점령했습니다. 오스트리아는 기병대를 투입하여 전세의 역전을 노

---

3 육군사관학교 전사학과(2004), 같은 자료. 82-91.

렸지만, 프로이센군의 기세에 눌려 좌절되었고 혼란과 무질서에 빠져 전열이 무너진 채 막대한 피해를 입고 후퇴했습니다.

이 전례에서 오스트리아는 두 배 이상의 수적 우세에도 불구하고 막대한 피해를 입고 완패했습니다. 프레드릭은 오스트리아군이 예상치 않은 기동을 구사했으며, 기세를 유지함으로써 적의 역전 노력을 무산시켰고, 결정적으로 전의를 상실한 적을 섬멸했던 것입니다. 작전 경과를 분석해보면, 프러시아군은 세, 절, 기, 정을 모두 발휘한 것입니다. 프레드릭은 이 전투에서 승리함으로써 전쟁사에서 알렉산드로스, 한니발, 카이사르, 징기스칸, 구스타부스 등과 함께 일류급 명장의 자리를 차지했으며 후계자인 나폴레옹은 "로이텐 전투는 기동과 결단이 낳은 걸작품이다"라고 평했으며, 그의 전쟁에도 많은 영향을 주었습니다.

[D+26일] 세(勢, Energy) ⑤

[21] 故善戰者, 求之於勢, 不責於人, 故能擇人而任勢; [22] 任勢者, 其戰人也, 如轉木石, 木石之性, 安則靜, 危則動, 方則止, 圓則行。(고선전자, 구지어세, 불책어인, 고능택인이임세. 임세자, 기전인야, 여전목석, 목석지성, 안즉정, 위즉동, 방즉지, 원즉행)

그러므로 전쟁을 잘하는 자는 승리를 세에서 구하지 부하에게 책임을 지우지 않으며, 따라서 능히 사람을 잘 선택하여 세를 맡긴다. 세를 맡은 자는 병사를 지휘하는 것이 마치 나무나 돌을 굴리는 것처럼 한다. 나무와 돌의 성질은 안정된 곳에 두면 고요하고 위태로운 곳에 두면 움직이며, 모가 나면 정지하고 둥글면 굴러가는 것이다.

<한자> 責(꾸짖을 책) 꾸짖다, 책임을 지우다 ; 擇(가릴 택) 가리다, 선택하다 ; 任(맡길 임) 맡기다 ; 轉(구를 전) 구르다 ; 安(편안 안) 편안하다 ; 靜(고요할 정)고요하다 ; 危(위태할 위) 위태하다 ; 方(모 방) 모, 네모 ; 止(그칠 지) 그치다

<참고> ① 구지어세(求之於勢): 之는 '승리, 승리의 관건', 곧 그것을 '세에서 구함'의 뜻임. ② 불책어인(不責於人): 人은 '부하, 병사'. 責은 '책임을 지우다, 꾸짖거나 가혹하게 요구함.' ③ 능택인이임세(能擇人而任勢): 擇人은 사람을 선택함, 任勢는 '세를 맡긴다'임. ④ 임세자(任勢者): '세를 맡은 사람', 또는 '세에 임하면', '세를 맡긴다는 것은', '세를 만든다는 것은' 등 다양하게 해석할 수 있음. ⑤ 기전인(其戰人): 其는 '임세자', 戰人은 '병사들을 싸우게 한다' 곧 '지휘함'을 이름. ⑥ 위(危): 위험, 위태함이며, 여기서는 나무나 돌을 경사진 곳에 놓는 것을 이름.

[21] The clever combatant looks to the effect of combined energy, and does not require too much from individuals. Hence his ability to pick out the right men and utilize combined energy. [22] When he utilizes combined energy, his fighting men become as it were like unto rolling logs or stones. For it is the nature of a log or stone to remain motionless on level ground, and to move when on a slope; if four-cornered, to come to a standstill, but if roundshaped, to go rolling down.

D look to something ~을 생각[고려]하다 ; combined 결합된 ; pick out 선택하다, 뽑아내다 ; utilize 활용하다 ; like unto ...와 같다(like, similar to) ; log 통나무 ; motionless 움직이지 않는 ; level ground 평지 ; four-cornered 사각의 ; standstill 정지, 가만히 있다 ; roundshaped 모양이 둥근 ; roll down 굴러 떨어지다

[23] 故善戰人之勢, 如轉圓石於千仞之山者, 勢也。 (고선전인지세, 여전원석어 천인지산자, 세야)

그러므로 전쟁을 잘하는 자의 세는 마치 둥근 돌을 천 길 산에서 굴러 내리게 하는 것과 같다. 이것이 세다.

<한자> 仞(길 인) 길(길이의 단위)

<참고> ① 천인지산(千仞之山): 높이가 천 길이나 되는 높은 산임. ② 세야(勢也): '병세', "군형의 바탕 위에 지휘 역량을 발휘해 조성한 역량을 의미함." [박삼수].

[23] Thus the energy developed by good fighting men is as the momentum of a round stone rolled down a mountain thousands of feet in height. So much on the subject of energy.

D momentum 탄력

◎ 오늘(D+26일)의 思惟 ◎

손자는 전쟁에서 세를 설명하면서, 전쟁을 잘하는 자는 "승리를 세에서 구하지 부하에게 책임을 지우지 않는다"라고 말했습니다. 이 말의 뜻은 오늘날에도 유용한 리더십에 대하여 언급한 것입니다. 그리고 "세는 마치 둥근 돌을 천 길 산에서 굴러 내리게 하는 것이다"라고 정의를 내리면서 〈勢篇〉을 끝냈습니다.

저는 손자병법의 이 문장을 읽으면 항상 이순신 장군의 리더십과 한산도 대첩이 생각납니다. 한산도 대첩은 1592년 7월 8일 한산도 앞바다에서 조선 수군이 일본 수군을 크게 무찌른 전투입니다.[4] 이 해전의 경과를 보면, 이순신은 7월 8일 새벽 연합 함대를 이끌고 적 함대가 있는 쪽으로 이동하기 위해 출항했습니다. 이순신은 견내량에 적함 70여 척이 들어갔다는 정보를 접하고 작전을 세웠습니다. 작전은 첫째로 적 함대가 육지로 도망치지 못하도록 한산도 앞바다로 유인하는 것이며, 둘째는 유인한 적 함대를 '학익진' 전법으로 포위 공격하는 것이었습니다. 전투가 개시되면서 먼저 판옥선 5, 6척으로 하여금 적의 선봉을 쫓아가서 급습했고, 이에 적선이 일시에 쫓아 나오자 아군 함선은 거짓 후퇴를 하며 적을 유인하였습니다. 예상대로 추격해 오던 적 함대가 한산도 앞바다에 이르자 '학익진' 전술을 통해 적 함대를 포위하면서 일제히 총공격을 가했습니다. 크고 작은 총통들을 연속적으로 쏘아대어 적선을 쳐부수고 왜적들을 무찌르고 적선 59척을 분멸, 격침시켰습니다.

이 전례에서 이순신은 이억기, 원균과 연합 함대를 구성하였고, 접전하자 유인 작전을 구사하여 적을 넓은 바다로 끌어냈습니다. 그리고 해전의 통상적인 전법과 다른 학익진으로 적을 포위 공격했으며, 승세를 탄 연합 함대가 총공격으로 적을 무너뜨릴 수 있었던 것입니다. 이와 같이 한산도 대첩은 손자가 말한 세의 실상을 보여주었고, 이순신의 리더십을 살펴볼 수 있는 대표적인 전례라고 말할 수 있습니다.

오늘날 조직의 경영 관점에서 보면, 손자가 '사람을 잘 선택하여 세를 맡긴다'고 했듯이 능력이 있는 인재를 선택하여 적재적소에 배치하고 그 능력을 잘 발휘할 수 있도록 해야 한다는 교훈을 얻을 수 있습니다. 예를 들면 조직이 보유하고 있는 핵심 역량이 여러 가지가 있겠지만 그중에서

---

4 이민웅(2012). 「이순신 평전」. 168~174. 학익진은 큰 틀에서는 일본 함대를 포위 공격하기 위한 횡렬 진형이라 할 수 있음.

제5편 세(勢)

사람이 가장 중요하며, 그 사람이 맡은 부문에서 세를 형성하고 발휘할 수 있도록 여건을 조성해 주는 것이 반드시 필요하다는 생각을 합니다.

제6편

허실(虛實)

★ Weak Points and Strong ★

허실이란 '허함과 실함', 곧 적군과 아군의 전력상의 강점과 약점을 의미한다. 이 편은 주로 전쟁할 때 적군과 아군의 허실의 변화를 설명하며, 이를 적절히 활용하여 전쟁의 주도권을 잡고 유지하는 방법을 논한다. 그리고 용병은 물과 비슷하여 강한 것은 피하고 약점을 공격하고 적에 따라 다양한 전술을 구사할 것을 강조한다. 이 편은 많은 장수들이 전력을 운용하는 데 실질적으로 도움을 받을 수 있는 내용들이 많아서 매우 중요하게 생각하였다.

[C] [2] 致人而不致於人 적을 나의 의지대로 끌어들이지 내가 적에게 끌려다니지 않는다.

[A] [5] 趨其所不意 적이 예상하지 않은 곳으로 공격해야 한다.

[A] [28] 戰勝不復, 而應形於無窮。 전쟁에서 승리한 계책을 다시 사용해서는 안 되고, 적의 형세에 따라 끝없이 변화시켜 대응해야 한다.

[A] [29] 兵形象水, 水之形。 용병의 이치는 물과 비슷하다.

[C] [30] 兵之形, 避實而擊虛。 용병의 이치는 적의 견실한 곳을 피하고 허점을 공격하는 것이다.

◆ 러블리 팁(Lovely Tip) ◆

[L] 약속 장소에 먼저 도착해서 생각의 시간을 갖자.

[L] 일할 때 끌려다니지 말고 주도적으로 참여하자.

[L] 집중해야 성공할 수 있다. 꼭 필요한 일에는 집중하자.

[L] 싸움은 상대의 강점을 피하고 결정적인 약점을 공격하자.

[L] 어떤 상황에서도 물 흐르듯이 유연하게 대처하자.

[D+27일] 허실(虛實, Weak Points and Strong) 1

[1] 孫子曰: 凡先處戰地而待敵者佚, 後處戰地而趨戰者勞。[2] 故善戰者, 致人而不致於人。(손자왈: 범선처전지이대적자일, 후처전지이추전자로. 고선전자, 치인이불치어인)

손자가 말했다. 무릇 먼저 전장을 차지하고 적을 기다리는 자는 편안하고, 뒤늦게 전장을 차지하여 서둘러 싸움을 하는 자는 피곤하다. 그러므로 전쟁을 잘하는 자는 적을 나의 의지대로 끌어들이지 내가 적에게 끌려다니지 않는다.

<한자> 虛(빌 허) 비다, 약하다 ; 實(열매 실) 열매, 튼튼하다 ; 處(곳 처) 곳, 차지하다 ; 佚(편안할 일) 편안하다 ; 趨(달아날 추) 달려가다, 뒤쫓다 ; 勞(일할 로) 지치다, 고단하다 ; 致(이를 치) 이르다, 다하다, 부르다

<참고> ① 선처전지(先處戰地): 先處는 '먼저 차지, 점거하다', 戰地는 전장 또는 싸움터임. ② 추전자노(趨戰者勞): 趨戰은 황급히 또는 서둘러 응전한다는 뜻임. 勞는 '지치다, 고단하다'임. 따라서 '병사와 말이 모두 피로해져 불리해진다'는 뜻임. ③ 치인이불이어인(致人而不致於人): 致人은 적을 '이끌다, 끌어들이다, 조종하다' 등의 뜻인데, 즉 나의 의지대로 한다는 의미임. 앞의 致는 능동사로 사용되었고 뒤의 不致에서는 피동사로 사용됨.

[1] Sun Tzu said: Whoever is first in the field and awaits the coming of the enemy, will be fresh for the fight; whoever is second in the field and has to hasten to battle will arrive exhausted. [2] Therefore the clever combatant imposes his will on the enemy, but does not allow the enemy's will to be imposed on him.

D await 기다리다 ; fresh 신선한, 산뜻한 ; hasten 서둘러 가다, 재촉하다 ; exhausted 기진맥진한 ; combatant 전투원, 전투부대 ; impose 강요하다

[3] 能使敵人自至者, 利之也; 能使敵人不得至者, 害之也。[4] 故敵佚能勞之, 飽能飢之, 安能動之。 (능사적인자지자, 리지야; 능사적인부득지자, 해지야. 고적일능로지, 포능기지, 안능동지)

적을 내게로 스스로 오게 하려면 이로움이 있다는 것을 보여주어야 하고, 적이 내게로 오지 못하게 하려면 해로움이 있다는 것을 보여주어야 한다. 그러므로 적이 편안하면 피곤하게 하고, 배부르면 굶주리게 만들며, 안정되어 있으면 동요시켜야 한다.

<한자> 得(얻을 득) 얻다, 이르다 ; 飽(배부를 포) 배부르다 ; 饑(주릴 기) 굶다 ; 安(편안 안) 편안하다

<참고> ① 능사적인자지(能使敵人自至): 使는 '~로 하여금', 自至는 '스스로 오다'의 뜻임. 곧) '내가 원하는 곳으로'오게 함을 의미함. ② 이지(利之): 이익을 미끼로 적들이 뭔가 이득이 된다고 여기게 함을 뜻함. ③ 부득지(不得至): '도달함을 얻지 못하다', 곧 '오지 못하게 함'. ④ 해지(害之): 위협 요인으로 적들이 뭔가 손해가 된다고 여기게 함을 뜻함. ⑤ 적일능로지(敵佚能勞之): 能은 즉(則)과 같은 뜻임. [박삼수]. '적이 편안하면 피곤하게 하다'의 뜻임. ⑥ 안능동지(安能動之): 적이 굳게 지킬 때 동요시키는 것, 곧 기습 공격 등으로 움직이게 함을 뜻함. 조조는 "적이 아끼는 곳을 치면 능히 적을 움직이게 만들 수 있다"고 했음. [신동준].

[3] By holding out advantages to him, he can cause the enemy to approach of his own accord; or, by inflicting damage, he can make it impossible for the enemy to draw near. [4] If the enemy is taking his ease, he can harass him; if well supplied with food, he can starve

him out; if quietly encamped, he can force him to move.

D holding out 보이다[드러내다] ; of his own accord 자발적으로 ; inflict 가하다 ; impossible 불가능한 ; draw near 접근하다 ; take ease 쉬다, 휴식하다 ; harass 괴롭히다 ; starve out 기사[아사]시키다 ; encamp 야영하다, 진을 치다

◎ 오늘(D+27일)의 思惟 ◎

손자는 병법에서 주로 전술적인 부분을 설명하는 〈形篇〉, 〈勢篇〉에 이어서 〈虛實篇〉을 논했습니다. 전편들이 다소 이상적인 전쟁 이론 및 사상이라면, 〈虛實篇〉은 그 연장선상에서 어떻게 결정적인 승리를 달성할 것인가를 논했습니다.

〈虛實篇〉은 군사력을 직접 운용했던 군주나 장수들에게 실질적으로 많은 도움이 되었던 것 같습니다. 예를 들어 수많은 전쟁을 진두지휘하고, 하늘이 내린 장수라는 칭호를 받은 군사적 재능이 출중했던 당나라 태종(太宗)이 고대 병서 가운데 손자병법을 으뜸으로 꼽았습니다. 그리고 그는 "13편 가운데서는 허실편을 능가하는 것이 없다. 무릇 군사를 부려 전쟁을 함에 있어서 피아의 허하고 실한 형세를 알면 승리하지 못하는 경우가 없을 것이다"라고 말했습니다.[1]

손자는 〈虛實篇〉 서두에서 전쟁의 주도권(主導權)을 설명했습니다. 핵심적인 내용은 "적을 나의 의지대로 이끌지 내가 적에게 끌려다니지 않는다"는 말입니다. 이 말은 "우루쑹이 이른 대로 전쟁에서 주도권을 쟁취하는 문제에 관한 역사상 최초의 논단으로, 그 이후에는 많은 병학, 즉

---

1 박삼수(2019). 「손자병법」. 문예출판사. 169.

군사학 전문가들이 모두 그 명제를 대단히 중시하였습니다." 특히, 『당태종이위공문대』에서는 "손자병법의 수많은 말들의 요지는 결국 '치인이불치어인(致人而不致於人)의 함의(含意)를 벗어나지 않는다'고 하며, 그 중요성을 역설했습니다."[2]

손자의 말은 현대의 전술 용어를 빌리면 '주도권'을 설명한 것이며, 그래서 주도권으로 해석했습니다. 전장의 주도권을 장악하는 것은 공격 작전이든 방어 작전이든 항상 중요합니다. 군사 용어 사전에 의하면 주도권이란 "작전의 성공을 위해 아군에 유리한 상황을 조성해 나감으로써 아군이 원하는 방향으로 전투를 이끌어 가는 능력"[3]이라고 정의되어 있습니다. 전장에서 주도권을 장악해야 하는 이유는 주도권이 전쟁 승패의 관건이 되기 때문입니다. 즉 전장의 주도권을 장악하면 상황을 내 의지대로 끌고 갈 수 있어서 승리할 수 있지만 주도권을 빼앗기면 상황에 끌려가 결국 패배로 연결될 것이 분명해진다는 것입니다.

이와 같은 주도권의 문제는 오늘날 군사 분야뿐만 아니라 비즈니스, 협상, 심지어 사회생활에서도 매우 중요합니다. 손자는 우선 주도권의 중요성에 대하여 설명하고 이어서 주도권을 어떻게 발휘하느냐에 대하여 설명합니다. 이와 같은 허실에 대한 설명은 당 태종이나 군인뿐만 아니라 모든 조직의 CEO, 리더, 그리고 생활인에게도 꼭 필요한 지혜가 될 것입니다.

---

2 앞의 자료, 173.

3 군사 용어 사전(2016. 9.15). 「네이버 지식백과」.
   〈https://terms.naver.nhn?docId=1538358&cid=42157&categoryId=42157〉.

[D+28일] 허실(虛實, Weak Points and Strong) [2]

[5] 出其所不趨, 趨其所不意。[6] 行千里而不勞者, 行於無人之地也。

(출기소불추, 추기소불의. 행천리이불로자, 행어무인지지야)

　적이 빨리 달려갈 수 없는 곳으로 나아가고, 적이 예상하지 않은 곳으로 공격해야 한다. 천 리를 가더라도 피로하지 않은 것은 적이 없는 곳으로 가기 때문이다.

<한자> 趨(달아날 추) 달리다 ; 意(뜻 의) 생각하다 ; 行(다닐 행) 가다, 행하다

<참고> ① 출기소불추(出其所不趨): 出은 '출격하다, 나아가다', 其所는 '그 장소 또는 위치', 趨는 '빨리 달려가다'임. 곧 '적이 구하러 오지 못하는 곳으로 나아간다'는 의미임. ② 추기소불의(趨其所不意): 趨는 달려가서 습격, 공격 등의 의미임. 不意는 '적이 의도하지 않다', 곧 '예상하지 않은'의 의미임. ③ 행천리이불로(行千里而不勞): 죽간본에는 不勞가 '두려워하지 않는다'는 뜻의 불외(不畏)로 되어 있음. ④ 무인지지(無人之地): '적이 없는 곳', 즉 적의 저지나 위협이 없는 곳을 의미함.

[5] Appear at points which the enemy must hasten to defend; march swiftly to places where you are not expected. [6] An army may march great distances without distress, if it marches through country where the enemy is not.

D appear 나타나다 ; hasten 서둘러 하다 ; march 행군하다 ; swiftly 신속하게 ; great distances 먼 거리 ; distress 고민, 고통

[7] 攻而必取者, 攻其所不守也。守而必固者, 守其所不攻也。[8] 故善攻者, 敵不知其所守。善守者, 敵不知其所攻。 (공이필취자, 공기소불수야. 수이필고자, 수기소불공야. 고선공자, 적부지기소수. 선수자, 적부지기소공)

공격하면 반드시 탈취하는 것은 적이 수비하지 않는 곳을 공격하기 때문이다. 수비하면 반드시 굳게 지키는 것은 적이 공격할 수 없는 곳을 수비하기 때문이다. 그러므로 공격을 잘하는 자는 적이 어디를 수비해야 할지 모르게 한다. 수비를 잘하는 사람은 적이 어디를 공격해야 할지 모르게 한다.

<한자> 取(가질 취) 가지다, 취하다 ; 固(굳을 고) 굳다, 굳게

<참고> ① 공기소불수(攻其所不守): 不守는 '수비하지 않음', 곧 '적이 수비하지 않기 때문에 쉽게 취할 수 있다'는 의미임. ② 불공(不攻): 공격할 수 없다거나 공략(攻略)하기 어렵다는 의미임. 죽간본에는 必攻으로 되어 있음. ③ [8]의 4개 어구를 매요신은 "공격을 잘하는 자는 기밀이 결코 새어 나가지 않도록 하고, 수비를 잘하는 자는 빈틈이 없이 두루 방비한다" 했음. [유종문]. 그래서 공격이나 수비를 잘할 수 있다는 뜻임.

[7] You can be sure of succeeding in your attacks if you only attack places which are undefended. You can ensure the safety of your defense if you only hold positions that cannot be attacked. [8] Hence that general is skillful in attack whose opponent does not know what to defend; and he is skillful in defense whose opponent does not know what to attack.

D be sure of ...을 확신하다 ; undefended 방어되지 않는 ; hold 잡고 있다 ; skillful in ...에 숙련[능숙한] ; opponent 상대, 반대자

◎ 오늘(D+28일)의 思惟 ◎

손자는 "적이 빨리 달려갈 수 없는 곳으로 나아가고, 적이 예상하지 않은 곳으로 공격해야 한다"고 말했습니다. 그리고 공격을 잘하는 자는 적이 어디를 수비해야 할지 모르게 하고 수비를 잘하는 자는 적이 어디를 공격해야 할지 모르게 한다고 말했습니다.

이와 같은 설명은 손자가 〈計篇〉에서 "적이 대비하지 않는 곳을 공격하고, 적이 예상하지 않은 곳으로 나아간다(攻其無備, 出其不意)"라고 한 말과 같은 맥락에서 설명한 것입니다. 그리고 그의 말은 기정전략의 기본 원칙이며, 곧 주도권을 발휘하기 위한 지침이기도 합니다. 그는 "공격하면 반드시 탈취하는 것은 적이 수비하지 않는 곳을 공격하기 때문"이며, 중요한 것은 적이 우리가 어디를 공격할 것인지를 모르게 해야 한다고 했습니다. 또한 "수비하면 반드시 굳게 지키는 것은 적이 공격할 수 없는 곳을 수비하기 때문"이라고 했습니다. 곧 적이 우리가 어디를 수비하는지를 모르게 하고 적이 공격하기 어렵게 하라는 것입니다.

손자의 말씀대로 전투를 하면 누구든지 주도권을 잡고 전투에서 승리할 것 같습니다. 그러나 자신은 병법을 알고 있지만 상대방이 모른다면 쉽게 주도권을 잡을 수 있겠지만, 상대방도 똑같이 병법을 숙지하면서 전투를 한다면 결과는 승률이 반반이 될 텐데 그것은 결과를 예측할 수 없다는 것과 같습니다. 확실한 사실은 대부분이 병법을 알고 있는 것으로 전제를 해도, 많은 전례에서 전쟁의 승패는 주도권을 장악하고 계속 유지한 자가 승리했고 상대적으로 열세였던 자는 패배했다는 것입니다.

저는 실제로 주도권을 장악하고 유지할 수 있는 방법을 강구하여 실천하는 것이 더 중요하다고 생각합니다. 교리 어딘가에 주도권에 대한 설명이 있을 것으로 생각하지만 제가 생각하는 바를 개략적으로 제시하면 다음과 같습니다. 첫째, 전쟁의 원칙을 준수해야 합니다. 둘째, 작전계획이 창의적이고 세밀하게 수립되어야 합니다. 셋째, 전투에서 기회와 적의 약점을 찾고, 이를 실시간에 적극적으로 활용해야 합니다. 넷째, 예상치 못한 상황 변화에 따른 임기응변을 잘해야 합니다. 다섯째, 적보다 더 많은 땀과 노력, 열정이 필요합니다.

끝으로 주도권을 갖는 것은 군사 분야뿐만 아니라 개인이 업무나 일상생활을 할 때에도 꼭 필요한 습관이자 특성이 될 수 있습니다. 이미 주도권을 갖고 행동하는 적극적인 자세와 특성이 습관화된 사람도 있을 것입니다. 손자의 말이나 군사적인 지침이 평범한 사람들의 일상생활에서는 다소 다른 면이 있겠지만, 누구든지 자신의 위치에서 전환하여 활용할 수 있습니다. 다시 한번 되돌아보고 부족한 점을 보완하여 자신의 강점으로 만들면 좋겠습니다.

[D+29일] 허실(虛實, Weak Points and Strong) 3

[9] 微乎微乎, 至於無形, 神乎神乎, 至於無聲, 故能爲敵之司命。[10] 進而不可禦者, 衝其虛也; 退而不可追者, 速而不可及也。(미호미호, 지어무형, 신호신호, 지어무성, 고능위적지사명. 진이불가어자, 충기허야; 퇴이불가추자, 속이불가급야)

미묘하고 미묘하여 아무런 자취도 보이지 않고, 신묘하고 신묘하여 소리조차 들리지 않는다. 그러므로 능히 적의 운명을 좌우할 수 있다. 내가 진격해도 적이 막을 수 없는 것은 적의 허점을 치기 때문이다. 내가 퇴각해도 적이 추격하지 못하는 것은 내가 빨라서 적이 추격할수 없기 때문이다.

<한자> 微(작을 미) 작다, 미묘하다 ; 神(귀신 신) 영묘[신기]하다 ; 聲(소리 성) 소리 ; 司(맡을 사) 맡다, 지키다 ; 禦(막을 어) 막다 ; 衝(찌를 충) 찌르다, 치다 ; 虛(빌 허) 비다 ; 退(물러날 퇴) 물러나다 ; 追(쫓을 추) 쫓다 ; 速(빠를 속) 빠르다 ; 及(미칠 급) 미치다

<참고> ① 미호(微乎): 허실 전략이 '미묘하다'는 뜻임. 乎는 어기 조사임. ② 지어무상(至於無形): '형태에 없음에 도달하다, 무형의 경지까지 이르다'인데, 여기서는 '보이지 않다'로 해석함. ③ 당나라 시인 두목은 '微者, 静也. 神者, 動也.'라 주석함. 수비할 때는 형체가 없는 듯이 하고 움직일 때는 소리 없이 하게 되면 적을 마음대로 할 수 있게 된다는 말임. [소호자]. ④ 능위저지사명(能為敵之司命): 司命은 '목숨을 맡다', 곧 '적의 운명 또는 생사를 좌우할 수 있다'는 뜻임. ⑤ 속이불가급(速而不可及): 及은 뒤쫓아온다는 뜻의 추급(追及)을 뜻함. 조조는 "적이 전혀 예상치 못하는 시기에 수비가 허술한 빈 곳을 노려 기습을 가하고, 재빨리 퇴각해 뒤를 밟히지 않는 것을 의미함"으로 해석함. [신동준].

[9] O divine art of subtlety and secrecy! Through you we learn to be invisible, through you inaudible; and hence we can hold the enemy's fate in our hands. [10] You may advance and be absolutely irresistible, if you make for the enemy's weak points; you may retire and be safe from pursuit if your movements are more rapid than those of the enemy.

D divine 신성한 ; subtlety 교묘, 미묘 ; secrecy 비밀 ; through …을 통해 ; learn 배우다, 알다, 듣다 ; invisible 보이지 않는 ; inaudible 들리지 않는 ; hold 잡다, 쥐다 ; fate 운명 ; absolutely 절대로, 완전히 ; irresistible 저항[억제]할 수 없는 ; make for 준비하다 (to prepare to attack) ; weak point 약점 ; retire 은퇴하다, 퇴각하다 ; pursuit 추격 ; movement 이동, 움직임

[11] 故我欲戰, 敵雖高壘深溝, 不得不與我戰者, 攻其所必救也; **[12]** 我不欲戰, 畫地而守之, 敵不得與我戰者, 乖其所之也。 (고아욕전, 적수고루심구, 부득불여야전자, 공기소필구야; 아불욕전, 획지이수지, 적부득여야전자, 괴기소지야)

그러므로 내가 싸우고자 하면 적이 비록 높은 성루를 쌓고 해자를 깊이 파고 있더라도 어쩔 수 없이 나와 싸우지 않을 수 없는 것은 적이 반드시 구원해야 하는 곳을 공격하기 때문이다. 내가 싸우기 싫으면 땅에 선을 그어놓고 지키더라도 적이 어쩔 수 없이 나와 싸울 수 없는 것은 적이 공격할 곳을 어그러뜨리기 때문이다.

<한자> 我(나 아) 나, 우리 ; 欲(하고자할 욕) 하고자 하다 ; 雖(비록 수) 비록 ; 壘(보루 루) 보루 ; 溝(도랑 구) 도랑, 해자 ; 救(구원할 구) 구원하다 ; 畫(그을 획) 그리다 ; 得(얻을 득) 얻다, 不得(부득) 못 하다, ~할 수가 없다 ; 乖(어그러질 괴) 어그러지다, 어긋나다 ; 之(갈 지) : 가다, 이르다

<참고> ① 수고루심구(雖高壘深溝): 高壘는 '높이 쌓은 보루, 높은 성루', 深溝는 성을 보호하기 위해 그 둘레에 깊이 파서 만든 도랑, 즉 해자임. ② 不得不(부득불): '~하지 않을 수 없다' 임. ③ 공기소필구(攻其所必救): 所必救는 '적이 반드시 구원해야 하는 곳'을 뜻함. 예를 들어, 적의 보급로나 퇴로를 차단하거나 적의 군주가 있는 도성을 급습하는 것 등임. ④ 획지이수지(畫地而守之): 畫地는 '경계, 땅에 금을 긋는다'는 뜻임. 곧 그 정도로 수비가 용이함을 비유한 것임. 죽간본에는 '획지' 앞에 수(雖)자가 있음. ⑤ 괴기소지(乖其所之): '적을 다른 곳으로 진격하게 한다', '아군의 소재를 잘못 알거나 공격목표를 다른 곳으로 바꾸도록 아군이 유도했기 때문이다' 등의 해석이 있음.

[11] If we wish to fight, the enemy can be forced to an engagement even though he be sheltered behind a high rampart and a deep ditch. All we need do is attack some other place that he will be obliged to relieve. [12] If we do not wish to fight, we can prevent the

enemy from engaging us even though the lines of our encampment be merely traced out on the ground. All we need do is to throw something odd and unaccountable in his way.

D engagement 교전 ; sheltered 보호된 ; rampart 성곽, 성벽 ; ditch 도랑 ; oblige 의무적으로 ...하게 하다 ; relieve 구제, 구출하다 ; prevent 막다 ; encampment 야영지, 진영 ; traced out [윤곽]을 그리다, [흔적]을 찾아내다 ; odd 이상한 ; unaccountable 이해(설명)할 수 없는

◎ 오늘(D+29일)의 思惟 ◎

손자는 허실 계책에 의한 용병술은 미묘하고 신묘하여 적의 운명을 좌우할 수 있다고 했습니다. 그리고 내가 진격해도 적의 허점을 찌르기 때문에 적이 막을 수 없고, 내가 퇴각해도 빠르기 때문에 적은 추격할 수 없으며, 내가 싸우고자 하면 반드시 적이 구원해야만 하는 곳을 공격하기 때문에 적이 싸우지 않을 수 없다고 했습니다.

손자의 설명은 자상하고 논리적입니다. 그의 용병술은 현대전에서도 적용할 수 있을 것입니다. 한편 손자의 말에 대하여 상대편의 입장이라면 어떻게 해야 할지를 생각해 보면, 다음과 같이 대응할 수 있을 것입니다. 첫째, 어떤 작전이든 항상 허점이나 취약점을 최소화해야 합니다. 필요할 경우에는 의도적으로 허점을 보여서 적을 유인할 수도 있겠습니다. 둘째, 적이 요충지를 급습할 것에 대비하여 방어와 우발계획을 발전시켜야 하겠습니다. 특히 기동 예비대를 준비하여 적시에 운용할 수 있어야 하겠습니다. 셋째, 작전에 대한 정확한 상황 판단과 의사결정이 적시에 이루어질 수 있도록 의사결정 지원 시스템을 발전시키고, 임기응변의 능

력을 강화해야 할 것입니다. 넷째, 가장 중요한 것으로, 전투에서 지휘관이 능동적으로 끊임없이 유리한 조건을 창출함으로써 선제적으로 전장을 주도해 나가도록 해야 할 것입니다.

중국의 마오쩌둥은 손자병법을 전쟁에 적극적으로 활용한 사람으로서, 특히 약자의 입장에서 16자 전법으로 알려진 작전 방식을 구현하여 중국의 혁명전쟁에서 주도권을 확보하고 궁극적으로 승리했습니다. 16자 전법은 "적이 진군하면 아군은 물러나 피하고(敵進我退), 적이 주둔하면 아군은 교란한다(敵駐我擾), 적이 피폐해지면 아군은 타격하고(敵疲我打), 적이 물러나면 아군은 추격한다(敵退我追)"는 것입니다.[4]

이 전법은 허실편의 정수를 뽑아서 창안한 것으로 평가할 수 있습니다. 마오쩌둥은 게릴라전을 위한 16자 전법을 이미 1930년대 초반에 정립했습니다. 그런데 국민당 군대는 적의 전략을 파악하지도 못했고 대비도 하지 않았습니다. 그 결과로 국민당 군대는 압도적인 군사력을 가졌는데도 불구하고 스스로 부패하고 민중의 지지를 잃었기 때문에 1949년에 패배하고 타이완섬으로 쫓겨났습니다.

이와 같은 손자의 〈虛實篇〉과 마오쩌둥의 적용 사례에서 얻을 수 있는 교훈은 안보를 담당하는 군인에게도 매우 중요하지만 일반적으로 경쟁에 임하는 모든 사람에게 적용될 수 있을 것으로 생각합니다.

---

4 마오쩌둥/생애. 「나무위키」.
 〈https://namu.wiki/w/%EB%A7%88%EC%98%A4%EC%A9%8C%EB%91%A5/%EC%83%9D%EC%95%A0〉.

[D+30일] 허실(虛實, Weak Points and Strong) 4

[13] 故形人而我無形, 則我專而敵分; [14] 我專爲一, 敵分爲十, 是以十攻其一也, 則我衆而敵寡; (고형인이아무형, 즉아전이적분; 아전위일, 적분위십, 시이십공기일야, 즉아중이적과)

그러므로 적은 드러나게 하고 나는 드러나지 않게 하며, 나는 병력을 집중하고 적은 병력을 분산하게 된다. 나는 병력을 한곳으로 집중하고 적은 병력을 10곳으로 분산하게 되면, 이것은 열의 병력으로 하나의 병력을 공격하는 것이 된다. 곧 나의 병력은 많고 적의 병력은 적다.

<한자> 形(모양 형) 모양, 드러내다 ; 專(오로지 전) 오로지, 하나로 되다 ; 分(나눌 분) 나누다, 나누어지다 ; 寡(적을 과) 적다

<참고> ① 형인이아무형(形人而我無形): 形人의 人은 적을 의미함. 곧 '적의 군형 또는 형체, 모습, 실상을 드러나게 함'을 의미함. 我無形의 形은 명사로 사용되었음. 즉 실상을 감추고 드러내지 않음을 뜻함. ② 아전이적분(我專而敵分): 專은 '집중'을 의미하며, 分은 '나누다'로 여러 곳에 '분산'된다는 뜻임. ③ 적분위십(敵分爲十): '적은 병력이 열 곳으로 분산됨'임. ④ 열 공기일(十攻其一): '열'로서 적의 '하나'를 공격하는 절대 우세를 의미함. ⑤ 즉아중이적과(則我衆而敵寡): 이 어구는 판본에 따라 앞 문장에 연결되기도 하고, 앞 문장이 끝나고 뒷 문장에서 시작하기도 함. 어디에 위치하든 해석은 달라지지는 않음. 여기서는 영문 해석을 위해 앞에 둠.

[13] By discovering the enemy's dispositions and remaining invisible ourselves, we can keep our forces concentrated, while the enemy's must be divided. [14] We can form a single united body, while

the enemy must split up into fractions. Hence there will be a whole pitted against separate parts of a whole, which means that we shall be many to the enemy's few.

D discover 발견하다 ; disposition 배치 ; concentrate 집중하다 ; split up into ...로 갈라지다 ; fraction 부분, 단편 ; pit against ...와 맞붙이다

[15] 能以衆擊寡者, 則吾之所與戰者, 約矣。[16] 吾所與戰之地不可知, 不可知, 則敵所備者多, 敵所備者多, 則吾之所戰者, 寡矣。 (능이중격과자, 즉 오지소여전자, 약의. 오소여전지지불가지, 불가지, 즉적소비자다, 적소비자다, 즉오지소전자, 과의)

이처럼 내가 많은 병력으로 적의 적은 병력을 공격할 수 있다면, 나와 맞서 싸워야 할 적의 병력은 적어진다. 내가 적과 싸우려는 곳을 적이 알 수 없게 하면 적이 대비할 곳이 많아지고, 적이 대비할 곳이 많아지면 곧 내가 맞서 싸울 곳에서 적의 병력은 적어진다.

<한자> 衆(무리 중) 무리, 많다 ; 寡(적을 과) 적다, 작다 ; 約(맺을 약) 맺다, 유약하다 ; 備(갖출 비) 갖추다, 준비하다

<참고> ① 오지소여전자(吾之所與戰者): 與戰은 '맞서 싸우다', 곧 '내가 상대해서 전투해야 할 적' 또는 '아군이 싸우는 장소의 적'으로 해석함. ② 약의(約矣): '적음, 과소의 뜻'임. 곧 수적으로 열세라는 의미임. ③ 오소여전지지(吾所與戰之地): '우리가 적과 전투를 벌이려고 생각하는 곳'임. ④ 불가지(不可知): '적은 알 수 없다'는 뜻임. ⑤ 적소비자다(敵所備者多): 所는 '지역, 곳', 備는 '대비, 준비', 곧 '적이 대비해야 할 곳이 많다'는 뜻임.

[15] And if we are able thus to attack an inferior force with a superior one, our opponents will be in dire straits. [16] The spot where we

intend to fight must not be made known; for then the enemy will have to prepare against a possible attack at several different points; and his forces being thus distributed in many directions, the numbers we shall have to face at any given point will be proportionately few.

D dire 무심한, strait 궁핍, in dire straits 곤경에 빠져 ; intend 의도하다, 생각하다 ; possible 가능한, 가능성 있는 ; distribute 분배하다, distributed 분포된, 분산된 ; face ...과 마주 대하다, 직면하다 ; proportionately 비례해서

◎ 오늘(D+30일)의 思惟 ◎

손자는 "적은 드러나게 하고 나는 드러나지 않으며, 나는 병력을 집중하고 적은 병력을 분산하게 한다"고 말했습니다. 그리하면 나는 집중하여 많은 병력으로 적을 공격할 수 있고 적은 분산되어서 약할 수밖에 없다고 했습니다. 이 내용은 동서고금을 통해 많은 전쟁에서 승리의 원동력이 된 '병력 집중'에 대하여 언급한 것입니다.

동양의 전쟁은 전투 상황을 기록한 자료나 전투 경과에 대한 설명이 부족하여 병력을 집중해서 전투의 승리를 가져온 전례를 확인하기 어렵습니다. 그러나 유럽의 전쟁사에서는 많은 전투가 병력의 집중에 의해 승리했습니다. 그 유형을 개략적으로 분류하면 다음과 같습니다. 첫째, 진형을 사선 대형으로 편성하여 좌, 우 선택한 지역에서 병력 우세를 달성하는 경우, 둘째, 작전이 개시된 후에 기동하면서 선택한 지역에서 병력 우세를 달성하는 경우, 셋째, 결정적인 장소와 결정적인 시간에 병력을 집중함으로써 병력 우세를 달성하는 경우 등이 있습니다. 특히 셋째 유형은 나폴레옹이 많은 전역에서 실행했던 것인데, 그는 병력이 적보

다 열세한 경우에도 결정적인 장소와 시간에 병력의 우세를 확신하면서 작전을 했습니다. 어떻게 보면 나폴레옹의 작전 수행 방법은 손자가 2천 년 전에 말했던 것입니다.

현재 미국(mass), 영국(concentration of force), 러시아(decisive concentration), 한국(집중) 등 많은 나라에서 집중을 전쟁 원칙으로 군사 교리에 포함하고 있습니다. 우리나라는 집중의 원칙을 "결정적인 목적을 달성하기 위하여 적보다 우세한 전투력을 결정적인 시간과 장소에 집중하여야 한다"라고 정의합니다.[5] 미국은 집중을 "결정적인 장소와 시간에 압도적인 전투력의 효과를 집중한다. 단기간에 적군에 결정적인 영향을 미칠 장소에 전투력의 모든 요소를 동기화하는 것이다"라고 설명합니다.[6]

과거에는 일제히 행동하는 것은 부대를 집합하거나 집중하는 능력을 의미했는데, 정보화 시대에는 이 내용이 '효과의 집중'으로 변했습니다. 즉 부대를 집중하는 것이 아니라 효과를 집중하는 것은 수적으로 열세한 부대가 결정적인 결과를 얻는 것을 가능하게 한다고 설명합니다. 이와 같이 효과를 집중하는 집중의 원칙은 어떤 조직이나 기업, 그리고 개인까지도 업무를 계획하거나 추진할 때 적용할 수 있는 원칙이 될 수 있습니다. 사실 정보화 시대에는 많은 조직이 정보 시스템에 의하여 업무를 하기 때문에 그러한 효과를 얻고 있다고 생각합니다.

---

5   육군사관학교 전사학과(2004). 같은 자료. 34.

6   Principles of war. 「Wikipedia」. 〈https://en.wikipedia.org/wiki/Principles_of_war〉.

[D+31일] 허실(虛實, Weak Points and Strong) ⑤

[17] 故備前則後寡, 備後則前寡, 備左則右寡, 備右則左寡, 無所不備, 則無所不寡。**[18]** 寡者, 備人者也; 衆者, 使人備己者也。(고비전즉후과, 비후즉전과, 비좌즉우과, 비우즉좌과,무소불비, 즉무소불과. 과자, 비인자야, 중자, 사인비기자야)

    그러므로 전방을 대비하면 후방이 적어지고, 후방을 대비하면 전방이 적어지며, 좌측을 대비하면 우측이 적어지고, 우측을 대비하면 좌측이 적어진다. 대비하지 않는 곳이 없으면 병력이 적지 않은 곳이 없다. 병력이 적다는 것은 곳곳마다 적을 대비하기 때문이며, 병력이 많다는 것은 적으로 하여금 나를 두루 대비하지 않을 수 없도록 하기 때문이다.

<한자> 使(하여금 사) 하여금

<참고> ① 무소불비(無所不備), 즉무소불과(則無所不寡): 모든 곳에 병력을 배치하게 되면, 병력이 기준에 비해 적지 않게 대비하는 곳이 없다는 뜻임. ② 비인자야(備人者也): 人은 '상대방, 적'임. '상대방의 공격에 대비하는 데 분주하기 때문이다'는 의미임. ③ 사인비기자(使人備己者): 己는 자기, 곧 아군을 말함. 장예는 "적들로 하여금 두루 방비하지 않을 수 없도록 만든 아군을 뜻한다"고 풀이했음. [신동준].

[17] For should the enemy strengthen his van, he will weaken his rear; should he strengthen his rear, he will weaken his van; should he strengthen his left, he will weaken his right; should he strengthen his right, he will weaken his left. If he sends reinforcements everywhere, he will everywhere be weak. [18] Numerical weakness

comes from having to prepare against possible attacks; numerical strength, from compelling our adversary to make these preparations against us.

Ⓓ strengthen 강화하다 ; van 선봉, 전위 ; reinforcements 보강, 강화 ; numerical 수의, 수적인 ; compel ...하게 만들다, 강요하다

[19] 故知戰之地, 知戰之日, 則可千里而會戰。[20] 不知戰地, 不知戰日, 則左不能救右, 右不能救左, 前不能救後, 後不能救前, 而况遠者數十里, 近者數里乎? (고지전지지, 지전지일, 즉가천리이회전. 부지전지, 부지전일, 즉좌불능구우, 우불능구좌, 전불능구후, 후불능구전, 이황원자수십리, 근자수리호)

그러므로 싸울 장소를 알고 싸울 시기를 알면 천 리를 가서라도 싸울 수 있다. 싸울 장소를 모르고 싸울 시기를 모르면 좌측이 우측을 구원할 수 없고 우측이 좌측을 구원할 수 없으며, 전방이 후방을 구원할 수 없고 후방이 전방을 구원할 수 없다. 하물며 멀게는 수십 리, 가깝더라도 수 리가 떨어진 지역에서는 더 말할 나위가 있겠는가?

<한자> 地(땅 지) 땅, 곳 ; 日(날 일) 날 ; 會(모일 회) 모이다 ; 救(구원할 구) 구원하다, 돕다 ; 况(하물며 황) 하물며 ; 遠(멀 원) 멀다 ; 數(셈할 수) 셈, 수량 ; 近(가까울 근) 가깝다

<참고> ① 천리이회전(千里而會戰): 千里는 '천 리나 되는 먼 길', 會戰은 '대병력이 싸우는 큰 전투'를 말함. ② 좌우전후(左·右·前·後): 좌군/좌익, 우군/우익, 전위/전군, 후위/후군 등으로 해석할 수도 있음. ③ 황원자수십리(况遠者數十里), 근자수리호(近者數里乎): 乎는 '~인가'의 뜻으로 앞의 況과 함께 "하물며 ~하겠는가", 곧 앞에 어구에 이어서, 수십 리, 수 리를 떨어져 전투를 하는 군대 간에는 더 말할 나위 없이 구원할 수 없다는 의미임.

[19] Knowing the place and the time of the coming battle, we may

concentrate from the greatest distances in order to fight. [20] But if neither time nor place be known, then the left wing will be impotent to succor the right, the right equally impotent to succor the left, the van unable to relieve the rear, or the rear to support the van. How much more so if the furthest portions of the army are anything under a hundred LI apart, and even the nearest are separated by several LI!

D coming 다가오는 ; concentrate 집중하다 ; great distances 먼 거리 ; left wing 좌익 ; impotent 무력한 ; succor 돕다, 구조하다 ; relieve 구제, 구원하다 ; furthest 가장 먼 ; LI 리(里)[약 500미터] ; apart 떨어져

◎ 오늘(D+31일)의 思惟 ◎

손자는 대비하지 않는 곳이 없으면 병력이 적지 않은 곳이 없으며, 병력이 많다는 것은 적이 나를 대비하게 하기 때문이라고 했습니다. 그리고 싸울 장소를 알고 싸울 시기를 알면 천 리를 가서라도 싸울 수 있으며, 그것을 모르면 서로 구원할 수 없다고 했습니다.

손자의 말과 관련하여 알렉산드로스의 대표적인 전투의 하나인 히다스페스강 전투에 대하여 알아보겠습니다.[7] 이 전투는 기원전 326년에 알렉산드로스가 인도 군왕 중 한 사람인 포러스군을 격멸한 전례입니다. 그의 군이 히다스페스강에 도달했을 때 포러스군은 도하를 저지하기 위해 대안에 포진했습니다. 그는 강이 범람하여 도하가 어려운 상황에서 물이 빠진 후에 작전한다는 거짓 풍문을 퍼뜨리고 적 정면에서 도

---

7 육군사관학교 전사학과, 위의 책, 48~52쪽.

하 연습을 했습니다.

　그는 장기간 계속되는 도하 연습으로 적의 경계가 이완되자 상류에 도하 준비를 해두었던 지점에서 주력을 기습적으로 도하시켰습니다. 적과 접적할 때는 적 정면의 강력한 코끼리군과 접촉을 회피하면서 좌익을 강화한 사선 기동으로 접근했습니다. 전투가 개시되자 그의 기병이 적의 우익 배후를 기습 공격했으며 적은 코끼리군이 기병을 공격하려고 방향을 바꾸자 측면이 노출되었습니다. 이때 그는 정면에서 공격했고 적은 코끼리군에 의해 그들의 병사들이 살해당하는 등 혼란에 빠졌으며 결국 포러스는 포로가 되고 인도군은 격멸당했습니다.

　히다스페스강 전투는 강이 범람하여 도하가 어렵고 적의 대부대가 포진하고 있는 상황에서 치러진 전투로서, 이후 하천선 공격을 위한 현대 교리의 기초가 되었습니다. 알렉산드로스는 도하에 대한 거짓 풍문과 도하 연습을 통한 양동으로 도하 지점을 속였으며 적을 분산시키고 경계를 이완시켰습니다. 그리고 적의 경계가 미치지 않은 상류에 도하 지점을 선정하여 사전 준비를 하고 기습적으로 도하 후에 상류지역에 위치하여 공격했습니다. 전투는 사선 대형을 편성하고, 기병을 이용하여 적 배후를 기습 공격함으로써 적을 격멸했습니다.

　이 전례에서 알렉산드로스는 적이 예상되는 모든 도하 지점에 병력을 증가시켜 대비하도록 만들었습니다. 그리고 적이 싸울 장소와 시기를 알지 못하게 기습적으로 상류지역에서 도하하고, 사선 대형으로 병력을 집중하는 창의적인 계획을 수립하여 과감하게 실행했습니다. 이와 같은 결과는 손자와 알렉산드로스 두 군사 천재들이 시대와 지역은 다르지만, 병법 또는 전략에 대하여 같은 생각을 했다는 것을 보여줍니다.

[D+32일] 허실(虛實, Weak Points and Strong) ⑥

[21] 以吾度之, 越人之兵雖多, 亦奚益於勝敗哉? 故曰: 勝可爲也。[22-1] 敵雖衆, 可使無鬪。(이오탁지, 월인지병수다, 역해익어승패재? 고왈, 승가위야, 적수중, 가사무투)

내가 헤아려 보건대, 월나라 군사가 비록 많다고 하더라도 어찌 승패에 도움이 되겠는가? 그래서 말하기를, 승리는 만들 수 있다고 하는 것이다. 적이 비록 병력이 많다 하더라도 적으로 하여금 우리와 싸우지 못하게 할 수 있다.

<한자> 度(법도 도/헤아릴 탁) 헤아리다, 생각하다 ; 雖(비록 수) 비록 ; 亦(또 역) 또, 또한 ; 奚(어찌 해) 어찌, 왜 ; 益(더할 익) 더하다, 돕다 ; 鬪(싸울 투) 싸우다

<참고> ① 이오도지(以吾度之): '이런 여러 가지 상황을 고려하여' '내가 헤아려 보건대'의 의미임. ② 월인지병수다(越人之兵雖多): '월나라의 군사'가 오나라의 군사보다 많다는 뜻임. 오월(吳越) 두 나라는 적대국이었으며, 월나라 군사들은 병법에 무지했다고 함. ③ 역해익어승패재(亦奚益於勝敗哉): 哉는 어조사로 앞의 奚와 함께 '어찌 ~하겠는가'라는 의미임. 죽간본에는 敗자가 없음. ④ 승가위(勝可爲): '승리는 (힘써) 만들 수 있다'는 의미임. ⑤ 가사무투(可使無鬪): '적으로 하여금 우리와 맞서 제대로 싸울 수 없도록 만들 수 있다'는 의미임. 이 어구는 마침표로 끝나지만, 영문이 다음 문장과 함께 한 문장으로 번역했기 때문에 [22-1], [22-2]로 구분함.

[21] Though according to my estimate the soldiers of Yueh exceed our own in number, that shall advantage them nothing in the matter of victory. I say then that victory can be achieved. [22-1] Though the enemy be stronger in numbers, we may prevent him from fighting.

D estimate 추정, 추산하다 ; Yueh 월(越) ; advantage 이익이 되다, 유리하게 하다 ; in the matter of ...에 관하여 ; prevent 막다

[22-2] 故策之而知得失之計, [23] 作之而知動靜之理, 形之而知死生之地, [24] 角之而知有餘不足之處。(고책지이지득실지계, 작지이지동정지리, 형지이지사생지지, 각지이지유여부족지처)

　적의 실정을 면밀히 분석하면 그들의 계책의 득실을 알 수 있고, 적에게 일부러 도발해 자극하면 그들의 행동 양상을 알 수 있으며, 적에게 거짓 형세를 보여주어 그것에 대응하는 것을 보고 적이 죽고 살 수 있는 지형을 알 수 있고, 적과 아군의 전력을 비교하면 적의 병력이 여유가 있는 곳과 부족한 곳을 안다.

<한자> 策(꾀 책) 계책, 헤아리다 ; 計(셀 계) 셈하다, 계책 ; 作(지을 작) 짓다, 행하다 ; 靜(고요할 정) 고요하다 ; 角(뿔 각) 다투다, 견주다, 비교하다 ; 餘(남을 여) 남다 ; 足(발 족) 넉넉하다 ; 處(곳 처) 곳

<참고> ① 책지이지득실지계(策之而知得失之計): 策은 '셈하다'인데, 여기서는 '분석, 연구함, 따져 봄'을 이름, 之는 '적의 동태, 실정' 등을 가리킴, 得失之計는 '적의 계책의 득실'임. ② 작지이지동정지리(作之而知動靜之理): 作之는 作이 '일어남', 즉 적을 집적거려 일이 일어나게 함, 여기서는 '일부러 도발해 자극하면'으로 해석함. 動靜은 '사람의 움직이는 상황'이며, 理는 '적의 행동 원칙 또는 양상'을 말함. ③ 형지이지사생지지(形之而知死生之地): 形之는 '짐짓 움직여 보면 또는 적에게 거짓 형상을 보이면'. 그렇게 하여 대비를 본다는 의미임. 死生之地의 해석은 '적의 급소, 살 수 있는 곳과 죽을 곳, 유리하고 불리한 곳, 강한 지점과 약한 지점' 등으로 다양함. ④ 각지이지유여부족지처(角之而知有餘不足之處): 角之는 해석이 '적의 일부를 공격한다, 시험 삼아 겨뤄 본다, 양측의 전력을 비교하면' 등으로 해석됨. 조조는 '角, 量也' 즉 '각은 헤아리다'라고 주석했음. [조조약해]. 따라서 '전력을 비교'로 해석함. 일설은 有餘不足之處를 '적의 허실과 강약'으로 해석함.

[22-2] Scheme so as to discover his plans and the likelihood of their success. [23] Rouse him, and learn the principle of his activity or inactivity. Force him to reveal himself, so as to find out his vulnerable spots. [24] Carefully compare the opposing army with your own, so that you may know where strength is superabundant and where it is deficient.

D scheme 계획하다, 책동하다 ; discover 발견하다 ; rouse 분발, 자극하다 ; learn 배우다, 학습하다 ; activity 활동, 움직임 ; inactivity 비활동, 정지 ; force 강요하다 ; reveal 드러내다 ; vulnerable 취약한 ; opposing 대항, 대립하는 ; superabundant 과잉, 과다의 ; deficient 부족한

◎ 오늘(D+32일)의 思惟 ◎

손자는 "승리는 만들 수 있다… 적이 비록 병력이 많다 하더라도 적으로 하여금 우리와 싸우지 못하게 할 수 있다"고 했습니다. 그리고 책(策), 작(作), 형(形), 각(角) 등의 방법으로 적의 반응을 떠보고 적의 허점을 파악하는 방법을 설명했습니다. 이것은 적의 허실을 확인하기 위한 일련의 행동을 설명한 것입니다.

손자는 월(越)나라의 예를 들었는데, 그가 오(吳)나라에 있을 때는 초(楚)나라와 싸웠음에도 불구하고 오나라가 아닌 월나라의 병력으로 예를 들었다는 것이 다소 의아한 점이 있습니다. 이것은 손자가 월나라를 가상 적국으로 고려하여 항상 대비했던 것으로 보입니다. 역사에서는 이후 두 나라는 늘 교전하면서 사이가 좋지 않았습니다.

그리고 손자는 "승리는 만들 수 있다"고 했는데, 〈形篇〉에서는 "승리

를 예측할 수는 있어도 마음대로 그렇게 만들 수는 없다"고 했기 때문에 서로 모순이 되는 것 같이 보입니다. 그러나 〈形篇〉은 승리의 조건을 설명하면서 주관적으로 판단하여 승리를 예측할 수 있지만 적이 허점을 보여야 하는데 그렇지 않다면 억지로 승리를 이룰 수 없다는 뜻이었습니다. 여기서는 허실에 따른 용병이 이루어지고 장수가 제시된 여러 가지 방법을 실행한다면 충분히 승리할 수 있다는 의미로 이해해야 할 것입니다.

이어서 적의 동태를 확인하거나 반응을 떠보고 허점을 파악하는 등 여러 가지 방법을 설명했는데, 이것은 일종의 전술적 행동을 제시한 것 것으로서 누구든 창의적으로 다양한 아이디어를 낼 수 있는 것입니다. 그런데 규모가 큰 전역에서는 가능하더라도, 소규모, 단일 전투에서 이러한 행동을 모두 활용하기는 어려울 것입니다. 그러므로 주어진 상황에 따라 가능한 방법을 선택하여 실행해야 할 것입니다. 이러한 행동들은 적을 파악하는 것뿐만 아니라 적을 기만하거나 허점을 만들기 위해서도 적극적으로 실행되어야 할 것입니다.

현대전에서도 적을 사전에 정확히 파악하여 전략을 수립하고 실행하기 위하여 이러한 전술적 행동을 실행하고 있습니다. 즉 감시 및 정찰, 심리전, 양공, 양동, 기만 작전 등이 그러한 행동의 일환입니다. 특히 오늘날은 적을 확인하기 위한 '정보 감시 정찰(ISR)' 체계가 발전되어 적에 대하여 실시간으로 정확하게 파악하는 능력이 매우 향상되었습니다. 그러나 모든 분야에서 그렇듯이 적정이나 상대방을 파악하는 것은 여전히 가장 어렵고 중요한 기능입니다.

[D+33일] 허실(虛實, Weak Points and Strong) ⑦

[25] 故形兵之極, 至於無形; 無形則深間不能窺, 智者不能謀。[26] 因形而錯勝於衆, 衆不能知; (고형병지극, 지어무형, 무형즉심간불능규, 지자불능모. 인형이조승어중, 중불능지)

그러므로 군의 형세의 극치는 형태가 없게 하는 것이다. 형태가 없다면 우리 진영에 깊이 숨어든 간첩도 엿볼 수 없고, 적군 내 지모가 뛰어난 자도 어떤 계책을 세울 수 없다. 변화무쌍한 형태의 용병으로 승리를 거두는 까닭에 사람들에게 승리를 드러내 놓아도 그들은 어떻게 해서 승리했는지를 알지 못한다.

<한자> 極(극진할 극) 극진하다, 한계 ; 至(이를 지) 이르다 ; 深(깊을 심) 깊다 ; 間(사이 간) 사이, 간첩 ; 窺(엿볼 규) 엿보다 ; 謀(꾀모) 꾀, 계략, 계책 ; 錯(둘 조) 두다, 처리하다

<참고> ① 형병지극(形兵之極): 極은 '극, 한계'를 뜻하는데 '극치(極致)'로 해석함. 곧 '군의 형세의 극치'임. 일설은 '허실에 따른 용병' 또는 '적을 유인하는 양동 작전의 경지'로 해석함. ② 지어무형(至於無形): '형태가 없는 것에 이르게 하는 것, 적이 아군의 형세를 전혀 알 수 없게 하는 것' 등의 해석이 있는데 여기서는 이런 의미를 간명하게 표현함. ③ 심간(深間): 우리 진영에 '깊이 숨어든 간첩'임. ④ 지자불능모(智者不能謀): 智者는 적군 내 뛰어난 책사 등을 지칭함. 不能謀는 '어떤 계책이나 전략을 세울 수 없다'는 뜻. ⑤ 인형이조승어중(因形而錯勝於衆): 因形은 '적의 내부 사정 변화에 따른 전술로 승리. 적정에 따라 기민하고 신축적인 작전' 등의 해석이 있음. 錯勝은 '승리를 놓아둠, 조치하다', 곧 '승리를 드러내놓다'는 뜻. ⑥ 중불능지(衆不能知): 사람들은 '어떻게 해서 승리했는지'를 알지 못한다는 뜻임. 이 어구는 뒷문장과 이어지는 것임.

[25] In making tactical dispositions, the highest pitch you can attain

is to conceal them; conceal your dispositions, and you will be safe from the prying of the subtlest spies, from the machinations of the wisest brains. [26] How victory may be produced for them out of the enemy's own tactics—that is what the multitude cannot comprehend.

D dispositions 배치 ; highest pitch 최고한도, 절정 ; conceal 감추다 ; prying 엿보는 ; subtlest 교묘한 ; spy 스파이, 첩자 ; machinations 간계, 책략 ; multitude 대중, 다수 ; out of 범위 밖에 ; comprehend 이해하다

[27] 人皆知我所以勝之形, 而莫知吾所以制勝之形。[28] 故其戰勝不復, 而應形於無窮。(인개지아소이승지형, 이막지오소이제승지형. 고기전승불부, 이응형어무궁)

사람들은 모두 우리가 승리한 정황은 알지만, 우리가 승리를 만들어 간 용병의 형태 또는 깊은 비밀은 알지 못한다. 그러므로 전쟁에서 승리한 계책을 다시 사용해서는 안 되고, 적의 형세에 따라 끝없이 변화시켜 대응해야 한다.

<한자> 皆(다 개) 다, 모두 ; 莫(없을 막) 없다, 아니다 ; 復(다시 부, 회복할 복) 다시, 거듭하여 ; 應(응할 응) 응하다, 승낙하다 ; 窮(다할 궁) 다하다

<참고> ① 승지형(勝之形): '승리한 외형적인 정황', 形은 작전의 방식과 방법 또는 용병의 형태를 가리킴. ② 제승지형(制勝之形): 制勝은 '적을 제압하고 승리함', 곧 '승리를 만들어간 용병의 형태'라는 의미임. 또는 '내면의 깊은 비밀'이란 뜻으로도 해석 가능함. ③ 기전승불복(其戰勝不復): 其戰勝은 '전쟁에서 승리한 용병의 형태 또는 계책', 不復는 '다시 사용하지 않는다'는 뜻임. ④ 응형어무궁(應形於無窮): 應形은 '적정의 변화에 대응함' 곧 적 형태에 똑같이 대응해서는 안 되는 것은 적에게 의도를 간파당해 오히려 위험에 처할 수 있기 때문에 응용해야 한다는 것임. 무궁(無窮)은 끝이 없음.

[27] All men can see the tactics whereby I conquer, but what none can see is the strategy out of which victory is evolved. [28] Do not repeat the tactics which have gained you one victory, but let your methods be regulated by the infinite variety of circumstances.

D whereby ...하는 ; out of ~범위 밖에 ; evolve 발달, 진전하다 ; regulated 통제, 규제된 ; infinite variety of 무한한 다양성 ; circumstances 상황

◎ 오늘(D+33일)의 思惟 ◎

손자는 "군의 형세의 극치는 형태가 없는 것에 이르게 하는 것이다"라고 하면서 형태가 없다면 적이 아무리 노력해도 알아내거나 계책을 세울 수 없다고 했습니다. 그리고 전쟁에서 승리한 계책을 다시 사용하지 말고, 적의 형세에 따라 끝없이 변화시켜 대응해야 한다고 말했습니다.

먼저 지어무형(至於無形)에 대한 것입니다. 예를 들어 적이 전혀 예측하지 못하게 기습하여 신속하게 작전을 끝내고, 적이 패하면서도 어떻게 패했는지를 전혀 모른다면 형태가 없어 보일 수도 있습니다. 그런데 소규모 부대가 아닌 대부대인 경우에는 손자의 말처럼 쉽게 무형이 될 수 있을 것 같지가 않습니다. 그리고 내가 무형(無形)이 되기를 원하지만 적도 병법을 안다면 주도권을 잡기 위해 노력할 것입니다. 따라서 손자가 제시한 책지(策之), 작지(作之) 등의 여러 가지 방법으로 적을 파악하고 대비할 뿐만 아니라 적도 무형이 되려고 노력하기 때문에 이에 대한 대비도 해야 할 것입니다.

그러므로 전투는 이러한 사항을 모두 고려하여 용병해야 합니다. 가장 중요한 것은 용병하기 전에 수많은 논의를 하고 심사숙고하여 신중하

게 계획을 구상하는 것입니다. 프레드릭 대왕이나 나폴레옹과 같은 군
사 천재라면 혼자 구상할 수도 있지만, 대부분의 사람들은 시스템에 의
존하며 구성원이 참여하여 용병 방법을 구상하는 것이 좋을 것입니다.
이순신 장군이 제승당에서 장수들과 여러 계책을 논한 것이 좋은 사례
입니다. 이와 같이 작전을 구상하여 실행했을 때에 설혹 적이 그 형태를
보았다 하더라도 적시에 대응하지 못하면 결국 무형(無形)이나 다름없
다고 생각합니다.

　다음은 전승불복(戰勝不復)에 대한 것입니다. 우리가 일상생활을 하
면서도 같은 방법을 계속 사용하면 상대방에게 통하지 않는다는 것을 잘
알고 있습니다. 기업 경영에서도 성공한 기업이 과거에 성공했던 방법을
변화시키지 않고 계속 적용함으로써 그 방법으로 인해 퇴출된 기업 사례
도 많습니다. 하물며 전쟁에서 아무리 기발했던 비법이라도 적도 대응
방법을 발전시키기 때문에 같은 방법을 계속 사용하는 것은 위험합니다.

　그러나 전승불복의 개념과는 달리 전쟁에서 반드시 지켜져야 하는 것
도 있습니다. 바로 전쟁의 원칙입니다. 앞에서 집중의 원칙을 간단히 설
명했는데, 전쟁의 원칙은 전쟁 수행을 지배하는 기본적인 원리입니다.
그러므로 전쟁의 원칙은 항상 상황에 따라 적절하게 운용하는 것이 군
사 작전을 성공적으로 수행하는 데 대단히 중요합니다. 오늘날 세계 각
국의 군대는 이와 같은 전쟁의 원칙을 인정하고 군의 교리에 포함하고
있습니다."[8]

8　육군사관학교 전사학과(2004). 같은 자료. 32.

[D+34일] 허실(虛實, Weak Points and Strong) 8

[29] 夫兵形象水, 水之形, 避高而趨下, [30] 兵之形, 避實而擊虛, [31] 水因地而制流, 兵因敵而制勝。 (부병형상수, 수지형, 피고이추하, 병지형, 피실이격허, 수인지이제류, 병인적이제승)

무릇 용병의 이치는 물과 비슷하다. 물의 성질은 높은 곳을 피해 낮은 곳으로 흘러간다. 용병의 이치도 적의 견실한 곳을 피하고 허점을 공격하는 것이다. 물은 지형에 따라서 흐름의 방향이 결정되고, 용병은 적에 따라 다양한 전술을 구사해야 승리할 수 있다.

<한자> 象(코끼리 상) 같다, 비슷하다 ; 形(모양 형) 모양, 형상 ; 避(피할 피) 피하다 ; 趨(달아날 추) 달아나다 ; 實(열매 실) 튼튼하다 ; 避(피할 피) 피하다 ; 擊(칠 격) 치다, 공격하다 ; 虛(빌 허) 비다, 약하다 ; 因(인할 인) 인하다, 의지·의거하다 ; 制(절제할 제) 억제하다, 만들다 ; 流(흐를 류) 흐르다, 흐름

<참고> ① 병형상수(兵形象水): '兵形'은 '용병의 원칙', '군사 작전', '군대의 운용' 등의 해석이 있는데, 여기서는 전체 문맥상 '용병의 이치'로 해석함. 여기서는 象水는 '물과 같음, 닮음'. ② 수지형(水之形): '물의 모양(형상)'인데, 이것은 '속성, 특징, 성질' 등으로 이해함. ③ 피실이격허(避實而擊虛): 避實은 '적의 전력이 견실한 곳(것), 강한 것을 피함', 擊虛는 '허약한 곳(것) 또는 허점을 집중 공격함'을 의미함. ④ 제류(制流): '흐름을 만듦' 곧 '흐름의 방향에 제약을 받음', 즉 '결정됨'의 뜻임. ⑤ 제승(制勝): 다양한 해석이 있으나 여기서 制는 '적 또는 적의 변화에 따른 다양한 전술을 구사함', 그래야 '승리를 만들 수 있다'로 해석함.

[29] Military tactics are like unto water; for water in its natural course runs away from high places and hastens downwards. [30] So in war,

the way is to avoid what is strong and to strike at what is weak. [31] Water shapes its course according to the nature of the ground over which it flows; the soldier works out his victory in relation to the foe whom he is facing.

D like unto …과 같다 ; natural course 자연스러운 ; runs away from ~을 피하려 하다 ; hasten 재촉하다, 서둘러 하다 ; downwards 아래쪽으로 ; shapes 형성하다 ; according to …에 따라 ; works out 얻다, 달성하다 ; in relation to …에 관계하여 ; foe 적

[32] 故兵無常勢, 水無常形, [33] 能因敵變化而取勝者, 謂之神。[34] 故五行無常勝, 四時無常位, 日有短長, 月有死生。 (고병무상세, 수무상형, 능인적 변화이취승자, 위지신, 고오행무상승, 사시무상위, 일유단장, 월유사생)

그러므로 용병에 일정한 형세가 없고, 물도 일정한 형상이 없다. 적의 변화에 따라 적절히 대응하여 승리를 얻을 수 있으면 신의 경지에 이르렀다고 한다. 그러므로 오행의 어느 요소도 다른 요소를 항상 이길 수는 없으며, 사계절도 언제나 제자리에 있지 않으며, 해도 길고 짧음이 있고, 달도 차고 기울어짐이 있다.

<한자> 取(가질 취) 가지다 ; 謂(이를 위) 이르다, 일컫다 ; 神(귀신 신) 귀신, 신령 ; 常(항상 상) 항상, 언제나 ; 時(때 시) 때, 계절 ; 位(자리 위) 자리

<참고> ① 병무상세(兵無常勢): 兵은 '군대, 군사 작전, 용병' 등의 뜻인데 '용병'으로 해석함. 常勢는 '항상 일정한 형세'임. ② 능인적변화이취승자(能因敵變化而取勝者): 因敵變化는 '적의 변화에 따라 적절히 대응'의 뜻임. '적의 내부 사정 변화를 좇아, 적의 허실에 따라 용병을 달리 하여' 등의 해석도 있음. 取勝은 '승리를 얻는, 이루는'의 뜻임. ③ 위지신(謂之神): '신이라 일컫는다' 또는 '신의 경지에 도달했다고 한다'는 의미임. ④ 오행무상승(五行無常勝): 五行은 '목(木), 화(火), 토(土), 금(金), 수(水)의 상극상생 관계'를 말함. 常勝은 '(다섯 가지 요소 가

운데 어느 한 요소가) 항상 이길 수 없다'는 의미임. ⑤ 사시무상위(四時無常位): '춘하추동의 사계 절이 항상 제자리에 있지 않는다', 즉 머무르지 않고 계속 변화, 반복하는 것을 언급한 것임. ⑥ 일유장단(日有短長): 日은 태양으로 여기서는 낮을 가리켜서 길고 짧음이 있다는 의미임. ⑦ 월유사생(月有死生): 달이 그믐날에 사라졌다가, 초하룻날에 다시 살아나므로 이같이 말함.

[32] Therefore, just as water retains no constant shape, so in warfare there are no constant conditions. [33] He who can modify his tactics in relation to his opponent and thereby succeed in winning, may be called a heaven-born captain. [34] The five elements(water, fire, wood, metal, earth) are not always equally predominant; the four seasons make way for each other in turn. There are short days and long; the moon has its periods of waning and waxing.

D retain 유지하다 ; modify 수정하다 ; heaven-born 천부(天賦)의 ; predominant 지배적인 ; make way for 자리를 내주다 ; in turn 차례차례, 차례로 ; waning 점점 작아지다 ; waxing 차츰 커지다, 차오르다.

◎ 오늘(D+34일)의 思惟 ◎

손자는 "용병의 이치는 물과 비슷하다(兵形象水)"라고 했습니다. 그리고 용병은 적에 따라 다양한 전술을 구사해야 승리할 수 있으며 적의 변화에 따라 적절히 대응하여 승리를 얻을 수 있으면 신의 경지라고 했습니다. 이 개념들은 〈虛實篇〉의 결론이며 용병의 중요한 원칙으로서 너무나 유명한 문구입니다.

손자가 용병을 물의 속성에 비교하여 쉽게 설명했습니다. 이 말은 노자의 《도덕경》에서 물과 관련된 명언을 떠올리게 합니다. 노자는 《도덕경》 8장에서 上善若水(상선약수), 즉 "가장 높은 덕성은 마치 물과 같다"고 했습니다. 그리고 78장에는 "이 세상에 물보다 더 부드럽고 약한 것은 없다. 그러나 단단하고 강한 것을 공격하는 데에는 물을 넘어서는 그 어떠한 것도 물을 대체할 수 없다. 약한 것이 강한 것을 이기고, 부드러움이 단단함을 이긴다"라고 하였습니다.[9] 이 글을 보면 손자와 노자는 마치 같은 생각을 하는 동일인 같다는 착각을 할 정도입니다. 다만 같은 진리를 노자는 도(道) 또는 철학(哲學)에, 손자는 병법(兵法)에 적용했다는 것입니다. 두 사람의 관계는 노자의 출생이 미상이기 때문에 알 수 없지만, 아마도 손자가 노자의 영향을 받았거나 같은 생각을 했던 것 같습니다.

다음은 용병에서 '신의 경지'라는 표현을 했는데, 어떻게 보면 손자가 병법대로 하면 승리할 것같이 설명했지만 사실 승리를 얻는 것이 결코 쉬운 것이 아니라는 점을 강조한 것으로 여겨집니다. 즉 전쟁에서 승리가 쉽지 않다는 것은 다음의 사례에서 잘 보여줍니다. 손자병법에 주석을 붙이고 비교적 병법대로 전쟁을 수행했다는 조조도 양성 전투에서 가후에게 패배했고, 한중 공방전에서 유비에게 패배해서 '계륵(鷄肋)'이란 말을 남기고 철수했습니다. 당대에 가장 높은 지략가의 경지였던 제갈량도 제1차 북벌 당시 위연의 계책을 채택하지 않았던 것이 결국 북벌을 하지 못한 실책으로 후세 사가들이 평가했습니다. 그리고 군사 천재라고 했던 나폴레옹도 결국 워털루 전투에서 프로이센 블뤼허군이 그루시 부대보다 전장에 먼저 도착했기 때문에 패배했습니다.

그러므로 승리는 군사적 재능도 필요하지만, 손자가 말한 적의 변화

---

9 노자. 소준섭(역)(2020). 같은 자료, 43와 249~250.

에 대응하는 것은 상대가 누구인지, 상황이 어떠한지에 따라서 방법도 달라야 하며, 그 결과가 승패에 영향을 미칩니다. 이와 같은 이론과 사상, 그리고 사례는 세계의 어느 나라, 어느 군대에도 적용될 수 있습니다. 그리고 승리를 얻기 위한 지혜는 군인뿐만 아니라 모든 사람의 업무나 생활에도 지침으로 활용할 수 있을 것으로 생각합니다.

제7편

군쟁(軍爭)

★ Maneuvering ★

군쟁은 승리에 유리한 조건을 먼저 얻기 위해 다투는 것을 말한다. 이 편은 원정군이 기동하면서 제승의 조건과 유리한 위치를 차지하는 문제를 주요 내용으로 한다. 군쟁은 어렵고, 이익도 있지만 위험도 있으며, 용병은 적을 속이는 것이며, '풍림화산'처럼 해야 하고, 먼저 우직지계를 아는 자가 승리한다고 설명한다. 그리고 적을 이기려면 4가지 요소를 잘 다스려야 한다는 사치와 전장에서 하지 말아야 할 8가지의 용병의 법 등을 강조한다.

◆ 군쟁편 핵심 내용 ◆

C [3] 以迂爲直, 以患爲利。 우회하지만 직행하는 길이 되고, 근심거리를 이로운 것으로 만든다.

A [17] 其疾如風, 其徐如林, 侵掠如火, 不動如山。 바람처럼 빠르고, 숲처럼 조용하며, 불처럼 맹렬하고, 산처럼 묵직하다.

A [27] 三軍可奪氣, 將軍可奪心。 적군의 사기를 꺾고, 적장의 마음도 흔들 수 있어야 한다.

C [30] 以治待亂 아군을 다스린 뒤에 상대가 어지러워지기를 기다린다.

A [36] 圍師必闕, 窮寇勿迫。 포위된 적은 반드시 퇴각로를 터주고, 궁지에 빠진 적은 너무 핍박하지 말아야 한다.

◆ 러블리 팁(Lovely Tip) ◆

L 때로는 돌아가는 길이 더 빠르다는 것을 생각하자.

L 바람처럼, 숲처럼, 불처럼, 산처럼 행동하자.

L 중요한 일은 오전에 하자. 어려운 건의는 오후에 하자.

L 경쟁은 자신을 다스린 후에 상대의 변화에 대응하자.

L 어려움이 있는 사람을 너무 몰아가지 말자.

[D+35일] 군쟁(軍爭, Maneuvering) [1]

[1] 孫子曰: 凡用兵之法, 將受命於君, [2] 合軍聚衆, 交和而舍, [3] 莫難 於軍爭。 軍爭之難者, 以迂爲直, 以患爲利。 (손자왈, 범용병지법, 장수명어군, 합군 취중, 교화이사, 막난어군쟁. 군쟁지난자, 이우위직, 이환위리)

    손자가 말했다. 무릇 용병의 법은 장수가 군주로부터 명을 받아, 백성을 동원해 군대를 편성하고, 적과 군문을 마주하고 대치하면서 주둔하기까지 군쟁보다 어려운 일은 없다. 군쟁이 어려운 것은 우회하지만 직행하는 길이 되고, 근심거리를 이로운 것으로 만들어야 하기 때문이다.

<한자> 爭(다툴 쟁) 다투다 ; 受(받을 수) 받다, 받아들이다 ; 命(목숨 명) 목숨, 명령 ; 合(합할 합) 합하다, 모으다 ; 聚(모을 취) 모으다 ; 交(사귈 교) 인접하다, 서로 맞대다 ; 和(화할 화) 화하다, 서로 응하다 ; 舍(집 사) 집 ; 莫(없을 막) 없다, ~않다 ; 迂(에돌 우) 우회하다 ; 直(곧을 직) 곧다 ; 患(근심 환) 근심, 걱정

<참고> ① 수명(受命): '명(령)을 받다'임. ② 합군취중(合軍聚衆): 合軍은 '군대를 모으다, 즉 편성하다'임. 聚衆은 '무리(백성)를 모아서', 즉 '동원해서'임. ③ 교화이사(交和而舍): '적과 서로 군문을 마주하고 대치하며 주둔함'. 여기서 交는 닿음, 和는 화문(和門). 곧 군문을 일컬음. 舍는 "지(止)의 뜻으로, '숙영함, 주둔함'의 의미임." [박삼수]. ④ 군쟁(軍爭): '군이 다투다' 인데, '진을 치기 위해 다투다' 또는 조조는 "아군과 적군이 승리에 유리한 조건을 먼저 손에 넣기 위해 다투는 것"이라고 했음. [신동준]. ⑤ 이우위직(以迂爲直): 迂는 '우회', 直은 '직진, 직행, 지름길'의 뜻인데, '우회로를 택하는 것처럼 가장한 뒤 지름길을 곧바로 간다'와 '먼 길을 우회하는 것으로 곧 직행하는 결과를 만든다'의 다소 다른 두 가지의 해석이 있음. ⑥ 이환위리(以患爲利): 患은 '근심, 걱정', 利는 '이로움, 유리함'임. 곧 '불리한 것(조건, 상황)을 이로운, 이로운(유리한) 것(조건, 상황)으로 만들어야 한다'는 의미임.

[1] Sun Tzu said: In war, the general receives his commands from the sovereign. [2] Having collected an army and concentrated his forces, he must blend and harmonize the different elements thereof before pitching his camp. [3] After that, comes tactical maneuvering, than which there is nothing more difficult. The difficulty of tactical maneuvering consists in turning the devious into the direct, and misfortune into gain.

D sovereign 군주, 국왕 ; concentrate 집중하다, 모으다 ; blend 혼합하다 ; harmonize 조화를 이루다 ; thereof 그것의 ; pitch camp 진을 치다, 숙영하다 ; maneuver 책략, 기동; difficulty 어려움 ; turn into ~으로 변하다 ; devious 기만, 우회하는 ; direct 직행하는, 똑바른 ; misfortune 불운, 불행 ; gain 이익, 이득

[4] 故迂其途, 而誘之以利, 後人發, 先人至, 此知迂直之計者也。(고우기도, 이유지이리, 후인발, 선인지, 차지우직지계자야)

그러므로 그 길을 우회하면서도 이익을 미끼로 적을 유인하면 적보다 늦게 출발하고도 적보다 먼저 도착할 수 있으니 이것을 우직지계를 아는 것이라고 한다.

<한자> 途(길 도) 길, 도로 ; 誘(꾈 유) 유혹[유인]하다 ; 發(필 발) 피다, 떠나다 ; 至(이를 지) 이르다, 도달하다

<참고> ① 우기도, 이유지이리(迂其途, 而誘之以利): 일설은 迂는 사역동사로 쓰여 적군의 측면에서 한 말로 보고, '적으로 하여금 길을 우회하게 한다'고 해석함. ② 우직지계(迂直之計): '우회함으로써 오히려 직행하는', 즉 이우위직(以迂爲直)의 계책이라는 뜻임. "〈군쟁〉은 주도권 장악의 요체를 우회하는 듯 곧게 가고, 곧게 가는 듯 우회하는 우직지계에서 찾고 있음." [신동준].

[4] Thus, to take a long and circuitous route, after enticing the enemy out of the way, and though starting after him, to contrive to reach the goal before him, shows knowledge of the artifice of DEVIATION.

D circuitous 돌아가는 ; entice 유도[유인]하다 ; contrive 꾸미다, 획책하다 ; artifice 계략, 책략 ; deviation 일탈, 편차

◎ 오늘(D+35일)의 思惟 ◎

손자는 군쟁보다 어려운 일이 없다고 하면서, 그것은 "우회하지만 직행하는 길이 되고, 근심거리를 유리한 것으로 만들어야 하기 때문이다" 라고 했습니다. 손자의 생각을 한마디로 표현하면 병법에서 그 유명한 '우직지계(迂直之計)'입니다.

이와 같은 손자의 생각을 실제로 실행하려면 보통의 지혜와 노력으로는 매우 어려울 것 같습니다. 이 계책을 실현하려면 이익을 미끼로 적을 유인해야 하는데, 적도 병법을 알고 있다면 쉽지 않은 전략이라는 생각이 들지만, 동서고금에 승리했던 많은 전례가 우직지계의 전략을 실현했습니다. 여기서 직행하거나 유리한 것으로 만든다는 말은 자신에게 유리한 지역 또는 결정적인 장소를 선점하여 자신이 주도권을 갖고 적과 교전할 수 있는 상황을 만드는 것으로 이해해야 할 것입니다.

우직지계의 전략으로 승리한 대표적인 전례는 다음과 같습니다. 앞에서 설명했던 알렉산드로스가 히다스페스강 전투에서 도하 지점을 기만하고 예상치 못한 지역으로 우회하여 도하함으로써 적을 기습하고 사선 기동으로 적을 격멸한 전례가 있습니다. 그리고 나폴레옹이 울름 전역에서 유럽 대륙을 횡단하는 전략적 대 우회 기동을 강행한 후에 결정

적인 지점에서 압도적으로 우세한 병력으로 적을 공격하여 항복을 받아낸 전례도 있습니다. 이외에도 전쟁사에서 찾아보면 많은 전례가 있을 것입니다.

현대전에서 사례를 보면, 먼저 1950년 6.25 전쟁에서의 인천 상륙 작전입니다. 인천의 자연적 조건이 대규모 상륙 작전을 하기에 부적절하다는 반대가 있었지만, 인천에 상륙하여 38도선 이남의 북한군을 격퇴하고 그들이 점령했던 지역을 회복했습니다. 이 작전은 "통상적인 정면 공격 위주의 패러다임을 과감하게 바꿔 승리를 쟁취한 것입니다. 그리고 단 한 번의 작전 성공으로 전쟁 전체의 흐름에 영향을 미친 결정적인 작전"[1]이었습니다. 다음은 〈勢篇〉에서 간략하게 소개했던, 1991년에 있었던 걸프 전쟁입니다. 슈워츠코프는 이라크군을 기만하기 위해 쿠웨이트 해상에서 상륙 작전을 연습함으로써 후세인을 오판하게 한 다음, 주력은 서쪽 사막 지역으로 우회하여 이라크 영토로 깊숙이 진격하여 이라크군을 격멸하고 후세인의 항복을 받았습니다.

슈워츠코프는 우회 기동을 결심한 이유를, "우리가 걸프전에서 적용한 것은 고전적 개념에 충실한 우회 기동이었다. 그것은 고대 알렉산드로스 대왕 이래 대부분의 명장들이 적용한 고전적 전법이었다"라고 설명했습니다.[2] 이와 같이 우직지계에 의한 기동은 손자 이후로 동서고금의 모든 전투에서 통용되었던 최고의 전법이라고 생각합니다.

---

1 한국전 흐름 바꾼 '우직지계'의 승리, 인천 상륙 작전(2012.2.5.). 「중앙선데이」.
   〈https://news.joins.com/article/7288325〉.

2 정토웅(2010). 같은 자료(걸프 전쟁과 헤일 매리 플레이).

[D+36일] 군쟁(軍爭, Maneuvering) ②

[5] 故軍爭爲利, 軍爭爲危。[6] 擧軍而爭利, 則不及; 委軍而爭利, 則輜重捐。(고군쟁위리, 군쟁위위, 거군이쟁리, 즉불급, 위군이쟁리, 즉치중연)

　　무릇 군쟁은 이로움도 있고 위험도 있다. 전군을 이끌고 이익을 다투려 하면 미치지 못하며, 선발된 정예 부대로만 이익을 다투려 하면 보급 부대를 버리게 된다.

<한자> 爲(할 위) 하다, 있다 ; 擧(들 거) 들다, 거동 ; 及(미칠 급) 미치다 ; 委(맡길 위) 맡기다, 버리다 ; 輜(짐수레 치) 짐수레 ; 捐(버릴 연) 버리다

<참고> ① 군쟁위리, 군쟁위위(軍爭爲利, 軍爭爲危): 조조는 "잘하는 자에게는 이롭고 잘못하는 자에게는 매우 위험하다"고 했음. [유종문]. 즉 '군쟁에서 이익을 중시하면 위험해진다'는 뜻이 내포됨. ② 거군이쟁리(擧軍而爭利): 擧軍은 '전군을 움직이다', 곧 모든 부대를 이끌고 강행군한다는 의미임. 爭利는 '이익을 다투다'임. ③ 불급(不及): '유리한 장소 또는 제시간에 도달할 수 없다' 혹은 '행보가 느려 빠르게 대응하는 데 미흡하다'는 의미임. 곧 '승리가 어렵다'는 뜻도 있음. ④ 위군이쟁리(委軍而爭利): 委는 '맡기다, 버리다'의 뜻으로, 委軍은 보급 부대 등을 빼고 선발된 (정예) 부대 또는 경병(輕兵)을 뜻함. ⑤ 치중손(輜重捐): 輜重은 군대 유지와 전쟁 수행에 필요한 물품, 곧 보급 물자를 이르는 말임. 捐은 '버리다', 또는 '잃을 우려가 크다'는 뜻임.

[5] Maneuvering with an army is advantageous; with an undisciplined multitude, most dangerous. [6] If you set a fully equipped army in march in order to snatch an advantage, the chances are that you will be too late. On the other hand, to detach a flying column for the purpose involves the sacrifice of its baggage and stores.

187

D advantageous 이로운, 유리한 ; undisciplined 규율이 안 잡힌 ; multitude 다수, 군중 ; equip 장비를 갖추다 ; snatch 잡아 채다 ; chances 가능성 ; detach 파견하다, 분리되다 ; flying column 유격[별동]대 ; sacrifice 희생 ; baggage and stores 짐과 저장품 [치중]

[7] 是故卷甲而趨, 日夜不處, 倍道兼行, 百里而爭利, 則擒三將軍, [8] 勁者先, 疲者後, 其法十一而至; (시고권갑이추, 일야불처, 배도겸행, 백리이쟁리, 즉금 삼장군, 경자선, 피자후, 기법십일이지)

이런 까닭에 갑옷을 말고 서둘러 달려가 밤낮을 쉬지 않고 두 배의 속도로 강행군하여 100리를 달려가서 이익을 다툰다면, 전군의 장수들이 사로잡히게 되고 강인한 병사는 먼저 도착하고 피로한 병사는 뒤에 처지게 되어 10분의 1의 병력만이 도착하게 된다.

<한자> 卷(책/말 권) 말다 ; 甲(갑옷 갑) 갑옷 ; 趨(달아날 추) 달리다 ; 處(곳 처) 곳, 휴식하다 ; 擒(사로잡을 금) : 사로잡다, 생포하다 ; 勁(굳셀 경) 굳세다, 강하다 ; 疲(피곤할 피) 피곤하다

<참고> ① 권갑이추(卷甲而趨): 갑옷을 말아 등에 지고 달린다는 뜻으로 경무장을 의미함. [신동준]. ② 일야불처(日夜不處): '處'는 휴식의 의미임. ③ 배도겸행(倍道兼行): 행군 거리를 2배로 잡는 것 또는 행군 속도를 2배로 하는 강행군을 의미함. ④ 금삼장군(擒三將軍): 擒은 '사로잡히다', 三將軍은 상장군, 중장군, 하장군으로 전군의 장수를 의미함. 일설은 '총사령관' 으로 해석함. 이 어구는 '자칫 적의 기습 공격을 받고 크게 패해 전군의 장수 또는 총사령관이 포로가 되는 최악의 위기를 맞을 수 있다'는 의미로 해석함. ⑤ 기법십일(其法十一): '法'은 '방법으로' 또는 부사어로 보고 '기본적(원칙적)으로'로도 해석할 수 있는데, 여기서는 문맥상 해석을 포함하지 않음.

[7] Thus, if you order your men to roll up their buffcoats, and make forced marches without halting day or night, covering double the usual distance at a stretch, doing a hundred LI in order to wrest an

advantage, the leaders of all your three divisions will fall into the hands of the enemy. [8] The stronger men will be in front, the jaded ones will fall behind, and on this plan only one-tenth of your army will reach its destination.

D roll up ~을 [걷어] 올리다 ; buffcoats 가죽코트[갑옷] ; forced marches 강행군 ; halt 멈추다 ; cover 주행하다 ; at a stretch 단번에 ; wrest 얻다 ; three divisions [삼군] ; fall into the hands of ~의 수중에 들어가다 ; be in front 앞에 있다 ; jaded 지친 ; fall behind 낙오하다 ; destination 목적지, 도착지

◎ 오늘(D+36일)의 思惟 ◎

손자는 군쟁이 이로움도 있고 위험도 있다고 했습니다. 즉 군쟁의 이로운 측면만 생각하고 위험한 측면을 간과해서는 안 된다는 것입니다. 이 문제는 계속 설명되기 때문에, 오늘은 앞에서 설명하지 못한 우직지계의 전략과 리델하트의 간접 접근 전략에 대하여 알아보겠습니다.

리델하트는《전략론》에서 "고대 페르시아 전쟁에서 제1차 중동전까지, 30개 전쟁, 280개 전역을 분석해 280개 전역 중 6개 전역만이 직접 접근을 통해 승리했고, 나머지 274개 전역은 모두 간접 접근 전략에 의해 승리를 달성했다"고 결론지었습니다.[3] 그가《전략론》에서 말한 간접 접근 전략은 〈計篇〉에서 "공기무비, 출기불의(攻其無備, 出其不意)"와 일맥상통하는 이론이라고 설명했습니다. 그뿐만 아니라 손자의 부전승 사상, 우직지계 등의 군사력 운용 개념도 역시 리델하트의 전략 개념에 많은 영향을 미쳤습니다. 이를테면 간접 접근 전략은 적 부대를 견제하는

---

3 한국전 흐름 바꾼 '우직지계'의 승리, 인천 상륙 작전(2012.2.5.). 같은 자료.

가운데 적의 최소 저항선과 최소 예상선으로 기동하는 것인데, 이것은 손자가 주장한 '우회하지만 직행하는 길이 된다'는 이우위직(以迂爲直)과 같은 개념입니다. 즉 적 배후로의 기동은 물리적으로 저항이 가장 적으면서도, 적이 예상하지 않은 것을 동시에 고려하여 적의 저항 가능성을 약화시키는 것입니다. 그것은 기동과 기습을 통해 가능하며, 이와 같은 개념에 대하여 리델하트가 손자와 같은 생각을 한 것입니다.

우직지계와 간접 접근 전략을 경영학 관점에서 분석한 "때론 우회로가 지름길이다. 공유가치를 창출한 네슬레처럼..."이란 자료를 보면, "사회의 이익과 기업의 이익을 함께 추구하는 것이 궁극적으로 기업의 경쟁력도 향상시킨다는 포터의 CSV(기업의 공유가치 창출)이론은 손자병법 7편의 '우직지계' 군사 원칙으로도 설명할 수 있다... 간접 접근 전략이 손자의 우직지계 군사 사상과 일맥상통한다."[4] 등의 여러 가지 면에서 경영 사례와 손자병법을 접목하여 분석한 내용을 설명하였습니다.

이처럼 자신의 분야에서 손자병법의 중요한 개념이나 명구와 관련하여 창의적으로 생각하면 자신이 관심을 갖고 있는 분야에 많은 도움이 될 것입니다. 특히 손자병법과 경영학은 서로 연관시켜 발전시킬 내용이 많으며, 도서 목록을 보면 이와 같은 종류의 책이 있는 것으로 알고 있습니다. 그러므로 손자병법을 먼저 정확히 이해한다면, 경영을 하는 사람은 손정의처럼 활용하거나 경영학을 연구하는 사람은 경영 이론을 발전시키는 데 도움이 될 것입니다.

---

4 문휘창(2014. 9.). 때론 우회로가 지름길이다 공유가치 창출한 네슬레처럼... 「DBR」.
   〈https://dbr.donga.com/article/view/1203/article_no/6654〉.

[D+37일] 군쟁(軍爭, Maneuvering) ③

[9] 五十里而爭利, 則蹶上將軍, 其法半至; [10] 三十里而爭利, 則三分之二至。[11] 是故軍無輜重則亡, 無糧食則亡, 無委積則亡。(오십리이쟁리, 즉궐상장군, 기법반지; 삼십리이쟁리, 즉삼분지이지, 시고군무치중즉망, 무양식즉망, 무위적즉망).

오십 리를 달려가서 이익을 다툰다면 선두 부대 장수는 좌절을 맛보게 되고 병력의 절반만 도달하게 되며, 삼십 리를 달려가서 이익을 다툰다면 병력의 3분의 2만 도달하게 된다. 이런 까닭에 군대는 보급 물자가 없어도 망하고 군량이 없어도 망하고 비축 물자가 없어도 망한다.

<한자> 蹶(넘어질 궐) 넘어지다 ; 至(이를 지) 이르다, 도달하다 ; 亡(망할 망) 멸망하다, 잃다 ; 委(맡길 위) 맡기다, 쌓다 ; 積(쌓을 적) 쌓다, 비축하다

<참고> ① 궐상장군(蹶上將軍): 蹶은 '넘어지다'인데, '좌절을 맛보다'의 의미임. '쓰러지다, 위험하다, 잃는다'로 해석하기도 함. "上將軍은 '선두 부대 장수'를 뜻함." [신동준]. 죽간본에는 상장(上將)으로 되어 있음. ② 위적즉망(委積則亡); 委積은 '비축 물자'를 의미함. 亡은 '망하다', 또는 '패하다'로 해석하기도 함.

[9] If you march fifty LI in order to outmaneuver the enemy, you will lose the leader of your first division, and only half your force will reach the goal. [10] If you march thirty LI with the same object, twothirds of your army will arrive. [11] We may take it then that an army without its baggage-train is lost; without provisions it is lost; without bases of supply it is lost.

□ outmaneuver 술책으로 이기다, 허를 찌르다 ; baggage 짐, baggage-train [치중대] ; lost 잃은, 진, 파멸된 ; provisions 식량 ; base 기지 ; supply 공급, 보급[품]

[12] 故不知諸侯之謀者, 不能豫交; [13] 不知山林 險阻 沮澤之形者, 不能行軍, [14] 不用鄕導者, 不能得地利。 (고부지제후지모자, 불능예교, 부지산림 험조 저택지형자, 불능행군, 불용향도자, 불능득지리)

무릇 이웃 제후들의 의도를 알지 못하면 섣불리 친교를 맺을 수 없다. 산림과 험하고 막힌 곳, 소택지 등의 지형을 알지 못하면 행군할 수 없고, 현지의 길 안내자를 쓰지 않으면 지형의 이점을 얻을 수 없다.

<한자> 謀(꾀 모) 꾀, 계책 ; 豫(미리 예) 미리, 참여하다 ; 交(사귈 교) 사귀다 ; 險(험할 험) 험하다 ; 阻(막힐 조) 막히다, 험하다 ; 沮(막을 저) 막다, 그치다 ; 鄕(시골 향) 시골, 고향 ; 導(인도할 도) 인도하다

<참고> ① 불능예교(不能豫交): 不能은 '할 수 없음', 豫交는 '제후와 친교를 맺는 것', 곧 '섣불리 친교를 맺을 수 없다'는 뜻임. ② 험조, 저택(險阻, 沮澤): 險阻는 '지세가 높고 가파르며 험하고 막히고 끊어져 있음', 沮澤은 '낮고 물기가 많은 늪지'임. ③ 불능행군(不能行軍): 행군할 곳의 지형을 제대로 파악하지 못하면 군사를 이끌고 진격할 방도가 없다는 의미임. ④ 향도(鄕導): '해당 지역을 잘 아는 길 안내자', '현지 사정에 밝은 길잡이'를 의미함.

[12] We cannot enter into alliances until we are acquainted with the designs of our neighbors. [13] We are not fit to lead an army on the march unless we are familiar with the face of the country —its mountains and forests, its pitfalls and precipices, its marshes and swamps. [14] We shall be unable to turn natural advantage to account unless we make use of local guides.

D enter into (어떤 관계, 협약 등을) 맺다, 시작하다 ; alliances 동맹, 연합 ; acquainted with 알고 있다 ; design 계획, 의도 ; fit 맞다, 적합하다 ; familiar with 친숙, 익숙한 ; face 표면 ; pitfall 함정 ; precipices 벼랑 ; marsh 습지 ; swamp 늪 ; turn... to account ...을 이용[활용]하다 ; make use of 이용하다 ; local guides 현지 안내인

◎ 오늘(D+37일)의 思惟 ◎

손자는 군쟁의 위험에 대하여 설명하면서 보급 문제의 중요성에 대하여 말했습니다. 즉 전군이 이동하면 재빠른 대응이 어렵고 속도를 중시하여 강행군하면 보급품을 잃어버릴 위험이 있으며, 결국 "군대는 보급물자가 없어도 망하고 군량이 없어도 망하고 비축 물자가 없어도 망한다"고 했습니다.

실제로 보급 문제는 동서고금의 원정에 나섰던 모든 부대가 해결해야 할 문제였습니다. 보급 문제에 대하여 서양의 대표적인 전쟁 이론서인 클라우제비츠의《전쟁론》에서는 전투력의 한 요소로서 '식량 조달'을 설명하지만, 리델하트의《전략론》에서는 언급이 없습니다. 이에 비해 손자는 〈작전편〉에서 전쟁 비용과 관련하여 보급 문제를 다루었으며, 〈군쟁편〉에서 용병과 관련하여 보급의 중요성을 강조했습니다.

보급의 방법은 크게 두 가지로 구분됩니다. 첫째는 본국에서 수송하는 것이며, 둘째는 현지 조달하는 것입니다. 전쟁사에서 보급 문제를 슬기롭게 극복한 군대는 칭기즈칸의 몽골군을 들 수 있습니다. 몽골군의 전투 식량에 대하여 〈作戰篇〉에서 간단하게 언급한 바가 있지만, 추가로 설명하면 몽골 말은 우수해서 따로 마초를 준비하지 않아도 되었고, 기마병은 필요한 식량과 장비를 휴대했으며, 적국의 도시에서 약탈함으

로써 유럽의 기병이 따라갈 수 없는 기동성을 가졌습니다. "몽골 군단은 보급 부대가 따로 없는 전원 기병이었다... 1241년 초에는 헝거리 정복전에서 하루 평균 1백 km를 주파했다. 이 속도는 2차 세계대전에서 기록된 독일 기갑 군단의 돌파 속도보다 더 빠른 것이었다"[5]고 합니다.

그런데 모든 군대가 몽골군처럼 하거나 나폴레옹군처럼 점령지에서 획득, 조달하는 방법을 사용할 수도 없습니다. 또한 현지 조달 방식은 전쟁이 장기간 지속되거나, 상대가 청야 전술로 대적할 경우에 문제가 있습니다. 나폴레옹이 현지 조달에 의존하고 이를 남용함으로써 러시아 원정에서 참패를 당하기도 했습니다. 과거 전례에서 보급 문제를 해결하는 방안은 개인 휴대, 보급 부대 후속, 현지 조달 방식 등이 있었지만 어떤 방안도 쉽게 보이지 않습니다. 개인이 휴대할 경우에는 한계가 있고 과중할 경우에는 몰래 버릴 수도 있으며, 보급 부대가 후속하면 행군 속도가 느려지거나 보급이 단절되거나 지연될 가능성이 있으며, 현지 조달 방식은 필요한 보급품을 제대로 확보하지 못할 수가 있습니다. 따라서 보급 문제에 대한 최상의 해결책은 작전을 신속하게 종결시키는 것이었습니다.

현대전에서는 현지 조달 개념으로 보급 문제를 해결하지는 않습니다. 전쟁에는 항상 '안개와 마찰'이 존재합니다. 그러므로 작전 계획을 신중하게 수립해야 하지만, 기동 계획 못지않게 계획 수립 시에 전투 근무(군수) 지원 문제를 면밀하게 검토합니다. 그리고 예비 계획 수립 등 최대한 문제점을 해결하거나 작전을 지원할 수 있어야 작전을 실행합니다.

---

5 조갑제(2013. 10. 17.). 징기스칸 군대는 왜 무적이었나?. 「pub.chosun.com」.
  〈http://pub.chosun.com/client/news/viw.asp?cate=C03&nNewsNumb=2013107012&nidx=7013〉.

[D+38일] 군쟁(軍爭, Maneuvering) [4]

[15] 故兵以詐立, 以利動, **[16]** 以分合爲變者也, **[17]** 故其疾如風, 其徐如林, **[18]** 侵掠如火, 不動如山, **[19]** 難知如陰, 動如雷霆。(고병이사립, 이리동, 이분합위변자야, 고기질여풍, 기서여림, 침략여화, 부동여산, 난지여음, 동여뢰정)

무릇 용병은 적을 속임으로써 여건을 만들고 이익에 따라 움직이며 병력의 분산과 집중으로 변화를 만든다. 그러므로 용병은 바람처럼 빠르고, 숲처럼 조용하며, 공격할 때는 불처럼 맹렬하고, 움직이지 않을 때는 산처럼 묵직하고, 어둠 속에 있는 것처럼 알 수 없게 하며, 움직일 때는 천둥 번개와 같이 빠르게 해야 한다.

<한자> 詐(속일 사) 속이다 ; 立(설 립) 서다, 이루어지다 ; 疾(병 질) 빠르다 ; 風(바람 풍) 바람 ; 徐(천천히 서) 천천히 하다, 조용하다 ; 林(수풀 림) 수풀 ; 侵(침노할 침) 침노하다, 엄습하다 ; 掠(노략질할 략) 노략질하다, 탈취하다 ; 火(불 화) 불 ; 陰(그늘 음) 그늘, 어둡다 ; 雷(우레 뢰) 천둥 ; 霆(천둥소리 정) : 천둥소리, 번개

<참고> ① 병이사립(兵以詐立): 兵은 '용병 또는 작전', 詐는 '속임', 立은 '서다, 이루어진다, 일으키다'임. 立에 대한 해석은 '성립하다, 승리를 쟁취하다, 시작하다, 가능하다' 등 다양한데, '(승리의) 여건을 만든다'의 의미로 해석함. 이 어구는 '병자궤도(兵者詭道)'와 같은 의미임. ② 이리동(以利動): '이익의 유무에 따라 움직임, 즉 용병을 함', 일설은 '이로움을 보여 주어 적을 움직인다'로 해석함. ③ 이분합위변(以分合爲變): 分合은 '나누어졌다 합하였다'의 뜻으로 병력의 분산과 집중을 의미함. 爲變은 '변화를 만들다'는 뜻임. ④ 기서여풍, 기서여림(其疾如風, 其徐如林): '빠를 때는 바람과 같고, 느릴 때는 고요한 숲과 같다'는 뜻인데, 이를 '바람처럼 빠르게, 숲처럼 조용하게'로 해석함. ⑤ 침략여화(侵掠如火): 侵掠은 '침략하여 약탈함'의 뜻인데, 여기서는 '(적군에게) 공격함, 쳐들어감'으로 해석함. 如火는 '불처럼 맹렬하다'는 의미임. ⑥ 부동여산(不動如山): 不動은 '움직이지 않음', 如山은 '산처럼 묵직하다, 꿈쩍하지 않는다'

로 해석함. ⑦ 난지여음(難知如陰): '아군을 은폐하기를 암흑처럼 하여 적이 알아차릴 수 없게 하다'의 의미로 해석함. 陰은 구름이 해를 가린 것처럼 어두운 것을 말함. ⑧ 동여뢰정(動如雷震): '움직일 때는 천둥과 번개가 치는 것처럼 빠르게 해야 한다'는 의미임.

[15] In war, practice dissimulation, and you will succeed. [16] Whether to concentrate or to divide your troops, must be decided by circumstances. [17] Let your rapidity be that of the wind, your compactness that of the forest. [18] In raiding and plundering be like fire, is immovability like a mountain. [19] Let your plans be dark and impenetrable as night, and when you move, fall like a thunderbolt.

D practice 실행하다 ; dissimulation 가장, 위장 ; circumstances 사정, 상황 ; rapidity 신속 ; compactness 조밀함, 간결함 ; raid 습격 ; plunder 약탈하다 ; immovability 부동 ; impenetrable 꿰뚫을 수 없는 ; fall like a thunderbolt 벼락처럼 떨어지다

[20] 掠鄉分衆, 廓地分利, [21] 懸權而動, [22] 先知迂直之計者勝, 此軍爭之法也。 (약향분중, 확지분리, 현권이동. 선지우직지계자승 차군쟁지법야)

　적의 향읍을 약탈할 때는 병력을 나누어서 하고, 영토를 확대하면 지역별로 나누어 이익을 지키도록 하며, 그리고 이해득실을 저울질한 뒤 움직인다. 먼저 우직지계를 아는 자가 승리하는 것이니, 이러한 것들이 군쟁의 법이다.

<한자> 鄉(시골 향) 시골 ; 廓(클 확) 크다, 넓히다 ; 懸(매달 현) 매달다 ; 權(권세 권) 권세, 저울추 ; 動(움직일 동) 움직이다 ; 迂(에돌 우) 에돌다, 우회하다

<참고> ① 약향분중(掠鄉分衆): 鄉은 적국의 향읍, 촌락을 이르며, 分衆은 分兵의 뜻으로 향읍, 촌락은 하나가 아닌 까닭에 병력을 분산함을 이름. 일설은 '재물을 약탈해 부하에게 나누

어 준다'는 견해가 있음. 영문 해석도 그러함. ② 확지분리(廓地分利): '영토를 새로이 개척했을 때는 (장수별로) 지역을 나누어 보내 그 이익을 지키는 것'을 의미함. ③ 현권이동(懸權而動): 懸權은 '물건을 저울에 올려놓고 무게를 단다'의 뜻으로, 곧 '이해득실을 저울질한다'는 의미임. 而動은 '직질한 시기에' 움직이는 것을 의미함. '그리고'는 문장 연결싱 추가로 포힘한 것임. ④ 군쟁지법(軍爭之法): 法은 '법, 방법'의 뜻인데, '법칙, 원칙'으로 해석하기도 함.

[20] When you plunder a countryside, let the spoil be divided amongst your men; when you capture new territory, cut it up into allotments for the benefit of the soldiery. [21] Ponder and deliberate before you make a move. [22] He will conquer who has learnt the artifice of deviation. Such is the art of maneuvering.

D plunder countryside 시골, 지방 ; spoil 전리품 ; capture 함락시키다, 점유하다 ; territory 영토 ; cut~up ~을 자르다 ; allotment 배당[할당] ; soldiery 병사 ; ponder 숙고하다 ; deliberate 신중하다 ; learnt learn(배우다, 알다)의 과거분사 ; artifice 책략, 계략, the artifice of deviation [우직지계]

◎ 오늘(D+38일)의 思惟 ◎

손자는 우직지계의 기동을 설명하면서 "용병은 적을 속임으로써 여건을 만들고 이익에 따라 움직인다"는 그의 전쟁 사상을 다시 한번 강조했습니다. 그리고 우직지계를 안다고 할 수 있는 여러 가지 군쟁의 법을 설명했습니다. 오늘은 이와 같은 우직지계의 기동에 대하여 몇 가지 사항을 검토하겠습니다.

첫째, 군쟁에서 우직지계의 부대 기동은 전략적 기동이라는 주장이 있습니다. 즉 손자가 언급하고 있는 부대 기동은 원정 부대가 적국 수도 부근 깊숙이 들어가 군형을 편성하기 위한 전략적 기동이지, 작전적 기동이나 양동 차원의 기동이 아닌 것이라고 설명합니다.[6] 이 같은 설명에 공감하지만, 손자의 말은 작전적 기동이나 전술적 상황에서도 응용할 수 있는 것으로 생각합니다. 예를 들어 손자병법의 애독자였던 일본 전국 시대의 다이묘였던 다케다 신겐은 '풍림화산' 전술을 전투에서 적극적으로 응용했습니다.[7]

둘째, 행군 속도와 관련된 위험 사례에 대하여 설명했습니다. 그것은 적이 우회 기동에 대하여 인지한 후에 대비하거나 또는 행위자가 우발 상황에 대한 대비 없이 화급하게 전장으로 강행군했을 때 발생할 수 있는 위험 가능성입니다. 그러므로 적이 전혀 예측하지 못한 우회 기동을 하거나, 양공, 양동 작전 등을 통해 적을 기만하거나, 또는 적이 예상하지 못한 속도로 신속하게 기동하여 미처 대비할 수 없게 한다면 그러한 위험은 극복할 수 있을 것입니다. 이와 같은 기동을 통해 승리한 전례가 앞에서 설명했던 나폴레옹의 울름 전역입니다.

셋째, 부대 기동 과정에서 현지인을 사용하여 지형의 이점을 얻는다는 것은 과학 문명이 발전하지 않았던 옛날의 전쟁에서는 매우 유용한 방법이었습니다. 예를 들어 기원전 480년에 테르모필레 전투에서 페르시아군이 스파르타의 레오니다스 왕이 이끄는 그리스 연합군에게 좁은 골짜기에서 번번이 저지를 당하다가, 현지 그리스인의 밀고를 받고 우회로를 이용하여 뒤에서 갑작스런 공격을 해서 스파르타의 정예군을 섬멸한 것은 현지인 안내의 중요성을 보여준 사례입니다.

---

6 박창희(2017). 「손자병법」. 플래닛미디어. 303.

7 손자병법(2020. 10.3). 「나무위키」.
　　〈https://namu.wiki/w/%EC%86%90%EC%9E%90%EB%B3%91%EB%B2%95〉.

끝으로 손자의 우직지계의 부대 기동, 병력 운용 등에 대한 세부적인 원칙 및 방법 등은 현대전에서 그대로 적용할 수는 없겠지만 아직도 유용한 지혜가 될 수 있습니다. 즉 〈軍爭篇〉의 첫 번째 오늘의 사유에서 슈위츠코프가 "우리가 걸프전에서 적용한 것은 고전적 개념에 충실한 우회 기동이었다"는 말이 바로 그 증거입니다.

[D+39일] 군쟁(軍爭, Maneuvering) 5

[23] 軍政曰: 言不相聞, 故爲金鼓; 視不相見, 故爲旌旗。[24] 夫金鼓旌旗者, 所以一民之耳目也; (군정왈, 언불상문, 고위금고, 시불상견, 고위정기. 부금고정기자, 소이일민지이목야)

《군정》에서 말했다. 말이 서로 들리지 않기 때문에 징과 북을 사용하고, 보아도 서로 보이지 않기 때문에 깃발을 사용한다. 무릇 징과 북과 깃발은 군사들의 귀와 눈을 하나로 일치시킬 수 있기 때문이다.

<한자> 言(말씀 언) 말, 말씀 ; 相(서로 상) 서로 ; 聞(들을 문) 듣다, 들리다 ; 鼓(북 고) 북 ; 視(볼 시) 보다 ; 見(볼 견) 보다 ; 旌(기 정) 기, 깃발 ; 旗(기 기) 기 ; 耳(귀 이) 귀 ; 目(눈 목) 눈

<참고> ① 《군정》은 지금은 전하지 않는 손무 시대 이전에 존재했던 병서임. 어떤 책인지 여러 가지 설이 있는데, 유력한 설은 지금은 전하지 않는 《군지(軍志)》가 바로 이 책이라는 입장임. 이것은 지금까지 알려진 중국 최초의 병서임. [유동환]. ② 언불상문(言不相聞): '전쟁터에서 또는 지휘할 때' 말이 서로 들리지 않는다는 의미임. ③ 고위금고(故爲金鼓): 金은 징이고 鼓는 북임. "모두 옛날 전쟁 때 사용했던 지휘용 도구임. 징 소리를 들으면 멈추었고, 북소리

199

가 울리면 전진하였음." [유종문]. ④ 고위정기(故爲旌旗): 旌旗는 '깃발의 총칭'임. '장수가 동작을 해 보여도 군사들이 알아보지 못하기 때문에 갖가지 깃발을 활용해 명령한다'는 의미임. ⑤ 소이일민지이목(所以一民之耳目): 所以는 '~하기 때문이다', '一'은 동사로 '통일하다, 일치시킨다', '民'은 人으로 된 판본이 있는데, 모두 '군사, 병사'를 뜻함. 耳目은 '눈과 귀'임. 곧 '전군의 행동이나 움직임을 일치시키기 때문임'을 의미함.

[23] The Book of Army Management says: On the field of battle, the spoken word does not carry far enough: hence the institution of gongs and drums. Nor can ordinary objects be seen clearly enough: hence the institution of banners and flags. [24] Gongs and drums, banners and flags, are means whereby the ears and eyes of the host may be focused on one particular point.

D The Book of Army Management 《軍政》; spoken word 구어, 말 ; institution 제도, 관례 ; gongs and drums 징과 북 ; ordinary 평범한, ordinary objects 일상사물 ; banner 현수막, 기 ; whereby 그것에 의하여 ; host 주인, 군, 군대 ; focus 집중하다

[25] 民旣專一, 則勇者不得獨進, 怯者不得獨退, 此用衆之法也。[26] 故夜戰多火鼓, 晝戰多旌旗, 所以變民之耳目也。(민기전일, 즉용자부득독진, 겁자부득독퇴, 차용중지법야. 고야전다화고, 주전다정기, 소이변민지이목야)

군사들이 일단 하나가 되면 용감한 자도 혼자 앞으로 나아갈 수 없고 비겁한 자도 혼자 물러설 수 없으니, 이것이 많은 병력을 운용하는 법이다. 그러므로 밤에 전투할 때는 횃불과 북을 많이 사용하고 낮에 전투할 때는 깃발을 많이 사용하는데, 이것은 군사들의 눈과 귀가 밤과 낮의 변화에 따른 적응 때문이다.

<한자> 旣(이미 기) 이미 ; 專(오로지 전) 오로지, 하나로 되다 ; 勇(날랠 용) 용감하다 ; 得(얻을 득) 얻다, 이르다 ; 獨(홀로 독) 홀로, 혼자 ; 進(나아갈 진) 나아가다 ; 怯(겁낼 겁) 겁내다, 비겁하다 ; 退(물러날 퇴) 물러나다 ; 晝(낮 주) 낮 ; 變(변할 변) 변하다

<참고> ① 민기전일(民旣專一): 民은 '군사', 旣는 '이미', 여기서는 '일단'으로 해석함. 專一은 (군사들의 행동이) 하나로 일치 또는 통일됨을 뜻함. ② 부득독진(不得獨進): 不得은 '하지 못한다', 獨進은 '혼자 나아가다'임. ③ 용중(用衆): '많은 사람을 운용함', 곧 많은 병력을 지휘함을 이름. ④ 소이변민지이목야(所以變民之耳目也): 이 어구는 죽간본에는 없으며, 후대에 삽입한 것으로 봄. 그런데 해석이 매우 다양하고 다름. 일설은 '눈과 귀가 밤낮에 따라 그 반응이 다르기 때문'으로 해석함.

[25] The host thus forming a single united body, is it impossible either for the brave to advance alone, or for the cowardly to retreat alone. This is the art of handling large masses of men. [26] In night-fighting, then, make much use of signalfires and drums, and in fighting by day, of flags and banners, as a means of influencing the ears and eyes of your army.

D united body 일체 ; cowardly 비겁한 ; retreat 후퇴, 퇴각하다 ; handle 다루다 ; mass 무리 ; signalfires 봉화 ; means 수단, 방법 ; influence 영향을 주다

◎ 오늘(D+39일)의 思惟 ◎

손자는 전장에서 지휘 수단에 대하여 적절한 지휘 통신 대책을 강구함으로써 효율적으로 작전을 지휘할 수 있다는 것을 설명했습니다. 비록 《군정》이란 병서의 내용을 인용했지만, 지휘 통신 대책을 병서에 포함했다는 것이 매우 의의가 크다고 생각합니다.

오왕 합려가 손자를 초빙하여 실력을 확인하고 기용했는데 이때 손무가 궁녀들을 대상으로 하여 병법의 효험을 시범 보인 일화는 유명합니다. 즉 궁녀 108명을 두 부대로 나누어 왕의 총애를 받는 두 사람을 지휘자로 임명하고 군령을 정한 다음 시범을 보였습니다. 처음에 명령을 내리니 궁녀들이 듣지 않았고, 다시 설명하고 명령을 내려도 궁녀들이 움직이지 않았습니다. 그러자 군령에 따라 두 지휘자의 목을 쳤습니다. 이후 명령을 내리니 궁녀들은 일사불란하게 움직였다는 이야기입니다.[8] 그가 병법의 효과를 이러한 시범을 통해 입증하려고 했던 것은 전투에서 지휘 통신 대책을 매우 중요하게 생각했다는 것을 보여준 것입니다.

전쟁사에서 군의 지휘 통신 수단을 회고해 보면, 손자 시대부터 19세기까지는 동서양 모두 징과 북, 나팔, 횃불과 봉화, 깃발 등 시호, 음향 통신 위주에서 크게 발전하지 못했습니다. 그러나 지휘 통신 수단은 어떤 전쟁에서든 항상 중요했으며, 특히 해전에서 1756년 미노르카 해전, 1805년 트라팔가르 해전 사례를 보면 신호 체계의 우열이 승리에 큰 영향을 미쳤습니다.[9]

현대에 와서 지휘 통신 분야는 발전을 거듭해서 지휘 통제 통신이 전쟁수행 기능 중에 가장 중요한 역할을 하고 있습니다. 이에 군의 지휘 통신 수단의 발전을 보면 다음과 같습니다. 전화는 1876년 알렉산더 그레이엄 벨이 발명했으며, 군이 유선 전화를 사용한 것은 그 이후로 판단됩니다. 무전기는 모토로라에서 1937년경 첫 제품을 만들어 2차 세계대전 당시 군용으로 쓰이면서 폭발적으로 성장했습니다. 1980년대에는 이미

---

8 정토웅(2010). 같은 자료(손자병법과 손무).

9 인터넷 블로그에서 미노르카 섬 해전(https://blog.naver.com/shimgyeseop/222092277340), 트라팔카 해전(http://blog.daum.net/osu0582/442) 관련 자료 참조함.

일 시스템이 도입되었고, 2000년대 초기부터 IT 혁명의 폭발적인 증가로 네트워크된 협동 환경을 갖추게 되었습니다.

"20세기 후반에 통신 기술이 중요해지면서 지휘 및 통제 또는 간단히 C2라는 용어는 지휘, 통제, 통신을 뜻하는 C3가 되었고, 정보화 시대와 함께 C3라는 용어는 C3I로 진화되었으며, 또다시 컴퓨터가 추가되어 C4I 로 진화되었습니다."[10] 현재는 많은 선진국 군에서 네트워크 된 C4I 시스템을 갖추기 위해 투자를 계속하고 있습니다. 특히 미국은 1990년 말부터 '네트워크 중심전(Network- Centric Ware)'을 추진하였고 2005년에는 "NCW는 정보화 시대의 새로운 전쟁 이론이다"[11]라고 선언하면서, 합참 및 각 군에서 다양한 C4I 시스템을 구축했습니다. 그리고 나토는 '네트워크 가능 작전(Network Enabled Operations)'을 수행하기 위한 기능을 발전시키는 데 전념하고 있습니다.[12]

10 David S. Alberts·Reiner K Huber·James MoffatJames Moffat(2010). 「NATO NEC C2 Maturity Model」. 19. 〈file:///C:/Users/user/AppData/Local/Microsoft/Windows/INetCache/IE/1FCBKR2K/ N2C2M2_web_optimized.pdf〉.

11 Office of Torce Transfomation(2005). 「The Implementation of Network-Centric Warfare」. 3. 〈file:/// C:/Users/user/AppData/Local/Microsoft/Windows/INetCache/IE/GJ6THFEH/implementation-of-NCW.pdf〉 참고로 이 자료에는 미국이 2000년대 초반에 NCW 관련 사업을 실행했던 내용이 종합되어 있음.

12 David S. Alberts·Reiner K Huber·James MoffatJames Moffat(2010). 같은 자료. 26.

[D+40일] 군쟁(軍爭, Maneuvering) 6

[27] 故三軍可奪氣, 將軍可奪心。[28] 是故朝氣銳, 晝氣惰, 暮氣歸; [29] 故善用兵者, 避其銳氣, 擊其惰歸, 此治氣者也。(고삼군가탈기, 장군가탈심, 시고조기예, 주기타, 모기귀, 고선용병자, 피기예기, 격기타귀, 차치기자야)

　　무릇 적군의 사기를 꺾고, 적장의 마음도 흔들 수 있어야 한다. 이런 까닭에 아침에는 기세가 날카롭고 낮에는 해이해지며 저녁에는 꺾이게 된다. 그러므로 용병을 잘하는 자는 적의 기세가 날카로울 때를 피하고 기세가 해이해지거나 꺾일 때 공격한다. 이것이 사기를 다스리는 법이다.

<한자> 奪(빼앗을 탈) 빼앗다 ; 氣(기운 기) 기운, 기세 ; 朝(아침 조) 아침 ; 銳(날카로울 예) 날카롭다, 왕성하다 ; 惰(게으를 타) 게으르다, 나태하다 ; 暮(저물 모) (날이)저물다 ; 歸(돌아갈 귀) 돌아가다, 끝내다, 죽다 ; 避(피할 피) 피하다 ; 治(다스릴 치) 다스리다

<참고> ① 삼군가탈기(三軍可奪氣): 三軍은 전군, 여기서는 적군을 의미함. 奪氣는 '사기를 빼앗다 또는 꺾다'의 뜻임. ② 장군가탈심(將軍可奪心): 將軍은 '적의 장수', 奪心은 '마음을 빼앗다, 흔들다'임. 의도, 심리를, 심정을 교란[탈취]하다 등으로도 해석함. ③ 조기예(朝氣銳): 朝는 '아침', 氣는 '사기, 기세, 기운'을 이름. 銳는 '날카롭다, 왕성하다, 충천하다'임. 일설은 '아침에는 기가 살아있다'로 해석함. ④ 주기타(晝氣惰): 晝는 '낮', 惰는 역자들이 '나태, 타락, 해이, 늘어지고, 시들해지고, 떨어지고' 등으로 다양하게 해석함. 氣는 문장에서 중복되어 해석을 생략한 것임. ⑤ 모기귀(暮氣歸): 暮는 '저녁', 歸는 '돌아가다'인데, '죽다, 끝내다' 등의 뜻으로 '꺾임'임. 즉 '긴장이 풀리다'는 의미임. 일설은 '휴식'으로 해석함. ⑤ 차치기자야(此治氣者也): 治氣는 '군대의 사기를 다스림'임. 者는 '것'인데, '법'으로 해석함. 장예는 이를 '아군의 심리를 잘 다스려서 적군의 심리를 흩뜨리는 것을 말한다'고 함. [박삼수].

[27] A whole army may be robbed of its spirit; a commander-in-chief may be robbed of his presence of mind. [28] Now a soldier's spirit is keenest in the morning; by noonday it has begun to flag; and in the evening, his mind is bent only on returning to camp. [29] A clever general, therefore, avoids an army when its spirit is keen, but attacks it when it is sluggish and inclined to return. This is the art of studying moods.

[D] rob 빼앗다 ; commander-in-chief 총사령관 ; presence of mind 침착성 ; keen 예민, 예리한 ; noonday 정오, 한낮 ; flag 기, 지치다, begin to flag 지치기 시작하다 ; mind 마음, 정신, 생각 ; be bent on 여념이 없다 ; sluggish 느린, 나태한 ; incline 마음이 기울다 ; mood 기분, 분위기

[30] 以治待亂, 以靜待嘩, 此治心者也。[31] 以近待遠, 以佚待勞, 以飽待飢, 此治力者也。[32] 無邀正正之旗, 勿擊堂堂之陣, 此治變者也。(이치대란, 이정대화, 차치심자야. 이근대원, 이일대로, 이포대기, 차치력자야. 무요정정지기, 물격당당지진, 차치변자야)

아군을 다스린 뒤에 적이 어지러워지기를 기다리며, 아군은 고요한 상태에서 적이 떠들썩해지기를 기다리니, 이것이 마음을 다스리는 법이다. 아군은 가까운 곳에 전장을 만들어 멀리서 오는 적을 기다리고, 아군은 편안히 있으면서 적이 피로해지기를 기다리며, 아군은 잘 먹으면서 굶주린 적을 상대하게 하니, 이것이 힘을 다스리는 법이다. 질서 있고 깃발이 정연한 적을 맞아 맞받아치지 말고, 당당하게 진용을 갖춘 적을 공격해서도 안 되니, 이것이 변화를 다스리는 법이다.

<한자> 待(기달릴 대) 기다리다, 대비하다 ; 亂(어지러울 란) 어지럽다 ; 靜(고요할 정) 고요하다 ; 譁(떠들썩할 화) 떠들썩하다 ; 佚(편안할 일) 편안하다 ; 飽(배부를 포) 배부르다 ; 飢(주릴 기) 굶주리다 ; 邀(맞을 요) 맞다, 마주치다 ; 堂(집 당) 집, 당당하다 ; 陣(진칠 진) 진, 대열, 진을 치다 ; 變(변할 변) 변하다

<참고> ① 이치대란(以治待亂): 治는 '자신(아군)은 잘 다스리다'. 待亂은 '적이 어지러워지기를 기다린다'임. 정치인 등 일반인에게도 많이 알려진 어구임. ② 치심(治心): '마음을 다스리는 것(법)'의 뜻임. "장예는 이를 아군의 사기를 잘 다스려서 적군의 사기를 꺾는 것을 말한다고 했음." [신동준]. ③ 이근대원(以近待遠): 以近은 '전장에 가까운 곳에 주둔해 있다가 또는 전장에 미리 가 있는 것'을 뜻함. 待遠은 '멀리서 오는, 원정 오는 적을 상대, 대응, 대적한다'는 의미임. ④ 치력(治力): '아군의 전투력을 유지하며 적을 상대하는 것(법)'이란 의미임. ⑤ 무요정정지기(無邀正正之旗): '邀'는 공격하여 오는 적을 나아가 맞받아치는 것임. '正正'은 '바르고 떳떳한 모양'인데, 여기서는 '질서 있고 정연한'으로 해석함. ⑥ 당당지진(堂堂之陣): '堂堂'은 '위엄(威嚴) 있고 떳떳한 모양'을 뜻함. '陣'은 '진영을 갖춘'으로 해석함. ⑦ 치변(治變): 적정에 따라 기민하게 임기응변하여 작전을 구사함을 이름. [박삼수].

[30] Disciplined and calm, to await the appearance of disorder and hubbub amongst the enemy:—this is the art of retaining self-possession. [31] To be near the goal while the enemy is still far from it, to wait at ease while the enemy is toiling and struggling, to be well-fed while the enemy is famished:— this is the art of husbanding one's strength. [32] To refrain from intercepting an enemy whose banners are in perfect order, to refrain from attacking an army drawn up in calm and confident array:—this is the art of studying circumstances.

D Disciplined 기강이 있는 ; calm 침착한 ; disorder 무질서 ; hubbub 왁자지껄한 소리, 소란 ; retain 유지하다 ; self-possession 냉정, 침착 ; toil 노고, 고생, 수고 ; struggle 몸부림치

다, 허우적거리다 ; well-fed 잘 먹는 ; famish 굶주리다 ; husband 아끼다, 절약하다 ; refrain 삼가다 ; intercept 가로막다 ; in perfect order 일사분란하게 ; drawn up 만들다 ; calm 침착한, 차분한 ; confident 자신감 있는 ; array 배열, 배치 ; circumstance 환경, 상황

◎ 오늘(D+40일)의 思惟 ◎

손자는 우직지계의 기동에서 조우한 적을 제압하고 군쟁에서 우위를 점할 수 있는 치기(治氣), 치심(治心), 치력(治力), 치변(治變)을 말했습니다. 이를 사치(四治)라고도 합니다. 치심과 치기는 군의 정신 전력 요소로서 현대적인 의미로 보면 심리전 또는 사기 유지와 관련이 있습니다. 오늘은 사치에 대한 전례와 중요성에 대하여 알아보겠습니다.

먼저 사치를 잘 다스려서 승리한 전례입니다. 아쟁쿠르 전투는 백년전쟁의 전투 중 하나로 1415년 영국과 프랑스 간 아쟁쿠르 지역에서 벌어졌습니다. 영국 왕 헨리 5세는 이 전투에서 병사들의 마음을 빼앗은 멋진 연설로 패색이 짙었던 전쟁을 승리로 이끌었습니다. 영국군은 상륙한 후 전염병과 긴 행군으로 병력이 급격하게 줄어들어, 프랑스군이 영국군보다 6배나 많았습니다. 그때 헨리 5세가 역사를 바꾼 위대한 명연설을 했습니다. 그는 "우리는 수적으로 열세다. 게다가 지쳤다. 하지만 피를 나눈 형제들이다"라는 연설을 통해 병사들의 사기와 마음을 다잡았습니다. 이후 전투에서 중무장한 프랑스군과 백병전에서 우위를 점했고, 왕이 직접 진두에서 싸움을 이끌어 프랑스군에게 승리했습니다.[13] 이 전투는 헨리 5세가 사치를 적절하게 적용하여 적보다 우위를 점했기 때문

---

13 헨리 5세 명연설, 아쟁쿠를 전투 대승을 이끌다(2012. 5.13.). 「중앙SUNDAY」.
   〈https://news.joins.com/article/8161742〉.

에 승리한 것입니다.

사치에 대하여 "적과 본격 교전에 들어가기 전에 적을 능히 제압할 수 있는 유리한 여건을 조성해 주도권을 장악하기 위한 지략전(智略戰)"[14] 이라고 설명합니다. 그러므로 전쟁의 승패는 누가 먼저 적을 제압하기 위한 제승(制勝)의 조건으로서 사치를 잘 다스리느냐에 달려 있다고 생각합니다. 특히 치력, 치변에 못지않게 심리전과 장병의 사기가 정신 전력면에서 매우 중요하다는 것을 인식해야 할 것입니다. 그리고 오늘날에도 사치는 군의 모든 제대의 지휘관들이 전·평시를 막론하고 숙지하고 적절히 적용할 필요가 있습니다.

사치는 군사 분야뿐만 아니라 모든 조직의 경영에서도 적용할 수 있습니다. 경영학에서 리더십, 기업 문화, 의사소통론, 전략론, 성공 사례 등에는 사치와 연관시킬 수 있는 내용이 많습니다. 심지어 개인의 생활에도 적용할 수 있을 것입니다. 예를 들어 어떤 의사 선생님께서 사치를 의료 분야에 적용했습니다. 그는 "임상에서의 성패는 성공의 조건으로 얼마나 잘, 남보다 빨리 갖추느냐에 따라 좌우된다"고 하면서, 그 요소로서 리더십, 카리스마(治氣), 배려와 동감의 마음(治心), 최고로 연마된 의술(治力), 모든 환경과 변화에 민감(治變)[15]을 열거했습니다. 저는 그의 놀라운 창의성과 적용에 찬사를 보내며, 누구든 손자병법을 응용하려고 한다면 응용할 수 있는 좋은 사례를 보여 주었다고 생각합니다.

---

14 박삼수(2019). 같은 자료. 226.

15 루크선장(2008. 10.27.) 결정적인 승리의 조건을 먼저 쟁취하라. 「네이버 블로그」.
   〈https://blog.naver.com/uichicago/70036691015〉.

[D+41일] 군쟁(軍爭, Maneuvering) ⑦

[33] 故用兵之法, 高陵勿向, 背邱勿逆, [34] 佯北勿從, 銳卒勿攻, (고용병지법, 고릉물향, 배구물역, 양배물종, 예졸물공)

그러므로 용병의 법은 높은 언덕에 있는 적을 향하여 싸우지 말고, 언덕을 등지고 있는 적을 맞아 싸우지 말며, 거짓으로 패한 척하며 달아나는 적을 쫓지 말고, 사기가 왕성한 적은 공격하지 않는 것이다.

<한자> 陵(언덕 릉) 언덕, 무덤 ; 向(향할 향) 향하다 ; 背(등 배) 등, 뒤 ; 邱(언덕 구) 언덕, 구릉 ; 逆(거스릴 역) 거스르다 ; 佯(거짓 양) 거짓 ; 北(달아날 배) 달아나다 ; 從(좇을 종) 좇다 ; 銳(날카로울 예) 날카롭다, 왕선하다

<참고> ① "여기서 말하는 용병의 법은 전장에서 하지 말아야 하는 여덟 가지이며, 흔히 '용병팔계(用兵八戒)'라 일컬어짐." [박삼수]. ② 고릉물향(高陵勿向): 高陵은 적이 '높은 고지'를 점했을 때, 向은 위를 향하여 공격하는 것을 말함. ③ 배구물역(背丘勿逆): 背丘는 '언덕을 등짐', 逆은 '거스르다', 곧 '거슬러 오르면서 싸우다' 또는 '공격하여 오는 적을 맞아 싸우다'는 의미임. ④ 양배물종(佯北勿從): 佯北는 '거짓으로 달아남'임. "장예는 '적이 분주히 달아날 때는 배경을 신중히 살펴야 한다'고 풀이했음." [신동준]. ⑤ 예졸물공(銳卒勿攻): 銳卒은 '사기가 왕성한 적'임, '정예 병(력) 또는 부대'로 해석할 수도 있음.

[33] It is a military axiom not to advance uphill against the enemy, nor to oppose him when he comes downhill. [34] Do not pursue an enemy who simulates flight; do not attack soldiers whose temper is keen.

Ｄ axiom 공리, 격언 ; uphill 오르막의 ; oppose 반대하다, 대항하다 ; downhill 비탈[내리막] 아래로 ; pursue 추격하다 ; simulate 가장하다 ; flight 비행, 탈출, 도피 ; temper 기질 ; keen 열정적인, 예리한

[35] 餌兵勿食, 歸師勿遏, [36] 圍師必闕, 窮寇勿迫, [37] 此用兵之法也。(이병물식, 귀사물알, 위사필궐, 궁구물박, 차용병지법야)

　　미끼로 내놓은 병력과 싸우지 말고, 고향으로 돌아가려는 군대는 막지 말고, 포위된 적은 반드시 퇴각로를 터주고, 궁지에 빠진 적은 너무 핍박하지 말아야 한다. 이것이 용병의 법이다.

<한자> 餌(미끼 이) 미끼, 먹이 ; 歸(돌아갈 귀) 돌아가다 ; 師(스승 사) 군사, 군대 ; 遏(막을 알) 막다, 저지하다 ; 圍(에워쌀 위) 에워싸다, 포위 ; 闕(대궐 궐) 비다, 빠뜨리다 ; 窮(궁할 궁) 궁하다 ; 寇(도적 구) 도적, 외적 ; 迫(핍박할 박) 핍박하다, 다그치다

<참고> ① 이병물식(餌兵勿食): 餌가 '미끼로 내놓다 또는 유인하다', 食은 '먹다'는 뜻이나 '싸우다, 덥석 물다'로 해석할 수 있음. ② 귀사물알(歸師勿遏): 歸師는 '고향으로 돌아가려는 적 군대', 遏은 '막다, 저지하다'임. 이 어구는 군대가 고향으로 돌아가고픈 마음이 간절한데, 귀향하는 길을 막고 공격을 하면 필시 죽기를 각오하고 싸울 것이기 때문임. ③ 위사필궐(圍師必闕): 圍師는 '포위된 적', '포위할 때는 적이'로 번역하기도 함. 闕은 '비다'임. 이를 '퇴각로, 도망갈 길로 해석함.' "장예는 '삼면을 포위하고 일각을 열어 생로(生路)를 터줌으로써 적이 사력을 다해 싸우지 않도록 한다'고 풀이했음." [신동준]. ④ 궁구물박(窮寇勿迫): 窮寇는 '궁지에 빠진 또는 몰린 적'을 말함. 궁지에 몰린 적이 필사적으로 저항할 경우 아군의 피해 또한 커질 수밖에 없음을 지적한 것임.

[35] Do not swallow bait offered by the enemy. Do not interfere with an army that is returning home. [36] When you surround an army, leave an outlet free. Do not press a desperate foe too hard. [37] Such is the art of warfare.

Ⓓ swallow 삼키다 ; bait 미끼 ; interfere with ~을 방해하다 ; returning home 귀향하는 ; surround 포위하다 ; outlet 출구 ; press 누르다, 압박을 가하다 ; desperate 자포자기한, 필사적인

◎ 오늘(D+41일)의 思惟 ◎

손자는 〈軍爭篇〉의 마지막에 우직지계의 기동 간에 이루어지는 적과 교전에서 하지 말아야 할 것으로 여덟 가지 용병의 법을 설명했습니다. 이러한 용병은 우직지계의 기동 간에 조우하게 될 적과의 전투 상황을 상정한 용병이라는 의견이 있습니다.[16] 그러나 저는 이 용병의 법은 모든 작전 상황에서 적용할 수 있는 유용한 지침이라고 생각합니다.

손자가 말한 여덟 가지 용병의 법을 분석하면, 처음 두 가지는 고릉물향(高陵勿向), 배구물역(背丘勿逆)으로 지형 여건이 적이 우세한 전투 상황입니다. 그러므로 불리한 여건에서는 전투를 피하거나 교전할 경우에 적을 기만하고 우회 공격 방법을 강구해야 합니다. 다음은 양배물종(佯北勿從), 예졸물공(銳卒勿攻), 이병물식(餌兵勿食)으로 무리하게 적과 교전하지 말라는 것입니다. 이 경우에 적을 덥석 물었다가는 매복이나 함정에 빠질 위험이 있어서 전투를 억제해야 하고, 사기가 왕성한 적군은 일단 예기가 꺾이기를 기다렸다가 전투를 해야 합니다. 그 다음은 귀사물알(歸師勿遏), 위사필궐(圍師必闕), 궁구물박(窮寇勿迫)으로 한마디로 어려움에 처한 적은 지나치게 핍박하지 말라는 것입니다. 아군이 공격하면 적들도 반드시 죽기를 각오하고 싸울 것이므로 아군도 막대한 피해를 볼 수 있기 때문에 다소 틈을 주라는 것입니다. 이와 같은 손자의 생각은 클라우제비츠의 《전쟁론》에서 전쟁에서 승리하기 위해 '적 군사력을 섬멸'할 것을 강조한 것과는 차이가 있는 것 같습니다.

그리고 손자는 군쟁에서 군이 서로 적을 이길 수 있는 유리한 여건을

---

16 박창희(2017). 같은 자료. 335.

조성하기 위한 여러 가지 용병의 법을 제시했는데, 이것은 실전을 위한 지침이기 때문에 전쟁을 수행하는 장수들에게는 매우 어렵고도 중요한 것이었습니다. 특히 손자가 제시한 여러 가지의 용병의 법은 현대전에도 여전히 유용하게 응용할 수 있는 지침이 될 수 있습니다. 현재 군은 전쟁 원칙, 작전 준칙, 세부 작전 요령, 각종 판단 고려 사항, 상황 조치 요령 등이 교범에 있고 훈련을 통해 숙달하고 있습니다. 아쉬운 것은 손자의 용병의 법에 대한 지혜로운 여러 가지 내용이 특히 특수 작전이나 소부대 작전 등에 적용할 수 있는데도 불구하고 교리나 교범에 포함되지 않은 것 같아서 아쉬움이 있습니다.

많은 사람이 손자병법은 연구해도 유용한 내용을 교범이나 교리에 반영할 기회가 없었던 것 같습니다. 이 점은 군이 민간 부분보다 활용면에서 더 미흡한 것 같습니다. 앞으로 군이 공식적으로 연구팀을 구성하여 손자병법을 연구하고 필요한 내용을 교범에 포함하거나 별도의 책자를 만들어서 활용하면 좋겠습니다. 아울러 이와 같은 용병의 법은 내용만 일부 조정한다면 민간 조직이나 개인이 경쟁하거나 특히 협상할 때 적용해도 하나도 어색함 없이 활용할 수 있다고 생각합니다.

제8편

구변(九變)

★ Variation in Tactics ★

구변은 '수많은 상황에 따른 전술 변화'라는 뜻이다. 이 편에서, "군주의 명령이라도 받지 말아야 하는 명령이 있다"고 하며, 수많은 상황에 따른 전술 변화의 이로움에 통달할 것을 주문한다. 또한 장수는 용병의 이로움과 해로움을 모두 고려하여 실행할 것과, "적이 오지 않기를 기대하지 말고, 내가 대비하고 있음을 믿어야 한다"는 '유비무환(有備無患)'의 사상을 강조한다. 끝으로 장수의 자질과 관련된 다섯 가지 위험 요소를 설명한다.

◆ 구변편 핵심 내용 ◆

A [3] 君命有所不受 군주의 명령이라도 받지 말아야 하는 명령이 있다.

A [4] 將通於九變之利者, 知用兵矣。 장수가 수많은 상황에 따른 전술 변화의 이로움에 통달한다면 용병의 법을 안다고 할 수 있다.

A [7] 必雜於利害 반드시 이로움과 해로움을 함께 고려한다.

C [11] 無恃其不來, 恃吾有以待也。 적이 오지 않기를 기대하지 말고, 내가 대비하고 있음을 믿어야 한다.

A [12] 忿速可侮也 화를 잘 내고 성미가 급하면 수모를 당할 수 있다.

◆ 러블리 팁(Lovely Tip) ◆

L 하지 말아야 하는 일에 대한 원칙을 정하고 실천하자.

L 상황 판단은 이로움과 해로움을 함께 고려하자.

L 상대의 안일을 기대하지 말고 자신의 대비를 믿자.

L 일을 할 때는 위험 요소를 확인하고 항상 관리하자.

L 급한 성질을 죽이자. 망할 수도 있다는 것을 알자.

[D+42일] 구변(九變, Variation in Tactics) ①

[1] 孫子曰: 凡用兵之法, 將受命於君, 合軍聚衆; [2] 圮地無舍, 衢地合交, 絶地無留, 圍地則謀, 死地則戰。 (손자왈: 범용병지법, 장수명어군, 합군취중, 비지무사, 구지합교, 절지무류, 위지즉모, 사지즉전)

손자가 말했다. 무릇 용병의 법은 장수가 군주로부터 명을 받아, 백성을 동원해 군대를 편성하며, 땅이 무너져서 움푹한 지역에서는 숙영하지 말고, 사방으로 통하여 여러 나라와 접경한 지역에서는 그 이웃 나라와 우호적인 관계를 맺으며, 물도 식량도 없어 살아남기 힘든 지역에서는 머무르지 말고, 적에게 포위되기 쉬운 지역에서는 계책을 세워서 빠져나와야 하며, 죽게 된 막다른 지역에서는 죽기 살기로 싸울 수밖에 없다.

<한자> 受(받을 수) 받다, 수여하다 ; 圮(무너질 비) 무너지다 ; 舍(집 사) 집, 쉬다 ; 衢(네거리 구) 네거리, 갈림길 ; 交(사귈 교) 교제하다 ; 絶(끊을 절) 끊다, 단절하다 ; 留(머무를 류) 머무르다

<참고> ① 장수명어군, 합군취중(將受命於君, 合軍聚衆): 이 구절은 <군쟁편>의 첫 구절과 같은데, <군쟁편>에 이어서 원정군이 적지를 우회하면서 부딪치는 지형과 상황에서의 용병을 다루고 있다는 것을 의미함. ② 비지무사(圮地無舍): 圮地는 '무너져서 움푹한 곳'임. 이외에도 '땅이 허물어져 통행하기 어려운 지역', '골짜기나 숲, 늪지대, 호수 등과 같이 건너기 어려운 지역' 등으로 해석할 수 있음. 11편에 다시 나옴. 舍는 '숙영지, 주둔지'를 의미함. ③ 구지합교(衢地合交): 衢地는 '사통팔달하여 여러 나라와 접경한 지역'을 뜻함. 合交는 '그 이웃 나라와 우호적인(외교) 관계를 맺는다'는 의미임. ④ 절지(絶地): 이전은 '샘이나 우물도 없고 숲도 없으므로, 사람과 말이 먹을 물이나 먹이를 얻지 못하는 지역'이라 했음. [유동환]. '물길이 없거나 군수품을 얻을 수 없는 지역, 황무지, 메마른 곳'으로도 해석하며, 일설은 '국경을 넘

는 지역'으로 봄. ⑤ 위지즉모(圍地則謀): 圍地는 '적에게 포위되기 쉬운 지역'이며, 謀는 '계책을 세우고'임. 즉 '계책을 내어 적에게 포위되지 않고, 곤경에서 벗어난다'는 뜻임. ⑥ 사지즉전(死地則戰): 死地는 죽게 된 지역, 즉 '몰살 위험이 있는 지역, 나아갈 수도 물러설 수도 없는 막다른 지역'임. 戰은 '죽기 살기로 싸우다, 죽을 각오로 싸우다'의 의미임.

[1] Sun Tzu said: In war, the general receives his commands from the sovereign, collects his army and concentrates his forces. [2]. When in difficult country, do not encamp. In country where high roads intersect, join hands with your allies. Do not linger in dangerously isolated positions. In hemmed-in situations, you must resort to stratagem. In desperate position, you must fight.

D sovereign 군주 ; concentrate 집중하다, 모으다 ; country 지역 ; encamp 야영하다 ; intersect 교차하다 ; join hands with …와 제휴하다 ; linger 머물다 ; hem-in 둘러싸다 ; resort to stratagem 책략에 의지하다 ; desperate position 절망적인 상황

[3] 塗有所不由, 軍有所不擊, 城有所不攻, 地有所不爭, 君命有所不受。

(도유소불유, 군유소불격, 성유소불공, 지유소부쟁, 군명유소불수)

길이라도 가지 말아야 할 길이 있고, 적군이라도 치지 말아야 할 군대가 있으며, 성이라도 공격하지 말아야 할 성이 있고, 땅이라도 다투지 말아야 할 땅이 있으며, 군주의 명령이라도 받지 말아야 하는 명령이 있다.

<한자> 塗(칠할 도, 길 도) 길, 도로 ; 由(말미암을 유) 말미암다, 좇다 ; 爭(다툴 쟁) 다투다 ; 受(받을 수) 받다, 받아들이다

<참고> ① 도유소불유(塗有所不由): '塗'는 도(道)와 통함. "행군할 때 좁고 험한 길은 적의 기습을 받을 위험이 높은 까닭에 경유해서는 안 된다"는 것임. ② 군유소불격(軍有所不擊)~지유

소불쟁(地有所不爭): 우회 기동을 하는 동안에 만나는 적군, 성, 적지(땅)에 대한 조치를 논하고 있으므로, 작전 목적이나 기동에 방해되는 행동은 불리하면 이를 '하지 않는다, 말아야 한다'는 의미로 해석함. ③ 군명유소불수(君命有所不受): "장수는 군주의 명령을 받아들이는 것이 원칙이나 상황에 따라서는 받아들이지 않아야 하는 경우가 있다"고 이해함. 이 어구에 대해 "1972년에 발굴된 은작산의 손자병법 죽간에 이 대목에 대해 상세하게 설명하고 있다. 앞에 제시한 네 가지 경우를 군주가 잘 모르고 명령을 내렸을 때는 이를 듣지 않아도 된다는 말이다"라고 설명함. [노병천].

[3] There are roads which must not be followed, armies which must be not attacked, towns which must be besieged, positions which must not be contested, commands of the sovereign which must not be obeyed.

D town 마을[성] ; besiege 포위하다 ; contest 경쟁하다, 다투다 ; obey 따르다, 복종하다

◎ 오늘(D+42일)의 思惟 ◎

손자는 우회 기동하는 동안에 마주칠 수 있는 여러 가지 상황에 대한 용병 방법을 설명했습니다. 먼저 기동하는 과정에서 예상되는 지형과 관련해서 대응하는 방안을 설명했습니다. 그리고 용병을 함에 있어 가지 말아야 할 길, 치지 말아야 할 군대 등 몇 가지 사안에 대하여 융통성 있게 용병할 것을 강조했습니다.

특히 손자는 "군주의 명령이라도 받지 말아야 하는 명령이 있다(君命有所不受)"고 했는데, 이에 대하여 알아보겠습니다. 제갈량이 지은 병법서《장원》에 보면 출사(出師)에 대하여 설명하고 있습니다. 내용 중에 "장수가 북쪽을 향해 서면 태사가 부월(斧鉞)을 군주에게 바친다. 군주

가 이를 받아 장수에게 넘겨주면서 이같이 말한다. '이후 군중의 일은 장군이 모두 지휘하라'고 하고 이어서 군명을 내린다. 군주는 이들을 전송할 때 무릎을 꿇은 채 수레바퀴를 밀면서 이같이 말한다. '진공과 퇴각 여부는 오직 시기를 좇아 행하라. 군중의 모든 업무는 군명을 따르지 말고 장군이 호령하여 집행하라.'"[1]고 했습니다.

그러므로 장수가 출정하면 전권을 위임받았기 때문에 군주의 명령이 실제 상황에 맞지 않거나, 작전을 그르쳐 패배로 이끌게 될 가능성이 있다면 명령을 받지 말아야 할 수도 있습니다. 통상 군주가 군권을 믿고 맡길 수 있는 신임하는 장수에게 주겠지만 전승에 꼭 필요한 장수에게 군권을 줄 수밖에 없을 경우도 있습니다. 이 경우에 군주는 군권을 가진 장수가 반역할 위험에 대비하여 출정할 때와 달리 견제할 수도 있습니다. 그러므로 어떤 경우에는 군주의 명령을 따르지 않으면 목숨이 위태로울 때가 있습니다. 중국 역사에서는 한신이 유방에게, 사마의가 위제(魏帝)에게 그와 같은 어려움을 겪었고, 심지어 제갈량도 모함 때문에 군주의 의심을 받지 않기 위해서 전장에서 성도까지 와서 후주(後主) 유선(劉禪)에게 사마의의 이간계를 밝혔던 사례가 있었습니다.

우리나라는 고려와 조선 왕조 태조, 태종대까지는 출정의(出征儀)를 행했으며, 세종 이후에 이러한 군례(軍禮)가 없어졌습니다.[2] 이후 군주의 명령을 따르지 않아 처벌된 대표적인 사례는 1597년 선조가 왕의 명령을 어겼다는 죄목으로 이순신을 삼도수군통제사에서 파직하고 심문 후 백의종군 시켰던 것을 들 수 있습니다. 만일 이순신이 선조의 명령을 따르기 위해 승리할 자신도 없이 출정했다면, 원균처럼 죽거나 패배했을

---

1 신동준(2012). 같은 자료(장원·출사).

2 이영훈(2018). 「세종은 과연 성군인가」. 백년동안. 162.

수도 있었습니다. 그렇게 되었다면 조선의 역사나 현재의 우리나라는 지금과 다른 길을 가고 있을지도 모릅니다. 그러므로 이순신이 죽음을 각오하고 선조의 명령을 따르지 않았던 것이 불충이 아니라 진정한 충성이었을 수도 있다는 생각입니다.

[D+43일] 구변(九變, Variation in Tactics) ②

[4] 故將通於九變之利者, 知用兵矣。[5] 將不通於九變之利者, 雖知地形, 不能得地之利矣。 (고장통어구변지리자, 지용병의. 장불통어구변지리자, 수지지형, 불능득지지리의)

그러므로 장수가 수많은 상황에 따른 전술 변화의 이로움에 통달한다면 용병의 법을 잘 안다고 할 수 있다. 장수가 그 이로움에 통달하지 못했다면 비록 지형을 알고 있더라도 지형의 이점을 얻을 수 없다.

<한자> 通(통할 통) 통하다 ; 矣(어조사 의) ~었다, ~이다 ; 雖(비록 수) 비록 ~라 하더라도 ; 得(얻을 득) 얻다

<참고> ① 장통어구변지리자(將通於九變之利者): 通은 '통달하다', 九는 '많음, 다양한' 또는 앞에서 설명한 '9가지 상황'으로 해석할 수 있음. 둘 다 타당한 면이 있지만 여기서는 九變之利를 '수많은 상황에 따른 전술 변화의 이로움'으로 해석함. ② 지용병의(知用兵矣): 用兵은 '용병의 법(방법, 원칙)'으로 해석함. ③ 불능지지리(不能得地之利): '지리(지형)의 이점(유리함, 이익)을 얻을 수 없다', 또는 '지형을 유리하게 사용하지 못한다'는 뜻임.

[4] The general who thoroughly understands the advantages that

accompany variation of tactics knows how to handle his troops. [5]
The general who does not understand these, may be well acquainted
with the configuration of the country, yet he will not be able to turn
his knowledge to practical account.

D thoroughly 철저히 ; accompany 수반하다 ; variation 변화 ; handle 다루다 ;
configuration 형상, 지형 ; acquainted with ...을 알고 있는 ; turn to ~로 바꾸다(되다) ;
practical 실질적인 ; account 가치, 이익

[6] 治兵不知九變之術, 雖知五利, 不能得人之用矣。(치병부지구변지술, 수지 오리, 불능득인지용의)

　　장수가 군을 지휘하면서 수많은 상황에 따른 전술 변화의 술을 알지 못하면, 비록 다섯 가지의 이로움을 알고 있더라도 군의 전투력을 충분히 발휘할 수 없다.

<한자> 治(다스릴 치) 다스리다 ; 術(재주 술) 재주, 방법 ; 得(얻을 득) 얻다

<참고> ① 치병(治兵): '군을 지휘함'의 뜻임. ② 구변지술(九變之術): 術은 '방법'의 뜻인데, 그대로 '술'로 번역함. 일설은 "그때그때 신축적으로 변화를 주는 전략 전술"로 해석함. ③ 오리(五利): 五利는 '다섯 가지 이로움' 또는 '대처 방안'인데, 그것이 무엇인지 명확하지 않음. 앞에서 설명한 도·군·성·지·군명(塗, 軍, 城, 地, 君命) 또는 비·구·절·위·사(圮, 衢, 絶, 圍, 死)지의 이로움이라고도 함. 전자가 조조의 설명인데 보편적으로 받아들이고 있음. ④ 불능득인지용(不能得人之用): 不能得에서 得은 '얻다'는 뜻인데, 여기서는 '충분히 발휘하지 못한다, 효과적으로 쓰지 못한다'는 의미로 해석함, 人之用은 '군인·군사의 작용', 곧 군사·군대의 전투력을 이름.

[6] So, the student of war who is unversed in the art of war of varying

his plans, even though he be acquainted with the Five Advantages, will fail to make the best use of his men.

D unversed 정통[숙달]하지 못한 ; vary 변화하는 ; to make the best use of ...을 최대한 활용하다

◎ 오늘(D+43일)의 思惟 ◎

손자는 지형을 포함한 수많은 상황에 따른 전술 변화의 이로움을 설명하면서 장수가 그 이로움에 통달해야 용병술을 안다고 할 수 있으며, 그 같은 용병술을 알아야 전투력을 충분히 발휘할 수 있다고 했습니다. 이에 오늘은 손자가 말한 오리(五利)와 특히 지형과 작전에 대하여 생각해 보겠습니다.

길(塗)이라도 가지 말아야 할 길은 우회 기동의 기도가 탄로 나거나 적의 기습을 받을 가능성이 있는 길입니다. 부득이해서 위험한 길을 가게 된다면 전위대를 운용하는 등 대비책을 강구해야 할 것입니다. 적군(軍)이라도 치지 말아야 할 군대는 비록 싸워서 이길 수 있는 상대라도 결과적으로 이익보다 손실이 더 큰 군대입니다. 이러한 군대는 가급적 회피하거나 일부 병력으로 견제하고 주력은 계속 기동해야 할 것입니다. 성(城)이라도 공격하지 말아야 할 성이란 통상 장수가 유능하거나 방비가 견고하고 식량이 넉넉한 전투태세를 갖춘 성입니다. 이 경우에도 성의 전력을 고착시키면서 주력은 우회하여 적지 깊숙한 곳까지 계속 기동하는 것이 하나의 방책이 될 것입니다. 적지(地)라도 다투지 말아야 할 땅은 점령하더라도 이익이 적거나 유지에 많은 노력이 드는 땅입니다. 이러한 땅은 처음부터 점령하지 않는 것이 좋을 것입니다. 결국 손자는

장수가 이와 같은 상황에 대하여 융통성 있는 지휘술을 갖출 것을 강조했다고 생각합니다.

지형에 대하여 손자는 〈九變篇〉뿐만 아니라 여러 편에서 설명하며, 〈九地篇〉에서는 지형을 중점적으로 논하는 등 매우 중요시합니다. 현대전에서도 작전을 계획하고 실행할 때 당연히 지형을 중요하게 고려합니다. 지형이 영향을 미치거나 관련된 교리를 보면, 임무 요소(METT-TC)에 지형이 포함되어 있으며, IPB(전장 정보 준비)에서도 작전에 미치는 효과를 결정하기 위해 임무 요소를 분석하고 있습니다.[3] 지형을 분석할 때는 OAKOC로 표현된 5개 요소(관측과 사계, 접근로, 중요 지형, 장애물, 은폐 및 엄폐)를 군사적인 측면에서 분석합니다. 또한 각종 시설 및 진지, 주둔지 등을 선정할 때도 항상 지형을 고려하여 결정합니다. 그런데 아쉬운 점은 손자와 같이 작전 운용과 지형 활용이라는 점에서 지형 중심으로 설명된 교리가 없는 것 같습니다. 즉 작전에서 지형 활용은 각종 교리에 의하여 스스로 판단하도록 되어 있습니다. 차후에 손자와 같은 관점에서 작전에서 지형 활용에 대한 중요성을 더욱 강조하기 위하여 교리를 보완하거나, 정보에 국한되지 않고 전 기능과 관련된 지형 교리를 집약한 '군사 지형' 교범을 작성하여 활용할 필요성이 있다고 생각합니다.

---

3 HQ, Department of the ARMY(2014. 5.). 같은 자료. 9-8.

[D+44일] 구변(九變, Variation in Tactics) ③

[7] 是故智者之慮, 必雜於利害。[8] 雜於利, 而務可信也; [9] 雜於害, 而患可解也。 (시고지자지려, 필잡어리해. 잡어리, 이무가신야; 잡어해, 이환가해야)

이런 까닭으로 지혜로운 장수는 이해득실을 판단할 때, 반드시 이로 움과 해로움의 두 측면을 함께 고려한다. 이로움을 고려하면 임무 완수 에 대한 확신을 가질 수 있고, 해로움에 대비하면 근심거리가 해결된다.

<한자> 智(지혜 지) 지혜 ; 慮(생각할 려) 생각하다, 헤아려 보다 ; 雜(섞일 잡) 섞이다, 함께, 모 두 ; 務(힘쓸 무) 힘쓰다, 일, 업무 ; 信(믿을 신) 믿다 ; 患(근심 환) 근심, 환난 ; 解(풀 해) 풀다

<참고> ① 지자지려(智者之慮): 智者는 '지혜로운 장수', 慮는 '이해득실을 판단할 때, 생각 또 는 고려'인데, '계책을 세우다, 헤아림, 전략을 구상할 때, 여러 가지를 고려하다' 등으로 해석 하는데, 여기서는 뒤의 어구와 연결을 고려하여 해석했음. ② 잡어리해(雜於利害): 雜는 '여 러 방면으로 고려하다, 두루 참고한다'는 뜻임. 곧 이로움(이익)과 해로움(손해) 두 가지 면을 모두 충분히 고려해야 함을 의미함. 다음 雜於利의 해석은 '이로움을 충분히 고려하면', '이로 운 것에만 치우치지 않으므로', '이로운 상황에 처하면', '유리한 조건을 이용하면', '불리한 조 건에서도 유리한 조건을 찾아내 방비하면' 등의 다양한 해석이 있음. ③ 이무가신야(而務可信 也): 앞 어구의 해석에 따라 해석이 역시 다양함. 여기서는 務를 '임무'로 보고 곧 '임무에 대해 확신을 가진다'로 해석함. ④ 잡어해, 이환가해야(雜於害, 而患可解也): 앞의 어구처럼 해석이 다양함. 일설은 '유리한 상황에 처했을 때 위험 요소를 미리 찾아내 대비하면 재난을 미연에 방지할 수 있다'고 해석함.

[7] Hence in the wise leader's plans, considerations of advantage and of disadvantage will be blended together. [8] If our expectation of advantage be tempered in this way, we may succeed in

accomplishing the essential part of our schemes. [9] If, on the other hand, in the midst of difficulties we are always ready to seize an advantage, we may extricate ourselves from misfortune.

D considerations 사려, 숙고 ; blend 혼합하다 ; expectation 예상, 기대 ; temper 완화, 조절하다 ; accomplish 완수[성취]하다 ; scheme 계획 ; in the midst of ~ 중에 ; seize 붙잡다 ; extricate 해방되다, 탈출시키다

[10] 是故屈諸侯者以害, 役諸侯者以業, 趨諸侯者以利。(시고굴제후자이해, 역제후자이업, 추제후자이리)

이런 까닭으로 적국의 제후를 굴복시키려면 해로움을 보여주고, 그를 피곤하게 만들려면 끊임없이 사단을 일으키고, 그를 쫓아오게 하려면 이로움으로 꾀어낸다.

<한자> 屈(굽을 굴) 굽다, 억눌려 굽히다 ; 役(부릴 역) 부리다, 일을 시키다 ; 趨(달릴 추) 달리다, 쫓다

<참고> ① 굴제후자이해(屈諸侯者以害): 屈은 '굴복시킨다', 諸侯는 '적국의 제후'를 지칭함. 害는 '해로움, 불리함', 곧 '적이 두려워하는 것'의 의미인데, 여기서는 '해로움을 보여주다'로 해석함. 일설은 '불리한 조건을 보여주면 적을 굴복시킬 수 있다'로 해석함. ② 역제후자이업(役諸侯者以業): 役은 '부림'인데. 즉 '피곤하게 만든다'는 의미임. 業을 '끊임없이 사단을 일으키다'로 해석했는데, "조조는 정황을 뜻하는 사(事)로 해석했음. 곧 위험한 일을 가리킴을 뜻함." [신동준]. ③ 추제후자이리(趨諸侯者以利): 적국의 제후를 "작은 미끼로 (적을) 유인하거나 이동하도록 하여 그들이 바쁘게 달려 나가도록 혹사시킨다는 뜻임." [유종문].

[10] Reduce the hostile chiefs by inflicting damage on them; and make trouble for them, and keep them constantly engaged; hold out

specious allurements, and make them rush to any given point.

D hostile 적대적인 ; chiefs 최고위자 ; inflict 주다, 가하다 ; constantly 끊임없이 ; engaged 바쁜, 열심인 ; hold out 보이다, 드러내다 ; specious 그럴듯한 ; allurement 유혹

◎ 오늘(D+44일)의 思惟 ◎

손자는 장수가 이해득실을 판단할 때, 이로움과 해로움을 함께 고려해야 한다고 말하면서 적국의 제후를 공략하는 데 이로움과 해로움을 이용하는 세 가지 방법을 제시하였습니다. 이와 같은 용병술로 전투에서 승리한 한신의 정형구(井陘口) 전투를 알아보겠습니다.[4]

정형구 전투는 기원전 204년 한신이 조나라를 공격했을 때, 화북성의 정형구에서 펼쳐졌습니다. 조나라는 조왕과 승상 진여가 정형구 부근에 군사를 모았습니다. 이때 진여는 지구전을 주장한 이좌거의 제안을 거부하고 "한신의 군사는 적고 피로도 감당하기 어려울 것이오"라고 말하며 전면전을 펼치기로 했습니다. 한편 한신은 1만 명의 군사를 먼저 면만수 (綿蔓水)를 뒤로하여 배수진을 쳤습니다. 조나라군은 한신군의 움직임을 지켜보다가, 이윽고 한신군이 정형구를 빠져나가자 공격을 했고, 한신군이 거짓으로 달아나자 완승을 거둘 생각으로 영루를 비운 채 총출동했습니다. 한신군은 배수진 영채에 합류하여 물러섰다가는 물에 빠져 죽는 수밖에 없었던 까닭에 죽기 살기로 싸웠습니다. 그사이 한신이 보낸 2,000명의 기병이 조나라의 영루를 점령했습니다. 조나라군은 더 이상 한신군을 공격하는 것이 어려워 영루로 귀환하다가 이미 한신군이 점령

---

4 신동준(2012). 같은 자료(오자병법-한신과 정형구 전투).

한 것을 보고 경악하고 군사들이 달아나기 시작했습니다. 이에 한신군이 양쪽에서 협공하여 진여의 목을 베고 조왕을 사로잡았으며 결국 조나라를 멸망시켰습니다.

이 전투를 분석하면, 조나라의 진여는 병력에서 압도적으로 우위에 있고, 적은 먼 곳에서 오느라 지친 만큼 정면 대결을 펼쳐도 충분히 승산이 있다고 생각하여 전면전을 실시했습니다. 그런데 한신군이 배수진을 친 것을 방치했고, 유인에 속아 예비대도 없이 전 병력을 전투에 투입했으며, 영채가 점령되었을 때도 아직 병력이 월등히 많았음에도 불구하고 적절히 대응하지 않아 패전한 것입니다. 이것은 자신이 많은 이로움이 있는데도 불구하고 해로움에 대하여 융통성 있게 대처하지 못한 결과입니다.

한편 한신은 병력의 수와 질에서 열세였고, 지리적으로 공격하기가 불리했으며, 먼 곳에서 달려온 원정군이라는 어려움이 있었습니다. 그러나 적정과 적의 의도를 정확히 파악하고 과감하게 배수진을 쳤고, 적 후방으로 기병을 침투시켰습니다. 이후 한신이 직접 공격하고 거짓 후퇴하여 조군을 유인하였고, 배수진의 병력과 함께 결사적으로 전투를 지탱했으며, 이후 성을 점령한 부대와 앞뒤로 협공함으로써 조군을 격멸했던 것입니다. 이 사례는 한신이 전투의 이로움과 해로움을 모두 고려하여 지혜롭게 용병을 했기 때문에 승리했다고 생각합니다.

[D+45일] 구변(九變, Variation in Tactics) [4]

[11] 故用兵之法, 無恃其不來, 恃吾有以待也; 無恃其不攻, 恃吾有所不可攻也。 (고용병지법, 무시기불래, 시오유이대야; 무시기불공, 시오유소불가공야)

　그러므로 용병의 법은 적이 오지 않기를 기대하지 말고 내가 대비하고 있음을 믿어야 한다. 적이 공격하지 않기를 기대하지 말고 내가 적이 공격하지 못하도록 하고 있음을 믿어야 한다.

<한자> 恃(믿을 시) 믿다, 의지하다 ; 來(올 내/래) 오다 ; 待(기달릴 대) 기다리다, 대비하다

<참고> ① 무시기불래(無恃其不來): 恃는 위의 문장에서 네 번이나 쓰였는데, '믿다, 의지한다, 기대한다'는 의미임. 其는 적을 뜻함. ② 시오유이대(恃吾有以待): 有以待는 '내가 (적이 올 것에) 대비가 되어 있음', 조조는 '安不忘危, 常設備也(안전할 때 위기를 잊지 말고, 항상 베풀어서 갖추라)'라고 주석했음. [조조약해]. 이를 '유비무환'으로 풀이함. ③ 이 어구는 《손자병법》에서 적이 공격해 올 것에 대비하는 방어적, 수세적인 것으로서 이것이 유일함. [노병천].

[11] The art of war teaches us to rely not on the likelihood of the enemy's not coming, but on our own readiness to receive him; not on the chance of his not attacking, but rather on the fact that we have made our position unassailable.

D rely 의지하다, 믿다 ; likelihood 가능성 ; readiness 준비 태세 ; receive 받다, 받아들이다 ; unassailable 공격할 수 없는, 난공불락의

[12] 故將有五危: 必死可殺也, 必生可虜也, 忿速可侮也, 廉潔可辱也, 愛民可煩也。[13] 凡此五者, 將之過也, 用兵之災也。[14] 覆軍殺將, 必以五危, 不可不察也。 (고장유오위: 필사가살야, 필생가로야, 분속가모야, 염결가욕야, 애민가번야. 범차오자, 장지과야, 용병지재야. 복군살장, 필이오위, 불가불찰야)

무릇 장수에게는 다섯 가지 위험 요소가 있다. 죽기로 싸울 것을 고집하면 죽을 수 있고, 반드시 살고자 하면 포로로 잡힐 수 있으며, 화를 잘 내고 성미가 급하면 수모를 당할 수 있고, 지나치게 청렴하고 깨끗하면 치욕을 당할 수 있으며, 병사들을 지나치게 아끼면 번민에 빠질 수 있다. 무릇 이 다섯 가지는 장수가 범할 수 있는 허물이자, 용병의 재앙이다. 군을 무너뜨리고 장수를 죽게 하는 것은 반드시 다섯 가지 위험 요소 때문이니 신중하게 살피지 않을 수 없다.

<한자> 危(위태로울 위) 위태하다 ; 殺(죽일 살) 죽이다, 죽다 ; 虜(사로잡을 노) 사로잡다 ; 忿(성낼 분) 성[화]내다 ; 速(빠를 속) 빠르다 ; 侮(업신여길 모) 업신여기다 ; 廉(청렴할 렴) 청렴하다 ; 潔(깨끗할 결) 깨끗하다 ; 辱(욕될 욕) 치욕 ; 煩(번거로울 번) 번거롭다, 번민 ; 過(지날 과) 잘못, 허물 ; 災(재앙 재) 재앙 ; 覆(다시 복) : 엎어지다

<참고> ① 오위(五危): 危는 '위태함, 위험성'인데, 여기서는 장수에게 있을 수 있는 성격, 자질상의 약점이나 결함을 의미함. ② 필사가살(必死可殺): 必은 의지를 꺾지 않는 고집을 뜻함. 可殺을 조조는 "용기만 믿고 적진 깊숙이 달려가 싸우려는 것을 아무도 말릴 수 없으면 적의 기습 매복에 걸려든다"고 풀이했음. [신동준]. ③ 필생가로(必生可虜): 必生은 기어코 살겠다는 것을 의미함. 虜는 '포로로 잡히는 것'임. ④ 분속가모(忿速可侮): 忿速은 '분노와 조급함'임. 可侮를 조조는 "성격이 매우 급한 사람은 분노를 잘 일으키고 경거망동한 행동을 하게 만들 수 있다"고 했음. [유종문]. ⑤ 염결가욕(廉潔可辱): 廉潔은 청렴결백을 말함. 可辱을 조조는 "염결한 사람은 그로 인해 오욕(汚辱)을 초래한다"고 풀이했음. [신동준]. 즉 적의 모욕적인 언사에 쉽게 넘어갈 수도 있고 명예를 훼손하는 선전술 등에 쉽게 농락당할 수 있음을 의미함. ⑥ 애민가번(愛民可煩): 愛民은 '백성(병사)을 지나치게 사랑함'을 이름. 병사는 아껴야 하

지만 그들의 희생을 우려하여 번민에 빠지기보다는 대국을 제대로 읽고 전체의 이해관계를 살펴야 한다는 의미임. ⑦ 복군살장(覆軍殺將): 覆軍은 '군이 무너지고', 또는 '전멸, 와해당함', 殺將은 '장수가 적에게 살해당하다'는 의미임.

[12] There are five dangerous faults which may affect a general: (1) Recklessness, which leads to destruction; (2) cowardice, which leads to capture; (3) a hasty temper, which can be provoked by insults; (4) a delicacy of honor which is sensitive to shame; (5) over-solicitude for his men, which exposes him to worry and trouble. [13] These are the five besetting sins of a general, ruinous to the conduct of war. [14] When an army is overthrown and its leader slain, the cause will surely be found among these five dangerous faults. Let them be a subject of meditation.

D faults 잘못, 결점 ; recklessness 무모 ; cowardice 비겁 ; hasty temper 조급한 성질 ; provoked 유발, 도발하다 ; insults 모욕 ; delicacy 여림, 섬세함 ; sensitive 민감한 ; shame 수치심 ; solicitude 배려 ; exposes 폭로[노출]하다 ; besetting 늘 따라다니는 ; sin 죄, 잘못 ; ruinous 파멸적인 ; overthrown 타도, 전복 ; slain slay [죽다]의 과거분사 ; meditation 명상

◎ 오늘(D+45일)의 思惟 ◎

손자는 "적이 오지 않기를 기대하지 말고, 내가 대비하고 있음을 믿어야 한다"고 했는데, 조조가 풀이했듯이 '유비무환(有備無患)'을 뜻하는 말입니다. 그리고 장수에게 있을 수 있는 다섯 가지 위험 요소에 대하여 말하면서 군을 무너뜨리고 장수를 죽게 하는 것이 바로 이 다섯 가지 위험 요소 때문이라고 했습니다.

먼저 '국방의 유비무환'에 대하여 생각해 보겠습니다. 우리나라의 역사를 돌이켜 보면, 삼국 시대나 고려 시대에는 시기에 따라 다소 차이는 있었지만 비교적 유비무환의 방위 태세를 유지했습니다. 그런데 조선 시대에는 점차 국방 태세가 약화되고 중국, 일본 등의 주변 정세에 어두워져서 임진왜란, 병자호란 등의 외세 침략을 받았습니다. 후기에는 국력이 쇠약해져 결국 1910년에는 일제의 침략으로 국권이 상실되어 백성들이 큰 피해와 고초를 겪었습니다.

1948년 정부가 수립된 이후 지금까지, 국민과 군이 유비무환의 국방 태세를 잘 유지했는지에 대해서는 많은 굴곡이 있었다고 생각합니다. 현재에도 우리나라는 북한의 핵무기뿐만 아니라 무력 도발의 위협이 상존합니다. 이처럼 어려운 시기를 잘 극복하고 평화로운 체제를 유지하면서 국가가 계속 발전하려면, 무엇보다도 먼저 국민 모두가 일체감을 갖고 손자가 말한 유비무환의 정신과 안보 태세를 유지하는 것이 매우 중요하다고 생각합니다.

다음은 손자가 장수에 대하여 말한 주요한 내용을 정리해 보겠습니다. 먼저 〈計篇〉에서 지(智), 신(信), 인(仁), 용(勇), 엄(嚴)의 다섯 가지 일반적인 덕목을 말했고, 〈勢篇〉에서 "용병을 잘하는 장수는 승리를 세에서 구한다"고 말하면서 세를 발휘하기 위한 지휘 통솔에 대하여 설명했습니다. 그리고 〈九變篇〉에서 장수에게 있을 수 있는 다섯 가지 위험 요소를 설명하고 이를 경계할 것을 강조하면서 마무리했습니다. 이후에 나오는 〈行軍〉, 〈地形〉, 〈九地〉 편에서도 각 편의 내용에 따라 요구되는 장수의 자질 및 지휘 통솔에 대하여 설명합니다. 이것은 손자가 〈作戰篇〉에서 장수는 "국가 안위를 주재하는 자이다", 〈謨攻〉에서 "장수는 군주의 보목과 같다"고 하였듯이 전쟁에서는 장수가 가장 중요한 역할을 한다는 것을 일관되게 강조한 것입니다.

병법에서 장수의 자질이나 지휘 통솔에 대하여 논하는 것은 사회 조직에서는 리더, 특히 기업 조직에서는 CEO나 임원에게 필요한 것을 설명하는 내용과 같은 것입니다. 그러므로 리더나 임원의 위치에 있는 모든 사람은 손자병법의 장수에 대하여 논하는 자질에 대하여 주의깊게 읽고 교훈으로 삼을 사항이 많다고 생각합니다. 그리고 그것을 실행한다면 전쟁에서 장수와 같은 역할을 현재 자신의 조직에서 충분히 할 수 있을 것입니다.

제9편

행군(行軍)

★ The Army on the March ★

행군은 통상 '군대가 대열을 지어 먼 거리를 이동하는 것'이다. 그러나 이 편은 부대가 기동하는 과정에서 지형 조건과 여러 가지 징후에 따른 용병에 대하여 주로 설명한다. 먼저 지형과 적정을 고려하여 어떻게 진영을 편성하고 싸워야 하는지를 논한다. 그리고 전장의 현상과 적정의 관찰을 통해 적의 징후와 의도를 파악하는 방법 32가지를 설명한다. 끝으로 장수의 지휘에 대하여 병사의 관계와 문무겸전한 지휘 통솔 방법을 제시한다.

◆ 행군편 핵심 내용 ◆

A [3] 勿迎之於水內, 令半濟而擊之, 利。 강에서 맞아 싸우지 말고 적이 반쯤 건넜을 때 공격하게 하는 것이 유리하다.

A [11] 軍好高而惡下 군대가 주둔할 때는 높은 곳이 좋고, 낮은 곳은 나쁘다.

A [26] 無約而請和者, 謀也。 적이 아무런 약속 없이 강화를 요청하는 것은 음모를 꾸미고 있는 것이다.

C [40] 兵非貴益多, 惟無武進。 병력이 많다고 해서 이로운 것이 아니며, 오로지 병력만 믿고 나아가면 안 된다.

A [43] 令之以文, 齊之以武。 인애와 도의로 명을 내리고, 규율과 징벌로 기강을 잡는다.

◆ 러블리 팁(Lovely Tip) ◆

L 작은 현상에도 세밀하게 살펴서 변화를 확인하자.

L 의심이 나면 문제의식을 갖고 해결 방법을 강구하자.

L 중요한 일에 대해서는 자신만의 원칙을 만들자.

L 평소와 다른 행동이나 변화가 있을 때는 조심하자.

L 자신의 힘만 믿지 말고, 상대를 얕보지 말자.

[D+46일] 행군(行軍, The Army on the March) [1]

[1] 孫子曰: 凡處軍相敵, 絶山依谷, [2] 視生處高, 戰隆無登, 此處山之軍也。 (손자왈: 범처군상적, 절산의곡, 시생처고, 전륭무등, 차처산지군야)

    손자가 말했다. 무릇 군대가 진을 편성하고 적정을 관찰함에 있어서, 산을 통과할 때는 계곡을 따라가며, 진을 편성할 때는 해를 바라보는 높은 곳에 위치하고, 높은 곳에 있는 적과 싸울 때는 위를 향해 올라가면서 싸워서는 안 된다. 이것이 산악 지역에서 군대가 싸우는 원칙이다.

<한자> 處(곳 처) 살다, 머무르다 ; 相(서로 상) 자세히 보다 ; 絶(끊을 절) 끊다, 건너다 ; 依(의지할 의) 의지하다, ~따라 ; 谷(골 곡) 골짜기 ; 視(볼 시) 보다 ; 隆(높을 륭) : 높다 ; 登(오를 등) 오르다

<참고> ① 처군, 상적(處軍, 相敵): 處는 '주둔, 배치, 위치하다' 또는 '진을 편성하다'는 의미임. 따라서 내용에 따라 적절하게 해석함. 相敵의 "相은 적의 형세를 관찰하고 판단한다는 뜻으로 사람이나 말의 관상 등을 보는 것을 상인(相人) 내지 상마(相馬)로 표현하는 것과 같음" [신동준]. 이 어구는 다음에 설명하는 4가지 지형에서 싸우는 원칙을 지켜야 한다는 말이 생략된 것으로 해석함. ② 절산의곡(絶山依谷): 絶山은 '산을 건너다', 곧 '통과할 때'임. 依谷은 '계곡을 따라간다'는 의미임. ③ 시생처고(視生處高): 視는 '봄', 生은 '生地(생지)', 곧 '해를 바라보는, 볕이 잘 드는, 남향을 향하는' 곳임. 處高는 '높은 곳에 주둔 또는 진영을 편성한다'는 뜻임. ④ 전륭무등(戰隆無登): 戰隆은 '높은 곳에 있는 적과 싸우다', 無登은 '높은 곳으로 거슬러 위를 향해 올라가며 공격하지 않는다'는 의미임. ⑤ 처산지군(處山之軍): '산악 지역에 (위치한) 군대'임. 이 어구는 역자들이 군대의 싸우는 '원칙, 요령, 방법, 방식, 지휘 원칙' 등의 의미로 이해함. 여기서는 '원칙'으로 해석함. '산악전의 원칙'으로 해석할 수도 있음.

[1] Sun Tzu said: We come now to the question of encamping

the army, and observing signs of the enemy. Pass quickly over mountains, and keep in the neighborhood of valleys. [2] Camp in high places, facing the sun. Do not climb heights in order to fight. So much for mountain warfare.

D encamping 진을 치다 ; observe 관찰[관측]하다 ; pass over 지나치다 ; neighborhood 근처 ; heights 고지 ; so much for ~에 대해서는 그쯤 하기로 하고 ; mountain warfare 산악전

[3] 絶水必遠水, [4] 客絶水而來, 勿迎之於水內, 令半濟而擊之, 利。[5] 欲戰者, 無附於水而迎客, [6] 視生處高, 無迎水流, 此處水上之軍也。(절수필원수, 객절수이래, 물영지어수내, 영반제이격지, 리. 욕전자, 무부어수이영객, 시생처고, 무영수류, 차처수상지군야)

강을 건넌 다음에는 반드시 강에서 멀리 떨어지고, 적이 강을 건너오면 강에서 맞아 싸우지 말고, 적이 반쯤 건넜을 때 공격하게 하는 것이 유리하다. 적과 싸우려면 강가에 가까이 붙어서 적을 맞받아치지 말고, 해를 바라보는 높은 곳에 위치하며, 강의 흐름을 거스르지 말아야 한다. 이것이 하천 지역에서 군대가 싸우는 원칙이다.

<한자> 遠(멀 원) 멀다 ; 客(손 객) 손님, 상대 ; 來(올 래) 오다 ; 迎(맞을 영) 맞이하다 ; 令(명령 령) ~하게 하다 ; 濟(건널 제) 건너다 ; 欲(하고자 할 욕) 하고자 하다 ; 附(붙을 부) 붙다, 가까이하다 ; 流(흐를 류/유) 흐르다

<참고> ① 절수필원수(絶水必遠水): 絶水는 '강을 건너다', 遠水는 '강에서 멀리 떨어지다'인데 그와 같은 곳에 주둔함을 의미함. ② 객절수이래(客絶水而來): 客은 적을 가리킴. "리우칭이 이른 대로 《손자병법》에서 말하는 '客'은 적이 경내로 진격해 온 군대이고, 그에 맞대응하는 군대는 '主'로, 적을 맞아 싸우는 군대를 가리킴." [박삼수]. ③ 영지어수내(迎之於水內): "강 안

(內)에서 적을 맞받아치다"임. 곧 이것은 강의 반이 아니라, 적 병력의 반이 건널 때, 통상 주력이 강 안에 있을 때 공격하는 것을 의미함. ④ 무부어수이영객(無附於水而迎客): 附는 '가까이, 붙어서'의 뜻임. 이것은 적을 강가 가까이 일정한 공간에 접근시킨 후 공격하고자 하는 의도임. ⑤ 무영수류(無迎水流): '강의 흐름에 맞이하다. 곧 거스르지 마라'. 즉 하류에 위치하지 말라는 의미임. ⑥ 처수상지군(處水上之軍): 水上은 "물가 또는 강가"인데, 현대 교리적인 측면에서 '하천 지역'으로 번역함. '수변전의 원칙'으로 해석할 수도 있음.

[3] After crossing a river, you should get far away from it. [4] When an invading force crosses a river in its onward march, do not advance to meet it in mid-stream. It will be best to let half the army get across, and then deliver your attack. [5] If you are anxious to fight, you should not go to meet the invader near a river which he has to cross. [6] Moor your craft higher up than the enemy, and facing the sun. Do not move up-stream to meet the enemy. So much for river warfare.

D far away 멀리 떨어져 ; invading 침입하다 ; onward 앞으로 ; advance 다가가다, 진격하다 ; mid-stream 강물 한가운데 ; get across 횡단하다, 건너가다 ; deliver attack 공격을 가하다 ; anxious 걱정하는 ; Moor 계류[정박]하다 ; craft 배 ; up-stream 상류로 ; river warfare 하천전

◎ 오늘(D+46일)의 思惟 ◎

손자는 〈行軍篇〉 첫 부분에서 원정군이 기동하면서 진영을 편성하고 싸우는 방법에 대하여 네 가지 지형에 따른 용병 원칙을 설명했습니다. 지형은 옛날부터 오늘날까지 작전 환경에서 큰 변화가 없는 가장 유사한 요소입니다. 그래서 손자가 설명한 산악 지역과 하천 지역에서 싸우는 원칙은 현대전에서도 그대로 적용할 수 있습니다.

산악 지역 작전은 일반적으로 500미터 이상의 표고를 가진 지형에서 실시하는 작전이며, 산악 지역은 험준한 경사, 암석, 절벽, 협곡, 우거진 삼림, 제한된 도로망과 극심한 기상 변화 등의 특징을 갖고 있습니다. 특히 우리나라 동부 지역은 대부분 500미터 이상의 산악 지역이어서 앞으로도 산악 지역 작전을 할 수밖에 없습니다. 관련 전례는 6.25 전쟁 초전에 가장 성공적으로 수행한 춘천 전투가 있습니다.[1] 이 전투는 1950년 6월 25일~6월 30일까지 춘천 일대에서 김종오 대령이 지휘한 국군 6사단과 북한군 2군단이 벌인 전투입니다. 특히 6사단은 병력 및 장비가 열세임에도 불구하고 하천선과 산악 지역의 지형을 최대로 이용하여 방어의 주도권을 장악하면서 적 2군단에게 막대한 타격을 주고 춘천 시내로 철수했습니다. 이 전투로 인하여, 적 1군단은 서울을 점령하고도 3일간 한강을 도하하지 못했으며, 2군단과의 '분진합격'에 차질이 생겨 전쟁을 속전속결하려는 북한군의 망상을 깨뜨렸습니다. 그 사이 일본에서 주둔하던 미 제24 보병사단이 한반도로 파병되어 국군과 유엔군이 북한군에 대한 대응 태세를 정비할 시간을 확보할 수 있었습니다.

하천선 공격의 성공 사례는 알렉산드로스의 히다스페스강 전투를 설명한 바가 있습니다. 하천이나 강은 통상 자신이 건너면 불리하고 상대가 건너면 자신이 유리합니다. 만일 서로 건너지 않겠다면 상대에게 강을 건너게 해야 할 것입니다. 관련 전례는 한신의 유수(濰水) 전투가 있습니다.[2] 이 전투는 한신이 정형구 전투에서 승리하고 제나라 수도를 점령한 후에 왕 전광을 추격했을 때 유수에서 있었던 전투입니다. 제나라

---

1 춘천 전투. 「두산백과」.
   〈https://terms.naver.com/entry.nhn?docId=5703891&cid=40942&categoryId=33385〉.

2 남석(2020. 6.7). 항우, 한신을 겁내다. 「네이버 블로그」.
   〈https://blog.naver.com/chun91638/221992666572〉.

를 지원하는 초나라 용저의 20만 명 대군과 제나라 병사가 연합으로 한신군 3만 명과 유수(濰水)를 끼고 대치했습니다. 한신은 밤에 유수의 상류를 막고, 날이 밝아질 때 물이 빠진 유수를 건너서 초군을 공격했습니다. 한신은 반격에 밀리는 척하면서 후퇴를 했는데, 초군이 추격하면서 유수를 절반쯤 지났을 때 막아둔 둑을 터뜨렸습니다. 이에 물이 내리쏟아져 혼란에 빠진 초군 20만 대군을 추격하여 모두 죽이거나 포로로 잡았습니다. 이 전례는 한신과 같은 지장을 만났을 때 다른 장수의 한계를 보여주는 것이기도 합니다.

[D+47일] 행군(行軍, The Army on the March) ②

[7] 絶斥澤, 惟亟去勿惟留, [8] 若交軍於斥澤之中, 必依水草, 而背衆樹, 此處斥澤之軍也。 (절척택, 유극거물유류; 약교군어척택지중, 필의수초, 이배중수, 차처척택지군야)

염지와 소택지를 지날 때는 오직 빨리 지나가고 머물지 말며, 만약 그곳의 가운데서 적과 교전한다면 반드시 수초에 의지하고 숲을 등지고 싸워야 한다. 이것이 염지와 소택지에서 군대가 싸우는 원칙이다.

<한자> 絶(끊을 절) 끊다, 건너다 ; 斥(물리칠 척) 물리치다, 늪, 개펄 ; 澤(못 택) 못, 늪 ; 惟(생각할 유) 오직, 오로지 ; 亟(빠를 극) 빠르다 ; 留(머무를 류) 머무르다 ; 交(사귈 교) 서로 맞대다 ; 依(의지할 의) 의지하다

<참고> ① 절척택(絶斥澤): 斥은 '염분이 많은 땅' 또는 '사람이 살 수 없는 장소, 광대한 황무

지를 말함.' 澤은 소택지, 즉 늪과 연못으로 둘러싸인 습한 땅임. ② 교군(交軍): 적과 교전함. ③ 의수초(依水草): '물이 있고 풀이 우거진 곳에 의지하다', 곧 '그 부근에 자리하다'는 의미임. ④ 배중수(背衆樹): 背는 '등, 뒤'를 뜻하며, 衆樹는 나무가 많은 숲을 뜻함. 곧 '수목 지대가 있어야 이를 방어물로 삼을 수 있다'는 의미임. ⑤ 처척택지군(處斥澤之軍): 일설은 '척택전의 원칙'으로 해석함.

[7] In crossing salt-marshes, your sole concern should be to get over them quickly, without any delay. [8] If forced to fight in a salt-marsh, you should have water and grass near you, and get your back to a clump of trees. So much for operations in salt-marches.

D salt-marshes 해수 소택지 ; sole 유일한 ; concern 우려, 걱정 ; clump 덤불, 무더기,

[9] 平陸處易, 右背高, 前死後生, 此處平陸之軍也。 [10] 凡此四軍之利, 黃帝之所以勝四帝也。 (평륙처이, 우배고, 전사후생, 차처평륙지군야. 범차사군지리, 황제지소이승사제야)

평지에서는 평탄한 곳에 진을 편성하고, 뒤로는 고지대를 등지는 것이 좋으며, 앞은 낮고 뒤는 높은 지형에 진을 편성해야 한다. 이것이 평지에 있는 군대가 싸우는 원칙이다. 무릇 이 네 가지 지형 조건에서 싸우는 원칙의 이점은 황제가 주변 사방의 왕들을 이길 수 있었던 요인이다.

<한자> 平(평평할 평) 평평하다 ; 陸(뭍 륙) 뭍, 땅 ; 易(쉬울 이) 쉽다, 평평[평탄]하다 ; 背(등 배) 등 ; 所以(바 소, 써 이) 까닭, 일이 생기게 된 원인이나 조건

<참고> ① 평륙처이(平陸處易): 平陸은 '평지' 또는 '평원 지역'이며, 處易는 '평탄한 곳에 위치 또는 진을 편성하다'의 뜻임. ② 우배고(右背高): 右의 해석이 '(1) 上의 뜻으로 ~하는 것이 좋 다, (2) 주력 부대, 우수 부대, 측익부대, (3) 우측' 등으로 다양함. 모든 해석이 전술적으로 타

당하며, 여기서는 특정 부대나 좌우측을 명시하는 것보다 (1)의 해석을 따름. 참고로 (3)은 '언덕이 우측 뒤에 있게 되면 아군이 공격해 내려갈 때 무기를 휘두르는 오른쪽 팔이 더 자유롭게 된다'는 뜻임. ③ 전사후생(前死後生): 지형의 고저를 언급한 것으로 앞쪽은 낮고 뒤쪽은 높음. 이는 곧 "조조가 이른 대로 적을 맞아 싸우기에 편한 곳임. 死는 지형이 낮음을, 生은 지형이 높음을 각각 이름." [박삼수]. ④ 처평륙지군(處平陸之軍): 일설은 '평지전의 원칙'으로 해석함. ⑤ 황제(黃帝): "전설상의 중국 상고 시대의 황하 유역의 부족 연맹 수령임. 화하족(華夏族)의 시조이며 헌원씨(軒轅氏)라고도 함." [박삼수]. ⑥ 황제지소이승사제(黃帝之所以勝四帝): 四帝는 '주변 사방의 부족 연맹 수령'을 가리키는데, 일설은 '복희, 신농, 금천, 전욱'이라고 설명함. 所以는 '까닭, 요인, 배경, 이치' 등의 의미인데, '요인'으로 해석함.

[9] In dry, level country, take up an easily accessible position with rising ground to your right and on your rear, so that the danger may be in front, and safety lie behind. So much for campaigning in flat country. [10] These are the four useful branches of military knowledge which enabled the Yellow Emperor to vanquish four several sovereigns.

D level 평평한 ; take up 차지하다 ; accessible 접근 가능한 ; rising ground 고지대 ; flat 평평한 ; branch 분야 ; military knowledge 군사 지식 ; the Yellow Emperor 황제(黃帝) ; vanquish 완파, 정복하다

◎ 오늘(D+47일)의 思惟 ◎

손자는 산악 지역, 하천 지역에 이어서 염지와 소택지, 평지에서 군대가 싸우는 원칙을 설명하고, 이와 같은 4가지 지형에서 싸우는 원칙의 이점이 황제(黃帝)가 주변의 왕들을 이길 수 있었던 요인이라고 말했습니다. 오늘은 우리에겐 다소 생소한 염지와 소택지의 전투와 황제에 대하

여 알아보겠습니다.

소택지(沼澤地)는 '늪과 연못으로 둘러싸인 습한 땅'인데 손자는 염분이 섞여 있는 땅이라고도 했습니다. 현재 우리나라의 지형에는 소규모의 소택지가 전투에서 부분적으로 장애물이 될 수는 있겠지만 큰 규모의 전투가 일어날 만한 지역은 없습니다. 그래서 교리로서 소택지 작전에 대하여 학습한 것이 없습니다. 그러나 역사를 삼국 시대로 올라가 보면, 598년 고구려와 수나라의 전쟁 중 제1차 전쟁에서 벌어진 임유관 전투가 소택지에서 치러진 전투입니다. 고구려의 강이식(姜以式)은 수나라가 30만 대군으로 침략하자, 서해에서 수나라의 군량선을 격파한 후 출정하지 않고 지구전을 펼치다가 수나라군이 양식이 떨어지고 장마로 인해 전염병이 돌아 퇴군하자, 이를 추격하여 임유관에서 수나라군을 거의 섬멸시켰습니다.[3] 이 전투에서 전투 지역이었던 요택에 대하여 "고구려가 수와 당의 파상 공격을 막아낼 수 있었던 첫 번째 이유는 '요택(遼澤)'이라는 늪지가 1차 방어선의 역할을 한 덕이다... 요택은 수문제의 아들 양량이 대군을 이끌고 왔다가 고구려 강이식의 군대에 몰살당했던 곳이자, 나중에 당태종도 철수하다가 고구려군에 참살당한 곳."[4]이라고 설명합니다.

다음은 고대 중국의 황제(黃帝)에 대한 것입니다. 황제는 중국의 신화에 나타나는 삼황오제(三皇五帝) 가운데 한 명입니다. "사마천이 쓴 《사기》의 〈오제본기(五帝本紀)〉에 따르면 '황제는 성은 공손이요, 이름은 헌원'이다. 황제가 동쪽으로 진출하여 염제(炎帝)를 물리치고 연맹을 결

---

3 임유관 전투(2020. 9.30). 「위키백과」. 〈https://ko.wikipedia.org/wiki/〉

4 강상구(2011). 같은 자료. 210. 참고로 《수서》에는 질병과 풍랑을 만나 군대가 퇴각했다고 하였고 패전의 기록은 없음.

성하였으며, 구려족(九黎族)의 우두머리였던 치우(蚩尤)와 탁록(涿鹿)에서 싸워 이긴 뒤 신농(神農)을 대신해 연맹의 우두머리가 되었다"고 기록하고 있습니다.[5] 치우와 황제의 전쟁은 중국 건국 신화의 핵심적인 요소로 자리 잡고 있으며, 한족(漢族)이 스스로를 '염제와 황제의 자손'이라고 표현하듯이 황제가 연맹을 이루어 치우가 이끌던 구려의 부족 연맹을 격퇴시킨 과정은 중국의 고대 국가 성립 과정을 상징적으로 나타내고 있습니다. 우리나라에서는 조선 후기 이후《규원사화》,《환단고기》등에서 치우를 민족의 역사와 연관시켜 해석하려는 움직임이 있었는데, 모두 위서(僞書) 논란과 함께 역사적 사료로서 가치가 높게 평가되지 않아서 안타깝게 생각합니다.[6]

[D+48일] 행군(行軍, The Army on the March) ③

[11] 凡軍好高而惡下, 貴陽而賤陰, [12] 養生而處實, 軍無百疾, 是謂必勝。 (범군호고이오하, 귀양이천음, 양생이처실, 군무백질, 시위필승)

무릇 군대가 주둔할 때는 높은 곳이 좋고 낮은 곳은 나쁘며, 양지를 선호하고 음지를 피한다. 수초가 무성해 양식이 풍족하고 지세가 높은 곳에 주둔하면 군에 질병이 없을 것이다. 이를 일컬어 필승의 조건이라 한다.

---

5 황제.「두산백과」.〈https://terms.naver.com/〉.

6 치우.「두산백과」.〈https://terms.naver.com/〉.

<한자> 好(좋을 호) 좋다 ; 惡(악할 악/미워할 오) 싫어하다, 기피하다 ; 貴(귀할 귀) 귀하다 ; 陽(볕 양) 양지 ; 賤(천할 천) 천하다 ; 陰(그늘 음) 그늘, 음지 ; 養(기를 양) 기르다, 가꾸다; 實 (열매 실) 굳다, 튼튼하다 ; 疾(병 질) 질병

<참고> ① 군호고이오하(軍好高而惡下): 軍은 '군대가 주둔함', 惡는 '싫다' 또는 '피한다'로 해석할 수 있음. ② 귀양이천음(貴陽而賤陰): 貴는 '귀하다', 즉 '선호하다', 賤은 '천하다', 즉 '기피하다'는 의미임. ③ 양생이처실(養生而處實): 養生은 위의 해석 외에 "휴양 생식으로 여기서는 곧 물과 풀, 양식이 풍족해 인마가 휴양하며 원기를 회복함." [박삼수]. 또는 '물과 풀이 풍부하여 말들을 먹이기에 알맞고, 군수품을 공급하기에도 매우 편리하여 병사들과 말이 안정을 취하면서 원기를 회복할 수 있는 곳'으로 해석할 수 있음. 處實은 "지세가 높은 곳에 주둔함을 이름. 조조는 實이 高의 뜻이라고 함." [박삼수]. 또는 실한 곳, 쾌적한 곳, hard ground(굳은 지반)으로 해석하기도 함. ④ 시위필승(是謂必勝): '필승이라고 한다'인데, 필승의 '태세, 방법, 조건' 등의 의미임.

[11] All armies prefer high ground to low and sunny places to dark. [12] If you are careful of your men, and camp on hard ground, the army will be free from disease of every kind, and this will spell victory.

D prefer to ...보다 선호한다 ; hard ground 굳은 지반 ; spell 하게 되다, 철자를 쓰다

[13] 邱陵隄防, 必處其陽, 而右背之, 此兵之利, 地之助也。[14] 上雨水沫至, 欲涉者, 待其定也。(구릉제방, 필처기양, 이우배지, 차병지리, 지지조야. 상우수말지, 욕섭자, 대기정야)

구릉이나 제방에서는 반드시 양지바른 곳에 진을 편성하고, 구릉이나 제방을 등지는 것이 좋다. 이것은 용병의 이점을 지형이 돕기 때문이다. 상류에 비가 와서 물거품이 떠내려오면, 강을 건너고 싶어도 급류가 진정될 때까지 기다려야 한다.

<한자> 助(도울 조) 돕다 ; 沫(거품 말) 거품, 물거품이 일다 ; 至(이를 지) 이르다, 도달하다 ; 欲(하고자 할 욕) 하고자 하다 ; 涉(건널 섭) 건너다 ; 待(기다릴 대) 기다리다, 대비하다 ; 定(정할 정) 정하다

<참고> ① 구릉제방(邱陵隄防): 邱陵은 '땅이 비탈지고 조금 높은 곳'이며, 隄防은 '물가에 흙이나 돌로 쌓은 둑'임. ② 우배지(右背之): 右는 앞에서 설명한 바와 같음. 之는 '구릉과 제방'임. ③ 병지리, 지지조(兵之利, 地之助): 일설은 '용병에 유리하고 지형의 이점을 얻을 수 있다'로 해석함. ④ 수말(水沫): 물거품, 이는 곧 큰물이 격류가 되어 흐름을 암시함. ⑤ 욕섭자(欲涉者): 죽간본에는 '止涉', 즉 '강을 건너지 말다'로 되어 있음. ⑥ 어구 [14]에 대하여, "조조는 '절반쯤 건넜는데 물이 갑자기 불어나기를 몹시 두려워한다'고 했다." [유종문].

[13] When you come to a hill or a bank, occupy the sunny side, with the slope on your right rear. Thus you will at once act for the benefit of your soldiers and utilize the natural advantages of the ground. [14] When, in consequence of heavy rains up-country, a river which you wish to ford is swollen and flecked with foam, you must wait until it subsides.

D hill 언덕 ; bank 제방 ; occupy 차지[점령]하다 ; slope 경사지 ; at once 즉시, 동시에 ; utilize 활용하다 ; in consequence of ...으로 말미암아 ; heavy rains 폭우 ; up-country 오지, [상류] ; ford 건너다 ; swollen 부풀다 ; flecked 얼룩진, 반점 있는 ; foam 거품, 포말 ; subsides 가라앉다

◎ 오늘(D+48일)의 思惟 ◎

손자는 〈行軍篇〉을 기술하면서 전략을 설명하는 부분과는 달리 지형과 적정을 살펴 용병하는 방법을 매우 자세하게 설명하고 있습니다. 따라서 사유(思惟)함에 있어서 필요한 경우에는 전술 부분을 상세하게 부

연 설명하기보다는 병법 연구에 참고가 될 만한 전례 또는 군사 분야에서도 주제를 선정하겠습니다.

손자는 '군에 질병이 없는 것'이 필승의 조건이라고 했습니다. 통상 전쟁터에서는 작전 환경이 전염병이나 질병이 만연할 가능성이 매우 높지만, 이를 예방하거나 질병이나 부상을 당한 병사들을 치료하는 것은 어려웠습니다. 현대에서는 손자의 말씀이 당연한 것으로 생각하겠지만, 유럽의 전쟁사를 살펴보아도 2,500여 년 전에 그러한 내용을 병법에 포함했다는 것이 놀랍습니다. 《전쟁의 판도를 바꾼 전염병》이란 책에서 "전쟁보다 오히려 전쟁이 일어날 때 발생하는 전염병의 폐해가 더 컸다... 전쟁 때 발생한 질병은 때로는 전쟁의 판도를 한순간에 바꾸어 버리기도 했고, 지휘관의 목숨을 빼앗음으로써 역사의 수레바퀴를 돌려놓기도 했다"[7]고 기술했습니다. 예를 들면, 기원전 323년 알렉산드로스는 33세의 젊은 나이로 원정 중에 질병에 의해 죽었으며, 십자군 전쟁 시(1095~1272년)에도 도시 곳곳에서 예기치 못한 질병이 나타나서 판세에 영향을 주었습니다.

다음은 유럽에서 전쟁 시의 의료 체계를 간단히 살펴보겠습니다. 나폴레옹 전쟁 시 군의관이었던 도미니크 라레(1766~1842년)는 야전 병원을 효율적으로 운영했습니다. "그전에는 전투 중에 다치면 대부분 죽었다. 그러나 라레가 이끄는 구급차 부대가 등장한 뒤로는 사망률이 확 줄었고, 상처가 곪기 전에 응급처치를 할 수 있었던 것이다... 나폴레옹이 이끄는 군대가 용감했던 한 이유"[8]라고 합니다. 그리고 야전 병원에서 부상자를

---

7 예병일(2014). 「전쟁의 판도를 바꾼 전염병」. 살림. 3-4.
8 성현석(2014. 4. 10.). 안철수 '무공천 새정치'가 실패한 이유. 「프레시안」.
   〈https://www.pressian.com/pages/articles/116154?no=116154〉.

분류하는 '트리아지(triage)', 즉 응급 상황이 발생했을 때 치료의 우선순위를 정하기 위한 환자 분류 체계를 만들어 치료했습니다. 이 분류 체계는 치료 능력을 배가시켰고, 계급과 신분을 가리지 않고 부상 정도에 따라 분류하는 체계는 평민 출신이 주축이었던 시민군의 사기도 높였습니다.[9] 그러나 이와 같이 긍정적인 발전도 있었지만, 크림전쟁(1853~56년) 시기에 나이팅게일이 38명의 간호사와 함께 보스포루스 해협 인근의 영국군 야전 병원에서 근무할 당시에 영국군의 의료 체계는 최악의 상황이었다고 합니다.[10] 그만큼 근세에 이르기까지 전쟁터에서 의료 체계를 갖추는 것이 쉽지 않다는 것을 말해주고 있는 것입니다.

[D+49일] 행군(行軍, The Army on the March) ④

[15] 凡地有絶澗, 天井, 天牢, 天羅, 天陷, 天隙, 必亟去之, 勿近也 ; [16] 吾遠之, 敵近之 ; 吾迎之, 敵背之。(범지유절간, 천정, 천뢰, 천라, 천함, 천극, 필극거지, 물근야; 오원지, 적근지, 오영지, 적배지)

무릇 지형에는 절간, 천정, 천뢰, 천라, 천함, 천극이 있는데, 이러한

---

9 김경준(2020. 5.21). 나폴레옹 야전 병원과 코로나 원격의료. 「한국경제」.
〈https://www.hankyung.com/opinion/article/2020052135451〉 참고로 트리아지 체계는 부상자를 '① 회생이 어려운 치명상자, ② 즉시 치료하면 회생하는 부상자, ③ 생명에 지장 없는 경상자'의 세 가지로 구분했음. 치료 우선순위는 회생성·시급성을 기준으로 '부상자-경상자-치명상자'의 순서였음. 현재 전 세계 병원에서 통용되고 있음.

10 플로렌스 나이팅게일. 인물세계사. 「네이버 지식백과」.
〈https://terms.naver.com/entry.nhn?docId=3569449&cid=59014&categoryId=59014〉.

지형은 반드시 빨리 지나가고 가까이해서는 안 된다. 그리고 이러한 지형은 아군은 멀리하고 적군은 가까이하게 하며, 아군은 마주 보고 적군은 등지게 한다.

<한자> 絶(끊을 절) 끊다 ; 澗(산골 물 간) 산골 물, 산골짜기 ; 井(우물 정) 우물 ; 牢(우리 뢰) 우리, 감옥, 에워싸다 ; 羅(그물 라) 그물 ; 陷(빠질 함) 빠지다 ; 隙(틈 극) 틈, 갈라지다 ; 亟(빠를 극) 빠르다 ; 近(가까울 근) 가깝다 ; 遠(멀 원) 멀다 ; 迎(맞을 영) 맞다 ; 背(등 배) 등지다

<참고> ① 절간(絶澗): 산골짜기의 깎아지른 절벽 사이로 골물이 흐르는 험준한 지형임. ② 천정(天井): 사방이 높고 가운데가 낮아 물이 괴는 지형임. ③ 천뢰(天牢): 험준한 산으로 둘러싸여 있어 빠져나오기 힘든 지형임. ④ 천라(天羅): 초목이 빽빽이 우거져 그물처럼 빠져나가지 못하는 지형임. ⑤ 천함(天陷): 지세가 낮고 진창이 많아 인마가 빠지기 쉬운 지형임. ⑥ 천극(天隙): 두 산 사이의 계곡이 좁고 깊어 사람이 다니기에 힘든 지형임. ⑦ 오영지(吾迎之), 적배지(敵背之): 迎은 '정면으로 마주함', 之는 '여섯 가지 위험한 지형을 가리킴.' 背는 '등짐', 곧 위험한 지형을 뒷면에 둔다는 의미임. 즉 아군에게는 이익이 되고 적에게는 위험이 되는 것임. 그리고 해석의 편의상 '이러한 지형(之)'을 앞에 두면서 한 번만 해석함.

[15] Country in which there are precipitous cliffs with torrents running between, deep natural hollows, confined places, tangled thickets, quagmires and crevasses, should be left with all possible speed and not approached. [16] While we keep away from such places, we should get the enemy to approach them; while we face them, we should let the enemy have them on his rear.

D precipitous 가파른, 깎아지른 듯한 ; cliffs 절벽 ; torrents 급류 ; hollows 공동 ; confined 밀폐된 ; tangle 얽힌 것 ; thicket 덤불, 잡목 숲 ; quagmire 수렁 ; crevasse 깊이 갈라진 틈 ; be left with 계속 지니다 ; approach 접근하다 ; keep away from ...에 가까이하지 않다 ; rear 뒤쪽

[17] 軍旁有險阻, 潢井, 蒹葭, 林木, 翳薈者, 必謹覆索之, 此伏姦之所 也。 (군방유험조, 황정, 겸가, 산림, 예회자, 필근복색지, 차복간지소야)

군대가 행군 중 주변에 험준한 산악이나 막힌 곳, 지대가 낮고 물이 고인 곳, 갈대가 우거진 곳, 초목이 무성한 숲이 병풍처럼 둘러쳐 있는 지역이 있으면, 반드시 신중하게 반복해서 수색해야 한다. 이런 곳에는 복병이나 첩자가 숨어 있을 가능성이 높기 때문이다.

<한자> 旁(곁 방) 곁, 옆 ; 阻(막힐 조) 막히다, 험하다 ; 潢(웅덩이 황) 웅덩이, 저수지 ; 蒹(갈대 겸) 갈대 ; 葭(갈대 가) 갈대 ; 林(수풀 림) 수풀 ; 翳(깃 일산 예) 방패 ; 薈(무성할 회) 무성하다, 우거지다 ; 謹(삼갈 근) 삼가다, 조심하다, 신중히 하다 ; 覆(다시 복) 다시 ; 索(찾을 색) 찾다 ; 伏(엎드릴 복) 엎드리다, 잠복하다 ; 姦(간음할 간) 간음하다, 훔치다, 도둑질하다

<참고> ① 군방유험조(軍旁有險阻): 旁 대신 行을 쓴 판본도 있음. '행군 중 주변'으로 해석함. 險阻는 '험준한 산악이나 막힌 곳'임. ② 황정(潢井): '물이 괸 웅덩이나 저지대'를 뜻함. ③ 겸가(蒹葭): '갈대밭', 죽간본에는 葭葦(가위)로 되어 있는데 '갈대'를 뜻함. ④ 예회(翳薈): "조조는 '병풍처럼 둘러쳐 있는 곳이다'라고 했음." [신동준]. ⑤ 근복색지(謹覆索之): 謹은 '신중하게'임. 일설은 '경계 강화'로 해석함, 覆索은 '반복해서 (자세히) 수색', 之는 앞에 열거한 지역 ⑥ 복간지소(伏姦之所): 姦은 '첩자'인데, 여기서는 '복병이나 첩자'를 뜻함. 일부 판본은 간(奸)으로 되어 있음.

[17] If in the neighborhood of your camp there should be any hilly country, ponds surrounded by aquatic grass, hollow basins filled with reeds, or woods with thick undergrowth, they must be carefully routed out and searched; for these are places where men in ambush or insidious spies are likely to be lurking.

D neighborhood 근처, 이웃 ; hilly country 구릉지 ; pond 연못 ; surrounded 둘러싸인 ;

aquatic 수생의 ; hollow 빈, 움푹 꺼진 ; basins (큰 강의) 유역 ; reed 갈대 ; undergrowth 관목 ; route 행군하다 ; search 수색하다 ; ambush 매복하다 ; insidious 교활한, 음흉한 ; lurk 숨어 있다

◎ 오늘(D+49일)의 思惟 ◎

손자는 원정군이 우회 기동하는 과정에서 만날 수 있는 6가지 애로 지형을 제시하면서 이러한 지형은 빨리 지나가고, 아군은 멀리하고 적군을 가까이하게 하며, 그리고 행군 중에 의심스러운 5가지 지형에 대하여 조심하고 반복해서 수색할 것을 말했습니다. 이러한 용병 지침은 현대의 전투에서도 참고할 내용이 많다고 생각합니다.

손자가 〈行軍篇〉에서 진지 편성과 용병에 대하여 작전 지침을 많이 제시했는데, 여기서는 주둔지 경계 실패로부터 교훈을 얻은 미군의 혁신에 대하여 알아보겠습니다. 전쟁사를 보면 알렉산드로스, 한신, 구스타프, 프리드리히, 나폴레옹 등의 군사 천재들은 군사상의 혁신을 했거나 용병에 창의성을 발휘함으로써 승리했습니다. 이와 관련하여 현대 미군의 혁신에 대한 이야기를 『Power to the Edge(2003년)』에 기술된 내용으로 간략하게 설명하겠습니다.[11] 하나의 사례는 1983년 베이루트에서 자살 폭탄 테러범에 의해서 미국 해병대 막사가 파괴된 것입니다. 병영은 장애물과 무장된 경계병으로 광범위하게 방어되었지만, 방어의 형태는 수 주 동안 변하지 않았습니다. 방어가 공개되어 있었고, 알 수 있었다는 사실은 공격을 계획하는 집단이 그러한 방어의 복제품을 세우고 훈련하

---

11 David S. Alberts·Richard E. Hayes(2003). 「Power to the Edge」. CCRP. 150.
    〈file:///C:/Users/user/AppData/Local/Microsoft/Windows/INetCache/IE/DK3IHIPE/
    Alberts_Power.pdf〉.

는 것을 허용했습니다. 만일 방어에서 장애물의 패턴이나 경계병의 위치를 변경하는 것 등 약간의 임의성이 있었더라면, 트럭 폭탄이 성공했을 가능성은 감소되었을 것입니다. 이 테러리스트 공격은 중동에서 미국의 정책, 특히 혁신에 대하여 중요한 영향을 끼쳤습니다.

혁신은 새로운 방법으로 일하거나 새로운 일을 맡는 능력입니다. 미군은 위의 베이루트 '폭탄 테러범 공격', 그리고 1993년 모가디슈에서 '특수 부대 피습 사건' 등을 겪으면서, 이를 교훈 삼아 군사 운용에서 혁신하고 효과적으로 사용했습니다. 혁신은 시간이 지나면서 미군의 특징 중의 하나가 되었고, 미군의 전술을 이해하기 위해 노력했던 적의 지휘관들을 좌절시켰습니다. 예를 들면, 1983년 10월에 아이티에서 작전하는 동안, 육군이 플랫폼으로서 항공모함을 사용한 것은 하나의 탁월한 사례입니다. 1차 걸프전에서 지상 전투 동안 수륙 양용의 상륙을 하지 않기로 결정하고 적을 기만하기 위해 집중되었던 노력이 매우 효과적이었으며, 지상에서 우회 기동함으로써 작전을 성공시켰습니다. 미군은 또한 아프가니스탄 작전 동안 준비되지 않았던 적에게 매우 혁신적으로 정밀 무기를 사용하였습니다. 전술, 기술, 그리고 사용된 절차는 야전에서 상당히 발전되었고, 센서와 야전의 부대, 슈터 사이의 새로운 연결들을 사용했습니다.[12] 이와 같이 혁신이나 창의는 시대 구분 없이 전투에서 승리하기 위하여 반드시 필요한 원칙이라고 말할 수 있습니다.

---

12 앞의 자료. 150-151.

[D+50일] 행군(行軍, The Army on the March) ⑤

[18] 敵近而靜者, 恃其險也。[19] 遠而挑戰者, 欲人之進也。[20] 其所居易者, 利也。[21] 衆樹動者, 來也。衆草多障者, 疑也。 (적근이정자, 시기험야; 원이도전자, 욕인지진야. 기소거이자, 이야. 중수동자, 래야. 중초다장자, 의야)

적이 아군의 접근에도 조용한 것은 지형의 험함을 믿는 것이다. 적이 멀리 떨어져 있는데도 싸움을 거는 것은 아군이 진격하기를 바라는 것이다. 적이 평지에 진을 편성한 것은 어떤 유리함이 있다는 것이다. 많은 나무가 움직이는 것은 적이 오고 있는 것이다. 풀숲에 장애물이 많은 것은 아군이 의심하게 하는 것이다.

<한자> 靜(고요할 정) 고요하다, 조용하다 ; 恃(믿을 시) 믿다 ; 險(험할 험) 험하다 ; 遠(멀 원) 멀다 ; 挑(돋울 도) 돋우다, 꾀다 ; 欲(하고자 할 욕) 바라다 ; 進(나아갈 진) 나아가다 ; 易(쉬울 이) 쉽다, 평평(평탄)하다 ; 居(살 거) 살다, 거주하다 ; 動(움직일 동) 움직이다, 흔들리다 ; 草(풀 초) 풀 ; 障(막을 장) 막다, 장애 ; 疑(의심할 의) 의심하다

<참고> ① 적근이정자(敵近而靜者): 敵近은 '적이 가까이 있다'인데, 즉 '적이 아군의 접근에도'로 이해함. ② 욕인지진(欲人之進): 人은 상대방, 곧 아군을 가리킴, 進은 '나아가다, 진격하다'임. 곧 '유인하거나 책략에 걸려들기를 바란다'는 의미임. ③ 기소거이자(其所居易者): "조조는 '적이 무엇인가 유리한 조건을 지니고 있음을 암시한다'고 주석을 했음." [신동준]. 두목은 '평지에 머무르는 것은 반드시 어떤 이익이 있기 때문이다'로 해석함. [소호자]. 영문은 '그들의 주둔지가 접근하기 쉽다면, 그들이 미끼를 제공하고 있는 것이다'라고 함. ④ 중수동자(衆樹動者): 衆樹는 '많은 나무' 또는 '숲의 나무'임. 動은 '움직임, 흔들거림' ⑤ 의야 (疑也): 疑는 "사역동사로 의혹하게 함" [박삼수]. "조조는 '풀을 엮어 덫을 만드는 것은 아군이 의심하도록 만들기 위함이다'라고 했음." [유종문].

[18] When the enemy is close at hand and remains quiet, he is relying on the natural strength of his position. [19] When he keeps aloof and tries to provoke a battle, he is anxious for the other side to advance. [20] If his place of encampment is easy of access, he is tendering a bait. [21] Movement amongst the trees of a forest shows that the enemy is advancing. The appearance of a number of screens in the midst of thick grass means that the enemy wants to make us suspicious.

D close at hand (시간·거리상으로) 가까이에 있는 ; keep aloof 냉담하다 ; provoke 도발하다 ; anxious for ...을 열망하는 ; advance 전진[진격]하다 ; access 접근하다 ; tender 제공하다 ; bait 미끼 ; appearance 모습, 출현 ; a number of 많은, 다수의 ; midst 가운데 ; thick grass 우거진 풀 ; suspicious 의심하다

[22] 鳥起者, 伏也。獸駭者, 覆也。[23] 塵: 高而銳者, 車來也; 卑而廣者, 徒來也; 散而條違者, 樵採也; 少而往來者, 營軍也。(조기자, 복야; 수해자, 복야. 진: 고이예자, 차래야; 비이광자, 도래야; 산이조달자, 초채야; 소이왕래자, 영군야)

새들이 날아오르는 것은 복병이 있는 것이다. 짐승이 놀라 달아나는 것은 적이 기습해 오는 것이다. 흙먼지가 높이 날카롭게 치솟는 것은 적의 전차대가 오는 것이며, 낮고 넓게 일어나는 것은 적의 보병이 오는 것이다. 흙먼지가 여러 곳에서 가늘고 길게 일어나는 것은 적이 땔나무를 채집하는 것이며, 적게 일어나면서 왔다 갔다 하는 것은 숙영을 준비하는 것이다.

<한자> 鳥(새 조) 새 ; 起(일어날 기) 일어나다 ; 獸(짐승 수) 짐승 ; 駭(놀랄 해) 놀라다 ; 覆(다

시 복) 엎어지다 ; 塵(티끌 진) 티끌, 먼지 ; 銳(날카로울 예) 날카롭다 ; 卑(낮을 비) 낮다 ; 廣 (넓을 광) 넓다 ; 徒(무리 도) 무리, 보병 ; 散(흩을 산) 흩어지다 ; 條(가지 조) 가지, 길다 ; 達 (통달할 달) 도달하다, 드러나다 ; 樵(나무할 초) 나무하다 ; 採(캘 채) 채취[채집]하다 ; 營(경 영할 경) 경영하다, 계획하다

<참고> ① 수해자, 복야(獸駭者, 覆也): 獸駭는 '짐승이 놀라(달아나)는 것', 覆은 '엎어지다, 뒤 집어엎다'의 뜻인데, 여기서는 (적이) '기습해 온다'로 이해함. ② 진고이예(塵高而銳): 塵은 '흙먼지', 高而銳는 '높고 날카롭다'인데, '높이 ~치솟다'를 덧붙여 해석함. ③ 비이광자(卑而廣 者): "장예는 '도보로 행진하면 행렬이 성기고 먼 까닭에 먼지가 낮게 일어난다'고 풀이했음." [신동준]. ④ 산이조달(散而條達): 散은 '흩어지다'인데, '여러 군데, 군데군데'로 해석하기도 함. 條達은 '가늘고 길게 일어나는 것'을 의미함. ⑤ 소이왕래(少而往來): 少는 '적다', 往來는 '가고 오고 함'인데, '왔다 갔다, 여기저기서 일다, 끊겼다 이어졌다' 등으로 해석함. 매요신은 '가볍게 무장한 병사들이 영채를 차리는 탓에 먼지가 적게 일어난다'고 했음. [신동준].

[22] The rising of birds in their flight is the sign of an ambuscade. Startled beasts indicate that a sudden attack is coming. [23] When there is dust rising in a high column, it is the sign of chariots advancing; when the dust is low, but spread over a wide area, it betokens the approach of infantry. When it branches out in different directions, it shows that parties have been sent to collect firewood. A few clouds of dust moving to and fro signify that the army is encamping.

D ambuscade(=ambush) 매복 ; startled beasts 놀란 짐승 ; sudden attack 급습 ; dust 먼 지 ; column 기둥 ; chariots 병거, 전차 ; betokens 징조이다 ; infantry 보병 ; branch out 가 지가 나오다 ; firewood 장작, 땔감 ; to and fro 이리저리, 앞뒤로 ; signify 나타내다

◎ 오늘(D+50일)의 思惟 ◎

손자는 전장의 현상과 적정의 관찰을 통해 적의 징후와 의도를 파악하는 방법에 대하여 32가지를 설명했습니다. 그것은 대략 두 부류로 나눌 수 있는데 하나는 동식물 등 자연 변화를 토대로 적정을 추론하는 방법이며, 다른 하나는 적의 움직임을 관찰해 추론하는 방법입니다.

손자가 32가지 방법에 대하여 자세히 설명하기 때문에, 여기서는 우선 '정보(Information 또는 Intelligence)'를 주제로 생각해 보겠습니다. 일반 사회와 저널리즘 분야에서는 정보를 '실정에 대하여 알고 있는 지식 또는 사실 내용'이라는 개념으로 사용하고 있습니다. 간단히 말하면 어떤 목적에 맞게 정리된 자료(데이터)를 말합니다. 원래 정보라는 용어는 군에서 사용하던 전문 용어로서 '적국의 동정에 관하여 알림'이라는 의미였습니다. 군에서 사용하는 군사 정보란 "가상적인 적이나 실제적인 적군 또는 작전 지역에 관한 지식으로서 군사 정책 기획 및 계획을 준비하고 실시하는 데 필수적인 정보입니다. 군사 정보에는 전투 정보와 전략 정보가 포함됩니다."[13] 미국 국방부 군사 용어 사전에는 "정보(Intelligence) - 외국, 적대적이거나 잠재적으로 적대적인 부대나 요소들, 또는 실제 또는 잠재적인 작전 지역에 관한 가용한 정보의 수집, 처리, 통합, 평가, 분석 및 해석에서 비롯된 산출물"[14]이라고 정의하고 있습니다.

오늘날 세계 각국의 군대는 정보화 시대에 군사력을 운용함에 있어

---

13 군사 정보(2012. 5.10.), 군사 용어 사전, 「네이버 지식백과」.
⟨https://terms.naver.com/entry.nhn?docId=1534155&cid=50307&categoryId=50307⟩.

14 「Joint Publicatio 1-02. Department of Defense Dictionary of Military and Associated Terms」(2010. 11.8.). 114. ⟨https://fas.org/irp/doddir/dod/jp1_02.pdf⟩.

서 정보의 중요성을 잘 알고 있다고 생각합니다. 그런데 전쟁 수행을 지배하는 기본적인 원리인 전쟁의 원칙을 확인해 보면, 미국, 영국, 그리고 기타 주요 국가들이 정보를 전쟁의 원칙에 포함하지 않고 있습니다.[15] 우리나라는 12개의 전쟁 원칙(목표, 정보, 공세, 기동, 집중, 기습, 경계, 통일, 절약, 창의, 사기, 간명)을 육군의 기본 교범인 《지상작전》에 기술하고 있습니다.[16] 《지상작전》에서 "정보는 적과 작전 지역 등에 관한 모든 자료로서 모든 작전을 계획하고 실시하는 데 있어 필수불가결하다. 손자가 '知彼知己 百戰不殆 知天知地 勝乃可全'이라고 하였듯이 적과 작전 환경에 대해 알고 이를 활용하는 것은 군사 작전에 지극히 중요하다"고 했습니다. 저는 교범이 설명하는 내용에 대하여 공감하지만, 정보를 전쟁의 원칙에 포함한 것에 대하여 재검토할 필요가 있다고 생각합니다. 즉 다른 나라도 정보의 중요성을 다 알고 있겠지만 왜 전쟁의 원칙에 포함하지 않는지에 대하여 생각해 볼 필요가 있습니다. 이제 정보는 우리의 생존에 물과 공기가 매우 중요한 것과 마찬가지로 전쟁의 원칙보다 더 중요한 것이 되었습니다.

---

15 Principles of war(2020. 10.3.). 「Wikipedia」.
    〈https://en.wikipedia.org/wiki/Principles_of_war〉.

16 육군사관학교 전사학과(2004). 같은 자료. 32-37.

[D+51일] 행군(行軍, The Army on the March) ⑥

[24] 辭卑而益備者, 進也。辭強而進驅者, 退也。**[25]** 輕車先出其側者, 陣也。**[26]** 無約而請和者, 謀也。**[27]** 奔走而陳兵者, 期也。(사비이익비자, 진야. 사강이진구자, 퇴야. 경차선출기측자, 진야. 무약이청화자, 모야. 분주이진병자, 기야)

　　적이 말은 겸손하면서도 전투태세를 강화하는 것은 곧 진격하려는 것이다. 적이 말이 강경하고 당장 진격해 올 것처럼 하는 것은 물러나려는 것이다. 적 전차가 먼저 나와서 양측에 자리를 잡는 것은 진형을 갖추는 것이다. 적이 아무런 약속 없이 강화를 요청하는 것은 음모를 꾸미고 있는 것이다. 적이 분주하게 뛰어다니며 병거의 진형을 갖추는 것은 결전을 하려는 것이다.

<한자> 辭(말씀 사) 말씀, 알리다 ; 益(더할 익) 더하다 ; 驅(몰 구) 몰다 ; 退(물러날 퇴) 물러나다 ; 輕(가벼울 경) 가볍다 ; 側(곁 측) 곁, 옆, 측면 ; 陳(진칠 진) 진을 치다 ; 約(맺을 약) 약속하다 ; 請(청할 청) 청하다 ; 和(화할 화) 화목하다 ; 奔(달릴 분) 달리다 ; 走(달릴 주) 달리다 ; 期(기약할 기) 결정하다, 기간, 기한

<참고> ① 사비이익비(辭卑而益備): 辭卑는 적 또는 적의 '사신'이 말(辭)을 '낮추거나, 겸손, 공손함'을 의미함. 益備는 '준비를 더하다', 곧 '전투태세를 강화하다'는 의미임. ② 사강이진구(辭強而進驅): 進驅는 '앞으로 나아가 몰아침', 여기서는 '당장 진격하다'로 해석함. "조조는 허장성세의 궤사로 풀이했다." [신동준]. ③ 경차선출기측(輕車先出其側): 輕車는 전차를 뜻함. "두목은 '전투용 수레가 나오는 것은 먼저 진의 경계를 정하려는 것이다'라고 했음." [유종문]. ④ 진야(陳也): 전투를 벌이기 위해 '진형을 갖춘다, 진을 치다'는 뜻인데, 곧 싸움을 시작한다는 것임. ⑤ 무약이청화(無約而請和): 無約은 '아무런 약속 없이'의 뜻임. 일설은 '궁지에 몰린 것도 아닌데', 즉 約을 곤궁, 곤경의 뜻으로 해석한 것임. 請和는 '강화를 청하다', '화의를 구하

다'는 뜻임. ⑥ 모야(謀也): '계략이다', 여기서는 '음모가 있다 또는 꾸미다'의 의미임. ⑦ 분주이진병(奔走而陳兵): 奔走는 '이리저리 바쁨'을 비유함. 여기서는 '분주하게 뛰어다니며'로 해석함. 陳兵은 '병력(병거)의 진형을 갖추다(배치하다)'임. ⑧ 기야(期也): 期는 '기대하다, 정하다'인데, '전투를 기하다, 결전을 시도하다(바란다, 노린다), 공격시기가 되다(엿보다, 결정하다).' 등의 해석이 있음.

[24] Humble words and increased preparations are signs that the enemy is about to advance. Violent language and driving forward as if to the attack are signs that he will retreat. [25] When the light chariots come out first and take up a position on the wings, it is a sign that the enemy is forming for battle. [26] Peace proposals unaccompanied by a sworn covenant indicate a plot. [27] When there is much running about and the soldiers fall into rank, it means that the critical moment has come.

D humble 겸손한 ; be about to 곧 ~을 하려고 하다 ; violent 강력한 ; drive 몰아가다, 몰아붙이다 ; retreat 물러가다 ; take up a position 진지를 차지하다 ; form 형성하다 ; proposals 제안 ; unaccompanied 동반하지 않은 ; sworn 선서[맹세]를 하고 한 ; covenant 약속 ; plot 음모 ; running about 바삐 뛰어다니다 ; fall into rank 정렬하다 ; critical moment 위급 존망의 때

[28] 半進半退者, 誘也。[29] 仗而立者, 飢也。[30] 汲而先飲者, 渴也。[31] 見利而不進者, 勞也。 (반진반퇴자, 유야. 장이립자, 기야. 급이선음자, 갈야. 견리이부진자, 노야)

　적이 전진과 후퇴를 거듭하는 것은 아군을 유인하려는 것이다. 적의 병사들이 병장기에 기대고 서 있는 것은 굶주리고 있는 것이다. 적이 물

을 길어서 먼저 마시는 것은 목마르다는 것이다. 이로움을 보고도 진격하지 않는 것은 지쳐 있다는 것이다.

<한자> 仗(의장 장) 의장, 무기, 병장기 ; 飢(주릴 기) 굶주리디 ; 汲(길을 급) 물을 긷다 ; 飮(마실 음) 마시다 ; 渴(목마를 갈) 목마르다, 갈증이 나다 ; 勞(일할 로/노) 일하다, 지치다

<참고> ① 반진반퇴(半進半退): '반쯤 전진, 반쯤 후퇴'인데, '전진과 후퇴를 거듭하는 것'으로 해석함. ② 장이립(杖而立): 杖은 '병장기'인데, 여기서는 '병장기에 기대다'의 동사로 해석함. 곧 '적의 군중에 식량이 부족하거나 떨어져 굶주리고 있다'는 의미임. ③ 급이선음(汲而先飮): 汲은 '물을 긷다', 先飮은 '먼저 마시다', 죽간본에는 '汲役先飮'으로 되어 있음. 汲役은 '물 긷는 병사'임. ④ 노야(勞也): '지쳐 있다 또는 피로하다', 곧 적이 미동도 하지 않는 것은 병사뿐만 아니라 장수까지 크게 지쳐 있다는 표시임.

[28] When some are seen advancing and some retreating, it is a lure. [29] When the soldiers stand leaning on their spears, they are faint from want of food. [30] If those who are sent to draw water begin by drinking themselves, the army is suffering from thirst. [31] If the enemy sees an advantage to be gained and makes no effort to secure it, the soldiers are exhausted.

D lure 유혹, 미끼 ; lean on ...에 기대다 ; spear 창 ; faint 실신[기절]하다 ; draw water 물을 긷다 ; suffer from ~로 고통받다 ; thirst 갈증, 목마름 ; advantage 이점, 유리한 점 ; secure 획득하다, 안심하는 ; exhausted 기진맥진한

◎ 오늘(D+51일)의 思惟 ◎

손자는 적의 징후와 의도를 파악하는 방법 중에 흙먼지의 모양과 적 군대의 움직임을 보고 판단하는 방법 등을 제시했습니다. 이와 같은 방

법은 전투에 투입된 장수와 병사들이 보거나 느낀 현상으로부터 적의 상황과 의도를 판단하는 것입니다.

먼저, 현재 정보 분야에서 적정을 감시하고 정보를 수집하는 체계에 대하여 알아보겠습니다. 정보는 전통적으로 사람에 의해 수집했지만, 1차 세계대전 이후 비행기의 등장은 전쟁의 양상을 바꾸어 놓기도 했거니와 정보를 수집하기 위한 목적으로도 사용되었습니다. 오늘날은 첨단 기술 및 장비가 고도로 발전함에 따라 적을 감시, 정찰하는 수단이 획기적으로 발전되었고, 세계 각국이 ISR(Intelligence, Surveillance, and Reconnaissance) 능력을 갖추기 위하여 경쟁하고 있습니다.

미국 국방부는 "ISR은 현재와 미래의 작전에 직접 지원하는 처리, 이용, 전파 시스템의 기획과 작전을 동기화하고 통합하는 활동이며, 이것은 통합된 정보 및 작전 기능이다"[17]라고 정의합니다. 미국이 현재 전장 감시를 위해 운용하고 있는 전력들을 개략적으로 설명하면, 먼저 정찰 위성을 운용하고 있습니다. KH-12 위성의 경우, 지상에 있는 10cm 크기의 물체를 식별할 수 있습니다. U-2기는 고도 20km 이상에서 정찰 활동을 하는데, 1950년대 말부터 현재까지 운용하고 있습니다. 그리고 많은 정찰기를 전장 지역에서 운용하고 있습니다. 특히 2001년 9.11테러를 기점으로 "대테러 전략의 하나로 군사용 드론을 적극적으로 활용하기 시작했고, 현재는 글로벌 호크(Global Hawk), 프레데터(Predator) 등과 같은 최첨단 군사용 드론을 운용하고 있습니다."[18]

---

17 「Joint Publicatio 1-02. Department of Defense Dictionary of Military and Associated Terms」(2010). 같은 자료. 143.

18 아나드론스타팅(2017. 8.29). 전장의 필수 요소, 군사용 드론의 현황과 미래. 「네이버 포스트」. 〈https://m.post.naver.com/viewer/postView.nhn?volumeNo=9317965&memberNo=15525599&vType=VERTICAL〉.

우리나라도 현재 최신형 ISR 전력을 운용하고 있습니다. 2020년 1월 언론에 공개된 자료에 의하면, "우리 군의 주력 정찰기는 피스아이와 백두, 금강, 새매(RF-16) 등이 있습니다. 금강과 새매는 영상 정보, 백두는 신호 정보 수집 정찰기입니다."[19] 백두는 한반도 전역 공중과 해상의 1000여 개 표적을 동시에 탐지할 수 있는 레이더를 갖추고 있습니다. 그리고 RQ-4 글로벌 호크는 2019년에 1호기를 도입한 이후, 2020년에 4호기까지 도입한 것으로 공개되었습니다.[20] 글로벌 호크는 20km 상공에서 레이더와 적외선 탐지 장비 등을 통해 지상의 30㎝ 크기 물체까지 식별할 수 있습니다. 한편 군단급 무인기와 대대급 무인기를 정찰 목적으로 운용하고 있습니다. 특히, "한국군이 독자적인 ISR 능력을 갖추기 위해서는 정찰 위성 확보가 필수적입니다. 그런데 미국이 정찰 위성 판매 및 기술 이전을 불허하기 때문에, 군이 독자 기술로 정찰 위성 개발을 추진 중이지만, 군사 위성 선진국들과 비교해 기술 격차가 커 개발에 애를 먹고 있습니다."[21]

---

19 정충신(2020. 1.9.). 한국군 최신 ISR자산 도입 속도. 「문화일보」.
    〈http://www.munhwa.com/news/view.html?no=2020010901031630114001〉

20 신규진(2020. 10.20.). 쉬쉬하며 들여온 글로벌 호크, 이름도 안 지어줘, 「동아일보」.
    〈https://www.donga.com/news/NewsStand/article/all/20201020/103522341/1〉.++

21 정충신(2020. 1.9.). 같은 자료.

[D+52일] 행군(行軍, The Army on the March) ⑦

[32] 鳥集者, 虛也。夜呼者, 恐也。**[33]** 軍擾者, 將不重也。旌旗動者, 亂也。吏怒者, 倦也。(조집자, 허야. 야호자, 공야. 군요자, 장부중야; 정기동자, 난야. 이노자, 권야)

　　새들이 모여드는 것은 진영이 비어 있는 것이다. 밤에 소리를 지르는 것은 겁에 질려있는 것이다. 적의 진영이 소란스러운 것은 장수가 위엄이 없는 것이다. 적의 깃발이 함부로 움직이는 것은 혼란에 빠져 있는 것이다. 군관들이 화를 내는 것은 부하들이 지쳐 있는 것이다.

<한자> 集(모을 집) 모이다 ; 虛(빌 허) 비다 ; 呼(부를 호) 큰 소리를 지르다 ; 恐(두려울 공) 두렵다, 무서워하다 ; 擾(시끄러울 요) 시끄럽다, 어지럽다 ; 重(무거울 중) 무겁다 ; 亂(어지러울 난) 어지럽다 ; 吏(벼슬아치 이/리) 관리 ; 怒(성낼 노) 화[성]내다 ; 倦(게으를 권) 게으르다, 진력나다

<참고> ① 조집자, 허야(鳥集者, 虛也): 적의 영채 위에 '새들이 모여드는 것'은 적이 이미 철수해 텅 비어 있음을 의미함. ② 야호자, 공야(夜呼者, 恐也): 夜呼는 "두목은 '두렵고 불안한 까닭에 밤에 소리를 치며 스스로 씩씩함을 드러낸 것이다'라고 했음." [신동준]. 恐은 '두려움에 떨다, 공포(겁)에 질려 있다'는 뜻임. ③ 군요자, 장부중(軍擾者, 將不重): 軍은 '적군 또는 적의 진영', 擾는 '어지러운, 시끄러운', 重은 '무겁다', 여기서는 '위엄이 있다'는 의미임. ④ 정기동자, 난야(旌旗動者, 亂也): 旌旗는 '깃발의 총칭', 動은 '움직이다'인데, '함부로[어지럽게] 움직임'을 뜻함. 亂은 '어지럽다'인데, '혼란에 빠져 있다'는 뜻임. ⑥ 이노자, 권야(吏怒者, 倦也): 吏는 '관리', 옛날 군대의 주장과 부장 등의 장수를 통칭함. 여기서는 '군관'으로 해석함. 怒는 '화내다', 倦은 '게으르다, 지치다'인데, '지쳐서 잘 움직이지 않는다'라는 의미임.

[32] If birds gather on any spot, it is unoccupied. Clamor by night

betokens nervousness. [33] If there is disturbance in the camp, the general's authority is weak. If the banners and flags are shifted about, sedition is afoot. If the officers are angry, it means that the men are weary.

D unoccupied 비어 있는 ; clamor 시끄러운 외침, 부르짖음 ; betoken 징조이다 ; nervousness 겁, 소심성 ; disturbance 소란 ; authority 지휘권, 권한 ; shift 옮기다, 이동하다 ; sedition 폭동, 선동 ; afoot 계획[진행] 중인 ; weary 지치다

[34] 殺馬肉食者, 軍無糧也。懸缸不返其舍者, 窮寇也。[35] 諄諄翕翕, 徐與人言者, 失衆也。[36] 數賞者, 窘也。數罰者, 困也。(살마육식자, 군무량야, 현부불반기사자, 궁구야. 순순흡흡, 서여인언자, 실중야; 삭상자, 군야; 삭벌자, 곤야)

말을 죽여 고기를 먹는 것은 군에 군량이 떨어진 것이다. 취사도구를 걸어놓고 군영으로 돌아가지 않는 것은 적이 궁지에 몰려 있는 것이다. 병사들이 모여 수군거리는데 장수가 자신 없이 완곡하게 병사들에게 말하는 것은 병사들로부터 신망을 잃은 것이다. 자주 상을 주는 것은 곤궁한 것이다. 자주 형벌을 가하는 것은 곤경에 처해 있는 것이다.

<한자> 殺(죽일 살) 죽이다 ; 肉(고기 육) 고기 ; 懸(달 현) 매달다 ; 缸(장군 부) 두레박, 물동이 ; 返(돌이킬 반) 돌아오다 ; 舍(집 사) 집 ; 窮(궁할 궁) 궁하다 ; 寇(도적 구) 도적 ; 諄(타이를 순) 타이르다 ; 翕(합할 흡) 합하다 ; 徐(천천히 할 서) 천천히 하다 ; 與(더불 여) 같이 하다 ; 數(자주 삭) 자주 ; 窘(군색할 군) 군색하다, 곤궁하다 ; 困(곤할 곤) 곤하다

<참고> ① 살마육식(殺馬肉食): 죽간본은 속마육식(粟馬肉食)으로 되어 있음. 즉 '말에게 양식을 먹이고 그 말을 잡아 고기를 먹는다'는 것임. ② 현부불반기사자(懸缸不返其舍者): 缸는 '물동이, 항아리'의 뜻인데, 여기서는 '취사도구'를 의미함. 즉 懸缸는 '취사도구를 걸어놓고', 즉 '군영으로 갖고 가지 않음'의 뜻임. 不返其舍는 '군영(막사, 영채, 숙영지)로 돌아가지 않는

다'는 뜻임. 죽간본은 '軍無懸甄, 不返其舍者'로 되어 있음. 甄(추)는 항아리임. ③ 궁구(窮寇): '궁지에 빠진 적'을 뜻하며, '적이 궁지에 몰려 죽음을 각오하고 싸우려는 것이다'란 의미임. ④ 순순흡흡(諄諄翕翕): 이 어구는 諄諄은 자신 없는 어투, 翕翕은 필승의 의지를 잃고 불안해하는 모습을 비유한 것임, 또는 '삼삼오오 모여서 수군대다, 모여서 수군거리고 웅성거리는데' 등 다양하게 해석함. ⑤ 서여인언자, 실중(徐與人言者, 失衆): 徐與人은 '병사들에게 자신 없이 느리게 말하다', 失衆은 '병사들에게 신망을 잃었다'는 뜻임. ⑥ 삭상자, 군야(數賞者, 窘也): 數은 '자주'라는 부사임. "매요신은 '형세가 곤궁해지자 병사들이 이탈할까 우려해 자주 상을 내리는 것'이라고 했음." [신동준]. ⑦ 삭벌자, 곤야(數罰者, 困也): "장예는 '군사들이 지치고 고달픔이 극에 달하면 부릴 수가 없으므로, 부단히 형벌을 가하여 두려움에 떨게 해 군령의 위엄을 세우는 것을 이름'이라 했음." [박삼수].

[34] When an army feeds its horses with grain and kills its cattle for food, and when the men do not hang their cooking-pots over the camp-fires, showing that they will not return to their tents, you may know that they are determined to fight to the death. [35] The sight of men whispering together in small knots or speaking in subdued tones points to disaffection amongst the rank and file. [36] Too frequent rewards signify that the enemy is at the end of his resources; too many punishments betray a condition of dire distress.

D feed 먹이를 주다 ; grain 곡물 ; determine 결정하다 ; fight to the death 죽을 때까지 싸우다 ; sight 봄, 모습 ; whisper 속삭이다 ; knot 매듭, 무리 ; subdued 가라앉은 ; points to …을 시사하다 ; disaffection 불만 ; rank and file 일반 병사 ; frequent rewards 빈번한 보상 ; signify 의미하다 ; at the end of ~이 거의 바닥나다 ; punishments 처벌, 형벌 ; betray 드러내다 ; dire distress 심각한 고통

◎ 오늘(D+52일)의 思惟 ◎

손자는 적의 징후와 의도를 파악하는 방법 중에 적의 내부 사정을 유심히 관찰하여 적의 상태를 파악할 수 있는 9가지 방법을 설명했습니다. 이것은 무기 소지, 물 사정, 피로 여부, 적 진영의 상태, 깃발, 식량 사정 등인데, 특히 보통 사람들이 미처 생각하거나 인지하기 어려운 현상과 징후를 보고 적 상황을 판단하는 설명도 있습니다.

오늘은 정보 분야에서 적 상황을 파악하고 조치하는 방법에 대하여 알아보겠습니다. 과거의 전쟁에서는 적 상황을 파악하면, 장수가 그것을 병법이나 직관에 따라 판단하고 용병을 결정했습니다. 역사적으로 보면 나폴레옹이 최초로 근대적인 개념의 참모 시스템을 가졌는데, 참모의 조력을 받아서 상황을 판단하고 병력을 운용했던 것은 그 이후일 것입니다. 현대전에서는 지휘관 및 참모가 교리에 의해 정립된 '군사 의사결정 프로세스'나 '부대 지휘 절차'에 따라 상황을 판단하고 계획하여 작전을 실행합니다. 즉 임무를 수령하면 정보를 파악하고, 분석하며, 방책을 결정하여 계획에 따라 부대를 운용하고 있습니다.

이와 같은 프로세스에서 정보에 중점을 두고 설명하면 다음과 같습니다. 지휘관들은 임무를 수령하거나 예상하면 군사 의사결정 프로세스를 시작합니다. 먼저 임무 분석을 하면서 작전 환경의 현재 상황에 적응하기 위하여 정보를 수집하고 분석하며 종합합니다. 정보 기능에서는 전장 정보 분석을 합니다. 이것은 전장 정보 준비(IPB : Intelligence Preparation of the Battle Field)와 동의어입니다. "IPB는 작전에 미치는 효과를 결정하기 위해 관심 지역의 적, 지형, 기상 및 시민 고려 사항의 임무 변수를 분석하는 체계적인 프로세스입니다."[22]

일반적으로 임무 분석 단계에서 적은 배치(조직, 강점, 위치 및 전술적 기동성 포함), 교리, 장비, 능력, 취약성, 가능성 있는 방책을 판단합니다. 지형과 기상은 군사 작전에 서로 직접적인 영향을 미치므로 분석을 분리하지 않습니다. 지형은 자연 지형과 인공 지형을 포함하며 지형평가 5개 요소를 군사적인 측면을 사용하여 분석합니다. 기상의 군사적인 측면에는 시야, 바람, 강수량, 구름, 온도 및 습도를 포함합니다.[23] IPB 산출물에 의해 지휘관은 작전 환경에 대한 지식의 중대한 갭을 확인할 수 있으며, 지휘관은 이들 갭을 지침으로 고려하여 지휘관의 중요 정보 요구와 우군 첩보 기본 요소를 결정합니다.

오늘날은 정보를 수집하기 위해 첨단 감시 정찰 장비를 사용하며, 수색 정찰대를 투입하여 적에 관한 첩보를 수집하거나 입수된 첩보를 확인하기도 합니다. 또한 IPB 산출물을 통해 지휘관이 작전 환경에 대한 사실을 평가하고, 작전 환경의 효과에 대한 설명은 우군의 방책에 대한 제한 사항을 확인할 수 있습니다. 정보 참모는 다른 참모 요원들과 협업하여 위협 방책 모델을 개발할 때에 IPB를 사용하며, 위협 방책 모델은 우군 방책을 만들고 정보 평가를 완료하기 위한 기반을 제공합니다. 이와 같은 활동은 작전 기간 중에 계속 실행됩니다.

---

22 HQ, Department of the ARMY(2014. 5.). 같은 자료. 9-8.

23 앞의 자료. 10-5.

[D+53일] 행군(行軍, The Army on the March) 8

[37] 先暴而後畏其衆者, 不精之至也。[38] 來委謝者, 欲休息也。[39] 兵怒而相迎, 久而不合, 又不相去, 必謹察之。(선폭이후외기중자, 부정지지야. 내위사자, 욕휴식야. 병노이상영, 구이불합, 우불상거, 필근찰지)

    장수가 병사들에게 처음에는 난폭하다가 나중에 그들을 두려워하는 것은 군사를 다루는 데 무능하다는 것이다. 적의 사자가 와서 예물을 바치며 사과하는 것은 휴식을 바라는 것이다. 적이 노기가 등등하게 아군과 맞서 대치하고 있으면서도 오랫동안 싸우지 않고 또한 떠나지도 않으면 반드시 그 의도를 신중히 살펴야 한다.

<한자> 暴(사나울 폭) 사납다, 난폭하다 ; 畏(두려워할 외) 두려워하다 ; 精(정할 정) 뛰어나다, 정통하다 ; 委(맡길 위) 맡기다 ; 謝(사례할 사) 사례하다, 사과하다 ; 欲(하고자 할 욕) 하고자 하다, 바라다 ; 休息(쉴 휴, 쉴 식) 쉬다 ; 迎(맞을 영) 맞이하다 ; 又(또 우) 또, 또한 ; 謹(삼갈 근) 삼가다, 신중히 하다 ; 察(살필 찰) 살피다

<참고> ① 선폭이후외기중(先暴而後畏其衆): "조조는 '처음에 적을 얕잡아보고 병사들을 가혹하게 다루다가 이후 불안한 나머지 병사들에게 아부하는 모습을 보인다'라고 주석함." [신동준]. ② 부정지지(不精之至): 不精은 '정예, 정밀, 정교, 정통하지 못함'의 의미임. 至는 '이르다'임. '정통하지 못함에 이름', 여기서는 '무능하다'로 해석함. 일설은 '군사들의 동요가 갈 데까지 갔다는 뜻이다'로 해석함. ③ 내위사(來委謝): 委는 "몸을 굽혀 예물을 올리는 위질(委質)을 말함" [신동준]. 委謝는 '예물을 바치며 용서를 빈다 또는 사과한다'는 의미임. ④ 욕휴식야(欲休息也): '휴식을 바란다(원한다, 하고 싶다)'인데, 즉 '휴전'을 하고 싶다는 의미임. ⑤ 병노이사영(兵怒而相迎): 兵怒는 '적이 노기가 등등하다 또는 분노에 가득 참'임. 相迎은 상대를 맞이함, 곧 상대와 맞서서 버팀(대치)을 이름. ⑥ 불합, 상거(不合, 相去): 不合은 '서로 맞붙어 싸우지 않고'를 뜻하며, 相去는 '떠나다, 철수[퇴각]하다'를 의미함. ⑦ 필근찰지(必謹察之): '반드시 그 이유(의도)를 신

중히 살펴야 한다'는 의미임. "이전은 '기습 매복에 대비하라'고 주석을 붙였음." [유동환].

[37] To begin by bluster, but afterwards to take fright at the enemy's numbers, shows a supreme lack of intelligence. [38] When envoys are sent with compliments in their mouths, it is a sign that the enemy wishes for a truce. [39] If the enemy's troops march up angrily and remain facing ours for a long time without either joining battle or taking themselves off again, the situation is one that demands great vigilance and circumspection.

D bluster 고함치다, 엄포를 놓다, take fright at …을 두려워하다 ; supreme 최고의, 극도의 ; intelligence 지능 ; envoy 사절 ; compliment 찬사 ; truce 휴전 ; angrily 성나서 ; join battle 교전하다 ; take off 떠나다 ; vigilance 경계 ; circumspection 세심한 주의, 신중, 경계

[40] 兵非貴益多, 惟無武進, 足以倂力料敵取人而已。[41] 夫惟無慮而易敵者, 必擒於人。(병비귀익다, 유무무진, 족이병력료적취인이이. 부유무려이이적자, 필금어인)

　전쟁에서 병력이 많다고 해서 이로운 것이 아니며, 오로지 병력만 믿고 나아가면 안 된다. 병력을 집중하고 적정을 살펴서 적과 싸워 이길 수 있으면 족할 따름이다. 무릇 오로지 깊이 생각하지 않고 적을 가볍게 봤다가는 반드시 적에게 사로잡힐 것이다.

<한자> 貴(귀할 귀) 귀하다, 중요하다 ; 益(더할 익) 이롭다 ; 惟(생각할 유) 생각하다, 오직 ; 武(호반 무) 무인, 병사 ; 足(발 족) 족하다, 넉넉하다 ; 倂(아우를 병) 아우르다(합하다) ; 料(헤아릴 료) 헤아리다 ; 取(가질 취) 가지다, 취하다, 멸망시키다 ; 慮(생각할 려) 생각하다 ; 易(쉬울 이) 경시하다, 가벼이 보다 ; 擒(사로잡을 금) 사로잡다, 포로

<참고> ① 병비귀익다(兵非貴益多): 兵은 '전쟁, 군대, 싸움, 병사' 등 다양하게 해석하는데, 여기서는 전투의 의미로 '전쟁에서'로 해석함. 貴益多는 '많은 것의 이로움(좋음)이 중요하다'인데, '(반드시, 무조건) 이로운 것이 아니다'로 해석함. 죽간본에는 '兵非多益'으로 되어 있음. ② 유무무진(惟無武進): 武進은 '무력, 즉 병력이 (많은 것을) 믿고 (무모하게) 나아감' 또는 '무력만 믿고 진격한다'는 의미임. ③ 족이병력료적취인이이(足以併力料敵取人而已): 併力은 '병력을 합하다(집중하다)', 料敵은 '적을 헤아리다'로 '적정을 살피다'는 의미임. 取人은 '적과 싸워 이기다', 일설은 '상하가 합심하다, 병사의 마음을 얻다'로 해석. 而已는 '~할 따름, 뿐임'의 뜻임. ④ 무려이이적(無慮而易敵): 無慮는 '깊이 생각하지 않음', 易敵은 '적을 가벼이 봄, 얕봄, 경시함'의 뜻임.

[40] If our troops are no more in number than the enemy, that is amply sufficient; it only means that no direct attack can be made. What we can do is simply to concentrate all our available strength, keep a close watch on the enemy, and obtain reinforcements. [41] He who exercises no forethought but makes light of his opponents is sure to be captured by them.

D amply 충분히 ; sufficient 충분한 ; concentrate 집중하다 ; available 가용한 ; strength 힘, 병력 ; keep a close watch on ...을 잘 지켜보다, 주의 깊게 보다 ; reinforcement 보강, 강화 ; exercises 행하다 ; forethought 사전숙고, makes light of ~을 가볍게 여기다, 경시하다 ; capture 붙잡다, 생포하다

◎ 오늘(D+53일)의 思惟 ◎

손자는 지금까지 전장에서 나타나는 현상이나 적정의 관찰을 통해 적의 징후와 의도를 파악하는 32가지의 방법을 설명했습니다. 그리고 이 편에서도 장수의 지휘 통솔에 대하여 설명하면서 작전을 깊이 생각하고

적을 가볍게 보면 안 된다고 강조했습니다.

적의 징후와 의도를 파악하는 32가지를 종합해 보면, "천치티엔은 '적근이정자(敵近而靜者)' 이하 17가지 징후는 전투를 개시하기 전에 적정을 정찰하는 방법을 논한 것이요, '장이립자(仗而立者)' 이하 15가지 징후는 전투를 진행하는 과정에서 적정을 정찰하는 방법을 논한 것"[24]이라며, 두 가지로 분류했습니다. 그리고 세부적으로 보면 "행군편에서 적정은 부대가 기동하는 단계에서 이루어지는 것이며, 그 내용이 적의 진영, 적의 기동, 적의 전투 준비, 병사들의 상태, 장수의 지휘 통솔, 적의 사자가 보이는 태도에 이르기까지 매우 다양한 정보를 포괄"[25]하고 있습니다.

손자가 설명한 32가지 현상을 다른 측면에서 분석해 보면 전장에서 장병이 관찰하거나 정찰을 통해 확인하고, 사신의 내왕을 통해 입수하거나, 간자(間者)를 통해 획득할 수 있는 내용입니다. 그런데 고대와 현대를 비교하면 전쟁 양상이나 정보 수집 수단이 현격하게 다르기 때문에 손자의 지침은 검토해서 현대전에 응용할 수 있는 것도 있겠지만, 바로 적용할 내용은 많지 않은 것 같습니다. 즉 현재는 전장에서 육안으로 적을 관측하거나 사신이나 간첩을 활용하여 정보를 수집하는 것이 어렵거나 한계가 있습니다. 그렇지만 일부의 내용은 소부대 전투기술 또는 수색 정찰대를 파견하여 정보를 수집하고자 할 때는 지침으로 활용할 수 있을 것 같습니다.

오늘날은 손자가 설명한 32가지 적정 및 징후판단 그 자체보다 손자의 정보 수집과 판단에 대한 관점 또는 정신을 배울 필요가 있습니다. 손자는 자연 현상이나 적의 행동을 세밀하게 살피면서 아주 작은 징후를

---

24 박삼수(2019). 같은 자료. 272.

25 박창희(2017). 같은 자료. 399.

보고서도 실상을 유추하고, 평소와 다른 행동을 보면 의심하며, 작은 일에서 큰 국면의 변화를 깨닫는 것을 가르치고 있습니다. 그리고 장수가 지휘 통솔하면서 병력만 믿고 무모하게 싸우지 말고 적을 가볍게 보지 말라고 했습니다.

이와 같은 손자의 관점과 정신, 가르침은 오직 군사 활동이나 군인에게만 필요한 것이 아닙니다. 창의적으로 생각한다면, 사회 조직의 어떤 부문에서도 적용할 수 있습니다. 예를 들이, 조직이나 기업의 인력 관리, 채용, 협상, 생산 및 재고, 매장 관리 등의 업무에서 판단 및 결정을 위한 원칙을 만들 수 있을 것입니다. 개인도 직장생활, 투자, 인간관계 등에서 자신만의 원칙을 몇 가지 만들어서 실천할 수 있을 것입니다.

[D+54일] 행군(行軍, The Army on the March) 9

[42] 卒未親附而罰之, 則不服, 不服則難用也。卒已親附而罰不行, 則不可用也。[43] 故令之以文, 齊之以武, 是謂必取。(졸미친부이벌지, 즉불복, 불복 즉난용. 졸이친부이벌불행 즉불가용. 고령지이문, 제지이무 시위필취)

병사들과 아직 친해지지 않았는데 벌을 주면 복종하지 않게 되고, 복종하지 않으면 이들을 쓰기 어렵다. 병사들과 이미 친해졌지만 잘못에 대해 벌을 주지 않으면 이들도 쓸 수 없다. 그러므로 장수는 병사들에게 인애와 도의로 명을 내리고, 규율과 징벌로 기강을 잡아야 한다. 이를 일컬어 반드시 병사들의 마음을 얻는 방법이라고 한다.

<한자> 親(친할 친) 친하다, 가깝다 ; 附(붙을 부) 붙다, 친근하다 ; 罰(벌할 벌) 벌하다[주다] ; 服(옷 복) 복종하다 ; 難(어려울 난) 어렵다 ; 而(말 이을 이) 그리고, 그러나 ; 行(다닐 행) 다니다, 하다, 행하다 ; 令(하여금 령) 명령하다 ; 齊(가지런할 제) 다스리다 ; 取(가질 취) 가지다, 이기다 ; 謂(이를 위) 이르다, 일컫다, 생각한다

<참고> ① 미친부이벌(未親附而罰): 親附는 '친하고 의지하며 따름'을 뜻함. "두목은 '은혜와 신의가 미흡한 상황에서는 형벌로 다스릴 수 없다'고 했음." [신동준]. ② 난용(難用): '쓰기 어렵다', 즉 '지휘하여 싸우기 매우 어렵다'는 의미임. ③ 벌불행(罰不行): '잘못에 대해(있는데) 처벌을 주지(행하지) 않다'는 의미임. ④ 령지이문(令之以文): 令은 '명령하다, 다스리다, 가르치다', 文을 '인자하게, 덕으로, 부드럽고 너그럽게, 정치와 도의로, 인애와 도의로, 문덕으로, 이치에 맞게' 등의 해석이 있음. 여기서는 '인애와 도의'로 해석함. 일설은 '정치나 올바른 도의로 병사들을 가르친다'고 해석함. ⑤ 제지이무(齊之以武): 齊는 '다스리다, 통제하다, 기강(군기)을 잡다', 武는 '무력, 무위, 무덕, 군기와 군법, 엄한 형벌, 규율과 징벌' 등의 해석이 있음. 여기서는 '규율과 징벌로 기강을 잡다'로 해석함. 즉 앞 구절과 함께 이것은 문무겸전(文武兼全)의 의미로 해석함. ⑥ 시위필취(是謂必取): 取는 '가지다, 이기다', 必取는 '반드시 이기는 또는 승리하는 방법이다' 또는 '병사들의 마음을 얻는다고 한다'로 해석이 대별됨. 문맥상 '후자', 일반적으로는 '전자'의 해석도 합리적인데, 손자가 병법에서 병사들의 마음을 얻는 것을 매우 강조하기 때문에 후자로 해석함.

[42] If soldiers are punished before they have grown attached to you, they will not prove submissive; and, unless submissive, then will be practically useless. If, when the soldiers have become attached to you, punishments are not enforced, they will still be useless(원전은 unless로 오자임.) [43] Therefore soldiers must be treated in the first instance with humanity, but kept under control by means of iron discipline. This is a certain road to victory.

D punish 처벌하다 ; attached to ~에 애착을 느끼는 ; prove 입증하다 ; submissive 순종적인 ; practically 사실상 ; enforce 집행[시행]하다 ; still 여전히 ; in the first instance 우선 먼저

; humanity 인간성, 인간애, 자애 ; kept under control 억제하다 ; iron discipline 엄격한 규율

[44] 令素行以敎其民, 則民服; 令不素行以敎其民, 則民不服; [45] 令素行者, 與衆相得也。(영소행이교기민, 즉민복, 영불소행이교기민, 즉민불복. 영소행자, 여중상득야)

평소에 하던 대로 명령하고 병사들을 가르치면 그들이 복종할 것이며, 평소에 하지 않던 것을 명령하여 병사들을 가르치면 그들은 복종하지 않을 것이다. 평소에 하던 대로 명령하는 것은 장수와 병사들이 서로 신뢰하기 때문이다.

<한자> 素(본디 소) 본디, 평소 ; 敎(가르칠 교) 가르치다 ; 得(얻을 득) 얻다, 만족하다, 이득

<참고> ① 영소행이교기민(令素行以敎其民): 令을 '명령하다, 다스리다', 令素行은 '평소에 하던 대로 명령한다' 또는 '文과 武로 명령을 차질 없이 시행한다'로 해석할 수 있음. 敎는 '가르치다', 民은 '병사'로 해석함. ② 여중상득(與衆相得): 與衆은 '병사들과 함께', 相得은 '두 사람의 뜻이 서로 맞음'인데, '서로 사이가 좋다, 서로 신뢰를 얻고 있다, 서로 이득이 되다' 등으로 해석함. "장예는 '윗사람이 신의로써 아랫사람을 부리면, 아랫사람은 신의로써 복종한다'고 풀이했음." [신동준]. 일설은 '모두에게 이득이 된다'고 해석함.

[44] If in training soldiers commands are habitually enforced, the army will be well-disciplined; if not, its discipline will be bad. [45] If a general shows confidence in his men but always insists on his orders being obeyed, the gain will be mutual.

D habitually 습관적으로 ; enforce 집행하다, 강요하다 ; well-disciplined 잘 훈련된, 규율이 서 있는 ; confidence 신뢰, 자신(감) ; insists 강요하다, 주장하다 ; gain 이득 ; mutual 상호간의, 서로의

◎ 오늘(D+54일)의 思惟 ◎

손자는 〈行軍篇〉 마지막에 장수의 지휘 통솔에 대하여 말했습니다. 그는 "장수는 병사들에게 인애와 도의로 명을 내리고, 규율과 징벌로 기강을 잡아야 한다"고 했습니다. 오늘날의 관점에서 보면 문무겸전의 지휘 통솔을 역설한 것입니다. 저는 우리나라 역사에서 훌륭한 장군들이 많지만, 그중에서 문무겸전의 가장 대표적인 장군은 고구려의 을지문덕과 조선의 이순신이라고 생각합니다.

두 명의 장군 중에 우리의 역사에서 소홀하게 다루는 측면이 있는 을지문덕에 대하여 알아보고자 합니다. 을지문덕(乙支文德)은 고구려 영양왕 23년(612년) 수나라와의 전쟁에서 살수 대첩으로 큰 승리를 이끈 장군입니다. 현재 우리는 을지문덕의 생몰년을 알지 못하고, 삼국사기에도 어떤 직함을 가졌는지도 알려지지 않은 채 '대신'으로만 기록되어 있습니다. 그러나 사대주의자였던 김부식도 "양제의 요동전쟁은 출동 병력에서 전례가 없을 만큼 컸다... 고구려는 이를 방어하고 스스로를 보전하였을 뿐만 아니라 그 군사를 거의 섬멸해 버릴 수 있었던 것은 문덕 한 사람의 힘이었다(삼국사기 열전)"라고 극찬했습니다.[26]

고구려-수 전쟁을 간략하게 설명하면 다음과 같습니다. 612년에 수나라가 113만 8천 명의 대군을 거느리고 고구려를 침략했는데, 요동성을 함락하지 못하자 우문술, 우중문의 별동대를 꾸려 공격했습니다. 이에 을지문덕은 청야 전술을 펼쳤고, 자신이 직접 압록강 건너편에 있는 적의 진영에 가서 거짓으로 항복하고 적진을 살폈습니다. 이후 교전하

---

26   을지문덕. 인물한국사. 「네이버 지식백과」.
     〈https://terms.naver.com/entry.nhn?docId=3568654&cid=59015&categoryId=59015〉.

면서 수나라 군대가 주린 기색이 있음을 알고, 더욱 지치게 하도록 싸우면 패하고 달아나기를 일곱 번을 거듭했습니다. 그래서 적이 평양성 30리 밖에까지 진출했습니다. 이때 을지문덕은 중문에게 그 유명한 '여수장우중문시(與隋將于仲文詩)'를 보냈습니다. 수나라군은 군량도 떨어진 상태에서 공격해 보았자 이길 수 없음을 깨닫고 퇴각했습니다. 드디어 을지문덕은 적을 공격하기 시작했으며 적들이 살수에서 강을 반쯤 건널 때 총공격을 시도했습니다. 중문과 문술의 군대는 30만 5천 명이었는데, 살수에서 무참히 패배하여 요동 지역에 돌아갔을 때는 2천 7백 명뿐이었습니다.[27]

이 전례를 보면, 을지문덕은 담대하면서 지혜가 있고 굳센 성격에다 글 짓는 솜씨도 비범했던 것 같습니다. 그런데 "역사 속에서 불세출의 명장으로 거론되고 있음에도 불구하고, 우리가 아는 것은 살수 전투 전후의 간략한 행적에 불과하고, 그것도 중국 역사책에 나오는 기록일 뿐 고구려로부터 전해지는 국내 전승 기록은 전혀 없다"[28]고 합니다. 저는 을지문덕은 문무를 겸비한 장수이면서, 의연한 기상과 웅략이 우리 민족 역사상 최고의 장군이라고 생각합니다. 누군가 말했듯이 신채호 선생처럼 더 깊이 연구할 필요가 있습니다. 또한 현재 국내외 정세를 볼 때, 우리 군에도 을지문덕과 같은 문무겸전한 장군이 필요한 시기인 것 같습니다.

27 살수 대첩의 영웅 을지문덕. 인물로 보는 고구려사. 「네이버 지식백과」.
    〈https://terms.naver.com/entry.nhn?docId=1921802&cid=62036&categoryId=62036〉.

28 임기환(2018. 12. 27.). 을지문덕은 누구인가. 「매경프리미엄」.
    〈https://www.mk.co.kr/premium/special-report/view/2018/12/24352/〉

지형(地形)

★ Terrain ★

지형은 '땅의 생긴 모양이나 형세'인데, 이 편은 지형의 중요성을 논하며, 지형에 따른 용병의 방법을 설명한다. 먼저 전장 지형의 유형, 패하는 군대의 유형을 제시하면서 모두 장수의 책임임을 강조한다. 그리고 "이길 수 없다면 군주가 싸우라고 해도 싸우지 않을 수 있다"는 전쟁의 이치와 부하 사랑의 리더십을 설명한다. 끝으로 "지기지피, 지천지지(知己知彼, 知天知地)"해야 전쟁에서 완전한 승리를 할 수 있다고 결론을 내린다.

◆ 지형편 핵심 내용 ◆

A [17] 將不知其能, 曰崩。 장수가 간부의 능력을 알지 못하면 이를 붕이라고 한다.

A [23] 戰道不勝, 主曰必戰, 無戰可也。 전쟁의 이치로 볼 때 이길 수 없다면 군주가 반드시 싸우라고 해도 싸우지 않을 수 있다.

A [24] 惟民是保, 而利於主, 國之寶也。 오직 백성을 보호하면서 군주를 이롭게 한다면 이러한 장수는 나라의 보배이다.

C [25] 視卒如愛子, 故可與之俱死。 병사들을 사랑하는 자식처럼 대하면 그들과 더불어 죽음을 함께할 수 있다.

C [31] 知天知地, 勝乃可全。 천시와 지리를 알면 승리가 완전해질 수 있다.

◆ 러블리 팁(Lovely Tip) ◆

L 상황이 다르면 행동도 다르게 하자.

L 지금 실패하는 행동을 하지 않는지 확인하자.

L 진퇴를 분명히 하고, 행동에 책임을 지자.

L 주변 사람들을 아끼고, 그들의 신뢰를 얻자.

L 자신과 상대를 알고, 주변 환경을 이용하자.

[D+55일] 지형(地形, Terrain) ①

[1] 孫子曰: 地形有通者, 有挂者, 有支者, 有隘者, 有險者, 有遠者。[2] 我可以往, 彼可以來, 曰通; [3] 通形者, 先居高陽, 利糧道以戰, 則利。(손자왈: 지형유통자, 유괘자, 유지자, 유애자, 유험자, 유원자, 아가이왕, 피가이래, 왈통; 통형자, 선거고양, 이양도이전, 즉리)

   손자가 말했다. 지형에는 통형, 괘형, 지형, 애형, 험형, 원형이 있다. 아군이 갈 수도 있고 적군이 올 수도 있는 곳을 통이라 한다. 통형에서는 먼저 높고 양지바른 곳을 점거하고, 양곡 수송로에 유리한 곳을 확보해 싸우면 유리하다.

<한자> 通(통할 통) 통하다 ; 挂(걸 괘) 걸다, 매달다 ; 支(지탱할 지) 지탱하다, 유지하다 ; 隘(좁을 애) 좁다, 험하다 ; 險(험할 험) 험하다, 험준하다 ; 遠(멀 원) 멀다 ; 往(갈 왕) 가다 ; 曰(가로 왈) 일컫다, ~라 하다 ; 居(살 거) 살다, 있다, 차지하다 ; 利(이로울 이) 이롭다, 편리하다 ; 糧(양식 량/양) 양식

<참고> ① 지형의 6가지 유형(通, 挂, 支, 隘, 險, 遠)을 언급한 것은 지형의 형태에 따라 전술의 변화를 설명하기 위한 것임. '挂'자가 죽간본에는 '掛'자로 되어 있고 뜻은 같음. ② 선거고양(先居高陽): 居는 '차지하다, 점거하다', 高陽은 '높고 양지바른 곳'임. ③ 통형(通形): 사통팔달의 교통이 편리한 지형임. 적이 선점하도록 해서는 안 됨. ④ 이양도이전, 즉리(利糧道以戰, 則利): 利는 여기서는 동사로 '편리하게 유지함', 糧道는 '양곡 운송로 또는 군량 보급로', 以는 '인(因)'으로 해석함. 일설은 용(用)으로 해석함.

[1] Sun Tzu said: We may distinguish six kinds of terrain, to wit: (1) Accessible ground; (2) entangling ground; (3) temporizing ground;

(4) narrow passes; (5) precipitous heights; (6) positions at a great distance from the enemy. [2] Ground which can be freely traversed by both sides is called accessible. [3] With regard to ground of this nature, be before the enemy in occupying the raised and sunny spots, and carefully guard your line of supplies. Then you will be able to fight with advantage.

D distinguish 구별하다 ; to wit 더 정확히 말해서 ; accessible 접근 가능한, 다가가기 쉬운 ; ground 땅, 지면 ; entangling 얽히게 하다, 얽어매다 ; temporize 임시변통하다, 사태를 관망하다 ; pass 산길 ; precipitous 가파른, 깎아지른 듯한 ; heights 고지 ; traverse 가로지르다, 통과하다 ; with regard to ...에 관해서는 ; nature 종류 ; raised (주변보다) 높은 ; guard 보호하다 ; line of supply 병참선 ; with advantage 유리하게

[4] 可以往, 難以返, 日挂; [5] 挂形者, 敵無備, 出而勝之, 敵若有備, 出而不勝, 難以返, 不利。 (가이왕, 난이반, 왈괘; 괘형자, 적무비, 출이승지, 적약유비, 출이불승, 난이반, 불리)

갈 수는 있지만 돌아오기는 어려운 곳을 괘라고 한다. 괘형에서는 적이 대비가 없다면 나아가 이길 수 있지만, 적이 만약 대비하고 있다면 나아가 이기지도 못하고 되돌아오기도 어려워 불리하다.

<한자> 難(어려울 난) 어렵다 ; 返(돌이킬 반) 돌아오다 ; 備(갖출 비) 갖추다

<참고> ① 괘형(挂形): 앞은 평평하고 뒤는 험해 들어가기는 쉬워도 빠져나오기는 어려운 지형임. 즉 퇴로가 보장되지 않은 곳을 말함. ② 적약유비(敵若有備): 若은 '만약', 죽간본에는 없음, 備는 '갖추다, 대비하다'임. ③ 난이반(難以返): 죽간본에는 '則難以返'으로 되어 있음.

[4] Ground which can be abandoned but is hard to reoccupy is

called entangling. [5] From a position of this sort, if the enemy is unprepared, you may sally forth and defeat him. But if the enemy is prepared for your coming, and you fail to defeat him, then, return being impossible, disaster will ensue.

D abandon 버리다, 포기하다 ; reoccupy 다시 차지하다 ; position 위치, 자리 ; sally forth 출격하다 ; impossible 불가능한 ; disaster 재앙 ; ensue 뒤따르다

◎ 오늘(D+55일)의 思惟 ◎

손자는 〈地形篇〉의 첫 부분에 군대가 전장에서 흔히 만나게 되는 여섯 가지 지형을 열거하고 지형과 용병에 대하여 설명했습니다. 그는 지형에 대하여 앞 편인 〈九變〉, 〈行軍〉, 그리고 이번 편인 〈地形〉에서 기술하였고 다음 편인 〈九地〉에서도 또다시 중점적으로 다루고 있습니다. 그래서 이에 대한 관계를 설명할 필요가 있을 것 같습니다.

〈九地〉에서는 기본적으로 아홉 가지 지형을 설명합니다. 그것은 산지(散地), 경지(輕地), 쟁지(爭地), 교지(交地), 구지(衢地), 중지(重地), 비지(圮地), 위지(圍地), 사지(死地)입니다. 〈九變〉에서는 적진으로 기동하면서 맞닥뜨릴 수 있는 대표적인 지형 다섯 가지, 즉 비지, 구지, 절지, 위지, 사지에 대하여 용병을 설명했습니다. 〈行軍〉에서는 부대 기동을 하면서 기동에 장애가 되는 지역을 선별하여 적과 만났을 때 용병하는 방법을 다루었습니다. 즉 산악 지역, 하천 지역, 소택지, 평지에서의 용병을 설명했는데, 이러한 지형은 주로 비지에 해당하는 지형입니다. 이번 편인 〈地形〉에서는 통형, 쾌형, 지형, 애형, 험형, 원형으로 구분하면서 주로 결전 지역에서 있을 수 있는 또 다른 형태로 설명한 지형을 다루고

있습니다. 이전에 다루었던 지형은 기동하면서 부딪치게 되는 지형에 대하여 용병하는 방법을 주로 다루었지만, 이 편에서는 전장의 지형을 아군과 적군의 입장을 모두 고려하여 유불리를 검토하고 이에 따라 용병하는 방법을 설명하고 있습니다.

생각해 보면, 현대전에서도 지형의 이점과 중요성은 조금도 변하지 않았습니다. 정규전에서는 통상 협조된 방어를 하기 때문에 손자의 지침을 적용할 상황이 많지 않지만, 비정규전, 게릴라전, 산악 지역 작전, 특수 작전, 소부대 독립 작전 등에서는 전술적으로 적용할 내용이 있다고 생각합니다. 실제로 냉전 종식 이후 전쟁은 비정규전 형태의 전쟁이 많았습니다. 미국이 1964년 통킹만 사건을 계기로 북베트남을 폭격한 뒤에 북베트남과의 전면전으로 확대되었지만[1], 밀림에서 비정규전 형태의 전투를 했습니다. 그리고 1994년 러시아군이 체첸을 침공한 전쟁에서도 체첸군은 산악 지대로 이동하여 끈질기게 항전했습니다. 가장 최근에는 국제적인 규모의 테러가 빈번해지면서 미국이 테러와의 전쟁을 선언하면서 아프가니스탄에서 전쟁을 했습니다.

따라서 우리 군도 손자가 말한 내용들이 실 전투 경험이나 교리 연구를 통해 교범이나 교리에 포함된 내용도 있겠지만, 다시 한번 검토해서 교범 및 교리를 보완할 필요가 있습니다. 특히 북한군과의 전투에 대비하여 비정규전, 산악 작전, 특수 작전 등 전술 부분에서 보완된 교리는 전 장병에게 교육, 훈련시킬 필요가 있다고 생각합니다.

---

1   통킹만 사건. 「두산백과」. 〈https://terms.naver.com/entry.nhn?docId=1288470&cid=40942&category Id=33428〉.

[D+56일] 지형(地形, Terrain) ②

[6] 我出而不利, 彼出而不利, 曰支 ; [7] 支形者, 敵雖利我, 我無出也 ; 引而去之, 令敵半出而擊之, 利。[8] 隘形者, 我先居之, 必盈以待敵 ; [9] 若敵先居之, 盈而勿從, 不盈而從之。 (아출이불리, 피출이불리, 왈지 ; 지형자, 적수리아, 아무출야 ; 인이거지, 영적반출이격지, 리. 애형자, 아선거지, 필영이대적 ; 약적선거지, 영이물종, 불영이종지)

　　아군이 나아가도 불리하고 적이 나아가도 불리한 곳을 지라 한다. 지형에서는 적이 비록 아군을 이익으로 유인하더라도 나아가지 말고, 아군을 이끌고 그곳에서 퇴각하는 척하여 적들을 반쯤 나오게 한 뒤에 그들을 공격하면 유리하다. 애형에서는 아군이 먼저 그곳을 점거하고 반드시 충분한 병력을 배치하여 적을 기다려야 한다. 만약 적이 먼저 점거하여 충분한 병력을 배치하고 있으면 나아가지 말고, 충분하지 않으면 나아갈 수 있다.

<한자> 支(지탱할 지) 지탱하다, 유지하다 ; 引(끌 인) 이끌다 ; 令(명령 령) ~하게 하다 ; 隘(좁을 애) 좁다, 험하다 ; 盈(찰 영) 차다, 가득하다, 충만하다 ; 勿(말 물) 말다, 아니하다 ; 從(좇을 종) 좇다, 나아가다

<참고> ① 지형(支形): "支는 대립할 지(持)와 통함. 쌍방이 서로 험고한 지형을 배경으로 대치하는 지형임." [신동준]. 일설은 피아가 험한 지역에 위치하여 대치할 때, 支形은 중간의 평지를 뜻하며 먼저 그 지역으로 나아가는 측이 불리하다고 해석함. ② 적수리아(敵雖利我): 利는 '이익으로 상대를 유인함'을 뜻함. ③ 인이거지(引而去之): 引은 '이끌다', 去는 '퇴각하다'임, 일설은 引을 '(적을) 유인한다'로 해석함. "매요신은 '거짓으로 떠나는 척하여'로 주석했음." [유종문]. ④ 영적반출이격지(令敵半出而擊之): 令은 '~하도록 하다'임. "장예는 '적이 추격해

283

오면 반쯤 오도록 놓아둔 뒤 정예병으로 공격하면 승리할 수 있다'고 했음." [신동준]. ⑤ 애형(隘形): 양쪽이 험한 지형의 중간에 좁은 통로가 있는 곳을 말함. 이곳은 먼저 차지하고 그 입구를 막고 있으면 적이 접근하기 힘들게 됨. ⑥ 필영이대적(必盈以待敵): 盈은 '충분히 군사(병사)를 채우고, 충분한 병력으로. 가득 배치하다' 등의 해석이 있음. 之는 애형의 그 어귀를 가리킴. ⑦ 불영이종지(不盈而從之): 적이 먼저 도착했을지라도 지형을 완전히 장악하지도 못하고 입구 또한 제대로 막지 못한 상황이라면 즉시 나아가서 어구를 골짜기와 함께 점거해야만 함.

[6] When the position is such that neither side will gain by making the first move, it is called temporizing ground. [7] In a position of this sort, even though the enemy should offer us an attractive bait, it will be advisable not to stir forth, but rather to retreat, thus enticing the enemy in his turn; then, when part of his army has come out, we may deliver our attack with advantage. [8] With regard to narrow passes, if you can occupy them first, let them be strongly garrisoned and await the advent of the enemy. [9] Should the army forestall you in occupying a pass, do not go after him if the pass is fully garrisoned, but only if it is weakly garrisoned.

D making the first move 먼저 행동을 취하다 ; offer 제의[제공]하다 ; attractive bait 매력적인 미끼 ; advisable 바람직한 ; stir 동요하다, 움직이다 ; retreat 후퇴[퇴각]하다 ; enticing 유도[유인]하다 ; in his turn 그의 차례 ; come out 나오다 ; deliver our attack 공격(을 가)하다 ; garrison (수비대를) 배치하다 ; advent 출현 ; forestall 앞지르다, 선수 치다 ; go after ~를 뒤쫓다

[10] 險形者, 我先居之, 必居高陽以待敵; **[11]** 若敵先居之, 引而去之, 勿從也。**[12]** 遠形者, 勢均, 難以挑戰, 戰而不利。**[13]** 凡此六者, 地之道也, 將之至任, 不可不察也。 (험형자, 아선거지, 필거고양이대적; 약적선거지, 인이거지, 물종야. 원형자, 세균, 난이도전, 전이불리. 범차육자, 지지도야, 장지지임, 불가불찰야)

험형에서는 내가 먼저 점거하면 반드시 높고 양지바른 곳을 점거하여 적은 기다리고, 만약 적이 먼저 그곳을 점거했다면 아군을 이끌고 그곳에서 퇴각해야지 나아가서는 안 된다. 원형에서는 세력이 비슷하면 싸움을 돋우기가 어렵고 싸우면 불리하다. 무릇 이 여섯 가지는 지형을 이용하는 원칙이며 장수의 막중한 책임이니 신중히 살피지 않으면 안 된다.

<한자> 險(험할 험) 험하다, 험준하다 ; 待(기다릴 대) 대비하다 ; 遠(멀 원) 멀다 ; 勢(형세 세) 형세 ; 均(고를 균) 고르다, 평평하다 ; 挑(돋울 도) 돋우다 ; 至(이를 지) : 이르다, 지극하다 ; 任(맡길 임) 맡기다, 임무[소임]

<참고> ① 험형(險形): 산천이 매우 험준한 지형임. 이러한 지형을 선점하면 수비가 용이하기 때문에 적보다 앞서 점거해야 함. ② 원형(遠形): 피아가 서로 멀리 떨어져 있는 지형임. ③ 세균(勢均): 쌍방의 세력이 비등하다는 뜻임. 일설은 지세(地勢)의 균등으로 풀이함. ④ 난이도전(難以挑戰): 挑戰은 적이 출전하도록 싸움을 돋우는 것임. 즉 먼저 싸움을 걸어서는 안 된다는 뜻임. ⑤ 전이불리(戰而不利): 거리도 멀고 세력(전력)도 비슷할 때 적진이 있는 곳까지 달려가 적에게 무리하게 싸움을 거는 경우의 불리함을 언급한 것임. ⑥ 지지도(地之道): '지형 이용의 원칙 또는 법' 또는 '지형의 특성을 이용해 적절히 대응하는 원칙'을 뜻함. ⑦ 장지지임(將之至任): 至는 '지극(중요, 중대, 막중)하다', 任은 '맡기다, 임무 또는 소임, (책임)을 지다'라는 뜻임.

[10] With regard to precipitous heights, if you are beforehand with your adversary, you should occupy the raised and sunny spots, and there wait for him to come up. [11] If the enemy has occupied them

before you, do not follow him, but retreat and try to entice him away. [12] If you are situated at a great distance from the enemy, and the strength of the two armies is equal, it is not easy to provoke a battle, and fighting will be to your disadvantage. [13] These six are the principles connected with Earth. The general who has attained a responsible post must be careful to study them.

D beforehand 미리, 사전에 ; entice away 꾀어 내다 ; situated 위치해 있다 ; provoke 도발(유발)하다 ; connect 연결하다[되다] ; attain 이루다[획득하다], 달성하다 ; a responsible post 책임 있는 지위 ; careful 주의 깊은, 세심한

◎ 오늘(D+56일)의 思惟 ◎

손자는 전장의 지형으로 통형, 쾌형, 지형, 애형, 험형, 원형을 설명하면서 서로 다른 지형 조건에서 피아의 유불리를 포함한 용병의 원칙을 설명했습니다. 군인은 손자가 말한 지형을 이용하는 원칙뿐만 아니라 자신이 처한 지형과 상황에 맞게 용병해야 합니다. 이에 우리의 무장 독립 운동사에서 지형을 잘 활용하여 승리한 2개의 전투를 소개하겠습니다.

먼저 봉오동 전투입니다.[2] 이 전투는 1920년 6월 중국 지린성 왕칭현 봉오동에서 홍범도, 최진동, 안무 등이 이끈 대한북로독군부의 한국 독립군 연합 부대가 일본군의 월강 추격 대대를 무찌르고 대승한 전투입니다. 전투 경과를 보면, 독립군 부대가 함경북도 종성군에 진입해 일본군 순찰 소대를 습격했으며 두만강을 건너 추격해 온 일본군 추격대를 공격

---

2 봉오동전투.「두산백과」.
　〈https://terms.naver.com/entry.nhn?docId=1103499&cid=40942&categoryId=31778〉.

했습니다. 일본군은 이를 핑계로 함경북도에 주둔하던 제19사단으로 하여금 월강 추격 대대를 편성케 하여 중국 영토를 침입해 독립군을 추격했습니다. 봉오동은 두만강에서 40리 거리에 위치하고 있으며 고려령의 험준한 산줄기가 사방을 병풍처럼 둘러싸고 있는 수십 리를 뻗은 계곡 지대입니다. 홍범도의 독립군 연합 부대는 일본군의 선봉이 봉오동 어구를 통과하도록 유인하였고, 독립군이 잠복한 포위망에 주력 부대가 들이섰을 때 십면에서 포위하여 궤멸시켰습니다. 봉오동 전투는 민주 지역에서 독립군과 일본군 사이에 본격적으로 벌어진 최초의 대규모 전투였습니다.

다음은 청산리 전투입니다.[3] 이 전투는 1920년 10월 21~26일, 김좌진이 이끄는 북로 군정서군과 홍범도가 이끄는 대한 독립군 등이 주축이 되어 만주 허룽현 청산리 백운평·천수평·완루구 등지에서 10여 차례에 걸쳐 간도에 출병한 일본군에게 대승한 전투입니다. 전투 경과를 보면, 간도로 침입한 일본군은 10월 20일부터 독립군에 대한 토벌 작전에 돌입하였습니다. 이에 김좌진 장군은 백운평 고지에 독립군을 매복시켰고, 21일에 일본군이 백운평으로 들어왔을 때 기습하여 전위 부대 200명을 전멸시켰습니다. 이 시각에 완루구에서 홍범도가 이끄는 독립군이 일본군 400여 명을 사살하였습니다. 10월 22일에 북로 군정서군은 천수평에서 야영 중인 일본군 기병 1개 중대를 포위 공격하여 120여 명 중 본대로 탈출한 4명을 제외하고 모두 사살하였습니다. 이후 어랑촌에 주둔한 부대가 공격할 것을 예상하고 유리한 고지를 선점하여 출동한 일본군과 전면전을 벌여 승리를 거두었습니다. 10월 25일에는 일본군이 고동하 골

3 청산리전투. 「두산백과」.
   〈https://terms.naver.com/entry.nhn?docId=1146636&cid=40942&categoryId=39994〉.

짜기에 있는 독립군을 공격했으나 이미 독립군은 공격을 대비해 매복해 있다가 즉시 반격하여 대승을 거두었습니다. 이처럼 산림 지역에서 전개된 청산리 전투는 한국 무장 독립운동 사상 가장 빛나는 전과를 올린 대첩으로 기록하고 있습니다.

[D+57일] 지형(地形, Terrain) ③

[14] 故兵有走者, 有弛者, 有陷者, 有崩者, 有亂者, 有北者; 凡此六者, 非天之災, 將之過也。 (고병유주자, 유이자, 유함자, 유붕자, 유란자, 유배자; 범차육자, 비천지재, 장지과야)

무릇 군대는 주, 이, 함, 붕, 난, 배가 있다. 무릇 이 여섯 가지는 하늘이 내린 재앙이 아니라 장수의 잘못 때문에 생기는 것이다.

<한자> 走(달릴 주) 달아나다 ; 弛(늦출 이) 늦추다, 느슨하다 ; 陷(빠질 함) 빠지다, 함락당하다 ; 崩(무너질 붕) 무너지다 ; 亂(어지러울 난) 어지럽다 ; 北(달아날 배) : 달아나다, 패하다 ; 災(재앙 재) 재앙 ; 過(지날 과) 허물, 잘못

<참고> ① 병(兵): 여기서는 '패군', 즉 싸움에 진 군대를 가리킴. ② 비천지재(非天之災): 죽간본에는 非天地之災로 되어 있음. ③ 장지과야(將之過也): '장수의 잘못이다'인데, 문맥상 '~때문에 생기는 것이다'로 해석함.

[14] Now an army is exposed to six several calamities, not arising from natural causes, but from faults for which the general is

responsible. These are: (1) Flight; (2) insubordination; (3) collapse; (4) ruin; (5) disorganization; (6) rout.

D exposed 드러내다, 노출하다 ; calamity 재앙, 재난 ; arise from ...에서 발생하다 ; flight 비행, 탈출, 달아나다 ; insubordination 불복종, 반항 ; collapse 붕괴하다, 실패하다 ; ruin 파멸[멸망]하다 ; disorganization 해체, 혼란 ; rout 대패, 궤멸, 패주

[15] 夫勢均, 以一擊十, 曰走。[16] 卒强吏弱, 曰弛。吏强卒弱, 曰陷。[17] 大吏怒而不服, 遇敵懟而自戰, 將不知其能, 曰崩。(부세균, 이일격십, 왈주. 졸강리약, 왈이. 이강졸약, 왈함. 대리노이불복, 우적대이자전, 장부지기능, 왈붕)

무릇 세력이 비슷한데 하나의 병력으로 열의 적을 공격하면 달아나게 되므로 이를 주라고 한다. 병사들은 강한데 간부들이 약하면 기강이 해이해질 것이므로 이를 이라고 한다. 간부들은 강한데 병사들이 약하면 싸우면 무너질 것이므로 이를 함이라고 한다. 고급 간부가 화를 내고 복종하지 않으며 적을 만나면 원망하여 제멋대로 싸우는데 장수가 간부의 능력을 알지 못하면 군대는 붕괴될 것이므로 이를 붕이라고 한다.

<한자> 弛(늦출 이) 늦추다, 느슨하다 ; 陷(빠질 함) 빠지다, 함락당하다 ; 遇(만날 우) 만나다, 조우하다 ; 懟(원망할 대) 원망하다, 원한을 품다 ; 崩(무너질 붕) 무너지다

<참고> ① 세균(勢均): 앞의 문장 '참고'를 참조. ② 이일격십, 왈주(以一擊十, 曰走): '1로써 10을 공격하는 것은 走라 한다'의 뜻인데, 이해를 위해 그 결과를 보완 설명하는 말을 포함하여 해석함. 즉 소수가 다수의 적과 싸우면 '죽거나 달아나게 되므로' 이를 走라고 표현한 것임. 이는 다음 3개 어구도 동일함. ③ 졸강리약(卒强吏弱): 卒은 '병사, 병졸'이며, 吏(벼슬아치 리)는 '하사관, 장교, 하급장교, 간부, 지휘관, 군관, 장수' 등 다양하게 번역함. 여기서는 간부(하급 장교, 부사관)로 해석함. 그 결과 弛는 '느슨 해지다'의 뜻인데 '기강 해이, 군기 이완, 통제가 안 된다' 등의 의미로 해석할 수 있음. ④ 이강졸약(吏强卒弱): 간부들은 용맹한데 병사들

이 미약해 끝내 적에게 패몰(敗沒)하는 경우를 말함. ⑤ 대리노이불복(大吏怒而不服): 大吏는 '장교, 고위 장교[간부], 소장(小將), 선임 부장(副將)' 등의 해석이 있는데, 문맥상 大吏는 '고급 간부'로 해석함. ⑥ 우적대이자전(遇敵懟而自戰): 遇는 '우연히 만나다', 懟는 '원망하다', 自戰은 '독단적으로 출전함', 즉 '제멋대로 싸우다'의 의미임. ⑦ 장부지기능(將不知其能): 將은 '장수, 최고 지휘관, 대장군, 대장(大將), 주장(主將)' 등으로 해석되며, 여기서는 장수(최고 사령관을 의미)로 해석함. 곧 '장수가 그 능력(또는 성향)을 알지 못한다'는 뜻임. ⑧ 결국 [17]의 문장은 그와 같은 상황에서, '적을 만나 싸우게 되면 무너지게 된다(崩)'는 뜻임.

[15] Other conditions being equal, if one force is hurled against another ten times its size, the result will be the flight of the former. [16] When the common soldiers are too strong and their officers too weak, the result is insubordination. When the officers are too strong and the common soldiers too weak, the result is collapse. [17] When the higher officers are angry and insubordinate, and on meeting the enemy give battle on their own account from a feeling of resentment, before the commander-in-chief can tell whether or no he is in a position to fight, the result is ruin.

D hurl against ...에 부딪치다, 덤벼들다 ; common soldiers 병졸 ; insubordination 불복종, 반항 ; collapse 붕괴 ; on their own account 자신의, 본인이 원해서 ; resentment 분함, 분개 ; commander-in-chief 총사령관 ; in a position ~의 입장에 ; ruin 붕괴, 몰락

◎ 오늘(D+57일)의 思惟 ◎

손자는 싸움에 지는 군대에 대하여 주(走), 이(弛), 함(陷), 붕(崩), 난(亂), 배(北)의 6가지 유형이 있으며 이것은 하늘이 내린 재앙이 아니라 장수의 잘못 때문에 생기는 것이라고 설명했습니다. 손자의 패전에 대

한 이야기는 다음 편에서 알아보기로 하고, 오늘은 지형 연구를 철저히 하여 전투에 임했던 이순신의 사례를 알아보겠습니다.

이순신은 손자가 말한 이겨놓고 싸운다는 '선승구전(先勝求戰)'의 원칙을 항상 실천했습니다. 이순신이 전승한 요인은 결국 뛰어난 전략과 전술이라고 요약할 수 있지만, 저는 그것이 철저한 지형 연구가 뒷받침되었기 때문에 승리할 수 있었다고 생각합니다. 특히 이순신은 항상 수군에게 가장 유리한 곳을 해전 장소로 선택함으로써 수군의 전투 역량을 극대화했습니다.

한산 대첩은 〈勢篇〉에서 설명했는데, 그가 올린 장계를 보면, "견내량은 지형이 매우 좁고 또 암초가 많아 판옥전선은 서로 부딪치게 되어 싸움하기가 곤란할 뿐만 아니라 적은 만약 형세가 불리하게 되면 육지로 올라갈 것이므로 한산도 바다 가운데로 유인해 모조리 잡아버릴 계획을 세웠습니다. 한산도는 거제와 고성 사이에 있어 사방에 헤엄쳐 나갈 길이 없고, 적이 비록 육지로 오르더라도 틀림없이 죽게 될 것이므로..."[4]라고 하였습니다. 이처럼 견내량의 좁은 지형에서 판옥선끼리 부딪히는 어리석음을 범하지 않기 위해 넓은 한산도 앞바다로 적을 이끌어내 학익진을 펼쳤던 것입니다. 결국 사전에 철저한 지형 연구를 바탕으로 적을 모두 전멸하기 위해 세운 작전 계획대로 정확히 진행되었다는 것이 참으로 놀랍습니다.

명량 해전은 한산 해전과 달리 일부러 좁은 곳으로 일본 함대를 유인하여, 수적으로 열세인 해전에서 지형의 이점을 활용해 승리한 대표적인 해전입니다. "이순신은 명량의 좁은 물목과 빠른 조류라는 지형의 특성

---

4 임원빈(2014. 6.15). 이순신 병법(7): 이겨놓고 싸운다. 〈https://tadream.tistory.com/11292〉.

을 이용했습니다. 실제로 10여 척의 조선 함대를 명량의 입구까지 추격해 온 일본 함대는 200~300여 척인 것으로 알려졌지만 최종적으로 조선 함대를 공격하기 위해 투입된 함대는 세키부네(關船) 중심의 133척이었습니다. 명량의 지형적 여건 때문에 판옥선과 크기가 비슷한 대선인 아다케부네(安宅船)가 빠졌고, 세키부네도 좁은 물목에서 동시에 전투력을 발휘할 수 없었으며, 최종적으로 이순신 함대와 해전을 벌인 것은 선봉 함대 31척이었습니다. 결국 절대 열세의 전력이 13대 31의 상황이 되었던 것입니다."[5] 이 명량 해전은 다음에 또 다시 논의할 기회가 있을 것입니다.

[D+58일] 지형(地形, Terrain) ④

[18] 將弱不嚴, 敎道不明, 吏卒無常, 陳兵縱橫, 曰亂。[19] 將不能料敵, 以少合衆, 以弱擊强, 兵無選鋒, 曰北。[20] 凡此六者, 敗之道也, 將之至任, 不可不察也。(장약불엄, 교도불명, 이졸무상, 진병종횡, 왈란. 장불능료적, 이소합중, 이약격강, 병무선봉, 왈배. 범차육자, 패지도야, 장지지임, 불가불찰야)

　　장수가 나약하고 위엄이 없으며 가르침이 명료하지 못하고, 간부와 병사 간에 규율이 없으며, 진을 무질서하게 치면 군대가 혼란스러워질 것이므로 이를 난이라고 한다. 장수가 적을 제대로 판단하지 못하여 적

5　임원빈(2014. 6.15). 이순신 병법(4): '지형의 이점을 십분 활용하라'
　　〈https://tadream.tistory.com/11287〉.

은 병력으로 많은 병력과 싸우게 하고, 약한 병력으로 강한 적을 공격하게 하며, 군에 선봉으로 내세울 부대가 없으면 적진에 투항하는 부대가 나오게 되므로 이를 배라고 한다. 무릇 이 여섯 가지는 패배에 이르는 길이며 장수의 막중한 책임이니 신중히 살피지 않으면 안 된다.

<한자> 嚴(엄할 엄) 엄하다 ; 敎(가르칠 교) 가르치다 ; 道(길 도) 이끌다, 가르치다 ; 明(밝을 명) 밝다, 명료하다 ; 常(떳떳할 상) 떳떳하다, 규율 ; 縱橫(세로 종, 가로 횡) 가로와 세로 ; 亂(어지러울 난) 어지럽다 ; 料(헤아릴 료) 헤아리다 ; 選(가릴 선) 선택하다 ; 鋒(칼날 봉) 칼날, 앞장 ; 北(북녘 북/달아날 배) : (배) 달아나다, 패하다, 등지다 ; 災(재앙 재) 재앙 ; 過(지날 과) 지나다, 허물, 잘못

<참고> ① 교도(敎道): '가르침', 곧 군사들의 교육과 훈련을 의미함. ② 무상(無常): '규율이 없음'이며, '질서가 없음, 군기가 없음'으로 해석함. ③ 진병종횡(陳兵縱橫): 陳兵은 '진을 치는 것, 병력을 배치하는 것'이며, 縱橫은 '뒤죽박죽, 무질서함'을 의미함, "두목은 '진을 멋대로 쳐자중지란에 빠진 것이다'라고 했음." [신동준]. ④ 료적(料敵): 料는 '헤아림', 즉 '적정을 분석, 판단함'을 의미함. ⑤ 이소합중(以少合衆) 合衆에서 合은 합전, 즉 많은 병력과 '서로 맞붙어 싸움'을 의미함. ⑥ 병무선봉(兵無選鋒): 選은 가리다, 鋒은 '정예 선봉'임. 곧 '선봉으로 선택할 부대가 없다'는 뜻임. ⑦ 왈배(曰北): "주석가 대부분이 패배(敗北)로 해석하는데, 문맥상 배(北)는 배신의 뜻으로 보는 것이 옳으며, 이 경우 배병은 적에게 투항하는 등 배신한 병사의 뜻이 되며, 조조도 그같이 해석했음." [신동준]. 곧 전쟁에서 패배하는 경우로서 '패배는 패배이다'는 것은 문맥상 이상함. ⑧ 장지지임(將之至任): 앞의 설명 참조

[18] When the general is weak and without authority; when his orders are not clear and distinct; when there are no fixes(fixed의 오자?) duties assigned to officers and men, and the ranks are formed in a slovenly haphazard manner, the result is utter disorganization. [19] When a general, unable to estimate the enemy's strength, allows an inferior force to engage a larger one, or hurls a weak detachment

against a powerful one, and neglects to place picked soldiers in the front rank, the result must be rout. [20] These are six ways of courting defeat, which must be carefully noted by the general who has attained a responsible post.

D distinct 뚜렷한, 분명한 ; fixed 고정하다 ; assigned 할당된 ; slovenly 지저분한 ; haphazard 무계획적인 ; utter 완전히 ; disorganization 분열, 혼란 ; inferior 열등한, 하위의 ; hurl 던지다 ; detachment 분견, 파견대 ; neglect 방치하다, 도외시하다 ; picked soldiers 정예 병사 ; rank 계급, 열 ; rout 완패, 궤멸 ; court defeat 패배를 초래[자초]하다 ; a responsible post 책임 있는 지위

[21] 夫地形者, 兵之助也。料敵制勝, 計險阨遠近, 上將之道也。[22] 知此而用戰者, 必勝; 不知此而用戰者必敗。 (부지형자, 병지조야. 요적제승, 계험액원근, 상장지도야. 지차이용전자, 필승; 부지차이용전자필패)

무릇 지형은 용병에 도움이 된다. 적을 판단하여 승리할 수 있는 방책을 만들며, 지형의 험준하고 막힌 곳과 멀고 가까움을 헤아리는 것은 현명한 장수가 알아야 할 이치이다. 이것을 알고 용병하면 반드시 승리하고, 이것을 모르고 용병하면 반드시 패한다.

<한자> 助(도울 조) 돕다 ; 制(절제할 제) 만들다 ; 計(셀 계) 셈하다, 헤아리다 ; 險阨(험할 험, 막힐 액) 험준하고 막혀 좁음 ; 遠近(멀 원, 가까울 근) 멀고 가까움

<참고> ① 병지조야(兵之助也): 지형은 '용병의 보조(조건)'의 뜻인데 '용병에 도움이 된다' 또는 '용병을 돕는 것이다'의 의미임. ② 제승(制勝): '적을 제압해 승리함'인데, 곧 승리할 수 있는 '태세(전략, 방책)'를 만들거나 수립하는 것을 의미함. ③ 계험액원근(計險阨遠近): 險阨은 '지세가 가파르거나 험하여 막히거나 끊어져 있음'을 의미함. 죽간본에는 阨이 易(평탄하다)로 되어 있음. ④ 상장지도(上將之道): 上將은 "가장 뛰어난 전략과 전술을 구사하는 상승지장

(上乘之將)을 뜻함. 곧 '현명하고 고명한 장수'를 의미함." [신동준]. 道는 '법칙, 원칙, 길, 이치, 책임, 할 일' 등의 해석이 있음. ⑤ 용전(用戰): '싸우다, 용병하다, 전쟁을 지휘하다, 이용해 전쟁하다' 등으로 해석함.

[21] The natural formation of the country is the soldier's best ally; but a power of estimating the adversary, of controlling the forces of victory, and of shrewdly calculating difficulties, dangers and distances, constitutes the test of a great general. [22] He who knows these things, and in fighting puts his knowledge into practice, will win his battles. He who knows them not, nor practices them, will surely be defeated.

D formation 형성 ; ally 동맹, 지지하다 ; estimating 평가 ; shrewdly 빈틈없이 ; calculate 계산하다, 산출하다 ; constitute ...이 되다 ; a great general 명장 ; put something into something (어떤 특질을) 더하다 ; surely 확실히, 분명히

◎ 오늘(D+58일)의 思惟 ◎

손자는 전쟁에서 패배할 수 있는 여섯 가지 경우를 설명하면서, 군대가 이러한 상황에 빠지는 것은 장수가 책임을 져야 하므로 신중히 살펴야 한다고 강조했습니다. 오늘은 전쟁에서 패배한 전례로서 병자호란 때 있었던 쌍령 전투를 알아보겠습니다.

병자호란은 1636년 12월부터 1637년 1월까지 벌어진 조선과 청나라의 전쟁입니다. 이 전쟁에서 인조는 강화도로 가지 못하고 남한산성에 들어가 큰 싸움 없이 지내다가 각 도에서 올라왔던 관군들이 격퇴되고 최후의 거점인 강화도가 함락되자 청에 항복하고 삼전도에서 치욕적인

굴욕을 당했습니다. 그래서 병자호란에서 어떤 전투들이 벌어졌는지는 잘 알려지지 않았지만, 다수의 전투가 있있고 그중에 광교산 전투나 김화 전투는 승리하였고 쌍령 전투는 대패했습니다.

쌍령 전투는 1637년 1월 28일 경기도 광주의 쌍령 일대에서 벌어진 전투인데, "우리 민족사에서 어쩌면 가장 치욕스러운 전투라 할 수 있습니다."[6] 경상 감사 심연이 이끄는 근왕군은 약 4만 명인데, 경상 좌병사 허완과 우병사 민영이 이끄는 병력 8,000여 명은 쌍령 근처까지 진출하여, 각각 고개 양쪽에 진을 쳤습니다[7]. 이에 6천 명의 청군이 지금의 곤지암인 현산을 점령한 뒤 조선군의 동태를 살피기 위해 쌍령으로 약 30여 명의 기마병들을 척후로 보냈습니다. 청의 척후병들이 조선군 목책에 다다르자 조선군은 첫 발포에서 소지하고 있던 모든 탄환들을 거의 다 소진해 버렸습니다. 이를 파악한 청군이 조선군의 목책을 넘어 급습하였으며, 조선군은 청군에게 죽거나 도주하였고 허완은 패하자 자결하였습니다. 반대쪽 고개에 진을 치고 있었던 민영의 조선군은 청군의 공격에 그런대로 잘 대응하고 있었는데, 탄약을 분배하는 과정에서 대폭발이 일어났습니다. 혼란에 빠진 조선군에게 청나라의 팔기병 300명이 돌진하여 닥치는 대로 공격하자, 대부분의 병사들이 전의를 잃고 도주하다가 밟혀 죽거나 포로로 잡혔고 민영은 싸우다 전사하였습니다.[8]

결국 경상도 근왕군은 청군의 수십 배에 이르는 우세한 병력을 제대로 활용하지도 못한 채 참패했고, 본진을 이끌고 여주에 진을 치고 있었

---

6 노병천(2012. 1. 29). 4만 조선군, 청나라 300명에 당한 치욕전투 패인은. 「중앙일보」. 〈https://news.joins.com/article/7231289〉.

7 병자호란. 「위키백과」. 〈https://ko.wikipedia.org/wiki/%EB%B3%91%EC%9E%90%ED%98%B8%EB%9E%80〉.

8 쌍령 전투. 「위키백과」. 〈https://ko.wikipedia.org/wiki/%EC%8C%8D%EB%A0%B9_%EC%A0%84%ED%88%AC〉.

던 경상 감사 심연은 선봉 부대가 패했다는 소식을 듣고 서둘러 군사를 돌려 조령 이남으로 철수하여 대기했는데, 바로 인조가 항복했습니다. 이 전투에서 병사들이 잘 훈련되지 않았고 하급 간부들이 부족했지만, 무엇보다도 군사에 무지한 문신이 지휘에 개입한 것과 지휘관의 무능이 참패의 큰 원인이었습니다.[9] 정말 '장수가 나라의 보배'가 되어야 한다는 사실을 뼈저리게 느끼는 전투입니다.

[D+59일] 지형(地形, Terrain) [5]

[23] 故戰道必勝; 主曰: 無戰; 必戰可也。戰道不勝, 主曰必戰, 無戰可也。[24] 故進不求名, 退不避罪, 惟民是保, 而利於主, 國之寶也。 (고전도 필승, 주왈: 무전; 필전가야. 전도불승, 주왈필전, 무전가야. 고진불구명, 퇴불피죄, 유민시보, 이리어 주, 국지보야)

그러므로 전쟁의 이치로 볼 때 반드시 이길 수 있다면 군주가 싸우지 말라고 해도 반드시 싸울 수 있고, 전쟁의 이치로 볼 때 이길 수 없다면 군주가 반드시 싸우라고 해도 싸우지 않을 수 있다. 그러므로 진격하면서 명예를 구하지 않고, 퇴각하면서 죄를 회피하지 않으며, 오직 백성을 보호하면서 군주를 이롭게 한다면 이러한 장수는 나라의 보배이다.

---

9 경상감사 종사관 도경유가 군관 박충겸이 공격을 앞두고 머뭇거린다는 이유로 참형했고, 급기야 박충겸의 아들이 원한을 품고 화약폭발사고를 일으키며 조선군이 자멸했음. (http://www.daejonilbo.com/news/newsitem.asp?pk_no=1289090 참조).

<한자> 可(옳을 가) 옳다, 허락하다 ; 求(구할 구) 구하다 ; 退(물러날 퇴) 물러나다 ; 避(피할 피) 피하다, 회피하다 ; 是(이 시) 이, 이것 ; 保(지킬 보) 보호하다, 보위하다 ; 寶(보배 보) 보배

<참고> ① 전도필승(戰道必勝): 戰道는 '전쟁의 일반적인 이치, 규칙, 원칙' 등으로 해석함. 곧 '전쟁의 이치(원칙)로 볼 때' 또는 '~비춰 보아'로 해석함. 必勝은 '반드시 이길 수 있다(고 판단되면)'임. ② 주왈(主曰): 主는 '군주, 임금'임. ③ 불구명, 불피죄(不求名, 不避罪): 名은 '전승의 공명이나 명예', 罪는 '전패 또는 항명의 죄책'을 의미함. ④ 유민시보(唯民是保): 唯와 是는 일종의 강조 구문으로, 보호해야 할 대상은 바로 백성이라는 뜻임. [신동준]. ⑤ 이리어주(而利於主): '군주에게 이롭다', 일부 판본은 '利合於主(군주의 이익에 부합하다)'로 되어 있음. ⑥ 국지보야(國之寶也): '나라의 보배이다'라는 뜻임. 전반적으로 장수가 용병할 때 바람직한 원칙을 설명하면서 문장의 주어는 '장수'인데 생략된 것임. 그래서 마지막 어구에 '이러한 장수는'을 포함하여 해석함. 영문에는 'you(general)'로 표현됨.

[23] If fighting is sure to result in victory, then you must fight, even though the ruler forbid it; if fighting will not result in victory, then you must not fight even at the ruler's bidding. [24] The general who advances without coveting fame and retreats without fearing disgrace, whose only thought is to protect his country and do good service for his sovereign, is the jewel of the kingdom.

D ruler 통치자, 지배자 ; forbid 금(지)하다 ; bid 명령하다 ; covet 탐내다, 갈망하다 ; fame 명성, 평판 ; retreat 후퇴하다 disgrace 수치, 불명예 ; thought 생각, 사고 ; sovereign 군주, 국왕

[25] 視卒如嬰兒, 故可與之赴深谿; 視卒如愛子, 故可與之俱死。 **[26]** 厚而不能使, 愛而不能令, 亂而不能治, 譬若驕子, 不可用也。 (시졸여영아, 고가

여지부심계; 시졸여애자, 고가여지구사. 후이불능사, 애이불능령, 난이불능치, 비여교자, 불가용야)

    장수가 병사들을 어린아이처럼 돌봐주면 그들과 더불어 깊은 계곡이라도 들어갈 수 있을 것이며, 병사들을 사랑하는 자식처럼 대하면 그들과 더불어 죽음을 함께할 수 있다. 그러나 너무 후하게 대해서 부리지 못하거나, 너무 사랑해서 가르치지 못하거나, 문란한데도 다스리지 못한다면, 이런 병사는 마치 버릇없는 자식과 같아서 쓸 수가 없다.

<한자> 視(볼 시) 보다, 맡아보다, 간주하다 ; 卒(마칠 졸) 군사, 병졸 ; 如(같은 여) 같다 ; 嬰兒 (어린아이 영, 아이 아) 어린아이 ; 與(더불 여) 더불다 ; 赴(다다를 부) 나아가다 ; 深(깊을 심) 깊다 ; 谿(시내 계) 시내, 산골짜기 ; 俱(함께 구) 함께, 모두 ; 厚(두터울 후) 두텁다, 후하다 ; 令(하여금 령) 명령하다 ; 譬(비유할 비) 비유하다 ; 若(같을 약) 같다, 만약 ; 驕(교만할 교) 교만하다, 제멋대로 하다

<참고> ① 시졸여영아(視卒如嬰兒): 여기서 視는 '맡아보다', 즉 '돌봐주다'의 뜻으로 해석함. ② 심계(深谿): 谿는 溪와 같음. 深谿는 '깊은 계곡'임. 곧 '위험한 지대'를 의미함. ③ 애이불능령(愛而不能令): 令은 교육을 뜻하며, "매요신은 '남달리 총애하여 가르치지 않는다'고 했음." [유종문]. ④ [26] 문장의 앞 3어구는 '너무 ~해서, 제대로 ~하지 못하면'의 의미가 있음. ⑤ 비여교자(譬若驕子): 譬若는 '비유하자면 ~와 같음, 마치 ~와 같음'의 뜻임. 죽간본에는 若 대신 如(같을 여)로 되어 있음. 驕子는 '버릇없는 아이[자식]'임. ⑤ 불가용야(不可用也): '(전쟁에) 쓸 수가 없다'는 뜻임.

[25] Regard your soldiers as your children, and they will follow you into the deepest valleys; look upon them as your own beloved sons, and they will stand by you even unto death. [26] If, however, you are indulgent, but unable to make your authority felt; kind-hearted,

but unable to enforce your commands; and incapable, moreover, of quelling disorder: then your soldiers must be likened to spoilt children; they are useless for any practical purpose.

D regard~as ...으로 여기다 ; look upon~as ...로 여기다 ; beloved 사랑하는 ; stand by (somebody) ~의 곁을 지키다 ; unto 까지 ; indulgent 너그러운, 관대한 ; make felt [힘, 영향]을 미치다 ; kind-hearted 인정 많은, 마음씨 고운 ; enforce 집행하다, 강요하다 ; incapable 하지 못하는 ; quell 진압하다, 억누르다 ; liken ...에 비유하다 ; spoilt 버릇없는 ; practical purpose 실질적인 목적

◎ 오늘(D+59일)의 思惟 ◎

손자는 "전쟁의 이치로 볼 때 반드시 이길 수 있다면, 군주가 싸우지 말라고 해도 싸울 수 있고, 이길 수 없다면 군주가 반드시 싸우라고 해도 싸우지 않을 수 있다. 그러므로 진격하면서 명예를 구하지 않고, 퇴각하면서 죄를 회피하지 않으며, 오직 백성을 보호하면서 군주를 이롭게 한다면 나라의 보배다"라고 했습니다.

많은 연구자들이 이와 관련하여 임진왜란 때 선조의 출전 명령에 항명한 이순신과 출전한 원균에 대한 이야기를 합니다. 저도 〈九變篇〉에서 간단히 언급했습니다. 이 주제와 관련하여 '시사정보연구원'에서 손자병법을 연구하면서 "이순신과 원균의 운명을 가른 건 손자병법"이라고 결론을 내렸습니다.[10] 이순신과 원균의 차이는 전쟁의 기술, 전쟁 수행 능력이나 자질 문제로 치부하여 간단히 결론 낼 일은 아니라고 했습

---

10 시사정보연구원(2020. 4. 15.). 이순신과 원균의 운명을 가른 손자병법.
  〈https://m.post.naver.com/viewer/postView.nhn?volumeNo=27993955&memberNo=34783468&vTyp e=VERTICAL〉.

니다. 두 사람의 운명을 갈랐던 것은 손자병법 앞의 첫 문단에서 해석한 "戰道必勝, 主曰無戰, 必戰可也. 戰道不勝, 主曰必戰, 無戰可也. 故進不求名, 退不避罪, 惟民是保, 而利於主, 國之寶也"과 관련이 있습니다. 이 말은 이순신의 행보와 정확하게 일치합니다. 원균은 질 줄 뻔히 알면서 무모하게 출정했던 것입니다. 위의 연구 논문에서는, "당시 조선의 주류 사상인 성리학의 관점에서 왕의 명령을 어긴 이순신은 용서할 수 없는 장수이다. 그러나 긴 역사의 안목에서 이순신의 판단은 탁월했으며 합리적이었다"고 평가하고 있습니다.

옛날 전쟁에서는 장수가 전쟁 상황에 대하여 군주보다 더 많이 알고 있었으며, 군주의 명령이 전달되는 시간도 많이 걸렸기 때문에 장수가 판단하여 실행할 수 있었습니다. 제2차 세계대전 때만 해도 구데리안의 기갑부대는 아르덴 고원을 돌파하고 프랑스 해협까지 신속히 진격하면서, 혹시 최고 사령부에서 있을 지시를 무시하기 위해 무전기를 꺼 버린 채 질주할 수 있었습니다.[11] 그러나 현대전에서는 첨단 C4I 시스템을 통하여 지휘 및 통제하기 때문에 최전선의 전투 상황을 실시간으로 사령부에서 알 수 있습니다. 그래서 상황 판단이나 의사 소통의 문제로 사령부에서 잘못된 명령을 내리거나 예하 지휘관이 항명할 가능성이 희박합니다. 예를 들면 '항구적인 자유작전(OEF)'과 '이라크 자유작전(OIF)'에서 연합군 사령관으로 지휘했던 미국의 토미 프랭크 장군은 지상 부대가 사용했던 FBCB2—BFT를 통해 근실시간에 부대의 위치를 파악하면서 지휘를 했다고 말했습니다.[12] 그러나 군 통수권자나 상급 부대의 명령이 헌

---

11 정토웅(2010). 같은 자료(독일군, 아르덴 고원 돌파).

12 Office of Force Transformation(2005).「The Implementation of Network-Centric Warfare」. 44~45. ⟨https://www.academia.edu/1611949/The_Implementation_of_Network_Centric_Warfare_DoD_OFT_⟩.

법이나 법률에 명백하게 어긋나면, 그것은 다른 차원의 문제가 됩니다. 이 경우에는 현대에도 손자의 말씀이 유용할 것 같습니다.

[D+60일] 지형(地形, Terrain) 6

[27] 知吾卒之可以擊, 而不知敵之不可擊, 勝之半也; [28] 知敵之可擊, 而不知吾卒之不可擊, 勝之半也。[29] 知敵之可擊, 知吾卒之可以擊, 而不知地形之不可以戰, 勝之半也。 (지오졸지가이격, 이부지적지불가격, 승지반야; 지적지가격, 이부지오졸지불가격, 승지반야. 지적지가격, 지오졸지가이격, 이부지지형지불가이전, 승지반야)

아군이 공격할 수 있다는 것만 알고 적군을 공격해서는 안 된다는 것을 알지 못하면 승률은 반이다. 적군을 공격해도 된다는 것만 알고 아군이 공격할 수 없다는 것을 알지 못하면 승률은 반이다. 적군을 공격해도 된다는 것도 알고 아군이 공격할 수 있다는 것도 알지만, 지형이 싸울만하지 못하다는 것을 알지 못하면 승률은 반이다.

<한자> 吾(나 오) 나 ; 而(말이을 이) 그리고, 그러나

<참고> ① 오졸(吾卒): '아군의 병력', 곧 '아군'임. ② 적지불가격(敵之不可擊): '적군을 공격해서는 안 된다'는 것을 모르고 '공격하는 경우'를 말함. 적의 전력이 방어력, 정신력, 사기 등 어떤 요인에서든 총체적으로 아군보다 우세할 수 있기 때문임. 일설은 '적군이 아군을 공격할 수 없다'로 해석함. ③ 승지반(勝之半): '승리가 반이다'인데, '승리의 확률이 반(반) 이다' 또는 '승리의 가능성이 반이다', '승부를 알기(예측하기) 어렵다'로 해석할 수 있음. ④ 지형지불가이전(地形之不可以戰): '지형이 적과 싸우는 것이 불가하다. 즉 불리하다'는 의미임.

제10편 지형(地形)

[27] If we know that our own men are in a condition to attack, but are unaware that the enemy is not open to attack, we have gone only halfway towards victory. [28] If we know that the enemy is open to attack, but are unaware that our own men are not in a condition to attack, we have gone only halfway towards victory. [29] If we know that the enemy is open to attack, and also know that our men are in a condition to attack, but are unaware that the nature of the ground makes fighting impracticable, we have still gone only halfway towards victory.

D be in a condition ...의 상태에 있다 ; unaware ...을 알지 못하는 ; be open to ...의 여지가 있다, 무방비이다 ; halfway 중간의, 불충분한 ; impracticable 실행 불가능한

[30] 故知兵者, 動而不迷, 擧而不窮。[31] 故曰: 知己知彼, 勝乃不殆; 知天知地, 勝乃可全。(고지병자, 동이불미, 거이불궁, 고왈: 지기지피, 승내불태, 지천지지, 승내가전)

그러므로 용병을 아는 자는 행동하면서 망설이지 않고 병력 운용에 어려움이 없다. 그러므로 말한다. 나를 알고 적을 알면 승리가 위태롭지 않고, 천시와 지리를 알면 승리가 완전해질 수 있다.

<한자> 迷(미혹할 미) 미혹하다 ; 擧(들 거) 들다, 행하다 ; 窮(궁할 궁) 궁하다, 가난하다 ; 乃(이에 내) 이에, 곧 ; 殆(거의 태) 위태하다, 위험하다 ; 全(온전할 전) 온전하다, 완전하다

<참고> ① 동이불미(動而不迷): 不迷는 '망설이지 않는다', 즉 '행동이 과감하고 조금도 머뭇거리지 않는다는 의미임.' ② 거이불궁(擧而不窮): '상황 변화에 따른 응변 조치가 무궁무진하다, 전략 전술을 구사함에 곤궁에 빠지지 않는다'는 의미임. 여기서는 動과 擧의 두 구절은 동

의 반복의 형식으로 의미를 강조하는 것으로 보았음. 擧는 '병력 운용', 不窮은 '궁함이 없음. 즉 어려움이 없다'로 해석함. ③ 지기지피(知己知彼): <모공편>에는 '知彼知己'인데, 글자 순서가 바뀌어 있음. 참고로 다수의 판본은 지피지기(知彼知己)로 되어 있음. ④ 지천지지(知天知地): 자신과 적뿐만 아니라 '천시와 지리까지 알아야'의 의미임. ⑤ 승내가전(勝乃可全): <형편>에서 "자신을 보전하면서 온전한 승리를 할 수 있다(自保而全勝)"는 어구와 같은 맥락인데, 전투를 하여 승리를 얻는 것이 '완전(완벽)하다, 확실하다'는 의미로 해석함.

[30] Hence the experienced soldier, once in motion, is never bewildered; once he has broken camp, he is never at a loss. [31] Hence the saying: If you know the enemy and know yourself, your victory will not stand in doubt; if you know Heaven and know Earth, you may make your victory complete.

D experienced 경험이 있는, 능숙한 ; once ...할 때 ; motion 운동, 이동 ; bewildered 당혹한, 당황한 ; at a loss 어쩔 줄을 모르는 ; stand (상황에) 있다 ; in doubt 의심하여, 불확실하여 ; complete 완벽한, 완전한

◎ 오늘(D+60일)의 思惟 ◎

손자는 〈地形篇〉을 "적을 알고 나를 알면 승리가 위태롭지 않고 천시와 지리를 알면 승리가 완전해질 수 있다"고 하면서 마무리했습니다. 즉 전쟁에서 완전한 승리를 거두려면 '지기지피(知己知彼)' 뿐만 아니라 '지천지지(知天知地)'를 해야 한다는 것으로, 전쟁에서 지형과 기상, 특히 지형의 중요성을 강조한 것입니다.

마무리한 말과 관련하여 몇 가지를 생각해 보면 다음과 같습니다. 먼저 손자가 〈謀攻篇〉과 다르게 '지기지피'를 말한 것에 특별한 의미는 없

는 것 같습니다. 이순신도 《난중일기》 1594년 9월 초3일 일기에 "知己知彼 百戰不殆"라고 적었습니다.[13] 이순신이 '지피지기'를 몰랐을 리도 없는데, 이렇게 표현한 것은 먼저 자신을 돌아보겠다는 뜻이 있는 것 같습니다. 그리고 '지피지기, 백전불태'는 그 자체로 이미 명언이었습니다. 그런데 〈謨攻篇〉에서 '지피지기'는 아군을 위태롭게 하지 않을 뿐이지 반드시 승리한다는 뜻은 없었습니다. 손자는 이 말을 할 때 〈地形篇〉에서 '지천지지'를 해야 승리가 완전해질 수 있다는 것을 염두에 둔 것 같습니다. 어쨌든 이것으로써 전승에 대한 명언이 완성되었다고 생각합니다. 또한 '지천지지'는 천시와 지형을 아는 것입니다. 손자가 지금껏 지형에 대해서는 여러 번 강조했지만, 천시에 대해서는 지형처럼 자세히 언급하지 않았습니다. 손자병법이 중국 내에서 원정 전쟁을 염두에 두고 기록되었기 때문에 천시를 특별히 강조하지 않았던 것으로 보입니다. 그렇지만 전쟁과 천시, 즉 기상(氣象)은 고대 전쟁으로부터 현대전에 이르기까지 매우 중요했다는 것은 주지의 사실인데, 그는 전쟁의 원리로서 이를 꿰뚫어 본 혜안이 있었던 것 같습니다.

　다음은 '지기지피'는 사람에 관한 문제이지만 '지천지지'는 마음대로 할 수 없는 외부 환경입니다. 그러므로 전쟁에서 완전한 승리를 거두기 위해서 적을 파악하고 이길 수 있는 준비가 끝났다 해도 외부 환경을 잘 통제하거나 활용할 수 있어야 합니다. 손자의 말씀과 유사한 현대 경영 이론도 있습니다. 즉 알버트 험프리(Albert Humphrey)에 의해 고안된 SWOT 분석입니다.[14] 이것은 기업의 내부 환경과 외부 환경을 분석하여

13　박해일·최희동·배영덕·김명섭(2016). 같은 자료. 142.

14　기획재정부(2017. 11.). SWOT분석. 시사경제용어사전. 「네이버 지식백과」.
　　〈https://terms.naver.com/entry.nhn?docId=300471&cid=43665&categoryId=43665〉.

강점(strength), 약점(weakness), 기회(opportunity), 위협(threat) 요인을 규정하고 이를 토대로 경영 전략을 수립하는 기법으로서 첫 글자를 따서 SWOT 분석이라고 합니다. SWOT 분석은 외부로부터의 기회는 최대한 살리고 위협은 회피하는 방향으로, 자신의 강점은 최대한 활용하고 약점은 보완한다는 논리에 따라 전략을 구상합니다. 이처럼 전쟁 승리를 위하여 내부 환경뿐만 아니라 외부 환경을 잘 고려해야 한다는 손자의 가르침이 현대의 기업 경영에서 전략을 수립할 때에도 적용되고 있습니다.

제11편

구지(九地)

★ The Nine Situations ★

구지는 '아홉 가지 유형의 서로 다른 지형'을 말하는데, 이 편에서는 지형에 따른 용병 방법뿐만 아니라 다양한 관점에서 용병 문제를 종합적으로 설명하고 있다. 먼저 9개 지형에 따른 피아 관점에서 용병을 논한다. 그리고 "용병을 잘하는 자는 솔연과 같이 한다"는 지휘 방법을 설명한다. 또한 전장에서 병사들의 심리, 패왕의 군대, 포상의 효과 등에 대하여 논한다. 끝으로 전쟁이 결정된 이후에 전쟁을 수행하고 용병하는 방법에 대하여 설명한다.

◆ 구지편 핵심 내용 ◆

C [19] 兵之情主速 용병의 원칙은 신속이 가장 중요하다.

A [29] 善用兵者, 譬如率然。용병을 잘하는 자는 비유하면 솔연과 같이 한다.

C [32] 齊勇若一, 政之道也。한 사람처럼 단결하고 용감하게 하는 것은 공정한 군정과 지휘에 달려 있다.

A [35] 靜以幽, 正以治。침착하고 고요하며 엄정하게 다스려야 한다.

A [68] 始如處女, 敵人開戶, 後如脫兔, 敵不及拒。처음에는 처녀처럼 행동하여 적이 허점을 보이게 하고, 그다음에는 토끼처럼 재빨리 행동하여 적이 미처 막을 수 없도록 한다.

◆ 러블리 팁(Lovely Tip) ◆

L 가장 소중한 것은 확실히 지키자.

L 위기를 잘 극복하여 승리로 만들자.

L 조직을 위하여 솔연처럼 행동하자.

L 상대의 심리를 파악하여 대응하자.

L 기회가 보이면 민첩하게 행동하자.

[D+61일] 구지(九地, The Nine Situations) [1]

[1] 孫子曰: 用兵之法, 有散地, 有輕地, 有爭地, 有交地, 有衢地, 有重地, 有圮地, 有圍地, 有死地。[2] 諸侯自戰其地, 爲散地。[3] 入人之地不深者, 爲輕地。 (손자왈, 용병지법, 유산지, 유경지, 유쟁지, 유교지, 유구지, 유중지, 유비지, 유위지, 유사지. 제후자전기지, 위산지. 입인지지불심자, 위경지)

손자가 말했다. 용병의 법에 산지, 경지, 쟁지, 교지, 구지, 중지, 비지, 위지, 사지가 있다. 제후가 스스로 자기 영토에서 싸우는 곳을 산지라 한다. 적의 영토에 들어가지만 깊이 들어가지 않은 곳을 경지라 한다.

<한자> 散(흩을 산) 흩다 ; 輕(가벼울 경) 가볍다 ; 爭(다툴 쟁) 다투다 ; 交(사귈 교) 사귀다, 교차하다 ; 衢(네거리 구) 네거리, 갈림길 ; 重(무거울 중) 무겁다 ; 圮(무너질 비) 무너지다 ; 圍(에워쌀 위) 에워싸다, 포위하다 ; 死(죽을 사) 죽다 ; 自(스스로 자) 스스로 ; 爲(할 위) 하다 ; 深(깊을 심) 깊다

<참고> ① 용병지법(用兵之法): 용병의 법에 9개 지형이 있고, 이어서 각 지형별로 용병 방법을 설명함. ② 위산지(爲散地): 爲는 '~라 한다.' 散地는 흩어지기 쉬운 곳임. 즉 자기 나라 땅에서 싸울 때 형세가 불리해지면 병사들이 쉽게 도망갈 수 있는 곳임. ③ 입인지지불심(入人之地不地深): 人之地는 '적국(人)의 영토'임. 죽간본은 不자 앞에 而가 포함되어 있음. 深은 '깊다'임. ④ 경지(輕地): 군대가 적진 깊숙이 들어가지 않았기 때문에 쉽게 철수할 수 있는 곳을 말함.

[1] Sun Tzu said: The art of war recognizes nine varieties of ground:
(1) Dispersive ground; (2) facile ground; (3) contentious ground;
(4) open ground; (5) ground of intersecting highways; (6) serious

ground; (7) difficult ground; (8) hemmed-in ground; (9) desperate ground. [2] When a chieftain is fighting in his own territory, it is dispersive ground. [3] When he has penetrated into hostile territory, but to no great distance, it is facile ground.

D recognizes 인정[인식]하다 ; varieties of 각종의 ; dispersive 흩어지는, 분산적인 ; facile 손쉬운, 안이한 ; contentious 논쟁을 초래할 ; intersect 교차하다 ; serious 심각한 ; difficult 어려운, 힘든 ; hemmed-in 갇힌 ; desperate 필사적인, 절망적인 ; chieftain 족장[→제후] ; territory 영토, 영역 ; penetrate 뚫고 들어가다, 침투하다 ; hostile territory 적지 ; great distance 상당히 먼 거리

[4] 我得則利, 彼得亦利者, 爲爭地。[5] 我可以往, 彼可以來者, 爲交地。[6] 諸侯之地三屬, 先至而得天下衆者, 爲衢地。[7] 入人之地深, 背城邑多者, 爲重地。 (아득즉리, 피득역리자, 위쟁지. 아가이왕, 피가이래자, 위교지. 제후지지삼속, 선지이득천하중자, 위구지, 입인지지심, 배성읍다자, 위중지)

아군이 얻어도 유리하고 적이 얻어도 역시 유리한 곳을 쟁지라 한다. 아군이 갈 수도 있고 적도 올 수도 있는 곳을 교지라 한다. 여러 나라가 맞닿아 있는 지역으로, 먼저 도착하면 주변국의 도움을 받을 수 있는 곳을 구지라 한다. 적의 영토에 깊숙이 들어가 배후에 적의 성과 고을이 많은 곳을 중지라 한다.

<한자> 得(얻을 득) 얻다 ; 亦(또 역) 또한, ~도 ; 往(갈 왕) 가다 ; 屬(무리 속, 이을 촉) 무리, 붙다 ; 至(이를 지) 이르다, 도달하다

<참고> ① 아득즉리(我得則利): 得은 '얻다, 차지하다, 점령하다'임. 죽간본은 則이 亦으로 되어 있음. ② 쟁지(爭地): 아군뿐만 아니라 적도 점령하면 유리한 '요충지'이며 서로 차지하려

고 다투는 곳을 말함. ③ 교지(交地): 도로가 종횡으로 교차하여 통행하기가 편리한 교통의 요지이며 교전하기 쉬운 곳임. ④ 제후지지삼속(諸侯之地三屬): 三은 많다는 다(多)와 통하며, '三屬은 여러 나라가 맞닿아 있는 지역', 또는 세 제후국의 접경지로서 '아국, 적국, 제3국의 영토'로도 해석함. ⑤ 선지이득하중자(先至而得天下衆者): 先至는 '먼저 도달[도착]하다', 天下는 '온 세상' 또는 '주변 제후국'을 의미함. 衆은 '많은 사람, 많은 물건'인데, 여기서는 주변국의 '도움(지원)'으로 해석함. 또는 得天下衆을 '주변국과 우호 관계를 맺는 데 유리' 또는 '동맹 세력을 얻을 수 있는 곳'으로 해석할 수도 있음. ⑥ 배성읍다자(背城邑多者): 적지에 이미 깊숙이 들어와 배후에 적의 城邑(성과 고을)이 많이 있는 상황을 언급한 것임. ⑦ 중지(重地): 위난(危難)이 엄중한 지역임. 이러한 지역은 역공을 받을 소지가 높고 상황이 위중하다는 것을 뜻함.

[4] Ground the possession of which imports great advantage to either side, is contentious ground. [5] Ground on which each side has liberty of movement is open ground. [6] Ground which forms the key to three contiguous states, so that he who occupies it first has most of the Empire at his command, is a ground of intersecting highways. [7] When an army has penetrated into the heart of a hostile country, leaving a number of fortified cities in its rear, it is serious ground.

D possession 소유, 보유 ; import 수입하다, 가져오다 ; contentious 논쟁을 초래할 ; contiguous 인접한, 근접한 ; occupy 차지하다, 점유하다 ; at command 장악하고 있는 ; intersect 교차하다 ; fortify 요새화하다, 강화하다

◎ 오늘(D+61일)의 思惟 ◎

손자는 〈九地篇〉 첫 부분에 9가지의 지형과 그 지형에 따른 용병 방법을 설명했습니다. 그런데 이 내용은 현대전에서는 전쟁 양상이 많이 다르기 때문에 참고할 수 있는 내용이 많지 않습니다. 그래서 〈軍形篇〉

이후 주로 원정 작전을 다루고 있기 때문에, 오늘은 우리나라의 해외 원정 작전 사례를 알아보겠습니다.

우리나라는 역사적으로 해외 원정 작전은 고구려, 백제의 삼국 시대를 제외하고는 조선 시대 이종무 장군의 대마도 정벌(1419년)과 현대 월남전 참전(1965~1973년) 정도가 있는 것 같습니다. 그런데 신채호는《조선상고사》에서 고·당전쟁 때에 "연개소문은 정예병 3만을 거느리고… 만리장성을 넘어 상곡, 즉 지금의 하간(河間) 지역을 기습했다"고 합니다.[1] 이 기록은 설이지만 우리나라 역사에서 가장 빛나는 한 장면이 될 수 있습니다.

이 '북경 추격론'을 뒷받침하는 주장은 다음과 같습니다. 첫째, 당태종이 늪지대인 요택을 건너 퇴각하여 만리장성 끝에 있는 임유관에서 태자의 마중을 받고 처음으로 옷을 갈아입었다고 합니다. 그만큼 퇴각이 긴박했다는 것입니다. 둘째, 북경 인근에 황량대(謊糧臺)는 고구려군을 속이기 위해 만든 가짜 양곡 저장지로서 모두 10개가 있었는데, 당시 정황으로 본다면 이것은 고구려군이 북경까지 들어갔음을 증명한다는 것입니다. 셋째, 신채호는 북경 인근에 고려영(高麗營)이라는 표시가 많은데 그곳이 고구려군이 주둔했던 곳이라고 주장했습니다. 많은 학자들이 이 주장이 결정적인 증거는 되지 못하지만, 고구려군이 만리장성을 넘어 북경까지 당 태종을 추격한 것은 틀림없다고 했습니다.[2]

그러나 연개소문이 중국을 침입했다는 기록은 찾을 수 없습니다. 그것은 중국의 사관들이 중국의 잘못과 수치를 감추면서 역사 기록을 왜곡하거나 누락했고, 통일 신라는 그들을 핍박한 연개소문에 대한 원한으

---

1 신채호(김종성 역)(2014). 「조선상고사」 위즈덤하우스. 443.

2 앞의 자료. 449. ; 이종호(2005. 10.4.) 4천년 역사에 첫째로 꼽을 만한 영웅. 「대한민국 정책브리핑」.
   〈http://www.korea.kr/news/policyNewsView.do?newsId=95084584〉.

로 기록을 말살했으며,《삼국사기》에서는 거의 모든 자료가 왜곡된 중국 측 자료를 바탕으로 서술되었기 때문인 것으로 추정합니다. 심지어 김부식은 연개소문을 "곧은 도로써 나라를 받들지 못하고 잔인하고 포악하여 제멋대로 행동하다가 대역에 이른 것"[3]이라고 기록하고 있습니다.

신채호는《독사신론》에서 '연개소문이야말로 우리 4000년 역사 이래 제일로 꼽을 영웅'이라고 극찬했습니다.[4] 그리고 중국 역사상 최고의 군주 가운데 한 명으로 꼽히는 당태종에게 패배를 안겨준 인물이 연개소문입니다. 연개소문은 병법에도 탁월했으며, 그의 제자인 이정(李靖)이 저술한《이위공병법(李衛公兵法)》의 원본에는 이정이 연개소문에게 병법을 배운 이야기가 자세히 쓰여 있을 뿐만 아니라 연개소문을 숭앙하는 구절의 말들이 많습니다.[5] 그런데 연개소문은 정변을 일으켰다는 것 때문에 왕조 국가에서 계속 부정적으로 평가했고, 그 이미지가 오늘날까지 전해온 것 같습니다. 그러나 현재의 관점에서 역사학자들이 잘못된 기록을 확인하여 정정하고, 새로운 관점에서 객관적으로 평가할 필요가 있습니다. 무엇보다도 역사를 올바로 이해해야 할 것입니다.

3 연개소문(2020. 10.14).「나무위키」.
   〈https://namu.wiki/w/%EC%97%B0%EA%B0%9C%EC%86%8C%EB%AC%B8〉.
4 김병기(2015. 5.12). 연개소문, 왕을 시해한 무도한 인물이었나?「K스피릿」.
   〈http://www.ikoreanspirit.com/news/articleView.html?idxno=44920〉.
5 신채호(김종성 역)(2014). 같은 자료. 458.

[D+62일] 구지(九地, The Nine Situations) ②

[8] 山林, 險阻, 沮澤, 凡難行之道者, 爲圮地。[9] 所由入者隘, 所從歸者迂, 彼寡可以擊吾之衆者, 爲圍地。[10] 疾戰則存, 不疾戰則亡者, 爲死地。(산림, 험저, 저택, 범난행지도자, 위비지. 소유입자애, 소종귀자우, 피과가이격오지중자, 위위지. 질전즉존, 부질전즉망자, 위사지)

    산림, 험준한 지형, 소택지 등 행군하기 어려운 곳을 비지라 한다. 들어가는 곳은 좁고 돌아오는 곳은 우회해야 하며, 적이 적은 병력으로 아군의 많은 병력을 공격할 수 있는 곳을 위지라 한다. 빨리 싸우면 살 수 있지만 빨리 싸우지 않으면 죽게 되는 곳을 사지라 한다.

<한자> 阻(막힐 조) 막히다, 험하다 ; 沮(막을 저) 막다, 담그다 ; 圮(무너질 비) 무너지다 ; 由(말미암을 유) 말미암다 ; 隘(좁을 애) 좁다 ; 從(좇을 종) 좇다 ; 歸(돌아갈 귀) 돌아가다[오다] ; 迂(에돌 우) 에돌다 ; 疾(병 질) : 질병, 급히, 신속하게 ; 存(있을 존) 있다, 살아 있다 ; 亡(망할 망) 망하다, 죽다

<참고> ① 험저, 저택(險阻, 沮澤): 險阻는 '산세가 험하고 골물이 거센 산악지역', 沮澤은 '늪과 못', 즉 소택지를 이름. ② 난행지도(難行之道); '행군이 어려운 길'의 뜻인데, '곳'이라 해석함. ③ 비지(圮地): '땅이 허물어져 사람이 다니기 어려운 지역'임. ④ 소유입자(所由入者): '거쳐서 들어가는 곳, 즉 진입로를 이름'. ⑤ 소종귀자우(所從歸者迂): 所從歸는 '따라서 돌아오는 곳', 迂는 우회(迂廻) 즉 '돌아감'임. ⑥ 위지(圍地): 출입이 어렵고 적에게 포위되기 쉬운 지역임. ⑦ 질전즉존(疾戰則存): 疾戰은 '빨리 싸움', 存은 '살다'임. ⑧ 사지(死地): 진퇴가 어려운 막다른 골목으로 죽기로 싸우지 않으면 살아남기 힘든 지역임.

[8] Mountain forests, rugged steeps, marshes and fens— all country

that is hard to traverse: this is difficult ground. [9] Ground which is reached through narrow gorges, and from which we can only retire by tortuous paths so that a small number of the enemy would suffice to crush a large body of our men: this is hemmed in ground. [10] Ground on which we can only be saved from destruction by fighting without delay, is desperate ground.

D rugged 바위투성이의 ; steep 가파른, 비탈진 ; marsh 습지 ; fen 소택지 ; traverse 가로지르다, 횡단하다 ; gorge 협곡 ; retire 퇴각하다 ; tortuous 길고 복잡한, 구불구불한 ; suffice 충분하다 ; crush 눌러 부수다, 궤멸시키다 ; save from ...에서 구하다 ; destruction 파괴, 파멸

[11] 是故散地則無戰, 輕地則無止, 爭地則無攻, [12] 交地則無絶, 衢地則合交, [13] 重地則掠, 圮地則行, [14] 圍地則謀, 死地則戰。(시고산지즉무전, 경지즉무지, 쟁지즉무공, 교지즉무절, 구지즉합교, 중지즉략, 비지즉행, 위지즉모, 사지즉전)

그래서 산지에서는 싸우지 말고, 경지에서는 머물지 말며, 쟁지에서는 공격하지 말아야 한다. 교지에서는 앞뒤로 연락이 끊기지 않도록 하고, 구지에서는 외교 관계에 힘써야 한다. 중지에서는 보급품을 현지 조달하고, 비지에서는 신속하게 지나가야 한다. 위지에서는 계책을 행하고, 사지에서는 오로지 싸울 수밖에 없다.

<한자> 止(그칠 지) 그치다, 머무르다 ; 絶(끊을 절) 끊다 ; 合(합할 합) 합하다, 모으다 ; 交(사귈 교) 사귀다 ; 掠(노략질할 략) 탈취하다 ; 謀(꾀 모) 꾀, 계략, 계책

<참고> ① 산지즉무전(散地則無戰): 無戰은 '싸우지 마라', 매요신은 "본국 내에서 싸우면 병사들은 고향으로 돌아가 생업을 영위하며 살아갈 생각을 하게 된다. 진을 쳐도 견고하지 못하

고 적과 싸워도 승리하기 어렵다. 그래서 싸우지 말라고 한 것이다"라고 해석했음. [신동준].
② 경지즉무지(輕地則無止): 無止는 '멈추거나, 머물지 말라', 곧 적경에 들어가면, 긴장을 풀고 쉬게 해서는 안 되며, 큰 성읍이나 사람들이 나다니는 통로를 피해 속히 전진하는 것이 이롭다는 것임. ③ 쟁지즉무공(爭地則無攻): 만일 적이 먼저 그곳을 점령했다면 적도 치열하게 싸울 것이므로 무리하게 공격하지 말라는 뜻임. ④ 교지즉무절(交地則無絶): 絶은 '앞뒤, 부대 간(상호 간) 연락(연결), 대오와 전열, 틈' 등의 해석이 있는데, '앞뒤로 연락하다'로 해석함. 두목은 "사방에서 적의 공격을 받을 위험이 큰 까닭에 앞뒤의 연락이 끊어져서는 안 된다"고 풀이했음. [신동준]. ⑤ 구지즉합교(衢地則合交): 合交는 "주변 제후국들의 지원을 확보하기 위해 외교 관계에 힘써야 한다"는 뜻임. 조조는 "제후들과 결합하는 것이다"로 해석했음. [유종문]. ⑥ 중지즉략(重地則掠): 적국 깊숙이 들어가면 필히 양도가 끊길 것이므로, 아군의 식량과 물자를 보충하기 위해 현지에서 '약탈(탈취)한다' 즉 '현지 조달'하라는 뜻임. ⑦ 비지즉행(圮地則行): 머뭇거릴 여유가 없고 가능한 한 신속히 통과해야 함을 의미함. ⑧ 위지즉모(圍地則謀): 계책을 사용하여 위험에서 벗어나야 한다는 말임. ⑨ 사지즉전(死地則戰): '오로지 죽기를 각오하고 (사력을 다해) 싸워야 한다'는 뜻임.

[11] On dispersive ground, therefore, fight not. On facile ground, halt not. On contentious ground, attack not. [12] On open ground, do not try to block the enemy's way. On the ground of intersecting highways, join hands with your allies. [13] On serious ground, gather in plunder. In difficult ground, keep steadily on the march. [14] On hemmed-in ground, resort to stratagem. On desperate ground, fight.

D halt 멈추다, 주둔하다 ; block 차단하다 ; join hands with ...와 제휴하다 ; gather in 수확하다, 거두다 ; plunder 약탈, 강탈 ; keep on 계속 가다 ; steadily 견실하게 ; on the march 행군 중 ; resort to ~에 기대다, 의지하다 ; stratagem 책략, 술수

◎ 오늘(D+62일)의 思惟 ◎

손자는 전쟁의 승패를 가르는 결전의 장소로서 9가지 지형에 따른 용병 방법을 설명했습니다. 이 내용들은 현대전에서 발전시키기보다는 참고사항으로 고려하면 될 것 같습니다. 그래서 오늘은 해외 원정 작전 사례에 대하여 '북경 추격론'에 이어 백제의 중국 요서경략(遼西經略)에 대하여 알아보겠습니다.

중국의 한 지방을 경략했다는 것은 당연히 원정군의 군사 작전도 병행되었을 것으로 판단합니다. 백제의 대외 진출 내용은 1974년부터 중·고교 국정 국사 교과서에서 표현에는 다소 차이가 있지만 4세기 백제 근초고왕의 업적으로 대외 진출을 서술하고 있습니다.[6]

4세기경 근초고왕(346~375)이 중국의 요서 지방을 경략해 군(郡)을 설치하고 지배했다는 '백제의 요서경략'에 관한 최초의 기록은 《송서》에 "고구려가 요동을 점령하니 백제는 요서를 점령하고 진평군 진평현에 이 지역의 통치기관을 설치하였다"라고 실려 있습니다. 《양서》에는 "진(晉)나라 때 고구려의 요동 지배에 대응해 요서·진평 두 군을 점령하고 그 땅에 백제군을 설치하였다"고 했습니다. 《남제서》에 의하면 "이 해에 북위가 또 수십만을 동원해 백제 영토에 침입하니 모대(동성왕)가 장군 사법명·찬수류·목간나를 보내어 군대를 이끌고 북위군을 쳐 대파하였다"고 하였습니다. 이 같은 충돌은 북위 군대가 바다를 건너 백제 영역에 침공한 것으로 볼 수 없고, 대륙에 설치되어 있던 백제 영역에 대한 공격으

---

6 김병헌(2018. 1.2.). 4세기 백제의 대외 진출, 어느 장단에 춤을 춰야 하나.
「pub.chosun.com」. 〈http://pub.chosun.com/client/news/viw.asp?cate=C03&nNewsNumb=201801274 47&nidx=27448〉.

로 보아야 할 것이라는 주장입니다. 또한 《삼국사기》에 의하면 571년에 북제(北齊)가 백제 위덕왕에게 '사지절도독동청주자사'의 직을 수여하였다고 했는데, 이것은 이 지역에 대한 백제의 지배력을 승인한 것으로 동청주는 오늘날 산동성 자오저우만 일대 지역으로 간주됩니다.[7]

한편 신채호는 《조선상고사》에서 "조선 역사에서 바다 건너 영토를 둔 때는 백제 근수구왕과 동성대왕 두 시대뿐이다"라고 했으며, 《구당서》〈백제열전〉에서는 백제의 영토에 관해 말하면서 "서쪽은 바다 건너 월주에 도달했고, 북쪽으로 바다 건너 고려에 도달하며, 남쪽으로는 바다 건너 왜국에 도달한다"고 했습니다.[8]

그러나 부정하는 입장에서는 백제의 요서 경략에 대해 송·양 등 남중국 왕조의 역사서에는 기록되어 있으나, 백제가 요서 지방을 경략했다면 그 지역과 땅을 접하고 있어 직접 관계가 되었던 북중국 왕조와 고구려의 역사서에는 관련 기록이 있어야 하는데 언급이 없으며, 《삼국사기》와 《삼국유사》에도 명확한 기록이 없다고 주장합니다. 아울러 백제가 바다 건너 수천 리 떨어져 있는 곳에 진출해야 할 필요성과 가능성에 대해 의문이 있다고 합니다. 그래서 이에 대한 긍정론과 부정론이 꾸준히 제기되어 왔으며, 결론은 아직 나지 않았습니다.

---

7   한국학중앙연구원. 「한국민족문화대백과」. 백제요서경략.
    〈https://terms.naver.com/entry.nhn?docId=557243&cid=46620&categoryId=46620〉.

8   신채호(2014) 앞의 자료. 320.

[D+63일] 구지(九地, The Nine Situations) ③

[15] 古之所謂善用兵者, 能使敵人前後不相及, 衆寡不相恃, 貴賤不相救, 上下不相收, [16] 卒離而不集, 兵合而不齊。 [17] 合於利而動, 不合於利而止。 (소위고지선용병자, 능사적인전후불상급, 중과불상시, 귀천불상구, 상하불상수, 졸리이부집, 병합이부제. 합어리이동, 불합어리이지)

    옛날에 이른바 용병을 잘하는 자는 적으로 하여금 앞과 뒤의 부대가 서로 호응하지 못하게 하고, 대부대와 소부대가 서로 의지하지 못하게 하며, 군관과 병사가 서로 구원하지 못하도록 하고, 상하가 서로 돕지 못하게 했다. 병사들이 흩어지게 하고 다시 모이지 못하게 하며, 병사들이 모이더라도 통제가 되지 않도록 했다. 이익에 맞으면 움직이고 이익에 맞지 않으면 멈췄다.

<한자> 及(미칠 급) 미치다, 도달하다 ; 恃(믿을 시) 믿다, 의지하다 ; 救(구원할 구) 구원하다, 돕다 ; 收(거둘 수) 거두다, 모으다 ; 扶(도울 부) 돕다, 지원하다 ; 離(떠날 리) 떼어 놓다, 흩어지다, 분할하다 ; 集(모을 집) 모으다 ; 齊(가지런할 제) 가지런하다, 질서정연하다, 다스리다 ; 合(합할 합) 합하다, 맞다 ; 止(그칠 지) 그치다, 멈추다

<참고> ① 고지소위(古之所謂); 죽간본은 所謂古之로 되어 있음. ② 능사적인전후불상급(能使敵人前後不相及): 使는 '~하게 한다'임. 前後는 '앞과 뒤', '전방(부대)과 후방(부대)'의 뜻임. 相及은 '서로 미침', 곧 '연결, 연락, 연합, 지원, 호응' 등의 해석이 있는데 '호응'으로 해석함. ③ 중과불상시(衆寡不相恃): 衆寡는 '많음과 적음', 즉 '대부대와 소부대'임, 일설은 '주력 본대와 소부대 또는 선발대'로 해석함. 相恃는 '서로 의지하다'임. ④ 귀천불상구(貴賤不相救): 貴賤은 '귀함과 천함'인데, '장수와 군졸, 정예 부대와 비정예 부대, 지휘관과 병사' 등 다양한 해석이 있는데 신분 계층의 의미로 '군관과 병사'로 함. 相救는 '서로 구원하다, 돕다'임. ⑤ 상하불상

수(上下不相收): 上下는 '상하, 상·하급 부대, 상관과 부하'의 뜻인데, '상하'로 해석함. 收는 '거두다, 모으다', 곧 '연계, 단결, 협조' 등의 의미인데 '돕다'로 해석함. 죽간본은 收자가 扶(돕다)로 되어 있음. ⑥ 졸리이부집(卒離而不集): '병사나 부대를 흩어지게 하고서 다시 모이지 못하게 함'을 이름. ⑦ 병합이부제(兵合而不齊): 兵合은 '병력이 모이다'임. 齊는 '통제, 규율, 정렬(정연), 질서, 일사불란' 등의 해석이 있는데, '통제되다'로 해석함. ⑧ 동, 지(動, 止): 動은 '움직임', 곧 '공격, 출동, 출격, 출정'을 이르며, 止는 그러한 움직임을 멈춤, 그침을 이름.

[15] Those who were called skillful leaders of old knew how to drive a wedge between the enemy's front and rear; to prevent co-operation between his large and small divisions; to hinder the good troops from rescuing the bad, the officers from rallying their men. [16] When the enemy's men were united, they managed to keep them in disorder. [17] When it was to their advantage, they made a forward move; when otherwise, they stopped still.

D drive a wedge between ...의 사이를 틀어지게 하다 ; co-operation 협력, 협동, 협조 ; hinder 방해하다 ; rescue 구하다, 구조하다 ; rally 결집, 단결하다 ; keep them in 그들을 ~에 머물게 하다 ; make a (forward) move 조치를 취하다 ; otherwise 그렇지 않으면 ; stop still 가만히 멈추다

[18] 敢問:「敵衆整而將來, 待之若何?」[19] 曰:「先奪其所愛, 則聽矣; 兵之情主速, 乘人之不及, 由不虞之道, 攻其所不戒也。」(감문: 적중정이장래, 대지약하, 왈: 선탈기소애, 즉청의; 병지정주속, 승인지불급, 유불우지도, 공기소불계야)

감히 묻는다. "적이 많은 병력으로 정연한 대오를 갖춰 장차 공격해 오면 어떻게 대처하겠는가?" 대답은 "먼저 적이 가장 아끼는 것을 빼앗으면 아군의 요구를 듣게 된다. 용병의 원칙은 신속이 가장 중요하며, 적이

미치지 못한 틈을 타서 적이 미처 생각하지 못한 길을 통해 전혀 경계하지 않은 곳을 공격해야 한다"고 할 것이다.

<한자> 敢(감히 감) 감히 ; 整(가지런할 정) 가지런하다, 징연하다 ; 將(징수/징자 징) 징수, 징차, 만약 ; 待(기다릴 대) 기다리다. 대비하다 ; 奪(빼앗을 탈) 빼앗다 ; 愛(사랑 애) 소중히 하다 ; 聽(들을 청) 들어 주다 ; 情(뜻 정) 뜻, 본성, 실상 ; 主(임금 주) 주인, 가장 주요한 ; 速(빠를 속) 빠르다 ; 乘(탈 승) 타다, 헤아리다 ; 由(말미암을 유) 말미암다, 좇다, 따르다 ; 虞(염려할 우) 염려하다, 생각하다 ; 戒(경계할 계) 경계하다

<참고> ① 중정이장래(衆整而將來): 衆은 '병력이 많음', 整은 '정연한 대오(태세)로', 將은 '장차' 來는 '오다' 즉 '공격해 오다'의 뜻임. ② 대지약하(待之若何): 待는 '대비, 대처하다', 之는 지시대명사로 '적', 若何는 '어찌할 것인가'임. ③ 선탈기소애(先奪其所愛): 所愛는 '소중히 여기는 것', 예를 들어 적이 굳게 믿고 있는 요충지나 적의 군량, 보급 기지 등임. ④ 즉청의(則聽矣): 聽은 '아군의 요구대로 잘 듣고 좇음 또는 따름'을 의미함. ⑤ 병지정주속(兵之情主速): 兵은 '전쟁, 용병', 情은 '원칙, 본질, 정리(情理)' 등의 해석이 있는데, '용병의 원칙'으로 해석함. 主速은 '신속함이 가장 중요함'임. ⑥ 승인지불급(乘人之不及): 乘은 '어떠한 기회를 타거나 기회를 이용하는 것'을 의미함. 不及은 '미치지 못함', 미처 손을 쓸 겨를이 없거나 방비할 틈이 없는 것을 뜻함. ⑦ 유불우지도由不虞之道): 由는 경유함, 거침, 不虞之道는 미처 생각하지 못한, 즉 예측, 예상, 짐작하지 못한 길을 이름.

[18] If asked how to cope with a great host of the enemy in orderly array and on the point of marching to the attack, I should say: "Begin by seizing something which your opponent holds dear; then he will be amenable to your will." [19] Rapidity is the essence of war: take advantage of the enemy's unreadiness, make your way by unexpected routes, and attack unguarded spots.

D cope with 대처하다 ; a host of 다수의 ; in orderly array 질서정연하게 배열하다 ; seize 붙잡다, 점령하다 ; holds dear 소중히 여기는 ; amenable ...를 받아들이는 ; rapidity 신속,

민첩, 속도 ; take advantage of ...을 이용하다 ; unreadiness 준비 없음 ; unexpected 예상하지 못한 ; unguarded 경계가 없는

◎ 오늘(D+63일)의 思惟 ◎

손자는 용병을 잘하는 자는 적으로 하여금 서로 돕거나 의지하지 못하도록 하고, 만일 대군이 정연한 대오를 갖춰 공격해 오면 적이 가장 소중히 여기는 것을 빼앗을 것을 강조하면서, 용병은 신속함이 가장 중요하다고 했습니다. 전례를 보면 승리한 측은 이와 같은 요인을 잘 적용한 것으로 분석됩니다. 오늘은 이와 관련된 전례를 소개하겠습니다.

먼저 기원전 371년에 테베와 스파르타 사이에서 있었던 루크트라(Leuctra) 전투입니다. 이 전투는 그리스 제국의 주도권을 장악하기 위해 테베의 에피미논다스가 6천 명을 이끌고 스파르타군 11,000명과 루크트라에서 대결한 전투입니다. 스파르타군은 당시 일반적인 전투 대형인 선양의 방진으로 정병을 우익에 배치했습니다. 그런데 에피미논다스는 좌익 병력을 4배로 증강하고 종심을 두텁게 하여 스파르타군의 우익과 대결했습니다. 약하게 편성된 테베군의 중앙과 우익은 스파르타군의 우익이 격파될 때까지 서서히 전진하면서, 스파르타군이 우익을 강화하지 못하게 방해하는 역할을 했습니다. 이러한 사선 대형은 역사상 최초로 이 전투에서 적용되었습니다. 교전이 개시되면서 스파르타군의 우익은 테베군의 좌익으로부터 강력한 공격을 받아 붕괴되었습니다. 그리고 테베군은 중앙과 우익군이 스파르타군과 교전을 개시하는 순간, 주력을 스파르타군의 잔여 병력 쪽으로 선회 기동함으로써 완전히 승리를 얻었습니다.[9]

---

9 육군사관학교 전사학과(2004). 같은 자료. 44-46.

이 전투는 적은 서로 돕지 못하게 고착시키면서, 자신은 창의적인 대형으로 병력을 집중하여 신속하게 공격함으로써 전승하게 된 사례입니다.

다음은 중국 후한 말기에 화북의 2대 세력이었던 원소와 조조가 결전했던 관도(官渡) 전투입니다. 200년에 원소가 10만 정예군을 조직하여 조조를 공격했습니다. 조조군은 서전에서 승리한 후 철수하여 관도에 진을 쳤는데, 군사가 적고 군량은 소진되어 병사들이 피폐해졌습니다. 이때 원소의 모사 허유가 조조에게 투항해 와서 원소가 오소에 식량과 무기를 두고 있다는 정보를 주었습니다. 이에 조조는 기마병 5천을 거느리고 순우경이 지키던 오소를 급습했습니다.[10] 이때 원소는 오소 구원보다 조조의 본진을 공격했으나 실패했습니다. 한편 조조는 원소의 구원 병력이 뒤에 오는데도 군사를 나누지 않고 구원병이 오기 전에 순우경군을 무너뜨리고 구원 병력까지 격파합니다. 이와 같은 조조의 판단은 삼국시대에 있었던 전투 단위 싸움들에서 지휘관이 내린 최고의 판단 중에 하나라고 말합니다.[11] 결과적으로 조조군은 절대적인 열세 속에서도 손자가 말한 것처럼, 원소에게 가장 소중한 보급 물자가 있었던 오소 전투에서 신속하게 승리한 후 여세를 몰아 원소군을 철저하게 유린하고 격파했던 것입니다.

10 관도대전(2008. 4. 25). 「중국상하오천년사」.
    〈https://terms.naver.com/entry.nhn?docId=955659&cid=62060&categoryId=62060〉.

11 관도대전(2020. 10. 23.). 「나무위키」.
    〈https://namu.wiki/w/%EA%B4%80%EB%8F%84%EB%8C%80%EC%A0%84〉.

[D+64일] 구지(九地, The Nine Situations) ④

[20] 凡爲客之道: 深入則專, 主人不克, [21] 掠於饒野, 三軍足食, [22] 謹養而勿勞, 併氣積力, 運兵計謀, 爲不可測。[23] 投之無所往, 死且不北, 死焉不得, 士人盡力。(범위객지도, 심입즉전, 주인불극, 약어요야, 삼군족식, 근양이물로, 병기적력, 운병계모, 위불가측. 투지무소왕, 사차불배, 사언부득, 사인진력.)

    무릇 원정군의 용병 원칙은 깊이 들어가면 전투에 전력을 다하여 적군이 이를 이겨내지 못하게 한다. 풍요한 들판에서 곡식을 약탈하여 전군이 넉넉히 먹고, 병사들을 쉬게 하면서 피로하지 않게 한다. 사기를 진작시키고 힘을 축적하며 병력 운용에 계책을 꾀하여 적이 예측하지 못하게 한다. 병사들을 갈 곳이 없는 곳에 투입하면 죽을지언정 달아나지 않을 것이며, 죽기로 달려드는데 어찌 얻지 못하랴. 병사들은 전력을 다할 것이다.

<한자> 爲(할 위) 하다, 되다 ; 客(손 객) 손님 ; 專(오로지 전) 전일하다 ; 克(이길 극) 이기다 ; 掠(노략질할 략) 탈취하다 ; 饒(넉넉할 요) 넉넉하다 ; 野(들 야) 들판 ; 足(발 족) 넉넉하다, 충족하다 ; 謹(삼갈 근) 삼가다 ; 養(기를 양) 기르다 ; 倂(아우를 병) : 아우르다, 합하다 ; 積(쌓을 적) 쌓다 ; 運(옮길 운) 옮기다, 운용하다 ; 計(셀 계) 헤아리다, 꾀하다 ; 測(헤아릴 측) 헤아리다 ; 投(던질 투) 던지다 ; 往(갈 왕) 가다 ; 且(또 차) 또, 또한 ; 北(달아날 배) 달아나다 ; 焉(어찌 언) 어찌 ; 盡(다할 진) 다하다

<참고> ① 위객지도(爲客之道): 爲는 '~이 되어서', 客은 '객군', 즉 본국을 떠나 적지로 들어간 타국의 군사인 객군(客軍) 또는 '원정군', 道는 '이치, 방법, 요령, 원칙' 등의 해석이 있는데, 여기서는 '용병의 원칙'으로 해석함. ② 심입즉전(深入則專): 專은 전일(專一), 즉 마음과 힘을 모아 한곳에만 씀. 곧 전투에 전심전력함. 일설은 '단결하다'로 해석함. 두목은 "병사들이 필사의

의지를 다지는 것"으로 풀이했음. [신동준]. ③ 주인불극(主人不克): 主人은 자국 영토 안에서 전쟁을 하는 군대, 여기서는 적군을 이름. 克은 '이기다'임. ④ 약어요야(掠於饒野): 掠은 '(곡식)을 약탈함', 饒野는 '풍요로운 들판'임. ⑤ 근양(謹養): 謹은 '삼가다, 신중히 하다', 養은 '기르다'의 의미인데, '잘 휴양하다, 쉬게 하다, 힘을 비축하다' 등으로 해석할 수 있음. ⑥ 병기(併氣): 併은 '아우르다, 합하다', 併氣는 '사기를 진작시킨다'로 해석함. 죽간본에는 併자가 幷(아우를 병)으로 되어 있음. ⑦ 운병계모(運兵計謀): 運兵은 '병력을 움직임 또는 운용함', 計謀은 '계책을 꾀하다'임. ⑧ 투지무소왕(投之無所往): 投는 '던지다, 투입하다', 之는 '병사, 군대', 無所往은 '더 이상 갈 곳이 없다', 즉 '도주할 수 없는 곳'을 의미함. ⑨ 사언부득(死焉不得): 焉은 '어찌', 不得은 '하지 못하다'임. 다음 어구를 본 어구에 붙인 판본도 있는데, 그 경우에 '어찌 병사들이 전력을 다하지 않겠는가'로 해석할 수 있음.

[20] The following are the principles to be observed by an invading force: The further you penetrate into a country, the greater will be the solidarity of your troops, and thus the defenders will not prevail against you. [21] Make forays in fertile country in order to supply your army with food. [22] Carefully study the well-being of your men, and do not overtax them. Concentrate your energy and hoard your strength. Keep your army continually on the move, and devise unfathomable plans. [23] Throw your soldiers into positions whence there is no escape, and they will prefer death to flight. If they will face death, there is nothing they may not achieve. Officers and men alike will put forth their uttermost strength.

D observe 관찰하다, 준수하다 ; invade 침략[침입]하다 penetrate into 침투하다 ; solidarity 결속, 단결 ; defender 방어[옹호]자 ; prevail 승리하다, 이기다 ; foray 습격[약탈](하다) ; supply with food 식량을 공급하다 ; well-being 행복, 복지 ; overtax 무리하다, 혹사하다 ; concentrate 집중하다, 모으다 ; hoard 비축하다 ; devise 궁리하다, 계획하다 ;

unfathomable 불가해한, 심오한 ; whence ..한 곳에 ; escape 달아나다, 탈출하다 ; flight 비행, 탈출, 도피 ; face death 죽음에 직면하다 ; achieve 달성[성취]하다 ; put forth one's strength 기운을 내다 ; uttermost 최대한도의, 극도의;

[24] 兵士甚陷則不懼, 無所往則固, 深入則拘, 不得已則鬪。[25] 是故, 其兵不修而戒, 不求而得, 不約而親, 不令而信, [26] 禁祥去疑, 至死無所之。(병사심함즉불구, 무소왕즉고, 심입즉구, 부득이즉투. 시고, 기병불수이계, 불구이득, 불약이친, 불령이신, 금상거의, 지사무소지)

　　병사들은 심한 위험에 빠지면 오히려 두려워하지 않고, 갈 곳이 없으면 의지가 굳건해지며, 적지 깊숙이 들어가면 더욱 단결하고, 어쩔 수 없으면 싸우게 된다. 이런 까닭에 그 병사들은 지시하지 않아도 경계하며, 요구하지 않아도 따르며, 약속하지 않아도 친해지며, 명령하지 않아도 믿을 수 있다. 미신을 금지하고 의혹을 불식시키면 죽음에 이르러도 달아나지 않을 것이다.

<한자> 甚(심할 심) 심하다 ; 陷(빠질 함) 빠지다, 함정 ; 懼(두려워할 구) 두려워하다 ; 往(갈 왕) 가다 ; 固(굳을 고) 굳다, 단단하다 ; 拘(잡을 구) 잡다, 구애받다 ; 修(닦을 수) 닦다, 다스리다 ; 戒(경계할 계) 경계하다 ; 求(구할 구) 구하다 ; 得(얻을 득) 얻다 ; 約(맺을 약) 약속하다 ; 親(친할 친) 친하다 ; 信(믿을 신) 믿다 ; 祥(상서 상) 상서, 복, 재앙 ; 疑(의심할 의) 의심하다, 미혹하다

<참고> ① 심함즉불구(甚陷則不懼): 甚陷은 '심하게 빠짐', 즉 위험에 빠짐을 이름. 不懼는 '(오히려) 두려워하지 않는다'임. ② 무소왕즉고(無所往則固): 無所往은 '갈 곳이 없다', 固는 '견고', '전투 의지가 더욱 굳건함'을 의미함. ③ 심입즉구(深入則拘): 拘는 '잡히다, 구애받다', 여기서는 '응집, 뭉치다, 단결하다'로 해석함. 일설은 '전투 상황에 얽매여'로 해석함. ④ 부득이즉투(不得已則鬪): 不得已는 '어쩔 수 없이 하게 되는 상황'을 이름, 鬪는 사투(死鬪), 즉 죽기를 각오하고 싸움. ⑤ 기병불수이계(其兵不修而戒): 修는 '닦다, 다스리다'인데, '훈련, 지도, 수

련, 군기, 지시' 등의 해석이 있음. 戒는 '경계하다'임. ⑥ 불구이득(不求而得): '구하지 않아도 얻는다' 즉 '요구(강요)하지 않아도 장수의 의도대로 행동하다 또는 따른다'는 의미임. ⑦ 불약이친(不約而親): 約은 '약속하다'인데 '굳이 친해지자고 (약속)하다'는 의미임. 親은 '친하다'인데, 일설은 '친화단결하다'로 해석함. ⑧ 불령이신(不令而信): '명령하지 않아도 믿는다'인데, '임무의 수행이나 규율을 충실히 지킬 것으로 믿는다'는 의미임. ⑨ 금상거의(禁祥去疑): 祥은 '길흉을 점치는 미신'을 뜻함. 去疑는 의혹, 미혹을 불식시킴. 조조는 "화복을 점치는 미신적인 요상(妖祥)을 엄금하고, 의혹을 부추기는 요언(謠言) 등을 제거한다"고 풀이했음. [신동준]. ⑩ 무소지(無所之): 달아나는 일이 없음. 여기서 之는 '다른 곳으로 감, 곧 도망감, 달아남'을 이름. 일설은 '물러서지 않는다'고 해석함.

[24] Soldiers when in desperate straits lose the sense of fear. If there is no place of refuge, they will stand firm. If they are in hostile country, they will show a stubborn front. If there is no help for it, they will fight hard. [25] Thus, without waiting to be marshaled, the soldiers will be constantly on the qui vive; without waiting to be asked, they will do your will; without restrictions, they will be faithful; without giving orders, they can be trusted. [26] Prohibit the taking of omens, and do away with superstitious doubts. Then, until death itself comes, no calamity need be feared.

D desperate strait 절망적인 곤경 ; sense of fear 두려움 ; refuge 피난, 도피 ; stand firm 꿋꿋하다 ; stubborn 완고한, 완강한, 다루기 힘든 ; front 전선 ; fight hard 필사적으로 싸우다 ; marshal 정렬하다, 통제하다 ; on the qui vive 바짝 주의를 기울이는[경계하는] ; restriction 제약, 제한 ; faithful 충실한, 신의 있는 ; prohibit 금지하다 ; omen 징조, 예언 ; do away with ...을 버리다 ; superstitious 미신적인 ; calamity 재앙, 재난

◎ 오늘(D+64일)의 思惟 ◎

손자는 원정군의 용병 원칙에 대하여 설명했습니다. 특히 전쟁에 투입된 병사들의 사기, 심리 등을 분석하여 적지에서 최대한의 전투력을 발휘할 수 있는 환경에 대하여 설명한 것이 인상적입니다. 오늘은 원정군이 아닌 침략을 받고 방어하는 입장에서 대승을 거두었던 고려의 거란 3차 침입 및 귀주 대첩에 대하여 알아보겠습니다.

귀주 대첩은 1019년 강감찬의 고려군이 귀주(龜州)에서 10만 명의 거란군을 물리치고 승리한 전투로서, 흔히 을지문덕의 살수 대첩, 이순신의 한산도 대첩과 함께 한국사 3대 대첩이라 불리는 전투입니다.[12] 거란이 '국왕의 친조와 강동 6주의 반환'을 요구하면서 소배압이 10만 대군을 이끌고 제3차 침략을 하였고, 이에 고려는 강감찬을 상원수로 삼아 20만 8천의 대군으로 맞서 싸웠습니다.[13]

강감찬은 거란군이 삽교천을 도하하자 수공으로 공격했습니다. 많은 사람들이 알고 있는 "귀주 대첩에서는 수공 작전이 펼쳐지지 않았습니다. 고려군이 수공을 펼친 것은 바로 이 홍화진 전투입니다."[14] 소배압은 다소 손실을 입었지만 계속 개경을 향해 공격했으며, 고려군이 유격전을 펼쳐 괴롭혔지만 거란군을 이끌고 먼 거리를 주파하여 개경 부근 신은현까지 도착했습니다. 그런데 고려 현종이 청야 전술을 쓰는 바람에 보급이 실패로 돌아가고 아무것도 얻지 못한 채 개경 공격을 포기하고 퇴각

---

12 귀주 대첩(2020. 10. 26). 「나무위키」.
     〈https://namu.wiki/w/%EA%B7%80%EC%A3%BC%20%EB%8C%80%EC%B2%A9〉.

13 귀주 대첩. 「두산백과」.
     〈https://terms.naver.com/entry.nhn?docId=1066517&cid=40942&categoryId=31778〉.

14 이현우(2017. 2. 7). 강감찬 귀주 대첩은 '수공'의 승리 아니었다. 「아시아경제」.
     〈http://view.asiae.co.kr/news/view.htm?idxno=2017020709320770829〉.

했습니다. 이후 고려군은 거란군을 추격하였으며, 거란군은 본진인 압록 강 이북으로 후퇴하기 위해 지날 수밖에 없었던 귀주에서 고려군과 마주 치게 되었습니다. 강감찬은 고려군을 귀주로 총집결시켰으며, 거란군도 마지막 회전을 예상하면서 귀주성 앞쪽에 두 갈래의 하천을 도하하여 배 수진을 치고 기병이 활동하기 좋은 귀주 평원에서 배치했습니다. 전투 에서 거란군은 굶주리고 지쳤음에도 최정예 부대답게 전투를 이어갔습 니다. 그런데 그간 행방이 묘연했던 김종현의 1만 병력이 별안간 거란군 등 뒤에 나타나서 전투 판세를 뒤집었습니다. 결국 전투는 거란군이 무 너졌고 배수진을 쳐둔 상태라 진형을 재정비하지 못하고 고려의 포위 섬 멸전으로 마무리되었습니다.

거란군은 정예군으로 지휘관도 실전 경험이 많았고 용병에 큰 무리도 없었지만, 고려군에게 초기에 기선을 제압당하고 유격전, 청야 전술 등 으로 피폐되어 퇴각하면서 귀주 평원에서 섬멸당하였습니다. 따라서 귀 주 전투는 자국이 침략을 받고 방어하는 국가의 모범 전투 사례라고 할 수 있겠습니다. 그리고 이 전투는 우리나라에서 "공성전이 아닌 벌판에 서의 회전으로 전성기에 있는 제국의 군대를 궤멸시킨 우리 역사상 마지 막 전투"[15]라고 평가되고 있습니다.

---

15 귀주 대첩(2020. 10.26). 같은 자료.

[D+65일] 구지(九地, The Nine Situations) ⑤

[27] 吾士無餘財, 非惡貨也; 無餘命, 非惡壽也。**[28]** 令發之日, 士卒坐者涕霑襟, 偃臥者淚交頤, 投之無所往, 則諸劌之勇也。(오사무여재, 비오화야; 무여명, 비오수야. 영발지일, 사졸좌자체점금, 언와자루교이, 투지무소왕, 즉제귀지용야)

    아군의 병사들이 재물을 남기지 않는 것은 재물이 싫어서가 아니며, 남은 목숨을 아끼지 않는 것은 오래 사는 것이 싫어서가 아니다. 출정명령이 내려지는 날에는 앉아 있는 병사들은 눈물로 옷깃을 적시고 누워 있는 병사들은 눈물이 턱에 흥건하지만, 이들을 갈 곳이 없는 곳에 투입하면 전제(專諸)나 조귀(曹劌)와 같이 용감해진다.

<한자> 餘(남을 여) 남다, 남기다 ; 財(재물 재) 재물 ; 惡(미워할 오) 미워하다, 싫어하다 ; 貨(재물 화) 재물 ; 命(목숨 명) 목숨, 생명 ; 壽(목숨 수) 목숨, 오래 살다 ; 發(필 발) 피다, 드러내다 ; 坐(앉을 좌) 앉다 ; 涕(눈물 체) 눈물, 울다 ; 霑(젖을 점) 젖다, 적시다 ; 襟(옷깃 금) 옷깃, 앞섶 ; 偃(쓰러질 언) 쓰러지다 ; 臥(누울 와) 눕다 ; 淚(눈물 누) 눈물, 울다 ; 頤(턱 이) 턱, 아래턱 ; 往(갈 왕) 가다 ; 諸(모두 제) 사람 이름 ; 劌(상처 입힐 귀) 사람 이름

<참고> ① 무여재(無餘財): '재물을 남기지 않는다', '남는 재물이 없다'는 뜻이며, 곧 '재물을 탐하지 않는다'는 뜻이 함축되어 있음. ② 무여명(無餘命): '여분의 생명이 없음, 곧 생명은 하나뿐인데 그럼에도 불구하고 목숨을 아끼지 않는다'는 뜻임. 즉 죽기를 각오하고 싸운다는 것임. ③ 영발지일(令發之日): 令은 '(출정)명령', 令發은 '명령이 내려지다'는 뜻임. ④ 사졸좌자체점금(士卒坐者涕沾襟): 涕沾襟은 '눈물이 옷깃을 적신다'는 의미임. 죽간본에는 卒이 없음. ⑤ 언와자루교이(偃臥者淚交頤): 淚交頤는 눈물이 턱에서 교차함, 엇갈림, 곧 '흐르는 눈물이 턱에 흥건함'을 의미함. 죽간본에는 '臥者涕交頤'로 되어 있는데 涕도 淚와 같은 뜻임. ⑥ 제귀지용(諸劌之勇): 諸劌는 BC515년 오자서의 사주를 받고 오왕 요(僚)를 척살한 자객 전제(專諸)와 BC684년에 제환공을 겁박해 빼앗긴 땅을 되찾아온 노나라 대부 조귀(曹劌)를 말함. 勇

은 '용기를 보인다(발휘한다), 용감하게 싸운다, 용감(용맹)해진다' 등으로 해석함.

[27] If our soldiers are not overburdened with money, it is not because they have a distaste for riches; if their lives are not unduly long, it is not because they are disinclined to longevity. [28] On the day they are ordered out to battle, your soldiers may weep, those sitting up bedewing their garments, and those lying down letting the tears run down their cheeks. But let them once be brought to bay, and they will display the courage of a Chu or a Kuei.

D overburden 지나치게 부담시키다 ; distaste 싫음, 싫어하다 ; unduly 지나치게, 과도하게 ; disincline 마음이 내키지 않다 ; longevity 장수 ; out to battle 출정하다 ; weep 눈물을 흘리다 ; bedew 눈물로 적시다 ; garment 의복, 옷 ; lying down 눕다 ; tears run down 눈물이 흘러내리다 ; bring to bay 막다른 곳으로 몰아넣다 ; display 내보이다, 드러낸다 ; a Chu or a Kuei 제나 귀[사람 이름]

[29] 故善用兵者, 譬如率然. 率然者, 常山之蛇也, 擊其首, 則尾至, 擊其尾, 則首至, 擊其中, 則首尾俱至。[30] 敢問:「兵可使如率然乎？」曰:「可。」夫吳人與越人相惡也, 當其同舟濟而遇風, 其相救也如左右手。(고 선용병자, 비여솔연, 솔연자, 상산지사야, 격기수, 즉미지, 격기미, 즉수지, 격기중, 즉수미구지. 감문: 병가사여솔연호, 왈: 가. 부오인여월인상오야, 당기동주제이우풍, 기상구야여좌우수)

그러므로 용병을 잘하는 자는 비유하면 솔연과 같이 한다. 솔연은 상산에 사는 뱀인데 그 머리를 치면 꼬리가 달려들고, 그 꼬리를 치면 머리가 달려들며, 그 가운데를 치면 머리와 꼬리가 함께 달려든다. 감히 "병사들을 솔연처럼 되게 할 수 있는가?"라고 묻는다면, "가능하다"고 답할 것이다. 무릇 오나라 사람은 월나라 사람과 함께하면 서로 미워하지만, 그들이 같은 배를 타고 강을 건너다 풍랑을 만나는 경우를 당하면, 마치 좌우의 손처럼 서로 도울 것이다.

<한자> 譬(비유할 비) 비유하다 ; 率然(거느릴 솔, 그럴 연) 뱀 이름 ; 常(떳떳할 상) 떳떳하다 ; 蛇(긴 뱀 사) 긴 뱀 ; 首(머리 수) 머리 ; 尾(꼬리 미) 꼬리 ; 至(이를 지) 이르다 ; 俱(함께 구) 함께, 모두 ; 與(더불 여) 더불다, 함께하다 ; 相(서로 상) 서로

當(마땅 당) 마땅, 당하다 ; 舟(배 주) 배 ; 濟(건널 제) 건너다 ; 遇(만날 우) 만나다, 조우하다 ; 風(바람 풍) 바람 ; 救(구원할 구) 구원하다, 돕다 ; 手(손 수) 손

<참고> ① 비여솔연(譬如率然): 譬如는 '비유하자면 마치 ~와 같이 (지휘)한다', 率然은 상산(항산)에 사는 고대 전설 속의 뱀을 일컬음. '솔연이라는 말은 날쌔다, 날래다, 재빠르다는 뜻임.' ② 상산(常山): "하북성 곡양현 서북쪽에 있는 산임. 원래 이름은 항산(恒山)으로, 중국의 명산 오악 중의 하나로 북악을 뜻함, 한나라 문제 유항의 이름을 피하여 상산으로 고쳤다가, 북주 무제 때에 다시 항산으로 복원하였음." [유동환]. ③ 즉미지(則尾至): 至는 '이르다'인데, '달려든다, 덤빈다, 응수한다' 등으로 해석함. ④ 격기중(擊其中) 죽간본에는 中이 '中身'으로 되어 있음. '몸의 중간 부분, 곧 몸뚱이 가운데를 이름.' ⑤ 부오인여월인상오(夫吳人與越人相惡): 吳와 越은 중국 춘추 시대의 나라들로 원수지간의 사이였음. 相惡는 '서로 미워(싫어) 하다'임. 죽간본에는 夫자가 없음. ⑥ 당기동주제이우풍(當其同舟濟而遇風) 當은 '당하다', 同舟는 '같은 배를 타다', 濟는 '(강을) 건너다', 遇風은 '풍랑[폭풍, 돌풍, 큰바람]을 만나다'임. '同舟濟而'는 오월동주(吳越同舟)라는 고사성어의 근거가 된 구절임. 죽간본에는 '同舟而濟'로 되어 있으며, '遇風'이 없음.

[29] The skillful tactician may be likened to the shuaijan. Now the shuai-jan is a snake that is found in the ChUng mountains. Strike at its head, and you will be attacked by its tail; strike at its tail, and you will be attacked by its head; strike at its middle, and you will be attacked by head and tail both. [30] Asked if an army can be made to

imitate the shuaijan, I should answer, Yes. For the men of Wu and the men of Yueh are enemies; yet if they are crossing a river in the same boat and are caught by a storm, they will come to each other's assistance just as the left hand helps the right.

D tactician 책략가 ; liken 비유하다 ; shuaijan 솔연(率然) ; ChUng 산 이름 ; imitate 모방하다, 흉내내다 ; Wu 오(吳) ; Yueh 월(越) ; cross a river 강을 건너다 ; caught by a storm 풍파를 만나다 ; assistance 도움, 지원

◎ 오늘(D+65일)의 思惟 ◎

손자는 용병을 잘하는 자는 상산에 사는 솔연(率然)과 같이 용병하는 것이라고 했습니다. 그리고 "병사들도 솔연처럼 되게 할 수 있는가?"라고 자문하고, "가능하다"고 답하면서 오월동주(吳越同舟)라는 고사성어가 된 예를 들어 설명했습니다.

솔연이란 말은 오늘날에도 국방 태세를 강조하거나 기업 경영 현장에서 '솔연과 같은 업무 자세'를 강조하기 위하여 인용됩니다. 장수가 솔연처럼 유기적인 협동 체계를 가진 부대를 지휘하여 전투를 한다면 승리할 가능성은 분명히 더 높을 것입니다. 또한 전투에 임하는 장수는 누구든 최선을 다해 승리하려고 할 것입니다. 그런데 전장에 투입된 병사는 생사가 다 똑같은 입장에서 사지에 던져졌지만, 어떤 군대는 승리했고 어떤 군대의 병사들은 패하여 죽거나 도망갔습니다. 그리고 객관적으로 솔연 같은 태세를 갖춘 부대는 통상 '정예군'의 모습인데, 같은 장수가 지휘했던 정예군이라 하더라도 전투에 실패할 때도 있었습니다. 그러므로 솔연 같은 태세를 유지하면서 전투에서 승리하기 위해서는 첫째, 장수가

부하들과 동고동락하면서 신뢰받고 존경받아야 하고, 둘째, 전장 환경에 따라 상대보다 우위의 전략, 전술을 구사할 수 있어야 하며, 셋째, 엄격한 훈련과 전투 경험을 통해 부대가 단결되고 정예한 전투력을 구비해야 하며, 넷째, 전투 외적인 환경을 잘 통제할 수 있어야 한다고 생각합니다.

전쟁사를 보면, 칸나에(Cannae) 전투에서 로마에게 대승을 이끌었던 카르타고의 장군 한니발(BC247~183) 군이 '솔연과 같은 전투태세'를 갖춘 군이라고 할 수 있습니다. 한니발은 용병으로 구성된 자신의 군단을 이끌고 알프스 산맥을 넘어서 이탈리아 원정을 감행했습니다. 이에 대적한 로마군은 시민 정신이 투철하고 이탈리아 정복 전쟁 과정에서 탁월한 전술과 전투 능력까지 확보한 시민 군단이었습니다. 그런데 한니발 군은 칸나에 전투에서 "완전한 계획과 실천으로 42,000명의 병력으로써 72,000명의 로마군을 완전히 섬멸했습니다."[16] 그리고 용병들이 15년 이상 단 한 명도 도망가지 않고 이탈리아에 주둔하였고, 이탈리아 전역에서 그 어떤 로마의 장군도 한니발에게 정면으로 도전하지 못했습니다. 바로 한니발의 리더십 때문입니다. 이런 놀라운 단결력과 용기를 이끌어 내기 위해 한니발은 병사들과 같이 뒹굴고 먹고 자고 전투에서는 언제나 누구보다 뛰어난 용기와 탁월한 판단력을 발휘했습니다.[17]

그러나 한니발도 본국 방어를 위하여 소환되고 1년 후에 스키피오에게 패했으며 카르타고는 영원히 멸망하고 말았습니다. 즉 전투 외적인 환경이 한니발 군을 솔연과 같이 운용할 수 없게 만들었습니다. 이 같은 사례는 오늘날에도 많은 교훈을 줍니다.

---

16 육군사관학교 전사학과(2004). 같은 자료. 58.

17 임용한(2016. 11.7.). 한니발의 용병리더십. 「ECONOMYChosun」.
   〈http://www.economychosun.com/client/news/view.php?boardName=C24&t_num=10756〉.

[D+66일] 구지(九地, The Nine Situations) 6

[31] 是故, 方馬埋輪, 未足恃也, [32] 齊勇若一, 政之道也; [33] 剛柔皆得, 地之理也。[34] 故善用兵者, 攜手若使一人, 不得已也。(시고, 방마매륜, 미족시야, 제용약일, 정지도야; 강유개득, 지지리야. 고선용병자, 휴수약사일인, 부득이야)

　이런 까닭에, 말을 나란히 묶어 놓고 수레바퀴를 땅에 묻더라도 믿을 만하지 못하다. 병사들을 한 사람처럼 단결하고 용감하게 하는 것은 공정한 군정과 지휘에 달려 있다. 강한 자와 약한 자가 모두 능력을 발휘하게 하는 것은 지형의 이치를 활용하는 데 있다. 그러므로 용병을 잘하는 자가 마치 한 사람을 다루듯이 지휘를 하는 것은 병사들이 그렇게 싸울 수밖에 없도록 하기 때문이다.

<한자> 方(모 방) 나란히 하다 ; 埋(묻을 매) 묻다 ; 輪(바퀴 륜) 바퀴, 수레 ; 未(아닐 미) 아니다 ; 足(발 족) 충분하다 ; 恃(믿을 시) 믿다, 의지하다 ; 齊(가지런할 제) 가지런하다 ; 若(같을 약) 같다 ; 政(정사 정) 바로잡다 ; 剛(굳셀 강) 굳세다 ; 柔(부드러울 유) 부드럽다 ; 皆(다 개) 다, 모두 ; 得(얻을 득) 얻다 ; 攜(이끌 휴) 이끌다

<참고> ① 방마매륜(方馬埋輪): 方馬는 '말을 나란히 묶는 것', 埋輪은 '수레(바퀴)를 땅에 묻는 것'임. 즉 움직이지 못하게 하여 도망갈 수 있는 모든 수단을 제거하는 것으로 결사 항전의 의지를 보이며 모두 병사의 동요를 막기 위한 것임. ② 미족시야(未足恃也): '(아직) 믿을 만하지 못함, 즉 소기의 효과를 기대하기 어렵다는 것'임. ③ 제용약일(齊勇若一): 齊는 '가지런하다'인데 '단결하다'로 해석함, 勇은 '용감하게 (싸우다)', 若一은 '한 사람과 같음' ④ 정지도(政之道): '공정한 군정과 지휘, 군대를 다스리는 도, 군대를 이끄는 길, 지휘 통솔 원칙' 등 다양한 해석이 있는데, 여기서는 '공정한 군정과 지휘'로 해석함. ⑤ 강유개득(剛柔皆得): 剛柔는 강(强), 약(弱)과 같음. 皆得은 '모두 얻음', 곧 그 능력을 다함을 이름. "왕석은 剛柔는 강약

이다. 모든 병사가 강약에 따라 능력을 발휘하는 것이라 했음." [신동준]. ⑥ 지지리(地之理):
'지형[지리]의 이치, 지형의 합리적 이용' 그리고 '따르다, 따르기 때문이다. 활용하다, 달렸다'
등으로 해석했음. ⑦ 휴수약사일인(攜手若使一人): 攜手는 손을 잡아끎, 곧 '지휘함'을 이름.
使一人은 '한 사람을 다루듯이'임. 이 어구와 다음 어구의 연결을 '~하는 것은'인데, 일설은 '~
하고'로 해석함. 다소 뉘앙스가 다름. ⑧ 부득이야(不得已也): '그렇게 할 수밖에 없도록 한다'
는 뜻임.

[31] Hence it is not enough to put one's trust in the tethering of
horses, and the burying of chariot wheels in the ground. [32] The
principle on which to manage an army is to set up one standard of
courage which all must reach. [33] How to make the best of both
strong and weak— that is a question involving the proper use of
ground. [34] Thus the skillful general conducts his army just as
though he were leading a single man, willy-nilly, by the hand.

Ⓓ hence 그러므로, 따라서 ; put one's trust in ...을 믿다, 신뢰하다 ; tether (말뚝에) 묶다
; bury 묻다 ; chariot 마차 ; set up 설립하다, 설정하다 ; make the best of 최선을 다하다
; involve 포함하다 ; proper 적절한 ; conducts 지휘하다 ; willy-nilly 싫든 좋든 ; lead ~by
the hand 손을 잡고 ...을 이끌다

**[35] 將軍之事, 靜以幽, 正以治, [36] 能愚士卒之耳目, 使之無知。[37]
易其事, 革其謀, 使人無識, 易其居, 迂其途, 使人不得慮。**(장군지사, 정이유,
정이치, 능우사졸지이목, 사지무지. 역기사, 혁기모, 사인무식, 역기거, 우기도, 사인부득려)

장수가 군대를 지휘하는 일은 침착하고 고요하며 엄정하게 다스려야
하며, 사졸들의 눈과 귀를 가려 그들이 알지 못하게 해야 한다. 계획을
바꾸고 계략을 고쳐도 그들이 알지 못하도록 하며, 주둔지를 바꾸고 길

을 우회해도 그들이 헤아리지 못하도록 한다.

<한자> 靜(고요할 정) 고요(조용)하다 ; 幽(그윽할 유) 그윽하다, 고요하다 ; 正(바를 정) 바르다, 정당하다 ; 治(다스릴 치) 다스리다 ; 愚(어리석을 우) 어리석다 ; 耳(귀 이) 귀 ; 目(눈 목) 눈 ; 易(바꿀 역) 바꾸다, 교환하다 ; 革(가죽 혁) 가죽, 고치다 ; 識(알 식) 알다 ; 居(살 거) 살다, 거주하다 ; 途(길 도) 길 ; 慮(생각할 려) 생각하다

<참고> ① 장군지사(將軍之事): 장수가 군대를 지휘하는 일을 의미함. ② 정이유(靜以幽): '침착하고 고요하며, 고요하고 그윽하게, 침착하고 주도면밀' 등의 해석이 있음. "장예가 이른 대로 그 (장수)가 군사 작전을 꾀함에 있어 편안하고 고요하며, 깊고 그윽하여 다른 사람이 쉽게 헤아릴 수 없도록 하여야 함을 이름" [박삼수]. ③ 정이치(正以治): 正은 '엄정하게, 올바르게', 治는 '다스리다, 질서가 있다' 등으로 해석함. ④ 능우(能愚): 愚는 사역 동사로 '어리석게 함' 임, 군사들의 이목을 가림(속임)을 이름. 곧 계책을 마련하는 데 사졸과 논의할 수도 없고, 계책을 알려줄 수도 없는 일임. ⑤ 사지무지(使之無知): 使는 '시키다', 無知는 사졸들이 장수의 작전 계획이나 의도가 무엇인지 알 수 없도록 한다는 의미임. ⑥ 역기거(易其事)~사인부득려(使人不得慮): '설혹 변경하더라도' 또는 '의도적으로 변경하여'라는 두 가지 의미로 해석함. 그 의미는 병사들이 사지에 들어갈 수도 있고, 또한 작전이 누설될 수도 있기 때문에 장수의 계획이나 의도를 모르게 한다는 의미임.

[35] It is the business of a general to be quiet and thus ensure secrecy; upright and just, and thus maintain order. [36] He must be able to mystify his officers and men by false reports and appearances, and thus keep them in total ignorance. [37] By altering his arrangements and changing his plans, he keeps the enemy without definite knowledge. By shifting his camp and taking circuitous routes, he prevents the enemy from anticipating his purpose.

D quiet 조용한, 차분한 ; ensure secrecy 비밀을 보장하다 ; upright 똑바른 ; just 틀림없이 ; order 질서 ; mystify 어리둥절하게 하다 ; keep somebody in ignorance ...를 모르게

한다 ; alter 바꾸다 ; arrangements (처리) 방식 ; definite 확실한, 분명한 ; shift 옮기다 ; circuitous 우회하는 ; prevents 막다, 방지하다 ; anticipate 예상하다

◎ 오늘(D+66일)의 思惟 ◎

손자는 용병을 잘하는 자가 마치 한 사람을 다루듯이 지휘를 하는 것은 병사들이 그렇게 싸울 수밖에 없도록 하기 때문이며, 장수가 군대를 지휘하는 일은 침착하고 고요하며 엄정하게 다스리고 사졸들이 계획을 알지 못하게 해야 한다고 말했습니다. 결국 장수의 지휘와 병사들과의 계획 공유 여부를 말한 것인데, 그 관계에 대하여 생각해 보겠습니다.

손자의 진심은 병사들의 눈과 귀를 가려 어리석게 만들라는 뜻은 아닐 것입니다. 춘추 시대에 병사들은 농민으로서 전쟁이 나면 동원되었기 때문에 국가에 충성하고 희생한다는 생각이 없었을 것입니다. 그들은 오직 살아서 돌아가는 것이 희망이었으며 그것은 장수에게 달렸습니다. 이와 같은 병사들을 지휘하는 장수는 그들의 신뢰를 받는 한편 엄한 규율하에 훈련을 시켜야 했으며, 전투에 임하면 병사들을 막다른 골목으로 몰아넣을 수도 있었습니다. 그러므로 작전 계획을 설명하고 이해시키거나 계략을 알려준 후에 작전할 수는 없었습니다. 역사상 오랜 기간 동안 병사들은 장수의 의도대로 죽기를 각오하고 싸워야 전투에서 승리할 수 있었고, 그것이 병사들이 사는 길이었습니다. 그러나 근대에 들어 국민이란 개념이 생기고 국민군이 탄생함에 따라 전쟁의 양상이 달라졌습니다.[18] 오늘날은 병사들이 국가의 주인이라는 의식과 애국심이 있기 때문에 지

---

18 구스타프 아돌프(1611년에 왕위에 오름)가 최조의 국민군을 창설했으며, 1793년 프랑스가 징집령을 선포함에 따라 대규모 국민 전쟁 시대가 되었음. 〈정토웅(2010). 같은 자료〉.

휘관이 그들을 속이거나 죽기를 각오하고 싸우도록 강요하지 않습니다. 그리고 모든 군인이 헌법과 법률에 의해 인권을 보장받으며, 군사예규에 따라 임무를 수행합니다.

　오늘날 군대에서 의사결정하고 실행하는 방법을 소개하면 다음과 같습니다.[19] 〈行軍篇〉에서 간단히 소개한 바와 같이, 전투 작전은 부대의 규모에 따라 참모가 있는 대부대는 군사 의사결정 프로세스(MDMP)와 중대급 이하 소부대는 부대 지휘 절차(TLP)에 따라 계획을 수립하고 실행합니다. MDMP는 지휘관 및 참모가 참여하여, 임무 수령, 임무 분석, 방책 개발, 방책 분석, 방책 비교, 방책 승인, 명령 발행·전파·이행 순으로 7단계에 걸쳐 수행합니다. TLP는 임무 수령, 준비 명령 발표, 임시 계획 수립, 이동 개시, 정찰 실시, 계획 완성, 명령 하달, 감독 및 개선 순으로 8단계에 걸쳐 수행합니다. 이 과정에서 지휘관뿐만 아니라 병사들까지도 임무에 대하여 이해하고 숙지한 후에 작전을 합니다. 예를 들어 MDMP에서는 임무를 수령하면 바로 임무 분석을 하면서 2단계 상급 지휘관의 의도까지 반드시 확인하여 상급 사령부(부대)의 작전 개념에 기여할 수 있도록 자기 부대의 임무를 분석합니다. 그리고 TLP도 유사한 절차로 진행하며, 소대, 분대, 병사들까지도 당연히 지휘관의 의도와 작전 개념을 알고, 계획을 수립하며, 시간이 있으면 예행연습도 한 후에 작전을 실행합니다.

19　HQ, Department of the ARMY(2014. 5.). 같은 자료. 9-1; 10-1.

[D+67일] 구지(九地, The Nine Situations) 7

[38] 帥與之期, 如登高而去其梯, 帥與之深, 入諸侯之地而發其機, [39] 若驅群羊, 驅而往, 驅而來, 莫知所之。(수여지기, 여등고이거기제, 수여지심, 입제후지지이발기기. 약구군양, 구이왕, 구이래, 막지소지)

장수가 병사들에게 임무를 부여할 때는 마치 높은 곳에 올라간 뒤에 사다리를 치우는 것처럼 하고, 장수가 그들과 함께 적지 깊숙이 들어갔을 때는 쇠뇌를 발사하듯이 하며, 마치 양떼를 몰듯이 병사들을 이리저리로 몰아서 아무도 가는 곳을 모르게 해야 한다.

<한자> 帥(장수 수) 장수 ; 與(더불 여) 같이하다 ; 期(기약할 기) 기약하다 ; 登(오를 등) 오르다 ; 去(갈 거) 가다, 버리다 ; 梯(사다리 제) 사다리 ; 發(필 발) 쏘다, 일어나다 ; 機(틀 기) 기계, 기교 ; 若(같은 약) 같다 ; 驅(몰 구) 몰다 ; 群(무리 군) 무리, 떼 ; 莫(없을 막) 없다 ; 之(갈 지) 가다

<참고> ① 수여지기(帥與之期): 期를 '약정, 기약' 또는 '시기'로 각각 해석하여, '(작전)임무를 부여할 때, 적과 싸울 때, 결전을 기할 때' 등 해석이 다양함. 여기서는 다음 문구와 연결하여 '임무를 부여'로 해석함. ② 여등고이거기제(如登高而去其梯): 如登은 '높은 곳에 오르다', 去其梯는 '사다리를 치운다', 곧 군대가 퇴로가 없이 오로지 결사적으로 싸울 수밖에 없도록 함을 뜻함. ③ 제후지지이발기기(諸侯之地而發其機): 諸侯之地는 제후의 땅, 즉 '적국의 땅'을 이름. 機는 '쇠뇌 또는 쇠뇌 방아쇠', 發其機는 '쇠뇌를 발사하다'의 뜻임. 곧 '오로지 앞으로 나아갈 뿐' 또는 '싸울 기회를 잡아 공세를 펼친다'는 의미임. 일설은 "계책(機)을 발휘함에 있어서는"으로 해석함. ④ 일부 판본은 '發其機' 다음에 '焚舟破釜(배를 불사르고, 솥을 깨뜨림)'란 어구가 포함되어 있음. 죽간본과 무경본에는 이 구절이 없고, 후대인이 끼워 넣은 것임. ⑤ 막지소지(莫知所之): 莫知는 '모르게 하다', 所之는 '가는(往) 곳'임.

[38] At the critical moment, the leader of an army acts like one who has climbed up a height and then kicks away the ladder behind him. He carries his men deep into hostile territory before he shows his hand. [39] He burns his boats and breaks his cooking-pots; like a shepherd driving a flock of sheep, he drives his men this way and that, and nothing knows whither he is going.

D at the critical moment 위기에 임해서 ; climb up ...에 오르다 ; kick away 차버리다 ; ladder 사다리 ; carry into ~을 ~로 데려가다 ; deep 깊은 ; shows his hand 그의 손을 내밀다 ; pot 냄비 ; shepherd 양치기 ; a flock of 한 떼의 ; drive 몰다 ; whither 어디로

[40] 聚三軍之衆, 投之於險, 此將軍之事也。 [41] 九地之變, 屈伸之利, 人情之理, 不可不察也。 (취삼군지중, 투지어험, 차장군지사야. 구지지변, 굴신지리, 인정지리, 불가불찰야)

전군의 군사를 모아서 위험한 지역에 투입하는 것, 이것이 장수가 군대를 지휘하면서 해야 하는 일이다. 다양한 지형 변화에 따라 공수진퇴의 이로움과 병사들 심리의 이치를 신중히 살피지 않으면 안 된다.

<한자> 聚(모을 취) 모으다 ; 投(던질 투) 던지다 ; 屈(굽힐 굴) 굽히다 ; 伸(펼 신) 펴다, 늘이다 ; 情(뜻 정) 뜻, 인정 ; 理(다스릴 리) 다스리다, 이치

<참고> ① 투지어험(投之於險): 投는 '내던지자, 투입하다', 險은 '험하다' 즉 위험한 곳, 살아남기 어려운 전장을 의미함. ② 장군지사(此將軍之事): 將軍之事는 '장수가 군대를 지휘하는 일'로 해석했음. 일설은 '장수의 일', '장군이 취해야 할 기본 임무'로 해석함. ③ 구지지변(九地之變): '다양한 지형의 변화'임. 즉 그에 따른 응변, 활용 등을 의미함. ④ 굴신지리(屈伸之利): 屈伸은 '굽힘과 펌', 곧 진격과 퇴각 또는 공세와 수세를 의미함. "장예는 '오직 상황 변화에 따라 굽힐 때 굽히고, 펼 뿐이다'라고 풀이했음." [신동준]. ⑤ 인정지리(人情之理): '사람의 심정

의 이치, 즉 인간 심리의 일반적인 양상을 이름.' ⑥ 일설은 [41] 문장을 지형 이용, 진퇴 여부, 병사 심리의 3가지 요소를 살펴야 한다고 해석함.

[40] To muster his host and bring it into danger:—this may be termed the business of the general. [41] The different measures suited to the nine varieties of ground; the expediency of aggressive or defensive tactics; and the fundamental laws of human nature: these are things that must most certainly be studied.

D muster 모으다 ; host 주인, 군, 군대 ; bring it into ...로 운반[이동]하다 ; term 부르다, 일컫다 ; business 일, 업무 ; measures 방법, 조치 ; suited 적합한 ; expediency 방편 ; aggressive 공격적인 ; defensive 방어적인 ; fundamental 근본적인 ; human nature 인간 본성 ; most certainly 절대로 틀림없이

◎ 오늘(D+67일)의 思惟 ◎

손자는 병사들에게 임무를 부여하고 작전을 할 때는 아무것도 모르게 하고, 병사들을 위험한 곳에 투입하는 것이 장수가 지휘하면서 해야 할 일이며, 다양한 지형에 따른 진퇴의 판단은 병사들 심리의 이치를 함께 신중히 살펴야 한다고 했습니다. 이에 병사들이 같은 시대, 다른 지역에서 다른 신념을 갖고 치러진 마라톤 전투를 소개합니다.

마라톤(Marathon) 전투는 BC 490년에 밀티아데스(Miltiades)의 그리스군이 페르시아 다리우스 1세의 그리스 원정군을 대파했던 전투입니다. 이 전투는 그리스군이 최초로 페르시아군과 싸워 이긴 전투이며 전쟁사에서 전투 경과를 알 수 있는 최초의 전투이기도 합니다. 이 전투가 있기 전에, 페르시아의 원정군이 9월 1일에 마라톤 평야에 상륙했으며

마라톤 평야는 수도 아테네에서 동북으로 42.195㎞ 떨어져 있었습니다. 아테네는 스파르타의 지원을 받지 못한 채 마라톤에 가서 진영을 구축했습니다. 아테네군은 9천 명이었는데 "아테네 시민뿐만 아니라 노예에게는 자유를, 외국계 자유민이나 해방된 노예들에게는 아테네 시민권을 제시하면서 모집한 병력이며, 여기에 플라타이아이군 1천 명이 가세했습니다."[20] 페르시아군은 대략 2만 5천 명과 600척의 함대를 마라톤 일대에 진출시켰습니다. 아테네와 페르시아의 육군은 바다에 수직으로 포진했으며, 그리스군은 양익을 강화하여 배치했습니다.[21]

양군의 대치 상태가 수일간 계속되던 중에 페르시아군은 주력 부대를 승선시켜 해상으로부터 아테네를 직접 공격하려고 했습니다. 이때 아테네군이 공격을 개시했습니다. 전투는 중앙은 후퇴하면서 페르시아군의 양쪽 날개 부분을 공격하였고, 이어서 중앙을 집중 공격해 격파하는 데 성공했습니다. 페르시아군은 배로 달아났다가 다시 아테네를 공격하려고 하였으나, 아테네군이 아테네 방어를 위해 중무장한 채로 강행군하여 먼저 도착함으로써 페르시아군은 공격을 단념하고 본국으로 철군하였습니다. 이 전투에서 페르시아군이 6,400명의 병사를 잃은 데 반하여, 아테네군 전사자는 192명에 불과했습니다. 이 전투는 "전술이 수적 열세를 극복할 수 있다는 것을 보여주었으며, 전술적 양익 포위를 한 전사상 최초의 예입니다."[22]

저는 이 전투의 승리 요인으로 지휘관의 탁월한 지휘, 전술의 우위, 강

---

20 마라톤 전투(2020. 10.3.)「나무위키」.
    〈https://namu.wiki/w/%EC%84%9C%EC%84%B1%EC%9D%80〉.

21 이른바 양익 포위 전술 대형인데, 전쟁사에서 매우 보편적인 대형이 된 이 대형은 마라톤에서 최초로 등장한 것임. (정토웅(2010). 같은 자료).

22 육군사관학교 전사학과(2004). 같은 자료. 43.

인한 정신력과 체력 등을 들 수 있지만, 무엇보다도 자유시민의 자유의지가 있었기 때문에 가능했던 것으로 생각합니다. 그래서 한때 이 전투가 아테네의 민주주의를 지켜냈다는 평가도 받았습니다. 이 전투에서 전령인 페이디피데스가 40여 km를 달려서 아테네 시민들에게 "우리가 승리했다"는 말을 남기고 숨을 거두었는데, 우리는 마라톤이 여기서 비롯된 것으로 알고 있습니다.[23]

[D+68일] 구지(九地, The Nine Situations) 8

[42] 凡爲客之道: 深則專, 淺則散; [43] 去國越境而師者, 絶地也; 四達者, 衢地也; [44] 入深者, 重地也; 入淺者, 輕地也; [45] 背固前隘者, 圍地也; 無所往者, 死地也。(범위객지도: 심즉전, 천즉산; 거국월경이사자, 절지야; 사달자, 구지야; 입심자, 중지야; 입천자, 경지야; 배고전애자, 위지야; 무소왕자, 사지야)

　　무릇 원정군의 용병 원칙은 깊이 들어가면 단결하고 얕게 들어가면 흩어진다. 나라를 떠나 국경을 넘어서 군대를 운용하는 곳은 절지이며, 사방으로 통하는 곳은 구지이다. 적국 안으로 깊이 들어간 곳은 중지이며, 얕게 들어간 곳은 경지이다. 뒤는 견고하며 앞이 좁은 곳은 위지이며, 더이상 갈 곳이 없는 곳은 사지이다.

〈한자〉 專(오로지 전) 전일하다, 하나로 되다 ; 淺(얕을 천) 얕다 ; 散(흩을 산) 흩다 ; 越(넘을

23　"역사 속에서 이 전령병은 아테네를 향해 달린 적도 없고 승리를 외치고 죽지 않았다."
　　(이현후(2020. 3. 10.). 마라톤의 유래. 〈https://view.asiae.co.kr/article/2020030914161906350〉).

월) 넘다 ; 境(지경 경) 경계, 국경 ; 師(스승 사) 군사, 군대 ; 達(통달할 달) 통달하다, 통하다 ; 固(굳을 고) 굳다, 단단하다 ; 隘(좁을 애) 좁다, 험하다 ; 往(갈 왕) 가다

<참고> ① 지형과 관련된 몇 개의 문장은 전편에서 언급한 내용을 종합 정리하고, 앞에서 다룬 것과 중복됨. ② 위객지도(爲客之道): 앞의 설명 참조. ③ 전, 산(專, 散): 역자마다 專은 '집중, 전념, 단결, 응집력 높음, 전심전력', 散은 '흩어짐, 분산, 도주, 산만, 갈라짐, 응집력 낮음, 투지가 떨어짐' 등 다양하게 해석하는데, 여기서는 專은 '단결', 散은 '흩어짐'으로 해석함. ④ 거국월경 이사자(去國越境而師者): 去國은 '나라를 떠남', 越境은 '국경을 넘어감'임. 師는 동사로, '군대를 운용함. 또는 적과 전투를 벌임'의 의미임. ⑤ 절지(絕地): 적국의 내지를 이르는데, 九地에는 절지가 없음. 손자가 구지에 '절지' 대신 뒤에 있는 '경지'를 넣었다는 것과 앞에 설명한 '산 지에 상대해 일컫는 것'이라는 의견이 있음. ⑥ 사달자(四達者): 죽간본은 達이 徹(통할 철)로 되어 있는데 '통하다'는 의미임. ⑦ 배고전애(背固前隘): 固는 '견고함', 곧 험해서 공략하기 힘듦을 이름. 隘는 좁고, 험한 애로지역을 뜻함. ⑧ 무소왕(無所往): 앞에서 설명됨, 곧 빠져나가거나 도망갈 곳이 없음을 말함.

[42] When invading hostile territory, the general principle is, that penetrating deeply brings cohesion; penetrating but a short way means dispersion. [43] When you leave your own country behind, and take your army across neighborhood territory, you find yourself on critical ground. When there are means of communication on all four sides, the ground is one of intersecting highways. [44] When you penetrate deeply into a country, it is serious ground. When you penetrate but a little way, it is facile ground. [45] When you have the enemy's strongholds on your rear, and narrow passes in front, it is hemmed-in ground. When there is no place of refuge at all, it is desperate ground.

D invade 침입[침략]하다 ; cohesion 결합, 응집 ; dispersion 분산, 흩어짐 ; leave behind

두고 가다 ; take 장악하다 ; critical 대단히 중요한, critical ground 절지(絶地) ; intersecting highways 구지(衢地) ; serious ground 중지(重地) ; facile ground 경지(輕地) ; stronghold 성채, 요새 ; hemmed-in ground 위지(圍地) ; refuge 피신, 도피 ; desperate ground 사지(死地)

[46] 是故散地, 吾將一其志, 輕地吾將使之屬, [47] 爭地吾將趨其後, [48] 交地吾將謹其守, 衢地吾將固其結; (시고산지, 오장일기지, 경지오장사지촉, 쟁지오장추기후, 교지오장근기수, 구지오장고기결)

이런 까닭에 산지에서는 아군 장수는 병사들의 뜻을 하나로 모으고, 경지에서는 각 부대 간의 연락을 긴밀히 해야 한다. 쟁지에서는 후미 부대를 서둘러 달려오게 하고, 교지에서는 수비를 신중히 해야 하며, 구지에서는 이웃 나라와 결맹을 군건히 해야 한다.

<한자> 吾(나 오) 나, 우리 ; 將(장수 장) 장수, 장차 ; 志(뜻 지) 뜻, 마음 ; 屬(무리 속/붙을 촉) 붙다, 연결하다 ; 趨(달아날 추) 달리다, 뒤쫓다 ; 謹(삼갈 근) 삼가다 ; 固(굳을 고) 굳다 ; 結(맺을 결) 맺다, 다지다

<참고> ① 오장(吾將): 구지에 대한 용병 방법의 어구 앞에 계속 나옴. 吾는 '나, 우리', 將은 '장수, 장병, 장차'의 뜻임. 해석은 '아군 장수' 또는 '나는 장차'의 두 가지의 해석이 있는데, 여기서는 전자로 해석함. 처음 어구만 해석하고 이하 중복되므로 해석을 생략함. ② 일기지(一其志): 일(一)은 동사로 '하나로 하다(모으다, 만들다)', 志는 '뜻, 마음, 의지'를 뜻함. ③ 사지촉(使之屬): 각급 부대가 서로 '긴밀히 연락을 유지함' 또는 '부대 간 결속시킴'으로 해석할 수 있음. ④ 추기후(趨其後): 두 가지 해석이 있음. 하나는 '후속부대를 다그쳐서 서둘러 달려오게 함'이며, 또 하나는 '신속히 이동해 적의 후미를 공격한다'인데, '장예'는 전자[박삼수], '두우'는 후자[신동준]로 해석함. 한편 죽간본에서는 '병사들을 오래 끌며 머무르지 말고'의 사불류(使不留)로 되어 있음. 여기서는 전자로 해석함. ⑤ 근기수(謹其守): 그 수비에 신중을 기함, 곧 철저히 함을 이름, 謹은 여기서는 '신중하다'의 의미임. ⑥ 고기결(固其結): 結은 '결맹, 결속, 동맹, 외교

관계' 등의 해석이 있음. 죽간본에는 신의를 지킨다는 뜻의 근기시(謹其恃)로 되어 있음.

[46] Therefore, on dispersive ground, I would inspire my men with unity of purpose. On facile ground, I would see that there is close connection between all parts of my army. [47] On contentious ground, I would hurry up my rear. [48] On open ground, I would keep a vigilant eye on my defenses. On ground of intersecting highways, I would consolidate my alliances.

D dispersive ground 산지(散地) ; inspire 고무[격려]하다 ; unity of purpose 목표의 통일 ; facile ground 경지(輕地) ; close connection 밀접한 관계 ; contentious ground 쟁지(爭地) ; hurry up ~을 재촉하다 ; open ground 교지(交地) ; vigilant 바짝 경계하는, 조금도 방심하지 않는 ; keep eye on ~에 계속 주의를 기울이다 ; intersecting highways 구지(衢地) ; consolidate 굳히다, 강화하다 ; alliances 동맹

◎ 오늘(D+68일)의 思惟 ◎

손자는 원정군의 용병 원칙에 대하여 〈九變篇〉과 〈九地篇〉의 앞 부분에서 설명했던 내용을 또다시 설명했습니다. 그래서 지형에 대한 설명을 추가하지 않고 지형을 이용하여 전투했던 사례로서, 페르시아가 두 번째로 그리스를 침공했을 때 있었던 테르모필레 전투에 대하여 알아보겠습니다.

테르모필레 전투는 마라톤 전투 이후인 기원전 480년에 페르시아와 그리스 사이에 벌어진 전투입니다. 마라톤 전투에서 패배했던 페르시아는 크세르크세스 1세가 왕위에 오르자 그리스 침공을 준비하여, 기원전 481년에 30만 명의 페르시아군이 육로와 바다로 동시에 그리스로 진격

했습니다. 아테네의 테미스토클레스(Themistocles)는 마케도니아 해안에 위치한 좁은 골짜기인 테르모필레의 지형의 특성을 이용해 페르시아 육군의 진격을 지연시키고, 아르테미시온 해협에서 페르시아 함대를 무찌를 전략을 수립하였습니다. 이 전략에 따라 기원전 480년 여름에 페르시아군이 접근하자 스파르타의 왕 레오니다스(Leonidas)를 총지휘관으로 하여 스파르타군 300명을 포함한 그리스 연합군 7천 명이 테르모필레 지역으로 파견되었습니다.[24]

페르시아군은 테르모필레 지역에 도착한 후 5일째 되는 날에 공격했습니다. 그러나 이틀을 공격했지만 실패하고 군대를 후퇴시켰습니다. 후퇴한 크세르크세스가 어떻게 해야 할지 고민에 빠져 있었는데, 에피알테스라는 트라키스인이 테르모필레를 우회하는 산길이 있다는 말을 전해 들었습니다. 셋째 날에 페르시아군은 산길을 이용하여 공격했고, 포위당했음을 알게 된 레오니다스는 그리스 연합군을 해체하여 돌려보내는 한편 스파르타인과 여타 병력으로 끝까지 사수하기로 결정하고 전원이 싸우다 전사했습니다.[25] 이후 페르시아군은 아테네를 점령했지만, 그리스 연합군 함대는 살라미스 해전에서 페르시아군을 격퇴시켰고, 크세르크세스는 그리스에서 고립당할 것을 두려워하여 군대의 대부분을 이끌고 페르시아로 철수했습니다.

이와 같은 제2차 페르시아 침공은 유럽 역사상 가장 중요한 사건 중에 하나였습니다. 특히 테르모필레 전투는 고대 유럽사에서 가장 유명한 전투가 되었으며, 조국 땅을 지키려는 애국적인 자유민 군대의 자유 의지

---

24 테르모필레 전투. 「두산백과」.
    〈https://terms.naver.com/entry.nhn?docId=1152787&cid=40942&categoryId=40474〉.

25 테르모필레 전투. 「위키백과」. 〈https://ko.wikipedia.org/wiki/〉.

의 위력을 보여준 전투로 칭송받았습니다. 이들의 항전과 전사는 훗날 비문[26]과 전설을 통해 널리 숭상되었고, 압도적인 적에 맞서는 용기의 상징이 되었습니다. 그리고 이 전투는 지형의 이점을 살려 군사 역량을 강화하고, 현지인의 활용이 중요하다는 것을 보여주는 사례이기도 합니다.

[D+69일] 구지(九地, The Nine Situations) 9

[49] 重地吾將繼其食, 圮地吾將進其塗, [50] 圍地吾將塞其闕, 死地吾將示之以不活。[51] 故兵之情, 圍則禦, 不得已則鬪, 逼則從。 (중지오장계기식, 비지오장진기도, 위지오장색기궐, 사지오장시지이불활. 고병지정, 위즉어, 부득이즉투, 핍즉종)

중지에서는 식량을 계속 공급해야 하고, 비지에서는 길을 신속하게 빠져나가고, 위지에서는 탈출구를 막아야 하며, 사지에서는 살아남을 수 없다는 것을 병사들에게 알려야 한다. 그러므로 병사들의 심리는 포위를 당하면 저항하고 어쩔 수 없으면 싸우며 핍박을 받으면 장수를 따르게 된다.

<한자> 繼(이을 계) 잇다, 계속하다 ; 進(나아갈 진) 나아가다 ; 塗(칠할 도, 길 도) 도로 ; 塞(막힐 색) 막다 ; 闕(대궐 궐) 대궐(문), 뚫다 ; 活(살 활) 살다 ; 示(보일 시) 보이다, 알리다 ; 情(뜻 정) 뜻, 마음 ; 禦(막을 어) 막다, 방어, 저항하다 ; 逼(핍박할 핍) 핍박하다 ; 從(좇을 종) 좇다, 따르다

---

26 비문: "지나는 자여, 가서 스파르타인에게 전하라, 우리들 조국의 명을 받아 여기 잠들었노라" 〈테르모필레 전투.「두산백과」.〉

<참고> ① 계기식(繼其食): 食은 '식량, 양초', 곧 '식량의 공급을 계속함.' 이 말은 적지에서 약탈 등으로 식량, 보급의 문제를 스스로 해결해야 한다는 의미임. ② 진기도(進其塗): 그 길을 신속히 전진함, 통과함을 의미함. 즉 행군속도를 높여 신속히 빠져나가는 것을 뜻함. 죽간본은 塗가 途로 되어 있음. ③ 색기궐(塞其闕): 塞은 '막음', 闕은 '뚫다'의 뜻인데 여기서는 포위망을 뚫고 도망갈 탈출구, 활로를 가리킴. ④ 시지이불활(示之以不活): 示는 '알리다', 곧 '살 수 없다는 것을 알림'으로써, 병사들에게 결사 항전의 의지를 고취시키고자 하는 의미임. ⑤ 병지정(兵之情): 情은 '뜻, 마음'인데 '심리'로 해석함. 일설은 '병법의 기본 이치'로 해석함. ⑥ 위즉어(圍則禦): 禦는 '방어'인데, 여기서는 '항거, 저항, 맞서다'로 해석함이 더 적합함. ⑦ 핍즉종(逼則從): 逼은 '핍박받다', 곧 '궁지에 몰리면, 또는 극심한 위험 상황에 몰리면'의 의미로 해석할 수 있음. 從은 장수의 지휘나 명령에 충실히 따름을 의미함. 죽간본은 과즉종(過則從)으로 되어 있음. 過는 '지나다'의 뜻으로 '그 단계가 지나면' 또는 '심각한 위험상황'으로 해석할 수 있음.

[49] On serious ground, I would try to ensure a continuous stream of supplies. On difficult ground, I would keep pushing on along the road. [50] On hemmed-in ground, I would block any way of retreat. On desperate ground, I would proclaim to my soldiers the hopelessness of saving their lives. [51] For it is the soldier's disposition to offer an obstinate resistance when surrounded, to fight hard when he cannot help himself, and to obey promptly when he has fallen into danger.

D serious ground 중지(重地) ; supplies 보급품[식량] ; difficult ground 범지(泛地) ; keep on 계속 하다 ; push along 떠나다 ; hemmed-in ground 위지(圍地) ; block 막다 ; retreat 후퇴[퇴각]하다 ; desperate ground 사지(死地) ; proclaim 선언하다, 분명히 보여주다 ; disposition 성향 ; offer obstinate resistance 끝끝내 항거하다 ; surround 둘러싸다, 포위하다 ; cannot help 못 견디다 ; promptly 지체 없이, 즉시 ; fall into ...에 빠지다

[52] 是故不知諸侯之謀者, 不能預交, 不知山林·險阻沮澤之形者, 不能 行軍, 不用鄕導者, 不能得地利, [53] 此三者不知一, 非霸王之兵也。 (시고 부지제후지모자, 불능예교, 부지산림·험조저택지형자, 불능행군, 불용향도자, 불능득지리, 차삼자 부지일, 비패왕지병야)

이런 까닭에 이웃 제후들의 의도를 알지 못하면 섣불리 친교를 맺을 수 없다. 산림과 험하고 막힌 곳, 소택지 등 지형을 알지 못하면 행군할 수 없다. 현지의 길 안내자를 쓰지 않으면 지형의 이점을 얻을 수 없다. 이 세 가지 중에 하나라도 모르면 패왕의 군대가 될 수 없다.

<한자> 預(미리 예) 미리, 사전에 ; 此(이 차) 이 ; 霸(으뜸 패) 으뜸, 두목, 으뜸가다

<참고> ① [52] 문장은 <軍爭篇>에 이미 나왔음. 이것은 윗글을 이어받지도 않으면서 아래 글과도 별 관련이 없어 중복 출현의 오류로 의심하는 관점도 있음. ② 제후지모(諸侯之謀): 諸 侯는 '이웃 또는 인접 제후국', 謀는 '계략, 의도, 속셈'임. ③ 불능예교(不能預交): <군쟁>이나 죽간본에는 豫로 되어 있음. ④ 차삼자부지일(此三者不知一): 죽간본과 대부분 판본이 '四五 者'(너댓 가지)로 되어 있음. 이를 "조조는 九地의 지형에 따른 이해득실로 풀이했음." [신동 준]. 따라서 此三者는 전체 내용상 다소 이상함. 또한 죽간본에는 '一不知'로 되어 있음. ⑤ 비 패왕지병(非霸王之兵): '패왕의 군대가 아니다'인데, '될 수 없다'는 의미로 해석함. 죽간본에 는 王霸로 되어 있음. 王霸가 타당하며, 霸王은 후대 월왕 구천이 처음으로 사용한 용어임.

[52] We cannot enter into alliance with neighboring princes until we are acquainted with their designs. We are not fit to lead an army on the march unless we are familiar with the face of the country— its mountains and forests, its pitfalls and precipices, its marshes and swamps. We shall be unable to turn natural advantages to account unless we make use of local guides. [53] To be ignored of any one of

the following four or five principles does not befit a warlike prince.

D enter into ...에 관여하다, 참여하다 ; acquainted with ...을 알고 있는 ; design 계획, 의도 ; fit 맞다, 적합하다 ; march 행군 ; familiar with ~에 친숙한 ; face 면, 표면[형상] ; pitfall 위험, 함정 ; precipice 벼랑, 절벽 ; marsh 습지 ; swamp 늪, 습지 ; turn... to account ...을 이용하다 ; local guides 현지 가이드[향도] ; ignore 무시하다 ; befit 걸맞다, 적합하다 ; warlike 호전적인, 전쟁의, warlike prince 패왕(霸王)

◎ 오늘(D+69일)의 思惟 ◎

손자는 전쟁에서 지형과 관련하여 병사들의 심리가 포위를 당하면 저항하고, 어쩔 수 없으면 싸우며 핍박을 받으면 장수를 따르게 된다고 했습니다. 그리고 패왕의 군대가 될 수 있는 조건을 말했습니다. 오늘은 전투 심리와 관련이 있는 것으로서, 왜를 물리친 중국과 한국의 전투 사례를 알아보겠습니다.

척계광(戚繼光)은 중국 명나라 말기의 장군으로서 왜구의 침입을 물리치는 데 큰 공을 세우고, 중국인들에게는 항왜의 민족 영웅으로 숭앙받습니다. 그는 1555년부터 저장성(浙江省)에서 왜구의 침입에 맞선 활동을 본격화하면서 농부와 광부 등으로 4000명의 의용군을 모아 조련하여 '척가군(戚家軍)'을 만들고 전투의 주력으로 삼았습니다. 그리고 수군을 조직하여 중국 남동부의 해안 지역에서 밀무역을 하며 노략질을 일삼던 왜구의 토벌에 나섰으며, 10여 년 동안 왜구와 80여 차례나 전투를 벌이며 단 한 번도 지지 않았습니다.[27] 특히 척가군은 "12명 단위의 원앙진

---

27 척계광. 「두산백과」.
    〈https://terms.naver.com/entry.nhn?docId=1275142&cid=40942&categoryId=34333〉.

(鴛鴦陣)으로 편성되었는데, 원앙진에는 아주 엄격한 법이 적용되어 마치 원앙새처럼 그 대장이 죽으면 나머지 생존자도 모두 죽이는 것"입니다[28] 이것은 병사들의 심리를 이용한 것으로 죽지 않기 위해서 어쩔 수 없이 대장을 보호하고 그를 중심으로 똘똘 뭉쳐 훈련하고 싸우도록 만든 전승의 요체라고 하겠습니다. 그리고 그는 《기효신서》 등의 병서를 남겼으며, 이 책은 조선에도 소개되어 임진왜란 이후 군의 편성과 무예에도 영향을 미쳤습니다.[29]

다음은 이순신의 명량 해전은 〈地形篇〉에서 설명한 바와 같이, 1597년에 13척의 전선으로 적 함대 133척을 맞아 싸워 승리한 전투입니다. 이순신은 명량 해전 전에 던진 출사표에서 "병법에 이르기를 죽고자 하면 오히려 살고, 살고자 하면 도리어 죽는다 하였고, 또 한 사람이 길목을 지킴에 천 명도 족히 두렵게 할 수 있다는 말이 있는데 오늘의 우리를 두고 이른 말이다."[30]라고 했습니다. 이순신은 항상 '선승구전'했지만, 당시 형세가 사지에서의 전투와 다를 바 없는 작전을 계획할 수밖에 없었습니다. 9월 16일 아침 해전이 시작되자 처음에는 이순신의 대장선만 일본 군선에 포위되어 홀로 분전했으며, 이후 대장선이 별 탈이 없는 것을 지켜본 휘하 세력들이 전진하여 13척이 모두 일본 함대와 맞서게 되었습니다. 오후 1시경 조류가 이순신 함대에 유리하였고, 이어서 본격적인 해전에 돌입하여 한 시간도 안 되어 일본 군선 31척이 분멸되고 후퇴했습니다[31]. 이 해전을 보면 사지에서 전투를 한다고 해서 군졸들이 스스로

28 노병천(2012). 「만만한 손자병법」. 세종서적. 256. ; "원앙진(2020. 3.15.). 「위키백과」. 〈https://ko.wikipedia.org/wiki/%EC%9B%90%EC%95%99%EC%A7%84〉"을 참조.

29 척계광. 「두산백과」. 같은 자료.

30 박혜일·최희동·배영덕·김명섭(2016). 「이순신의 일기」. 시와진실. 216.

31 이민웅(2012). 같은 자료. 341-342.

사생결단의 각오로 전투에 참여하는 것은 아니라는 것입니다. 결국 이순신의 뛰어난 지략, 지형과 조류의 이용, 앞장서서 독려하고 전투에 임한 리더십이 있었기 때문에 승리할 수 있었던 것입니다.

[D+70일] 구지(九地, The Nine Situations) 10

[54] 夫霸王之兵, 伐大國則其衆不得聚, 威加於敵, 則其交不得合。[55] 是故不爭天下之交, 不養天下之權, 信己之私, 威加於敵, 故其城可拔, 其國可墮。(부패왕지병, 벌대국즉기중부득취, 위가어적, 즉기교부득합. 시고부쟁천하지교, 불양천하지권, 신기지사, 위가어적, 고기성가발, 기국가휴)

무릇 패왕의 군대는 큰 나라를 정벌할 때는 그 나라의 군대를 집결시키지 못하게 하고, 적에게 위세를 가하여 그들이 동맹국들과 외교로 연합하지 못하게 한다. 이런 까닭에 천하의 외교를 다투지 않고 천하의 권력을 키우지도 않으며, 자신의 의지를 펼쳐서 적에게 위세를 가하면 적의 성읍을 빼앗고 도성도 무너뜨릴 수 있다.

<한자> 聚(모을 취) 모으다, 모이다 ; 伐(칠 벌) 정벌하다 ; 聚(모을 취) 모으다 ; 合(합할 합) 합하다, 모으다 ; 養(기를 양) 기르다 ; 私(사사 사) 사사로운 일 ; 拔(뽑을 발) 빼앗다, 공략하다 ; 墮(무너뜨릴 휴) 무너뜨리다

<참고> ① 벌대국즉기중부득취(伐大國則其衆不得聚): 伐大國은 '큰 나라(대국)을 정벌할(칠) 때', 衆은 '무리'로 대국의 군대를 의미함, 不得은 '하지 못함', 聚는 '병력을 집결, 집중 또는 동원함'을 이름. ② 교부득합(交不得合): 交, 合은 '군사외교상의 연합, 연맹을 이름'의 의미임. 매

요신은 "패왕의 군대가 위력을 적국에게 가하면, 이웃 나라들이 두려워할 것이고, 적국은 결국 동맹국들과의 연합을 이끌어 낼 수가 없다"라고 함. [박삼수]. ③ 부쟁천하지교(不爭天下之交): 두목은 "이웃 나라와 다투어 원조조약을 맺지 않는다"로 풀이했음. [신동준]. ④ 불양천하지권(不養天下之權): 패권을 차지하기 위해 자신의 세력을 키우지 않는다는 의미임. [신동준]. 천하의 권세, 권력을 기르지 않음. [박삼수]. ⑤ 신기지사(信己之私): 信을 신(伸)과 같은 뜻으로 해석함. 일설은 '믿는다'로 해석함. 私는 '사사 로운'인데, '웅지 또는 의지'로 해석함. ⑥ 고기성가발, 기국가휴(故其城可拔, 其國可墮): 故는 '즉'의 뜻이며, 해석은 생략함. 拔은 '빼앗다, 공략하다', 國은 '국도 또는 도성', '춘추 시대의 國은 일반적으로 큰 성읍, 국도를 일컬음.' 일설은 '나라'로 보아 '나라를 멸망시키다'로 해석함. 죽간본에는 墮가 隳(휴)로 되어 있는데, 같은 뜻의 글자임.

[54] When a warlike prince attacks a powerful state, his generalship shows itself in preventing the concentration of the enemy's forces. He overawes his opponents, and their allies are prevented from joining against him. [55] Hence he does not strive to ally himself with all and sundry, nor does he foster the power of other states. He carries out his own secret designs, keeping his antagonists in awe. Thus he is able to capture their cities and overthrow their kingdoms.

D powerful state 강력한 국가 ; generalship 전투 지휘(능력) ; concentration 집중 ; overawe 위압하다 ; opponent 상대, 반대자 ; prevent from ...을 막다 ; strive 노력하다, 분투하다 ; sundry 여러 가지의, 잡다한 ; foster 조성하다 ; carry out 수행한다 ; keep in awe 항상 두려워하게 하다 ; antagonist 적대자 ; awe 경외감 ; capture 함락시키다 ; overthrow 타도[전복]하다

[56] 施無法之賞, 懸無政之令, 犯三軍之衆, 若使一人。(시무법지상, 현무정지

령, 범삼군지중, 약사일인)

　　법에도 없는 파격적인 포상을 베풀고 규정을 뛰어넘는 명령을 공포하

여 삼군의 무리를 지휘하는 것이 마치 한 사람을 부리듯이 해야 한다.

<한자> 施(베풀 시) 베풀다 ; 懸(달 현) 달다, (상을) 걸다 ; 犯(범할 범) 범하다, 일으키다 ; 若

(같을 약) 같다

<참고> ① 시무법지상(施無法之賞): 無法은 '법에 없는 (관례를 뛰어넘는) 파격적인 포상'을

말함. 죽간본에는 施가 없음. ② 현무정지령(懸無政之令): '상규를 뛰어넘는, 평소와 다른, 또

는 군정(규정)에 없는', '명령 또는 법령'을 '내걸다 또는 공포하다'는 뜻임. ③ 범삼군지중(犯三

軍之衆): 犯은 '움직이다, 다루다, 지휘하다, 통솔하다' 등의 해석이 있음. "조조는 '犯, 用也 (범

은 사용하는 것이다)'라고 주석함." [조조약해]. 여기서는 '지휘하다'로 해석함. 일설은 '마음을

침범하다, 곧 속이다로 해석함.'

[56] Bestow rewards without regard to rule, issue orders without

regard to previous arrangements; and you will be able to handle a

whole army as though you had to do with but a single man.

Ｄ bestow 수여[부여]하다 ; without regard to ...을 고려하지 않고, ...에 상관없이 ; issue

orders 명령을 내리다 ; arrangement 합의, 협정 ; handle 다루다 ; do with ...을 처리하다

◎ 오늘(D+70일)의 思惟 ◎

　　손자는 패왕의 군대는 천하의 외교를 다투지 않고, 천하의 권력을 키

우지도 않으며, 자신의 의지를 펼쳐서 적에게 위압을 가하면 적의 성을

함락시킬 수 있고, 적의 도성도 무너뜨릴 수 있다고 했습니다. 오늘은 패

왕에 대하여 알아보겠습니다.

패왕(霸王)은 패자와 왕을 합쳐서 만든 칭호입니다. 이 칭호는 항우가 진시황 이후 천하의 질서를 개편하고 우두머리를 자처하여 왕과는 차별된 칭호를 원했기 때문에 황제보다는 격이 낮지만 왕보다는 격이 높은 칭호를 원해 자칭했던 것입니다.[32] 춘추 시대에는 제국 간 혹은 제후 간에 맺어지는 회합이나 맹약을 회맹이라 하며, 회맹의 맹주가 된 자를 패자라고 합니다. "《순자》에 의하면 오패라 함은 제(齊) 환공, 진(晉) 문공, 초(楚) 장왕, 오(吳)왕 합려, 월(越)왕 구천을 가리키는데, 한편 진(秦) 목공, 송(宋) 양공, 오왕 부차 등을 꼽는 경우도 있습니다."[33] 굳이 다섯을 꼽는 이유는 음양오행설 때문이었습니다. 한편 《사기》〈월왕구천세가〉에서 사마천은 "그(우임금)의 후예인 구천에 이르러 몸과 마음으로 고생하고 숙고해 마침내 힘센 오나라를 물리치고 북쪽으로 중원 지방까지 위세를 떨쳤으며 주 왕실을 받들어 패왕이란 칭호를 얻게 되었다"[34]고 한바와 같이 패자는 패주, 패왕이라고도 했습니다.

패자로 거론된 기준을 보면, 첫째, 정사로 인정되는 사서에서 패자로서 공인된 군주, 둘째, 힘보다는 명분으로 외교적 강제력을 지녀야 하며 아울러 타국을 압도할 강대한 국력(군사력), 거기에 경제력과 군신 간의 신뢰와 단결력, 셋째, 제후를 소집하여 회맹을 주도할 수 있는 영향력, 즉 외교 협상 능력, 넷째, 약소국을 보호하고 망한 나라는 회복시켜 줄 수도 있는 능력, 다섯째, 변경의 외부 민족을 토벌, 견제하여 중원의 안

32 패왕(2020. 10.7.). 「나무위키」. 〈https://namu.wiki/w/%ED%8C%A8%EC%99%95%20〉.

33 춘추오패. 「두산백과」.
    〈https://terms.naver.com/entry.nhn?docId=1147744&cid=40942&categoryId=33403〉.

34 이두진(2014. 3.14). 월왕구천세가. 「사기세가」. 〈https://m.blog.naver.com/〉.

전을 보장할 능력을 갖추어야 합니다.[35] 이 조건을 보면, 손자가 말한 패왕의 군대는 벌모(伐謀), 벌교(伐交), 벌병(伐兵) 등 싸워 승리하는 모습과 비교할 때 비슷하다는 생각입니다. 그런데 춘추오패로 일컬어지던 패자들이 말년이 좋지 않게 끝난 사람이 많습니다. 제환공은 반란과 왕위 다툼으로 감금되어 굶어 죽었고, 송양공은 초나라와 결전을 벌이다가 대패하여 죽었습니다. 그리고 오왕 합려와 부차, 월왕 구천도 모두 말년이 좋지 못했습니다.[36]

그러므로 패왕의 군대가 적국을 공격할 때는 패자의 위세가 적국이나 주변국에 통하겠지만, 패자 지위를 지속 유지하기 위해서 평시에 내부 단결과 국방 및 외교 노력을 꾸준히 진전시킬 필요가 있다는 교훈을 얻을 수 있습니다. 이와 같은 교훈은 오늘날 국가나 기업을 운영함에 있어서도 똑같이 적용된다고 생각합니다.

---

35 춘추오패(2020. 6.30.).「나무위키」.
    〈https://namu.wiki/w/%EC%B6%98%EC%B6%94%EC%98%A4%ED%8C%A8〉.

36 앞의 자료.

[D+71일] 구지(九地, The Nine Situations) 11

[57] 犯之以事, 勿告以言; 犯之以利, 勿告以害; [58] 投之亡地然後存, 陷之死地然後生。[59] 夫衆陷於害, 然後能爲勝敗。(범지이사, 물고이언; 범지이리, 물고이해; 투지망지연후존, 함지사지연후생, 부중함어해, 연후능위승패)

일로써 병사들을 움직이게 하고 말로는 알리지 않는다. 이로움으로 병사들을 움직이게 하고 해로움은 알리지 않는다. 병사들은 망지에 던져진 후에야 살아남을 수 있으며, 사지에 빠뜨린 후에야 살아남을 수 있다. 무릇 병사들은 위험한 처지에 빠진 후에야 승리를 얻을 수 있다.

<한자> 犯(범할 범) 범하다, 일으키다 ; 事(일 사) 일 ; 告(고할 고) 고하다, 알리다 ; 亡(망할 망) 망하다 ; 陷(빠질 함) 빠지다 ; 害(해할 해) 해하다

<참고> ① 범지이사, 물고이전(犯之以事, 勿告以言): 犯은 '움직이다, 맡기다, 속이다, 투입하다' 등의 해석이 있으며, 역자들이 犯의 의미에 따라 전체 해석을 조금씩 달리함. 之는 '병사', 事는 '일', 곧 '작전 또는 임무'를 의미함. 勿告以言은 '말로써 그것(작전 계획/의도)을 알리지 말라'는 뜻임. ② 범지이리, 물고이해(犯之以利, 勿告以害): 利는 '유리한 상황이나 조건', 害는 알려 줄 경우 위험한 결과에 대해 회의를 갖거나 정보가 새나갈 수도 있기 때문임. 죽간본은 '犯之以害, 勿告以利'로 되어 있음. "우지우롱은 전후 문맥과 연관지어 볼 때, 죽간본의 의미가 낫고 옳다고 주장함." [박삼수]. ③ 투지망지(投之亡地): 之는 '군대, 병사', 亡地는 '위망한, 몹시 위험해서 멸망할 것 같은 땅'임. 즉 필사의 각오로 적을 물리쳐서 살아날 수 있다는 의미임. ④ 함지사지연후생(陷之死地然後生): 사지에 빠뜨려야 생존 본능으로 인해 죽을 고비를 넘기고 살아남을 수 있다는 의미임. ⑤ 함어해(陷於害): 害는 '해로운 상황'의 뜻인데, 즉 위험한 처지를 의미함. ⑥ 연후능위승패(然後能爲勝敗): 勝敗는 "승리함을 이름. 이는 편의사(偏義詞), 즉 서로 다른 뜻을 가진 두 글자로 이루어진 낱말에는 특정한 어느 한 글자의 뜻으로 쓰이는 말로, 敗의 뜻은 없고 勝의 뜻으로만 쓰인 것임." [박삼수].

[57] Confront your soldiers with the deed itself; never let them know your design. When the outlook is bright, bring it before their eyes; but tell them nothing when the situation is gloomy. [58] Place your army in deadly peril, and it will survive; plunge it into desperate straits, and it will come off. [59] For it is precisely when a force has fallen into harm's way that is capable of striking a blow for victory.

D confront 맞서다, 부딪치다 ; deed 행위, 행동 ; outlook 관점, 전망 ; gloomy 우울한, 비관적인 ; deadly peril 치명적인 위험 ; survive 생존하다, 살아남다 ; plunge into ...에 빠뜨리다 ; desperate strait 절망적인 곤경 ; come off 이루어지다, 성공하다 ; precisely 정확히 ; fall into ...에 빠지다 ; harm 해, 피해 ; strike a blow for ~을 위해 싸우다

[60] 故爲兵之事, 在於順詳敵之意, [61] 幷敵一向, 千里殺將, [62] 是謂巧能成事。(고위병지사, 재어순상적지의, 병적일향, 천리살장, 시위교능성사)

그러므로 용병하는 것은 적의 의도를 신중하고 자세히 살피는 것이 중요하며, 병력을 집중해 한 방향으로 적을 공격하고, 천 리를 달려가서 적장을 죽일 수도 있다. 이를 일러 교묘히 일을 이루었다고 한다.

<한자> 爲(하 위) 하다 ; 兵(병사 병) 병사, 싸움, 전쟁 ; 在(있을 재) 있다, 존재하다 ; 順(순할 순) 순하다 ; 詳(자세할 상) 자세하다, 자세히 알다 ; 意(뜻 의) 생각 ; 幷(아우를 병) 아우르다, 합하다 ; 謂(이를 위) 이르다, 일컫다 ; 巧(공교할 교) 공교[교묘]하다 ; 成(이룰 성) 이루다

<참고> ① 위병지사(爲兵之事): 爲兵은 '전쟁(용병)을 하는', 事는 '일'인데, '것 또는 할 때'로 해석함. ② 재어순양적지의(在於順詳敵之意): 在於는 '~에 (달려) 있음, 곧 ~하는 것이 중요함을 이름', "順은 신중할 신(愼)과 통함, 詳은 상세히 살핀다는 뜻의 동사로 사용되었음." [신동준]. 일설은 '적의 의도에 순순히 따르는 척하다'로 해석함. ③ 병적일향(幷敵一向): 幷은 '아우르다'이며, 幷敵은 곧 '병력을 집중함'을 이름. 一向은 '한 방향 또는 하나의 적을 타격 목표

로 공격함'으로 해석함. ④ 교능성사(巧能成事): 巧은 '교묘하다', 成事는 '일을 이루다, 성취하다.' 일설은 '교묘한 계책으로 승리를 거둔다'로 해석함. 또는 事를 '국가대사'로 해석하기도 함. 죽간본에는 '巧事'로 되어 있음.

[60] Success in warfare is gained by carefully accommoda -ting ourselves to the enemy's purpose. [61] By persistently hanging on the enemy's flank, we shall succeed in the long run in killing the commander-in-chief. [62] This is called ability to accomplish a thing by sheer cunning.

D accommodate 수용하다 ; persistently 끈덕지게, 고집스레 ; hang on 꽉 붙잡다 ; flank 옆구리 ; in the long run 결국 ; commander-in-chief 총사령관 ; accomplish 완수[성취]하다 ; sheer 순전한, 순수한 ; cunning 교활함, 간계

◎ 오늘(D+71일)의 思惟 ◎

손자는 용병에 대하여 병사들에게 일과 이로움으로 움직이게 하며, 병사들은 위험한 처지에 빠진 후에야 승리를 얻을 수 있다고 했습니다. 그리고 용병은 적의 의도를 살피고 병력을 집중하며 적장을 끝까지 달려가 죽일 수도 있다고 했습니다. 오늘은 '근대전의 아버지'라 칭하는 구스타프 아돌푸스(Gustav II Adolphus)에 대하여 알아보겠습니다.

구스타프는 1611년에 스웨덴 왕위에 오른 후 엉성한 스웨덴 군대를 전면적으로 개혁해서 유럽 최고의 군대로 만들었습니다. 그는 1630년 합스부르크 세력이 한창일 때 군대를 이끌고 북부 독일 해안에 상륙하여 30년 전쟁에 뛰어들었습니다. 그는 최초의 국민군을 창설했으며, 전쟁을 수행하면서 군대의 편제, 운영, 훈련 및 장비의 개혁을 성취했습니다. 그

는 편제를 고침으로써 더 많은 기동력을 가지게 했습니다. 신병 모집을 엄격히 선발함으로써 군대를 질적으로 향상시켰으며, 보·포·기병을 통합하여 실질적인 단일 전투단으로 편성했습니다. 소총의 중량을 적게 하고 그 구조와 화력을 발전시켰고, 소총의 조법을 연구하여 보병 각 개인이 발휘할 수 있는 화력은 거의 배가 되었으며, 대포의 중량을 감소시킴으로써 주무기의 효과와 위력을 증대시켰습니다. 그리고 기병을 착검시켜 돌격 훈련을 하는 등의 많은 개혁을 하였습니다.[37] 이러한 개혁은 근대전의 효시가 되었으며, 특히 "구스타프의 전법이 2개 전열과 1개 예비대를 사용했다는 점에서 현대 전법의 창시자였다고 할 수 있습니다."[38]

그가 치렀던 유명한 전투는 1631년에 있었던 브라이텐펠트 전투입니다. 이 전투에는 "신교도 측엔 스웨덴군 2만 3000명, 작센군 1만 7000명이었고, 가톨릭 측엔 오스트리아 황제군과 동맹군을 합쳐 3만 2000명이었는데 스웨덴군은 압승을 거두어 가톨릭 군대를 거의 전멸시켰습니다... 가톨릭으로 보면 다 이긴 30년 전쟁이 역전된 것이고 신교도로 보면 기사회생의 승리였습니다."[39] 전술적으로 보면 구스타프의 전술 대형은 T자형을 유지하고 총병과 창병을 절묘하게 결합했으며 틸리가 지휘하는 가톨릭군은 밀집 대형을 유지했습니다. 전투가 시작되면서 그는 일부 전장에서는 수세 전술을 취하여 병력을 절약하였고, 여기서 얻은 병력의 여유를 자기가 선택한 결전 지점에 집중할 수 있었습니다.[40]

구스타프는 군사 문제에도 지성을 적용한다면 승리의 요인이 된다는

---

37 정토웅(2010). 같은 자료 ; 조갑제(2019. 7.10). 어떻게 스웨덴 군대가 뮌헨을 점령했는가?. 「조갑제닷컴」. 〈https://www.chogabje.com/board/view.asp?C_IDX=83612&C_CC=BE〉.

38 육군사관학교 전사학과(2004). 같은 자료. 80.

39 조갑제(2019. 7.10). 같은 자료.

40 육군사관학교 전사학과(2004). 같은 자료. 81. ; 정토웅(2010). 같은 자료.

사실을 유럽 세계에 보여주었습니다. 그리고 유럽 전사에서는 알렉산더, 한니발, 시저, 나폴레옹 등과 함께 군사적 천재로 꼽히게 되었으며, 18세기의 군인들이 스웨덴의 군사 조직에 감명을 받았고, 이를 모방하려고 애썼습니다.

[D+72일] 구지(九地, The Nine Situations) [12]

[63] 是故政擧之日, 夷關折符, 無通其使, [64] 厲於廊廟之上, 以誅其事, [65] 敵人開闔, 必亟入之。(시고정거지일, 이관절부, 무통기사, 여어랑묘지상, 이주기사, 적인개합, 필극입지)

　　이런 까닭에 전쟁이 결정된 날에는 국경의 관문을 막고 통행증을 폐지하며, 적국의 사신을 통과시키지 않는다. 조정의 최고군사회의를 열고 계책을 거듭 다듬으며, 전쟁에 관한 일의 기밀이 누설되지 않도록 단속하고, 적이 허점을 보이면 반드시 그곳으로 재빠르게 들어가야 한다.

<한자> 擧(들 거) 들다, 행하다 ; 夷(오랑캐 이) 오랑캐, 죽이다 ; 關(관계할 관) 관문 ; 折(꺾을 절) 꺾다, 부르지다 ; 符(부호 부) 증표, 부절 ; 通(통할 통) 통하다, 왕래하다 ; 使(하여금 사) 사신 ; 厲(갈 려) 갈다, 힘쓰다 ; 廊廟(사랑채 랑/행랑 낭, 사당 묘) 조정(의 정전), 의정부 ; 誅(벨 주) 베다, 책하다 ; 闔(문짝 합) 문짝 ; 亟(빠를 극) 빠르다

<참고> ① 정거지일(政擧之日): 政은 '전쟁'을, 擧는 '결정함'을 이름. ② 이관절부(夷關折符): 夷關은 '(국경의) 관문을 막고', 곧 폐쇄함을 이름. 符는 '부절', 여기서는 통행증을 의미함. 折符는 '부절을 꺾다', 곧 '통행증을 폐지'함을 이름. 符는 옛날에 대나무나 옥 따위로 만들어 신

표로 삼던 물건으로 주로 사신이 가지고 다녔음. ③ 무통기사(無通其使): 其使는 '적국의 사자, 사신'을 뜻함. ④ 여어랑묘지상(厲於廊廟之上): 廊廟는 '조정, 묘당', 廊廟之上은 '조정의 (최고) 군사회의를 열고 (계책을 마련하다)'로 해석함. 厲는 '힘쓰다' 곧 '거듭 다듬는 것'을 의미함. 죽간본에는 厲가 勵로 되어 있음. ⑤ 이주기사(以誅其事): 誅는 '베다, 책하다'인데, '단속한다'로, 事는 '전쟁과 관한 일의 기밀'로 해석함. "조조는 기밀을 엄수한다는 뜻으로 사용된 誅事의 誅는 단속한다는 뜻의 治와 통한다고 했음." [신동준]. ⑥ 적인개합(敵人開闔): 開闔은 '문을 열다', 곧 '빈틈(허점)을 보임(노출함)'으로 해석함. 죽간본에는 성의 바깥문을 뜻하는 궤(闋)로 되어 있음.

[63] On the day that you take up your command, block the frontier passes, destroy the official tallies, and stop the passage of all emissaries. [64] Be stern in the council- chamber, so that you may control the situation. [65] If the enemy leaves a door open, you must rush in.

D take up command 지휘권을 행사하다 ; frontier passes 국경 통행 ; tally 기록, 부절(符節) ; passage 통행, 통과 ; emissary 사절, 특사 ; stern 엄중한, 단호한, council-chamber 대책회의 회의실 ; leave a door open 문을 열어두다 ; rush in 난입하다, 몰려들다

[66] 先其所愛, 微與之期, [67] 踐墨隨敵, 以決戰事。[68] 是故始如處女, 敵人開戶, 後如脫兔, 敵不及拒。 (선기소애, 미여지기, 천묵수적, 이결전사. 시고시여처녀, 적인개호, 후여탈토, 적불급거)

　먼저 적의 요충지를 점거하고 일단 적과 싸울 것을 기약하지 않고, 원칙을 고수하는 경직된 자세를 버리고 오로지 적의 움직임에 따라 임기응변하여 싸울 것을 결정한다. 이런 까닭에 처음에는 처녀처럼 얌전히 행동하여 적이 허점을 보이게 하고, 그 다음에는 덫에서 벗어난 토끼처럼

재빨리 행동하여 적이 미처 막을 수 없도록 한다.

<한자> 愛(사랑 애) 소중히 하다 ; 微(작을 미) 작다, 아니다, 숨기다 ; 與(더불 여) 더불다, 주다 ; 期(기약할 기) 기약하다, 정하다 ; 踐(밟을 천) 밟다, 실행하다 ; 墨(먹 묵) 먹, 먹줄 ; 隨(따를 수) 따르다, 추종하다 ; 始(비로소 시) 처음, 시작하다 ; 脫(벗을 탈) 벗어나다 ; 兎(토끼 토) 토끼 ; 及(미칠 급) 미치다 ; 拒(막을 거) 막다, 거부하다

<참고> ① 선기소애(先其所愛): 先은 동사로 '먼저 점거(점령, 공격)하다'는 의미임. 其所愛는 적이 '애지중지'하는 곳임. 곧 '적의 요충지'의 의미임. ② 미여지기(微與之期): 다양한 해석이 있음. (1) 微를 '숨기다', 期를 '시기', 곧 '적과 결전할 시점(기일)을 숨긴다(정하지 않는다).' (2) 微는 '금지하다', 與는 (알려)줌, 期는 '후속 작전의 의도나 방향', 곧 '후속작전의 의도가 적에게 새어 나가지 않도록 해야 한다.' (3) 일단 적과 싸움을 기하지 말고 있다. (4) 적이 반격을 가할 여유를 허용하지 않는다 등임. 여기서는 전체 맥락을 고려하여 해석했음. ③ 천묵수적(踐墨隨敵): 踐의 해석이 '준수하다' 또는 '버리다'로 두 가지 상반된 해석이 있는데 후자를 택함. "踐은 깎아낼 잔(剗)의 가차다. 가림은 잔(剗)을 제거할 제(除)로 풀이했다." [신동준]. 墨은 "먹줄, 여기서는 원칙, 법칙을 비유해 일컬음." [박삼수]. 隨敵은 '적의 움직임에 임기응변하다' 또는 '적 상황에 따라 작전을 변화함'을 뜻함. ④ 결전사(決戰事): '결전 여부를 결정한다', '작전 계획을 결정한다' 등의 해석이 있음. ⑤ 시여처녀, 적인개호(始如處女, 敵人開戶): 始如處女 '처음에는 처녀와 같다'인데, '처녀처럼 얌전히 행동하여', 開戶는 '문을 염', 곧 '경계를 늦춤, 허점을 보임'의 의미임. "장예는 '처녀처럼 유약한 모습을 보여 적으로 하여금 경계를 늦추고 빈틈을 드러내게 함'이라고 했음." [박삼수]. ⑥ 후여탈토, 적불급거(後如脫兎, 敵不及拒): 脫兎는 '덫에서 벗어난(빠져나온) 토끼'의 뜻으로 동작이 매우 빠름(신속함)을 비유함. 문맥상 '행동(공격, 돌진)하다, 움직이다'를 포함하여 해석함. 不及은 '미치지 못함', 拒는 '막다, 항거함'의 뜻임.

[66] Forestall your opponent by seizing what he holds dear, and subtly contrive to time his arrival on the ground. [67] Walk in the path defined by rule, and accommodate yourself to the enemy until you can fight a decisive battle. [68] At first, then, exhibit the coyness of a

maiden, until the enemy gives you an opening; afterwards emulate the rapidity of a running hare, and it will be too late for the enemy to oppose you.

D forestall 미연에 방지하다, 선수를 치다 ; opponent 상대, 반대자 ; seize 장악하다 ; hold dear 소중히 여기다 ; subtly 미묘하게, 민감하게 ; contrive 고안하다 ; walk 걷다, 밟다 ; accommodate oneself ...에 순응하다 ; exhibit 보이다 ; coyness 수줍어함 ; maiden 처녀 ; opening 구멍, 틈 ; emulate 모방하다 ; rapidity 신속 ; hare 토끼 ; too~to 너무 ~해서 ~할 수 없다 ; oppose 반대하다, 대항하다

◎ 오늘(D+72일)의 思惟 ◎

손자는 전쟁이 결정되면 조치해야 할 것을 설명하면서, 군사 운용은 먼저 적의 요충지를 점거하고, 적의 움직임에 따라 임기응변하여 싸울 것을 결정한다고 했습니다. 오늘날은 정부, 군, 국민이 해야 하는 이러한 조치는 법규에 따라 실행하고 있습니다. 이에 우리 군의 전쟁 대비인 전투 준비 태세와 정보 감시 태세에 대하여 알아보겠습니다.

우리 군은 적의 도발 위협에 대비하여 적정한 전투 준비 태세를 유지하고 있으며, 영어로는 이것을 데프콘(DEFCON)이라고 합니다. 전투 준비 태세는 5단계가 있으며 5단계→1단계로 갈수록 전쟁 발발 가능성이 높습니다. "데프콘 5는 전쟁 위험이 없는 안전한 상태, 데프콘 4는 대립하고 있으나 군사 개입 가능성이 없는 상태입니다. 우리나라는 정전 이래 데프콘 4가 발령되어 있습니다. 데프콘 3는 중대하고 불리한 영향을 초래할 수 있는 긴장 상태가 전개되거나 군사 개입 가능성이 있을 때 발령되며, 한국군이 가지고 있는 작전권이 한미연합사령부에 넘어갑니다.

제11편 구지(九地)

1976년 '판문점 만행 사건', 1983년 '아웅산 사태' 때에 발령된 사례가 있습니다. 데프콘 2가 발령되면 탄약이 지급되고, 편제 인원이 100% 충원됩니다. 데프콘 1은 전쟁이 임박한 때 발령되며 동원령이 선포됩니다."[41] 한편 평시에 군에서 훈련을 할 때에 각 단계의 명칭은 "인디언이 전쟁에 나가기 전에 천막 주변을 도는 것을 본따 만들어졌습니다. 즉 5단계는 Fade Out(장막 거둠), 4단계 Double Take(대비), 3단계 Round House(천막을 돎), 2단계 Fast Pace(속도를 높임), 1단계 Cocked Pistol(권총 장전)로 되어 있습니다."[42]

전투 준비 태세와 별도로 우리나라와 미국 연합군이 북한의 군사 활동을 추적하는 정보 감시 태세인 워치콘(WATCHCON)이 있습니다. 워치콘도 5단계가 있으며 전투 준비 태세와 밀접한 관계가 있습니다. 5단계는 일상적인 상황으로 평온한 상태이며, 4단계는 잠재적인 위험이 있어 지속 감시가 필요한 상태로서, 현재 유지되고 있는 상태입니다. 3단계는 국가 안보에 중대한 위협이 초래될 우려가 있는 상황으로 적의 감시를 강화한 상태입니다. 2단계는 현저한 위험이 일어날 징후가 보일 때 발령되며, 1981년부터 워치콘을 운용한 이래로 여러 차례 발령되었습니다. 1단계는 적의 도발이 명백할 때 발령되며, 아직 발령된 사례가 없습니다.[43]

우리 군은 평시 전투 준비 태세에서 동원령 선포를 포함한 전시 체제로 전환하고 전쟁을 수행하는 훈련을 매년 실시하고 있습니다. 또한 북

41 데프콘(2015. 5.6.). 시사상식사전. 「네이버 지식백과」.
    〈https://terms.naver.com/entry.nhn?docId=2784087&cid=43667&categoryId=43667〉 ;
    워치콘, 데프콘, 진돗개는 어떻게 다른가? (2009. 5.28). 「조선일보」.
    〈https://www.chosun.com/site/data/html_dir/2009/05/28/2009052801136.html〉.

42 전투 준비 태세(2020. 10.10.). 「위키백과」. 〈https://ko.wikipedia.org/wiki/〉.

43 워치콘, 데프콘, 진돗개는 어떻게 다른가? (2009. 5.28). 같은 자료..

한의 전쟁 도발 징후를 사전에 포착해 전쟁을 억제할 수 있는 전력을 신속히 투입하기 위해 "한미 정보 당국은 전쟁 징후 목록을 통해 북한이 전쟁을 일으킬 준비를 하고 있는지를 감시하고 있습니다."[44]

---

44 북한전쟁 징후 철저감시(1996.5.29.). 「KBS NEWS」.
⟨http://mn.kbs.co.kr/news/view.do?ncd=3762486⟩.

제12편

화공(火攻)

★ The Attack by Fire ★

화공은 '불로 적을 공격하는 것'인데, 이 편은 화공에 대하여 설명하며, 수공도 언급한다. 그리고 화공보다 더 중요시되는 주제로 근본적으로 전쟁에 대하여 신중하게 할 것을 강조한다. 먼저 화공의 종류와 시기, 화공의 방법, 수공에 대하여 설명한다. 다음은 제때에 논공행상을 할 것을 논한다. 끝으로 군주와 장수에게 전쟁을 신중히 할 것을 요구하며, "이익이 없으면 군대를 동원하지 말고 승리를 얻을 만하지 않으면 용병하지 않는다"고 강조한다.

◆ 화공편 핵심 내용 ◆

A [10] 火發上風, 無攻下風。 불은 바람이 적 방향으로 불 때 붙이고, 아군 방향으로 불 때 화공하면 안 된다.

A [15] 戰勝攻取, 而不修其功者凶。 전쟁에서 승리하고 공격하여 차지하더라도, 제때에 공로에 따라 포상하지 않으면 흉할 것이다.

C [17] 非利不動, 非得不用。 이익이 없으면 군대를 동원하지 말고, 승리를 얻을 만하지 않으면 용병하지 않는다.

A [18] 主不可以怒而興師 군주는 분노로 인해 군사를 일으켜서는 안 된다.

A [22] 明君愼之, 良將警之。 명석한 군주는 전쟁을 신중히 해야 하고, 훌륭한 장수는 싸우는 것을 경계해야 한다.

◆ 러블리 팁(Lovely Tip) ◆

L 성공하기 위한 조건을 만들자.

L 칭찬과 감사와 보답을 아끼지 말자.

L 상황에 따라 융통성 있게 대처하자.

L 화가 나서 말하거나 행동하지 말자.

L 싸움은 신중하게 생각하고 경계하자.

[D+73일] 화공(火攻, The Attack by Fire) [1]

[1] 孫子曰: 凡火攻有五: 一曰火人, 二曰火積, 三曰火輜, 四曰火庫, 五日火隊。[2] 行火必有因, 煙火必素具。 (손자왈: 범화공유오: 일왈화인, 이왈화적, 삼왈화치, 사왈화고, 오왈화대. 행화필유인, 연화필소구)

손자가 말했다. 무릇 화공에는 다섯 가지가 있다. 첫째는 적병을 불태우는 화인, 둘째는 쌓아 놓은 군량 등을 불태우는 화적, 셋째는 치중수레를 불태우는 화치, 넷째는 창고를 불태우는 화고, 다섯째는 적의 대오를 불태우는 화대가 그것이다. 화공을 행하려면 반드시 조건이 갖춰져야 하며, 화공에 필요한 도구와 재료는 반드시 평소에 갖추어 놓아야 한다.

<한자> 火(불 화) 불, 태우다 ; 積(쌓을 적) 쌓다 ; 輜(짐수레 치) 짐수레 ; 庫(곳집 고) 곳집(곳간), 창고 ; 隊(무리 대, 길 수) 대오, 길 ; 因(인할 인) 원인을 이루는 근본 ; 煙(연기 연) 연기 ; 素(본디 소) 본디, 평소 ; 具(갖출 구) 갖추다

<참고> ① 화인(火人): 火는 동사로, '불로 태움'을 뜻함. 人은 '사람, 병력, 인마', 즉 적군의 군영(영채와 막사)을 화공 대상으로 삼는 것임. ② 화적(火積): 積은 '양초 또는 식량, 땔나무와 꼴과 같은 것을 쌓아 둔 것'을 말함. ③ 화치(火輜): 輜는 보급품을 실은 치중 수레를 뜻함. ④ 화고(火庫): 庫는 무기, 군량미, 재물 등을 보관하는 창고를 뜻함. 두목은 '군수품을 수레에 싣고 수송 중이면 輜라 하며, 성이나 진영에 쌓아서 보관하면 庫라고 한다'라고 하였음. [유동환]. ⑤ 화대(火隊): 隊의 해석이 '대오, 대열, 군대, 부대' 또는 독음이 '대'가 아니라 수(遂)와 같으며 곧 '보급로, 양도'로 갈림. 여기서는 전자로 해석함. "두목은 '적군의 대오(隊伍)에 불을 지른 뒤 어지러운 틈을 노려 격파하는 것이다'라고 했음." [신동준]. ⑥ 행화필유인(行火必有因): 因은 원인, 여기서는 반드시 필요한 '조건'을 뜻함. ⑦ 연화필소구(煙火必素具): 煙火는

"화공에 필요한 도구와 재료", 이 두 글자가 죽간본은 因(이러한 조건) 한 글자로 되어 있음. "우지우롱은 煙火는 의미가 통하기 어려우며, 죽간본이 옳다고 보았음." [박삼수]. 素具는 '평소에 갖추다'임.

[1] Sun Tzu said: There are five ways of attacking with fire. The first is to burn soldiers in their camp; the second is to burn stores; the third is to burn baggage trains; the fourth is to burn arsenals and magazines; the fifth is to hurl dropping fire amongst the enemy. [2] In order to carry out an attack, we must have means available. The material for raising fire should always be kept in readiness.

D store 저장, 저장고 ; baggage 짐, 수화물 ; arsenals 무기 ; magazine 무기[화약]고 ; hurl 던지다 ; drop 떨어지다 ; carry out 수행하다 ; means 수단 ; available 구할[이용할] 수 있는 ; material 재료 ; raise 일으키다 ; in readiness 준비를 갖추고

[3] 發火有時, 起火有日。[4] 時者, 天之燥也。日者, 月在箕壁翼軫也。凡此四宿者, 風起之日也。(발화유시, 기화유일. 시자, 천지조야. 일자, 월재기벽익진야. 범차사수자, 풍기지일야)

불을 붙일 때는 적당한 시기가 있고 불을 일으킴에 적당한 날이 있다. 적당한 시기란 날씨가 건조한 때이며, 적절한 날이란 달이 기, 벽, 이, 진이라는 별자리에 있을 때를 말하는데, 무릇 이 네 개의 별자리는 바람이 일어나는 날이다.

<한자> 發(필 발) 피다, 일어나다 ; 起(일어날 기) 일어나다 ; 燥(마를 조) 마르다 ; 箕·壁·翼·軫(기·벽·이·진) 각각 별자리 이름 ; 宿(잘 숙, 별자리 수) 별자리 ; 風(바람 풍) 바람

<참고> ① 발화유시(發火有時): 發火는 '불이 일어나다'인데, '발화하다, 불을 놓다, 붙이다' 등의 해석이 있음. 有時는 '(적당한) 시기가 있다'로 해석함. ② 기화유일(起火有日): 起火는 '불을 일으키다'인데, '불이 잘 타오르게 하는'의 의미로도 해석함. ③ 기·벽·이·진(箕·壁·翼·軫): 사방에 각기 개의 별자리로 구성된 28수 별자리를 말함. "옛날 사람들은 달이 이 네 개의 별자리를 지날 때 큰 바람이 분다고 믿었으며, 그 때문에 병가에서는 그때가 화공을 시행하기에 아주 유리한 시기라고 생각함." [박삼수]. ④ 범차사수(凡此四宿): 宿는 '별자리', 곧 '4개의 별자리'임. 일설은 宿을 '머무르다'로 해석함. ⑤ 풍기지일(風起之日): '바람이 일어나는 날'임. 죽간본에는 풍지기일(風之起日)로 되어 있음.

[3] There is a proper season for making attacks with fire, and special days for starting a conflagration. [4] The proper season is when the weather is very dry; the special days are those when the moon is in the constellations of the Sieve, the Wall, the Wing or the Cross-bar; for these four are all days of rising wind.

D make attacks 공격하다 ; conflagration 큰불, 대화재 ; constellation 별자리, 성좌 ; Sieve 체(箕), 별 이름 ; Wall 벽(壁), 별 이름 ; Wing 날개(翼) 별 이름 ; Cross-bar 진(軫), 별 이름 ; rise 일어나다, 생기다

◎ 오늘(D+73일)의 思惟 ◎

손자는 화공에는 화인, 화적, 화치, 화고, 화대의 다섯 가지가 있으며, 화공은 반드시 조건을 갖추어야 하며 불을 놓는 적당한 시기와 날이 있다고 했습니다. 옛날에 화공은 자연의 힘을 빌려 대규모로 적을 살상하고 치명타를 입히는 매우 효과적인 공격 방법이었습니다. 그래서 손자는 하나의 장을 할애하여 설명했던 것 같습니다.

화공은 인류가 일찍이 전쟁을 하면서부터 다른 공격 수단에 비해 쉽

게 이용할 수 있으며, 참혹하면서 큰 피해를 줄 수 있었기 때문에 중요한 공격 수단으로 사용했습니다. 옛날 전쟁에서는 숙영지, 식량, 보급품 등 대부분이 불에 잘 타는 것이며, 한번 불이 붙으면 소화하기 어렵고 바람이 강하면 단시간에 확산될 수 있기 때문에 화공이 유용하면 누구든지 실행했을 것입니다. 그러나 화공은 자연의 힘을 빌려야 하기 때문에 인간이 마음대로 할 수 없으며 자연 조건이 맞아야 성공할 수 있습니다. 그리고 화공은 그 자체로 적을 죽이거나 물자 등을 파괴하는 것보다는 주 공격의 중요한 보조 수단일 경우가 많았습니다. 어떤 경우이든 화공으로 적을 혼란시키고 심리적으로 위축시키며 대응을 어렵게 하면서 동시에 공격 작전을 병행한다면 더 큰 성과를 얻을 수 있는 것입니다.

역사적으로 보면 많은 전사에서 화공은 불화살, 불대포, 불을 붙인 함선 등을 이용하였고, 공성 전투나 해전에서 매우 유용한 공격 수단이었습니다. 화공은 화약이 발명되어 전투에 사용되었음에도 전쟁에서 계속 유용한 수단으로 사용되었습니다. "화약은 중국의 발명품인데, 송사(宋史)에서 서기 1000년에 화약이 무기에 사용되었다고 기록되어 있으며, 화약이라는 명칭과 조성에 대한 기록은 1044년에 편찬된 《무경총요》에 나타나 있습니다. 그리고 몽골의 유럽 정벌에 따라 중국의 각종 화약 무기들이 유럽에 전파된 것으로 추정하고 있습니다."[1]

근세에 들어 화약이 폭탄으로 만들어져서 살상력이 높아지고 대포, 기관총, 항공기 등의 무기가 발전됨에 따라 전쟁에서 화공이 '화력'이라는 개념으로 발전되었습니다. 즉 손자가 말했던 화공의 목적이나 대상

---

1 채연석(2012. 5.11.). 화약의 발명. 「사이언스올」.
   〈https://www.scienceall.com/%ED%99%94%EC%95%BD%EC%9D%98-%EB%B0%9C%EB%AA%85/〉.

이 오늘날은 화력을 운용하는 것으로 대치되었습니다. 현대전에서는 작전 계획이 기동 계획과 화력 지원 계획으로 대별되고 화력에는 포병, 공중, 함포 화력 등이 있는데, 통상 화력 운용은 공격이나 방어, 지연전, 기만 작전 등을 지원하는 '화력 지원 계획'의 일부로서 작전을 지원하고 있습니다. 그러나 화공은 현대전에서도 계속 유효한 공격 수단이 될 수 있다고 생각합니다. 정규전에서 화공을 하는 것은 드물겠지만, 비정규전이나 특수 작전, 적의 화공에 대비해야 할 경우도 있는 대비정규전에서는 손자의 지침이 여전히 도움이 될 것입니다.

[D+74일] 화공(火攻, The Attack by Fire) ②

[5] 凡火攻, 必因五火之變而應之, [6] 火發於內, 則早應之於外。[7] 火發而其兵靜者, 待而勿攻。[8] 極其火力, 可從而從之, 不可從而止。(범화공, 필인오화지변이응지, 화발어내, 즉조응지어외. 화발이기병정자, 대이물공. 극기화력 가종이종지, 불가종이지)

무릇 화공은 반드시 다섯 가지 화공의 상황 변화에 따라 대응해야 한다. 불이 적진 안에서 일어나면 서둘러 밖에서 그것에 대응해야 한다. 불이 났는데도 적군이 조용하면 기다리고 공격하지 말아야 한다. 화력이 최고조에 이르렀을 때, 공격할 수 있으면 공격하고 그렇지 않다면 공격을 그만두어야 한다.

<한자> 因(인할 인) 인하다, 따르다 ; 應(응할 응) 응하다 ; 早(이를 조) 이르다, 서둘러 ; 靜(고요할 정) 고요[조용]하다 ; 待(기다릴 대) 기다리다 ; 極(극진할 극) 극진하다, 다하다 ; 從(좇을 종) 좇다, 나아가다 ; 止(그칠 지) 그치다, 그만두다

<참고> ① 인오화지변이응지(因五火之變而應之): 五火之變의 해석이 두 가지임. 하나는 '다섯 가지 화공 방법에 따른 변화', 다른 하나는 화발어내(火發於內) 등 다음에 설명하는 5가지 상황 변화라는 것임. 여기서는 후자로 해석함. 應之는 '상황 변화에 대응함'을 이름. ② 조응지어외(早應之於外): 서둘러 밖에서 불이 난 것에 대해 대응함, 곧 불이 일어났다는 소리가 들리면 즉각 공격함을 이름. ③ 화발이기병정자, 대이물공(火發而其兵靜者, 待而勿攻): "장예는 '불이 일어났는데도 적군이 혼란되지 않는다면, 적이 이미 대비하고 있었다는 것이다. 그로 인한 상황의 변화를 방비하고 대책을 세워야 할 것이기 때문에 공격을 해서는 안 된다'라고 했음." [박삼수]. 죽간본은 두 어구가 '火發其兵靜勿攻'으로 되어 있음. ④ 극기화력(極其火力): 極은 극에 달함, 곧 '최고조에 달함', 죽간본에는 '極其火央'(화력이 다할 때까지)으로 되어 있음. ⑤ 가종이종지(可從而從之): '좇을 만하면 좇고'인데, 여기서는 '(상황을 보고, 판단하여), 공격할 수 있으면 공격하다'로 해석함.

[5]. In attacking with fire, one should be prepared to meet five possible developments: [6] (1) When fire breaks out inside to enemy's camp, respond at once with an attack from without. [7] (2) If there is an outbreak of fire, but the enemy's soldiers remain quiet, bide your time and do not attack. [8] (3) When the force of the flames has reached its height, follow it up with an attack, if that is practicable; if not, stay where you are.

D possible 가능한 ; development 발달, 진전 ; break out 발생하다 ; respond 응답하다, 대응하다 ; without ...의 밖에 ; outbreak 발생 ; remain quiet 가만히 있다 ; bide 기다리다 ; flame 불길, 불꽃 ; follow 따라가다 ; practicable 실행 가능한

[9] 火可發於外, 無待於內, 以時發之。[10] 火發上風, 無攻下風, [11] 晝風久, 夜風止。[12] 凡軍必知五火之變, 以數守之。(화가발어외, 무대어내, 이시발지. 화발상풍, 무공하풍, 주풍구, 야풍지. 범군필지유오화지변, 이수수지)

적진 밖에서 불을 붙일 수 있으면 안에서 붙이기를 기다리지 말고 적절한 때에 맞춰 불을 붙여야 한다. 불은 바람이 적 방향으로 불 때 붙이고 아군 방향으로 불 때 화공을 하면 안 된다. 낮에 바람이 오래 불면 밤에는 바람이 그친다. 무릇 군대는 반드시 다섯 가지 화공의 변화를 알고, 기상 변화의 시기를 헤아려 화공하기 좋은 때를 기다려야 한다.

<한자> 久(오랠 구) 오래다 ; 數(셈 수) 셈, 헤아리다 ; 守(지킬 수) 지키다, 기다리다

<참고> ① 이시발지(以時發之): 以時는 '불을 붙이기에 적절한 때에 맞춰'의 의미임. 즉 앞에서 말한 건조한 기후와 조건을 말함. ② 화발상풍, 무공하풍(火發上風, 無攻下風): 上風은 '바람이 불어오는(부는, 등지는, 바람머리) 쪽'이며, 下風은 '바람이 불어가는(안은, 거스르는) 쪽'임. 곧 '불은 바람이 적 방향으로 불 때 붙여야 함'을 의미함. ③ 이수수지(以數守之): 數는 '헤아려, 기상 변화의 시기, 화공하기 좋은(조건이 구비) 때' 등의 해석이 있음. 守는 '기다리다'임. 곧 '(기상 변화의 시기를) 헤아려 (화공하기 좋은 때를) 기다린다'는 의미임.

[9] (4) If it is possible to make an assault with fire from without, do not wait for it to break out within, but deliver your attack at a favorable moment. [10] (5) When you start a fire, be to windward of it. Do not attack from the leeward. [11] A wind that rises in the daytime lasts long, but a night breeze soon falls. [12] In every army, the five developments connected with fire must be known, the movements of the stars calculated, and a watch kept for the proper days.

D make an assault 강습하다, 공격하다 ; within 내부에서 ; deliver attack 공격(을 가)하다 ; favorable 유리한 ; windward 바람이 불어오는 쪽[방향] ; leeward 바람이 가려지는 쪽[방향] ; last long 오래 가다 ; breeze 산들바람, 미풍 ; movement 움직임 ; calculate 계산하다, 추정하다 ; watch 지켜보다, 주시하다

◎ 오늘(D+74일)의 思惟 ◎

손자는 다섯 가지 화공의 상황 변화에 따라 대응해야 한다고 했으며, 바람의 방향 등에 따른 화공 방법을 설명하면서 화공 작전에서는 반드시 이러한 변화를 알아야 한다고 했습니다. 화공에 대하여 우리나라의 사례를 찾아보면 많지 않습니다. 아마도 공격의 보조 수단으로 사용되었기 때문인 것 같습니다.

대표적인 화공 작전 사례는 고려 말 왜구의 침입 시기에 고려 남쪽을 어지럽히던 왜구를 격멸시킨 진포 해전과 황산 전투가 있습니다. 진포 해전은 1380년 8월에 고려가 왜구를 격멸시킨 해상 전투입니다. 왜구는 500척의 군선을 이끌고 진포(현재 군산)에 큰 밧줄로 배를 묶어 두고 이를 기지로 삼고 약탈하기 위해 상륙하였습니다. 이에 고려는 나세, 심덕부, 최무선이 지휘하는 고려군이 군선 100척에 불과했지만 화포로 집중 공격하여 적선 500척을 모두 불살랐습니다.[2] 이 해전에서 화약의 역할은 다른 어떤 것보다 컸습니다. 그리고 "진포 해전을 통해 최무선은 화기의 가치를 증명했고, 역사에 이름을 남겼습니다."[3]

진포 해전에서 가까스로 내륙으로 도망친 왜구들은 약탈을 일삼다가

---

2 진포 해전. 「두산백과」.
〈https://terms.naver.com/entry.nhn?docId=1293484&cid=40942&categoryId=33382〉.

3 임용한(2012). 「세상의 모든 전략은 전쟁에서 탄생했다」. 교보문고. 118.

이성계에 의해서 남원의 운봉 황산에서 전멸되었는데 이를 황산 대첩이라고 합니다. 이 전투에서 "아지발도가 이끄는 왜구들은 황산의 꼭대기를 점령해 목책을 설치하고 있었다… 이성계는 왜구의 진영을 향해 불화살을 쏘았다. 목책이 불에 타고, 왜구의 진영에도 불이 붙었다. 왜구들은 불을 피해 한곳으로 쏟아져 나왔고, 이윽고 몰살되었다"[4]고 합니다. 이처럼 왜구를 공격함에 있어 화력 또는 화공은 그 자체로도 살상력과 파괴력을 갖지만 불로 야기되는 심리적 동요가 더욱 치명적이었으며, 결국 대승을 거둘 수 있는 주요한 관건이 되었던 것입니다.

임진왜란 때 기록을 보면 단편적인 사례이지만 몇 건을 발견할 수 있습니다. 1592년 7월에, 권응수 등 의병들이 화공을 전개하여 영천성을 수복하였습니다.[5] 1596년 12월에는 부산에 있는 일본군 주둔지의 화약 창고가 폭발되어 막대한 피해를 입히고 가까스로 진화되었습니다. 덧붙이면 이 화공 작전은 이원익이 주도한 것인데, 이순신이 휘하 군관들의 보고를 받고 그들이 공을 세운 것으로 장계를 올려서 졸지에 허위 보고가 되어서 곤혹을 치렀습니다.[6] 한편 해전에서 이순신이 일본군에 연전연승한 것은 이순신의 지휘, 판옥선에 의한 당파 전술, 대형 화포를 토대로 한 함포 전술 등 지휘, 전략·전술, 함선, 무기 체계가 일본군보다 우세했지만, 해전에서 화포 및 100개의 불화살이 일시에 발사되는 신기전을 사용했던 화공 전술 역시 우세했기 때문인 것으로 평가할 수 있습니다.

---

4 강상구(2011). 같은 자료. 294.

5 권응수. 향토문화전자대전. 「네이버 지식백과」.
   〈https://terms.naver.com/entry.nhn?docId=2612867&cid=51935&categoryId=54483〉.

6 김영준(2020. 2.17). 위기의 이순신! 부산 왜영 화공의 진실. 「네이버 블로그」.
   〈https://blog.naver.com/finelegend〉.

[D+75일] 화공(火攻, The Attack by Fire) ③

[13] 故以火佐攻者明, 以水佐攻者强, [14] 水可以絶, 不可以奪。(고이화좌
공자명, 이수좌공자강, 수가이절, 불가이탈)

   무릇 화공으로 공격을 도우려면 현명해야 하며, 수공으로 공격을 도
우려면 강해야 한다. 수공은 적 부대를 끊을 수는 있어도, 적의 병기나
물자를 빼앗을 수는 없다.

<한자> 佐(도울 좌) 돕다, 보좌하다 ;明(밝을 명) 밝다, 명료하다 ; 絶(끊을 절) 끊다 ; 奪(빼앗
을 탈) 빼앗다

<참고> ① 화좌공자명(火佐攻者明): '화공으로 공격을 보조(보완)하면 또는 도우면', 그리고
이후 해석이 다양함. '현명하다, 현명해야 한다. 효과가 명백하다' 등임. 장예는 "화공으로 공
격을 돕는다. 불꽃이 활활 타오르면 가히 승리를 기약할 수 있다"고 했음. [신동준]. 어떠한 해
석을 해도 큰 차이는 없음. ② 수좌공자강(水佐攻者强): 앞 어구처럼 해석이 다양하지만, 같은
논리로 해석함. ③ 수가이절(水可以絶): 絶은 '끊다'인데, '적(대오, 연계)을 끊다, 진출을 차단
하다, 도로(교통, 병참)를 끊다, 적을 고립하다' 등의 해석이 있음. 여기서는 '적부대를 끊다'로
해석함. ④ 불가이탈(不可以奪): 奪은 '적의 병기나 물자(군수 물자)를 빼앗다(없애다, 훼손하
다)' 또는 '적을 없애다' 등 다양한 해석이 있음. "조조는 '적의 군수 물자와 병기를 탈취할 수
없다'고 풀이했음." [신동준].

[13] Hence those who use fire as an aid to the attack show
intelligence; those who use water as an aid to the attack gain an
accession of strength. [14] By means of water, an enemy may be
intercepted, but not robbed of all his belongings.

D aid 지원, 도움 ; show intelligence 총명함을 보이다 ; accession 접근, 취득, 증가 ; by means of ...에 의하여 ; intercept 가로막다, 차단하다 ; rob 강탈하다, 빼앗다 ; belongings 재산, 소유물

[15] 夫戰勝攻取, 而不修其功者凶, 命曰費留。[16] 故曰: 明主慮之, 良將修之, [17] 非利不動, 非得不用, 非危不戰。(부전승공취, 이불수기공자흉, 명왈 비류. 고왈: 명주려지, 양장수지, 비리부동, 비득불용, 비위부전)

　　무릇 전쟁에서 승리하고 성읍을 공격하여 차지하더라도, 제때에 공로에 따라 포상하지 않으면 흉할 것이니, 이를 일컬어 군비만 낭비한 것이라고 한다. 그러므로 말한다. 현명한 군주는 전공을 따지는 문제를 깊이 생각하고, 훌륭한 장수는 그것을 신중히 처리해야 한다. 이익이 없으면 군대를 동원하지 말고, 승리를 얻을 만하지 않으면 용병하지 않으며, 위태롭지 않으면 싸우지 말아야 한다.

<한자> 取(가질 취) 가지다, 취하다 ; 修(닦을 수) 닦다, 다스리다 ; 凶(흉할 흉) 흉하다, 재앙 ; 命(목숨 명) 목숨, 이름 붙이다 ; 費(쓸 비) 쓰다, 비용 ; 留(머무를 류) 머무르다 ; 明(밝을 명) 밝다, 똑똑하다 ; 慮(생각할 려) 생각하다 ; 良(어질 양) 어질다, 훌륭하다 ; 修(닦을 수) 닦다, 다스리다 ; 得(얻을 득) 얻다 ; 危(위태할 위) 위태하다

<참고> ① 전승공취(戰勝攻取): 攻取는 '공격하여 갖다, 취하다'인데, 취한 것이 '영토, 성읍, 전리품' 등일 수 있는데, 여기서는 '적의 성읍을 공격하여 취하다'로 해석함. ② 불수기공자흉 (不修其功者凶); 不修其功은 '그 전공을 다스리지 못하면'의 뜻인데, '제때 논공행상을 하여 그 성과를 공고히 다지지 못하면' 등의 해석이 있음. 여기서는 '제때 공로에 따라 포상하지 않으면'으로 해석함. 凶은 흉함(운이 사납거나 불길하다), 곧 '이롭지 못함, 위험함'을 이름. ③ 명 왈비류(命曰費留): 命은 '이름을 붙이다. 명명함, 일컬음'임. 費는 '군비, 전쟁 경비'임. 留는 류(流)와 같은 뜻으로 '흐름, 즉 낭비(허비)하다' 또는 '머무르다, 즉 치러야 할 비용이 더 남아 있다'로 해석이 대별됨. ④ 명주려지(明主慮之): 明主는 '총명, 현명한 군주', 之는 '전공을 따져서

381

제때 포상하는 일'임. ⑤ (良將修之) 良將은 '재주와 꾀가 많은 훌륭한 장수', 修는 '다스림, 처리함'임. ⑥ 비리부동(非利不動): 利는 '이익, 유리함', 不動은 '움직이지 않음', 곧 '군대를 동원하지 않음'으로 해석함. ⑦ 비득불용(非得不用): 得은 '얻음, 즉 이득'인데, '승리를 얻음'의 뜻임. 用은 '용병함'임. ⑧ 비위부전(非危不戰): '위태롭지 않으면 싸우지 않는다' 또는 '국가가 위태롭지 않으면 전쟁을 하지 않는다'라고 해석할 수 있음. 전자로 해석하며 '경솔하게 군대를 움직이지 않는다'는 의미임. ⑨ 일설은 [17] 문장을 어구 순서대로 '전쟁의 기본 원칙', '용병의 기본 원칙', '전투의 기본 원칙'으로 이해함.

[15] Unhappy is the fate of one who tries to win his battles and succeed in his attacks without cultivating the spirit of enterprise; for the result is waste of time and general stagnation. [16] Hence the saying: The enlightened ruler lays his plans well ahead; the good general cultivates his resources. [17] Move not unless you see an advantage; use not your troops unless there is something to be gained; fight not unless the position is critical.

D fate 운명, 숙명 ; cultivate 경작하다, 기르다, 구축하다 ; spirit of enterprise 진취적인 기상 ; waste 낭비(하다) ; stagnation 침체, 부진 ; enlightened 현명한, 깨우친 ; lays plans 계획을 세우다 ; well ahead 훨씬 앞에 ; advantage 이점, 유리한 점 ; critical 위태로운

◎ 오늘(D+75일)의 思惟 ◎

　　손자는 화공으로 공격을 도우려면 현명해야 하며 수공으로 도우려면 강해야 한다고 했으며, 이익이 없으면 군대를 움직이지 말고 승리를 얻을 만하지 않으면 용병하지 않고 위태롭지 않으면 싸우지 말라고 했습니다. 오늘은 수공(水攻)에 대하여 생각해 보겠습니다.

　　수공은 "물을 이용한 공격, 특히 물을 대량으로 모아서 적을 공격하는

전술"입니다. 화공은 기후 조건이 맞으면 어렵지 않게 실행할 수 있는 반면, 수공은 하천이나 강이 있어야 하며 적절한 수량이 있어야 실행할 수 있습니다. 유럽 전쟁사에서 수공의 기록은 찾기가 어렵고, 유사한 사례로서는 알렉산드로스가 히다스페스강을 도하하여 전투한 기록이 있습니다. 그러나 동양에서는 수공했던 기록이 있습니다. 기원전 5세기 말엽, 진(晉) 왕조가 몰락하던 시기에 지백이 하천을 막아 그 물이 진양성으로 향하게 하는 수공책을 썼습니다.[7] 기원전 204년에 한신이 초나라 용저의 20만 대군을 수공 작전으로 격멸했던 전례는 《行軍篇》에서 설명했습니다. 그리고 후한 198년에는 조조가 여포의 하비성을 공격하면서 기수와 사수의 강둑을 무너뜨려 물을 성으로 보내 성을 고립시키고, 결국 여포를 생포한 사례가 있습니다.

일본에서는 도요토미 히데요시가 성을 함락시키기 위해 성 주변을 봉쇄하고 성을 함락시키기 위해 물을 이용한 수공 작전을 많이 펼쳤습니다. 히데요시는 주로 전투가 벌어졌던 지역의 성들이 낮은 평야나 습지 부근에 위치한다는 점과 비 내리는 날이 많다는 날씨 조건을 철저히 이용했습니다. 모리 데루모토와의 전투, 타케가하나 성 공방전, 오타 성 등에서 수공 작전을 했습니다. 이에 대하여 "세계 전사에서도 보기 드문 히데요시의 공성 전술은 바로 날씨를 이용한 수공 전술이었다"고 평가하고 있습니다.[8]

우리나라 전쟁사에서 살수 대첩이 수공 작전을 했다고 알려져 있지만, 《삼국사기》나 중국의 사서에는 수공 작전을 했다는 기록이 없습니

---

7 장정왕(2020. 4.23). 「나무위키」. 〈https://tadream.tistory.com/29812〉.

8 반기성(2013. 1.5.). 도요토미 히데요시 수공 전술. 「기후와 역사 전쟁과 기상」. 〈https://tadream.tistory.com/29812〉.

383

다.《삼국사기》에는 "퇴각하는 수군이 살수를 건너고 있을 때 이들을 배후에서 공격해 수나라 장수 신세웅이 전사하는 등 대대적인 전과를 올려 요동성까지 살아간 병력은 겨우 2,700명에 불과했다고 한다"고 했습니다. 을지문덕의 수공 신화를 처음 꺼낸 사람은 신채호 선생으로 알려져 있습니다.[9] 현대전의 개념에서 보면 수나라 군사가 도하할 때, 즉 가장 방어력이 취약한 순간에 하천선 공격을 한 것입니다. 그리고 강감찬의 귀주 대첩은 〈九地篇〉에서 설명한 대로 거란군이 흥화진 옆 삽교천을 도하할 때 수공으로 공격한 것이지, 귀주 대첩 자체는 평원에서 고려와 거란군이 전투한 것입니다.

사실 고대에 짧은 시간 내에 하천을 막아 시기에 맞춰서 엄청난 격류로 적군을 공격한다는 것은 기술적으로 실행하기 어려웠을 것입니다. 그런데 오히려 현대에 와서 댐을 이용한 북한의 금강산댐(임남댐)의 수공 작전 위협이 아직도 실제로 우리나라의 안보에 위협이 되고 있는 것이 참으로 아이러니컬합니다.

---

9 살수 대첩 수공 작전의 오해와 진실.「해명의 수사학」.〈http://explain.egloos.com/v/5306059〉.

[D+76일] 화공(火攻, The Attack by Fire) [4]

[18] 主不可以怒而興師, 將不可以慍而致戰; [19] 合於利而動, 不合於利而止。[20] 怒可以復喜, 慍可以復悅, [21] 亡國不可以復存, 死者不可以復生。(주불가이노이흥사, 장불가이온이치전; 합어리이동, 불합어리이지. 노가이부희, 온가이부열, 망국불가이부존, 사자불가이부생)

　　군주는 분노로 인해 군사를 일으켜서는 안 되며, 장수는 화가 나서 싸우러 나가서는 안 된다. 이익에 부합하면 움직이고 그렇지 못하면 멈춘다. 분노는 다시 즐거운 마음이 될 수 있고 화난 것은 다시 기쁜 마음이 될 수 있지만, 망한 나라는 다시 존재할 수 없고 죽은 사람은 다시 살아날 수 없다.

<한자> 怒(성낼 노) 성내다, 화내다 ; 興(일 흥) 일으키다 ; 止(그칠 지) 그치다, 멈추다 ; 慍(성낼 온) 성내다, 화를 내다 ; 致(이를 치) 이르다 ; 合(합할 합) 합하다, 맞다 ; 復(다시 부) 다시, 회복하다 ; 喜(기쁠 희) 기쁘다, 즐겁다 ; 悅(기쁠 열) 기쁘다 ; 存(있을 존) 존재하다, 보전하다

<참고> ① 노이흥사(怒而興師): 怒는 '분노, 노여움, 화냄', 興師는 '군사(군대)를 일으킴', 곧 '전쟁을 일으킴'을 이름. ② 온이치전(慍而致戰): 慍은 '성냄, 화냄, 분노'로서 怒과 같은 뜻임. 致戰은 '출전, 구전(求戰)함'을 뜻함. 죽간본에는 '이온전(以溫戰)'으로 되어 있음. ③ 합어리이동(合於利而動): 合於利는 군주의 입장에서는 '국가 이익'을 의미함. 결국 '감정이 아니라 국가의 이익이 되어야 전쟁(동원)한다'는 의미임.

[18] No ruler should put troops into the field merely to gratify his own spleen; no general should fight a battle simply out of pique. [19] If it is to your advantage, make a forward move; if not, stay where you are. [20] Anger may in time change to gladness; vexation may

be succeeded by content. [21] But a kingdom that has once been destroyed can never come again into being; nor can the dead ever be brought back to life.

D field 싸움터, 전장 ; gratify 기쁘게 하다, 만족시키다 ; spleen 화, 분노 ; pique 불쾌감, out of pique 홧김에 ; in time 이윽고 ; gladness 기쁨 ; vexation 성가심, 분함 ; content 만족 ; destroy 파괴하다, 멸망하다 ; come again into 다시 돌아오다 ; bring back to life 되살리다

[22] 故明君愼之, 良將警之, 此安國全軍之道也。 (고명군신지, 양장경지, 차안국 전군지도야)

그러므로 명석한 군주는 전쟁을 일으키는 것을 삼가고 훌륭한 장수는 이를 경계해야 한다. 이것이 나라를 안전하게 하고 군대를 보전하는 방법이다.

<한자> 明(밝을 명) 밝다, 똑똑하다 ; 愼(삼갈 신) 삼가다 ; 良(어질 양) 어질다, 훌륭하다 ; 警(경계할 경) 경계하다 ; 安(편안 안) 편안하다, 안존하다 ; 全(온전할 전) 온전하다

<참고> ① 명군신지(明君愼之): 明君은 '명석, 총명, 현명, 밝은, 똑똑한' 군주 등으로 해석함. 愼은 '삼가다, 신중하다'로 해석할 수 있음. 之는 '전쟁(을 일으키는 것)'임. ② 양장경지(良將警之): 良將은 '훌륭한, 어진, 현량한, 뛰어난' 장수로 해석함. 警之는 '이를(전쟁이나 싸우는 것) 경계함'을 이름. ③ 안국전군지도(安國全軍之道): "장예는 '군주가 용병에 신중하면 가히 나라를 안정시킬 수 있고, 장수가 가벼이 싸우는 것을 경계하면 가히 군대를 온전하게 보전할 수 있다'고 풀이했음." [신동준].

[22] Hence the enlightened ruler is heedful and the good general full of caution. This is the way to keep a country at peace and an army intact.

◎ 오늘(D+76일)의 思惟 ◎

손자는 〈火攻篇〉에서 화공과 전혀 관계 없는 전쟁에 대한 근본적인 문제를 제기했습니다. 군주는 분노로 인해 군사를 일으켜서는 안 되며, 명석한 군주는 전쟁을 일으키는 것을 삼가고 훌륭한 장수는 이를 경계해야 한다고 했습니다. 이에 전쟁을 신중하게 생각하지 않고 일으켜서 국가가 멸망되거나 위기를 초래했던 사례를 알아보겠습니다.

우리나라는 다른 나라를 공격한 기록을 찾기 어렵지만, 선제공격하여 고배를 마신 고구려 11대왕인 동천왕이 있습니다. 동천왕은 238년 중국의 위(魏)와 함께 공손씨를 멸망시키는 데 공을 세웠지만 보상받기로 한 약속이 지켜지지 않아서 242년에 위나라의 서안평을 공격했습니다. 하지만 위나라는 강국이었고 선비족, 부여국의 도움을 받아 고구려로 쳐들어왔습니다. 244년에 동천왕은 관구검과 상대하여 처음의 전투에서는 승리했지만, 이후 교만하여 크게 패배하고 도망쳐야 했습니다. 위나라군은 고구려 수도인 환도성으로 쳐들어와 마음껏 약탈했고, 동천왕은 적군의 추격에서 벗어나고자 남옥저 땅까지 도망갔습니다. 다행히 유유의 계책으로 적장을 죽이고 위나라군이 크게 혼란에 빠지자 동천왕은 모은 군사로 급히 공격하여 위나라군을 패퇴시키는데 성공했습니다.[10] 결국 동천왕은 위나라군을 몰아내고 나라를 되찾았지만, 그는 국제전 성격을 이해하지 못하고, 당시 위나라의 전력이 최전성기였는데 그들의 전법도 모

---

10 김용만(2011). 동천왕. 「인물한국사」.
   〈https://terms.naver.com/entry.nhn?docId=3571902&cid=59015&categoryId=59015〉.

르고 승리여부를 제대로 판단하지 않고 공격하여 국가 존망의 위기까지 갔던 것입니다.[11]

세계사에서 호라즘 왕국은 1077년에 성립되어 1231년에 멸망한 서아시아의 이슬람 왕조입니다. 1218년에 칭기즈칸이 서요를 멸망시키면서 호라즘 제국과 접촉하게 되었습니다. 칭기즈칸은 호라즘과 교역하기 위해 사신과 무슬림 대상들을 보냈는데 오트라르 성주에게 살해되었습니다. 칭기즈칸이 또다시 사신을 보냈는데 죽거나 모욕을 당했고, 이에 격노한 칭기즈칸이 호라즘을 침공하게 되었습니다.[12] 호라즘은 막 국가의 기틀을 잡았을 때 몽골의 침략을 맞이하게 된 셈이었으며, 내부적으로도 왕실 내분 등으로 많은 문제가 있었습니다. 전쟁 준비를 마친 몽골군은 1219년에 본격적인 진격을 하여 그해가 끝나기 전에 호라즘의 주요 도시들을 점령했으며, 1221년에 호라즘의 수도 사마르칸트를 점령하여 주민들을 학살했고 도시는 파괴했습니다. 크게 참패한 왕 무함마드 샤는 모든 것을 잃고 카스피 해의 작은 섬으로 들어가 숨었습니다.[13] 결국 호라즘은 외교상의 실수로 역사상 최강의 몽골과 무모하게 전쟁을 시작하여 패배하였고, 많은 호라즘의 군사와 주민들이 학살되거나 노예가 되었으며 결국 1231년에 멸망하였습니다.

---

11 관구검에 당했던 동천왕은 재평가가 필요한 전략가란 견해도 있음. "동천왕의 서안평 공격은 당시 국제 정세의 움직임을 파악하고 이를 고구려의 대외 전략에 이용할 줄 아는 탁월한 안목의 결과로 평가할 수 있다." [임기환. 매경프리미엄. 2016. 12. 22.]

12 호라즘 왕조(2020. 9. 11). 「나무위키」. 〈https://namu.wiki/w/〉.

13 몽골제국의 호라즘 왕국 정복(2015. 10. 11). 「네이버 블로그」. 〈https://blog.naver.com/53traian/220505236081〉.

제13편

용간(用間)

★ The Use of Spies ★

용간은 '간첩을 이용하다'라는 뜻이다. 손자는 전편에 걸쳐 정보를 언급하고, 정보의 중요성을 강조했는데, 이 편에서 독립적으로 간첩 운용에 대하여 종합적으로 다룬다. 먼저 적정을 아는 것이 중요하며 승리의 비결이라고 설명한다. 그리고 다섯 가지의 간첩과 운용에 대하여 논하면서 반간의 중요성과 대우, 비밀 엄수를 강조한다. 끝으로 간첩 활동은 군주가 알아야 하고, 지혜로운 사람을 쓰는 등의 '용간'이 용병의 요체라고 한다.

◆ 용간편 핵심 내용 ◆

[A] [2] 不知敵之情者, 非人之將也。 적정을 알지 못하는 자는 군사들의 장수가 될 수 없다.

[C] [4] 成功出於衆者, 先知也。 공을 세우는 것이 남보다 뛰어난 것은 적정을 미리 알기 때문이다.

[C] [17] 非微妙不能得間之實 섬세하고 교묘하지 않으면 간첩으로부터 참된 정보를 얻을 수 없다.

[A] [25] 五間之事, 主必知之。 다섯 가지 간첩의 활동은 군주가 반드시 알아야 하는 것이다.

[A] [27] 能以上智爲間者, 必成大功。 뛰어난 지혜를 가진 사람을 간첩으로 삼으면, 반드시 대업을 이룰 수 있다.

◆ 러블리 팁(Lovely Tip) ◆

[L] 상대하는 사람의 인적 사항을 숙지하자.

[L] 자신을 미신이나 운에 맡기지 말자.

[L] 경쟁은 먼저 첩보전에서 이기자.

[L] 전체 상황을 관찰하고 상황을 주도하자.

[L] 훌륭한 사람을 우군으로 만들자.

[D+77일] 용간(用間, The Use of Spies) ①

[1] 孫子曰: 凡興師十萬, 出征千里, 百姓之費, 公家之奉, 日費千金, 內外騷動, 怠於道路, 不得操事者, 七十萬家, (손자왈: 범흥사십만, 출병천리, 백성지비, 공가지봉, 일비천금, 내외소동, 태어도로, 부득조사자, 칠십만가)

손자가 말했다. 무릇 십만 군사를 일으켜 천 리를 출정하려면, 백성의 비용과 국가의 재정이 하루에 천금이 쓰이며, 나라 안팎이 소란하고 도로 위에서 지치며 생업에 종사하지 못하는 백성이 칠십만 호에 달하게 된다.

<한자> 用(쓸 용) 쓰다 ; 間(사이 간) 간첩 ; 興(일 흥) 일으키다 ; 師(스승 사) 군사, 군대 ; 征(칠 정) 정벌하다 ; 費(쓸 비) 쓰다, 비용 ; 奉(받들 봉) 받들다, 바치다 ; 騷(떠들 소) 떠들다, 근심하다 ; 怠(게으를 태) 게으르다, 지치다 ; 操(잡을 조) 잡다, 조종하다

<참고> ① <作戰篇>에서 십만 군사가 천 리를 원정할 때 비용과 폐단에 대하여 설명한 내용을 요약한 것임. ② 출정천리(出征千里): 出征은 '군대가 나가서 정벌한다'인데, '출정' 그대로 해석함. ③ 백성지비(百姓之費): '백성의 비용(부담)'임. 일설은 실질적으로 '백관 귀족'이 부담하기 때문에 '백관 귀족들이 군비를 지원하다'로 해석함. ④ 공가지봉(公家之奉): 公家는 '국가, 춘추 시대의 열국, 또는 제후국의 조정', 奉은 '봉록 또는 국가의 재정'을 뜻함. ⑤ 내외소동(內外騷動): 內外는 '나라 안팎', 騷動은 '소동, 소란, 요란, 혼란, 정신이 없고' 등의 의미임. ⑥ 태어도로(怠於道路): '도로 위에서 지치다.' "매요신은 '군량을 수송하느라 조정과 백성 모두 번다한 일에 매달리니 도로 위에서 크게 지치게 된다'고 풀이했음." [신동준]. ⑦ 부득조사자(不得操事者): 操事는 '일을 잡다', 곧 '생업에 종사하다', '농사를 짓다' 는 의미임. ⑧ 칠십만가(七十萬家): 옛날에는 여덟 가구를 이웃으로 삼아 사람들이 함께 거주했는데, 한 집에서 한 사람이 종군하면 다른 일곱 집이 그 집을 먹여 살렸다. 따라서 10만 명의 대군을 거느리고 출전하게 되면 70만 명은 먹여 살리기에 바빠지게 된다. [유종문].

[1] Sun Tzu said: Raising a host of a hundred thousand men and marching them great distances entails heavy loss on the people and a drain on the resources of the State. The daily expenditure will amount to a thousand ounces of silver. There will be commotion at home and abroad, and men will drop down exhausted on the highways. As many as seven hundred thousand families will be impeded in their labor.

Ⓓ a host of 다수의 ; march 행군하다; entail 수반하다 ; drain 소모시키다 ; expenditure 지출, 비용, 경비 ; amount (얼마가) 되다, 달하다 ; commotion 소란, 동요 ; drop down 쓰러지다 ; exhausted 기진맥진한, 탈진한 ; impede 방해하다

[2] 相守數年, 以爭一日之勝, 而愛爵祿百金, 不知敵之情者, 不仁之至也, [3] 非人之將也, 非主之佐也, 非勝之主也。(상수수년, 이쟁일일지승, 이애작록백금, 부지적지정자, 불인지지야, 비인지장야, 비주지좌야, 비승지주야)

　　수년 동안 서로 대치하다가 결국 하루 동안의 전투로 승리를 얻기 위한 것인데, 관직이나 금전을 아끼느라 적정을 알지 못하는 자는 어질지 못함의 극치이며, 군사들의 장수가 될 수 없으며, 군주를 보좌할 수도 없고, 승리의 주재자도 될 수 없다.

<한자> 守(지킬 수) 지키다, 머무르다 ; 爭(다툴 쟁) 다투다, 싸움 ; 愛(사랑 애) 사랑, 아끼다 ; 爵(벼슬 작) 벼슬, 작위 ; 祿(녹 록/녹) 녹(관리의 봉급) ; 至(이를 지) 이르다, 최고로 ; 佐(도울 좌) 돕다, 보좌하다

<참고> ① 상수수년(相守數年): 相守는 '서로 버팀' 곧 '대치하다'의 뜻임. ② 이쟁일일지승(以爭一日之勝): '하루의 전투(싸움)로 승리를 얻다'인데, 곧 '하루 동안의 전투에서 승리를 얻기

위한 것이다'로 해석함. 일설은 '승부(승리)를 결정짓다'로 해석함. ③ 이애작록백금(而愛爵祿百金): 愛는 '아끼는 것'이며, 爵祿은 '벼슬과 녹봉'인데, '관직, 벼슬, 작위' 등으로 해석함. 百金은 금전과 재물을 총칭함. 일설은 而는 가정을 나타내는 부사로 보아 '만약'으로 해석함. ④ 부지적지정자(不知敵之情者): '적정(적의 내정)을 알지 못하는 자', 곧 적정을 제대로 파악하지 못한 또는 소홀한 사람을 가리킴. ⑤ 불인지지(不仁之至): 不仁은 '어질지 못함', 또는 '최고, 극치'의 뜻임. ⑥ 비인지장(非人之將) 人은 '군인, 군사, 군대'임. 죽간본에는 人이 民(백성)으로 되어 있음. ⑦ 비주지좌(非主之佐): '군주의 보좌가 아니다', 곧 '군주를 보좌할 수 없다'로 해석함. ⑧ 비승지주(非勝之主): '主는 주재자(主宰者), 주인공, 주역'의 뜻임.

[2] Hostile armies may face each other for years, striving for the victory which is decided in a single day. This being so, to remain in ignorance of the enemy's condition simply because one grudges the outlay of a hundred ounces of silver in honors and emoluments, is the height of inhumanity. [3] One who acts thus is no leader of men, no present help to his sovereign, no master of victory.

D hostile 적대적인 ; face each other 마주보다, 맞대다 ; strive 분투하다 ; This being so 그렇기 때문에 ; ignorance 무지 ; simply 그냥(간단히) ; grudge 억울해하다, 아까워하다 ; outlay 경비(지출) ; honor 명예 ; emolument 보수 ; inhumanity 비인간적 행위[처우] ; sovereign 군주 ; master 주인

◎ 오늘(D+77일)의 思惟 ◎

손자는 십만 대군을 일으켜 천 리를 출정하면 백성의 비용과 국가의 재정이 많이 소요되고 결국 하루의 전투로 승패가 결정되는데, 금전을 아끼느라 적정을 제대로 파악하지 못한 자는 군사들의 장수, 군주의 보좌, 승리의 주재자가 될 수 없다고 했습니다. 손자는 병법의 여러 편에서

정보와 그 중요성에 대하여 설명했는데 이를 마지막 편에서 다시 독립적인 주제로 다루는 것입니다.

손자가 강조한 것처럼 동서고금의 모든 전쟁에서 정보의 수집과 활용은 매우 중요했습니다. 이와 관련하여, 칭기즈칸 몽골군의 정보전에 대하여 알아보겠습니다. 먼저 우리는 몽골 초원의 유목 민족이 짧은 기간에 유라시아 대륙에 걸친 제국을 건설하게 된 비결을 숙고해 볼 필요가 있습니다. 통상 많은 사람들이 몽골군이라고 하면 적을 공포에 떨게 하고 주민들을 학살하고 도시를 파괴했던 것을 생각합니다. 그러나 사실은 당시의 몽골군은 지구력 강한 몽골 말과 보급 부대를 두지 않는 간편함, 고도로 조직화된 부대 편제로서 기동력이 세계 최강이었습니다. 또한 몽골군은 전략 전술이 매우 탁월했으며 다양한 전술을 썼습니다. 몽골군의 전술은 화력 집중 전술, 선회 전술, 파비안 전술 등 여러 기능들을 배합하여 전투하는 입체적인 전술로 발전시킨 창의적이고 혁명적인 것이었습니다. 무엇보다도 "몽골군은 여러 단계를 거쳐 전쟁을 준비했다. 먼저 그들은 군대를 총동원하기 위해 합의를 이끌어냈다. 그리고 적에 대한 사전 정보도 충분히 모았다. 그 다음에야 전쟁을 선포했다"고 평가하고 있습니다.[1]

몽골군은 적에 대한 정보 없이는 전투를 벌이지 않았기 때문에 중세의 어떤 군대보다도 정보 수집 능력이 뛰어났습니다.[2] 몽골군의 최고의 장점은 기동력과 정보 수집력이라고 평가하기도 합니다. 칭기즈칸은 전투를 할 당시 정찰병을 최고 100여 km 전방까지 보내어서 적에 대한 정

---

1 우에스기(2011. 1.5.). 칭기즈칸이 자랑한 전략과 전술. 「다음 블로그」.
   〈http://blog.daum.net/uesgi2003/6〉.

2 앞의 자료.

보를 철저히 수집했습니다. "정보 수집 활동은 가장 기본적인 전술인 동시에 철저하게 지켜졌습니다. 척후병은 본대로부터 멀찍이 떨어져 정보를 수집했는데 주로 현지인을 사로잡아 적의 허실을 파악했습니다."[3] 척후병들은 적병의 수와 위치, 식량의 위치, 목초지, 주변 사람들의 숫자, 도시들의 위치, 정치적 상황까지 정밀하게 들여다보는 등 정찰과 정보 수집에 빈틈이 없었다고 합니다.

현대전은 정보전이 전쟁의 승패를 결정하기도 합니다. 그러므로 우리 군은 칭기즈칸 몽골군의 전략, 전술을 더 깊이 연구하고 특히 정보전에 대한 것을 정리하여 정보 분야에서 교육 및 활용할 필요가 있습니다. 이 같은 사례는 해외에서 경쟁하는 글로벌 기업들에게도 정보전의 중요성을 일깨워주는 중요한 자료가 될 수 있을 것입니다.

[D+78일] 용간(用間, The Use of Spies) 2

[4] 故明君賢將, 所以動而勝人, 成功出於眾者, 先知也; [5] 先知者, 不可取於鬼神, 不可象於事, 不可驗於度; [6] 必取於人, 知敵之情者也。(고명군현장, 소이동이승인, 성공출어중자, 선지야; 선지자, 불가취어귀신, 불가상어사, 불가험어도; 필취어인 지적지정자야)

그러므로 명석한 군주와 현명한 장수가 싸우면 적에게 승리하고 공을

---

3 몽골 제국/군사(2020. 11.1.). 「나무위키」. 〈https://namu.wiki/w/〉.

세우는 것이 남보다 뛰어난 것은 적정을 미리 알기 때문이다. 적정을 미리 아는 것은 귀신에게 얻을 수도 없고, 과거의 비슷한 사례로 유추할 수도 없으며, 일월성신의 움직임을 헤아려 알 수도 없다. 반드시 사람을 통해, 그것도 적의 사정을 잘 아는 자에게서 알아내야 한다.

<한자> 明(밝을 명) 밝다, 똑똑하다 ; 賢(어질 현) 어질다, 현명하다 ; 動(움직일 동) 움직이다 ; 取(가질 취) 가지다, 취하다, 의지하다 ; 象(코끼리 상) 유추하다 ; 驗(시험 험) 시험하다, 조사하다 ; 度(법도 도) 법도, 태양, 천체의 속도

<참고> ① 소이동이승인(所以動而勝人): 所以는 '까닭, 이유, ~ 때문이다,' 動은 '움직이다'인데, '행동하다, 출병하다, 싸우다'를 의미함. 勝人은 '적에게 승리함'임. ② 성공출어중(成功出於衆): 成功은 '공, 공훈을 세움', 出於衆은 '출중함, 즉 여러 사람 가운데서 특별히 뛰어남(두드러짐).' ③ 불가취어귀신(不可取於鬼神): "장예는 '적정의 탐지는 기도하고 제사를 올려 얻을 수 있는 것이 아니다'라고 했다." [신동준]. ④ 불가상어사(不可象於事): 事는 '과거의 비슷한 사례'임. 조조는 "과거의 일에서 유추해 알아낼 수는 없다는 말임." [박삼수]. ⑤ 불가험어도(不可驗於度): 度는 '일월성신(해와 달과 별을 통틀어 이르는 말) 운행의 위치'임. [신동준, 박삼수]. 驗은 '시험함', 곧 '일월성신의 운행 위치에 따라 경험한 사실을 헤아려 판단할 수 없다'는 의미인데, '일월성신의 움직임을 헤아려 알 수도 없다'라고 해석함. ⑥ 취어인, 지적지정자야(取於人, 知敵之情者也): 取는 '가지다, 취하다', 於人은 '사람을 통하여', 知敵之情者은 적의 (내부) 사정을 (잘) 아는 사람임.

[4] Thus, what enables the wise sovereign and the good general to strike and conquer, and achieve things beyond the reach of ordinary men, is foreknowledge. [5] Now this foreknowledge cannot be elicited from spirits; it cannot be obtained inductively from experience, nor by any deductive calculation. [6] Knowledge of the enemy's dispositions can only be obtained from other men.

D enables ...을 할 수 있게 하다 ; ordinary 평범한, 보통의 ; foreknowledge 예지, 선견 ;

elicit 끌어내다 ; obtain 얻다 ; inductively 귀납적으로 ; deductive 연역적인 ; calculation 계산, 추정 ; dispositions 성향, 배치

[7] 故用間有五: 有鄕間, 有內間, 有反間, 有死間, 有生間。(고용간유오: 유 향간, 유내간, 유반간, 유사간, 유생간)

그러므로 간첩을 이용하는 방법은 다섯 가지가 있다. 곧 향간, 내간, 반간, 사간, 생간이 있다.

<한자> 鄕(시골 향) 시골, 고향

<참고> ① 용간유오(用間有五): 間은 '간첩, 첩자, 간자' 등으로 표현하는데, '간첩'으로 번역함. ② 유향간(有鄕間): 因間으로 되어 있는 판본도 있는데, 鄕間과 같은 의미임.

[7] Hence the use of spies, of whom there are five classes: (1) Local spies; (2) inward spies; (3) converted spies; (4) doomed spies; (5) surviving spies.

D class 부류, 종류 ; Local 지역의, 현지의 ; inward 내부의 ; converted 전환된 ; doomed 운이 다한, 불운한 ; surviving 살아남은, 생존한

◎ 오늘(D+78일)의 思惟 ◎

손자는 명석한 군주와 현명한 장수가 항상 승리하는 것은 적정을 미리 알기 때문이며, 적정은 반드시 간첩을 통해 파악하는데, 향간, 내간, 반간, 사간, 생간의 다섯 가지 방법이 있다고 했습니다. 역사를 보면 간첩의 활동은 항상 있었고 전쟁에서 중요한 역할을 한 사례가 많습니다.

그리고 오늘날에도 세계의 많은 나라들이 간첩을 운용하며, 치열하게 정보전 및 첩보전을 수행하고 있습니다.

정보전의 역사는 전쟁의 역사만큼 그 유래가 깊습니다. 세월이 많이 흐른 만큼 오늘날은 손자의 춘추 시대와는 양상이 많이 다릅니다. 춘추 시대에는 민족 내의 싸움이어서 군주나 장수들은 다양한 간첩을 운용할 수 있었습니다. 그러나 오늘날은 일반적으로 상이한 국가와 경쟁하거나 전쟁을 대비하기 때문에 간첩 운용이나 첩보전의 양상이 다를 수밖에 없습니다. 대부분의 국가들이 정보를 다루는 기관이 있고, 군에서도 첨단 ISR 기술과 장비에 의해 전략 및 전술 정보를 수집하여 활용하고 있습니다. 또한 국가나 군 정보기관이 정보를 수집하기 위하여 간첩을 운용하는 경우도 있습니다. 그러므로 손자의 말은 정보 전담 기관에는 여전히 도움이 되겠지만, 군사력을 운용하는 전투 지휘관들이 정보 수집 활동이나 특수 작전 등은 수행하지만 간첩을 직접 운용하는 경우는 거의 없기 때문에 참고만 하면 될 것 같습니다.

현재 미국은 CIA(중앙정보국), 영국은 SIS(MI6), 이스라엘은 MOSSAD(중앙공안정보기관) 등이 국가 차원에서 정보 활동을 통제 및 관리하고 있습니다. 미국과 영국의 정보기관을 보면, "군 정보기관이 설치된 것은 미국이 1775년 미 대륙회의에 설치했던 정보 부서였습니다. 본격적인 상설 정보기관은 1882년 영국 해군에서 설치한 정보과였습니다. 영국은 1차 세계대전 이전부터 비밀 첩보국을 설치해서 산하에 기능별로 역할을 나누어 운영했으며, 2차 세계대전 후에는 두 개의 조직(MI5와 MI6)으로 개편했습니다. 미국이 상설 정보기관을 부활시킨 것은 1882년 미 해군 산하에 해군 정보실이었습니다. 1922년에 설치된 '해군 통신실 제20과 통신보안 G반'은 미드웨이 해전을 승리하는 데 결정적으로 기여했으며,

전후에는 재편되면서 오늘날의 국가 안보국(NSA)으로 확장되었습니다. 미국 육군은 1941년 정보 관련 기관을 전략 사무국(OSS)으로 통합하여 2차 세계대전 기간 동안 운용하다가, 1949년에는 군 조직에서 이탈해 CIA가 발족되었습니다.[4]

우리나라는 현재 국가정보원이 국가의 정보 활동 업무를 수행하며, 군은 국방정보본부 및 예하 부대가 군사 정보 및 군사 보안 업무를, 군사안보지원사령부가 군사 보안과 방첩 업무 등을 각각 수행하고 있습니다.[5]

[D+79일] 용간(用間, The Use of Spies) ③

[8] 五間俱起, 莫知其道, 是謂神紀, 人君之寶也。[9] 鄕間者, 因其鄕人而用之。[10] 內間者, 因其官人而用之。(오간구기, 막지기도, 시위신기, 인군지보야. 향간자, 인기향인이용지, 내간자, 인기관인이용지)

다섯 가지의 간첩을 함께 활용하면서 적이 그 방법을 모르게 하니, 이 것을 일러 신묘한 경지라고 하며 군주의 보배라고 할 수 있다. 향간이란 적국의 주민을 간첩으로 이용하는 것이며, 내간은 적국의 관리를 간첩으로 이용하는 것이다.

---

4 윤상용(2018. 10.11.). 군사 정보, 군사 보안. 「유용원의 군사세계」.
  〈http://bemil.chosun.com/site/data/html_dir/2018/10/08/2018100801631.html?related_all〉.
5 국가정보원, 국방정보본부, 군사안보지원사령부의 내용은 나무위키의 관련 사항을 검색(2020. 11.5)하여 인용한 것임.

<한자> 俱(함께 구) 함께, 모두 ; 起(일어날 기) 일어나다 ; 莫(없을 막) 없다 ; 紀(벼리 기) 벼리 ; 寶(보배 보) 보배, 보물 ; 鄕(시골 향) 시골, 고향 ; 因(인할 인) 인하다

<참고> ① 오간구기(五間俱起): 俱는 '함께', 起는 '일어나다', 여기서는 '활용(운용, 이용)하다' 는 의미임. ② 막지기도(莫知其道): 道는 '그(간첩을 활용하는) 방법, 원칙, 요령'을 뜻함. ③ 신 기(神紀): '신의 벼리(위쪽 코를 꿰어 놓은 줄)'를 뜻함. 여기서는 '신묘한 경지(방법), 신묘하여 헤아릴 수 없다' 등으로 해석할 수 있음. ④ 인군지보(人君之寶): 人君은 '만인의 임금, 나라의 임금'임. 일설은 '백성과 군주'라고 해석함. ⑤ 인기향인이용지(因其鄕人而用之): 因은 '인함'인 데 '매수하다' 등으로 해석할 수도 있지만 특별히 해석하지 않음. 其는 '적국'임. 鄕人은 '고향 (시골) 사람', 곧 '주민, 현지인, 일반인'을 이르며, 고정 간첩이라고도 할 수 있음. 用之는 '간첩 으로 이용함' ⑥ 관인(官人): '적국의 관리, 벼슬아치'임.

[8] When these five kinds of spy are all at work, none can discover the secret system. This is called "divine manipulation of the threads." It is the sovereign's most precious faculty. [9] Having local spies means employing the services of the inhabitants of a district. [10] Having inward spies, making use of officials of the enemy.

D be at work 일하고 있다 ; discover 발견하다, 찾다 ; divine 신의 ; manipulation 조작 ; thread 실 ; precious 귀중한 ; faculty 능력 ; inhabitant 주민 ; district 지역 ; official 공무원, 관리

[11] 反間者, 因其敵間而用之。[12] 死間者, 爲誑事於外, 令吾間知之, 而傳於敵。[13] 生間者, 反報也。 (반간자, 인기적간이용지. 사간자, 위광사어외, 영오간 지지, 이전어적. 생간자, 반보야)

반간이란 적의 간첩을 간첩으로 역이용하는 것이며, 사간이란 밖으로 유포한 허위 정보를 자국 간첩이 알게 해서 적의 간첩에게 전달하는 것

이다. 생간이란 살아 돌아와서 보고하는 것이다.

<한자> 誆(속일 광) 속이다, 기만 ; 傳(전할 전) 전하다 ; 報(알릴 보) 알리다

<참고> ① 인기적간이용지(因其敵間而用之): "두목은 '적이 첩자를 보내 염탐하면 반드시 먼저 알아낸 뒤 두터운 재물로 유인해 활용한다. 짐짓 적의 첩자를 찾아내지 못한 것처럼 가장해 거짓 정보를 흘려 적지로 들어가게 한다'고 풀이했음." [신동준]. ② 위광사어외(爲誆事於外): 爲는 '만듦, 조작함', 誆은 '속임'을 뜻함. 於外는 '밖에서, 밖으로' 등 해석에 따라 다소 다른 의미가 되는데, 여기서는 '밖으로 유포한 허위 정보'로 해석함. ③ 이전어적(而傳於敵): (거짓 정보를) 적의 간첩에게 전함, 결국 적국의 사람들을 속이는 것임. 만일 사실이 드러나면 아군의 간첩은 죽음을 면하기 어렵기 때문에 '사간'이라 한 것임. 죽간본은 '而傳於敵間'로 되어 있음. ④ 반보(反報): '反은 '(살아서) 돌아오다'는 뜻임', 報는 (명령받은 일을 처리하고 나서 그 결과를) 보고함을 이름.

[11] Having converted spies, getting hold of the enemy's spies and using them for our own purposes. [12] Having doomed spies, doing certain things openly for purposes of deception, and allowing our spies to know of them and report them to the enemy. [13] Surviving spies, finally, are those who bring back news from the enemy's camp.

D get hold of ...을 잡다 ; openly 터놓고, 드러내 놓고 ; deception 기만, 속임수 ; allow 허락[허용]하다 ; report 알리다, 보고하다 ; bring 가져오다

◎ 오늘(D+79일)의 思惟 ◎

손자는 간첩을 활용하면서 적이 모르도록 하는 것은 신묘한 경지이며 군주의 보배라고 하면서 다섯 가지의 간첩을 각각 설명하였습니다. 오늘은 우리나라에서 전쟁이나 전투에서 정보의 중요성을 인식하고 정보 획

득 노력을 하거나 간첩을 사용한 대표적인 사례를 생각해 보겠습니다.

첫째, 을지문덕 장군입니다. 612년 수나라가 고구려를 침략하면서 30만 5천 명의 별동대가 평양을 공격하기 위해 압록강에 이르자, 그는 적정을 알아보기 위해 자신이 직접 수나라 진영을 방문했습니다. 적장 우종문이 그를 포로로 잡고자 했지만 유사룡 때문에 풀려날 수 있었습니다.[6] 일설은 유사룡이 고구려에 매수된 내간이었을 가능성을 주장하지만 그렇다고 하더라도 그가 정보의 중요성을 인식하고 직접 적진에 들어간 담력과 지략을 보여준 것은 높이 평가되어야 할 것입니다.

둘째, 세종입니다. 그는 1433년 압록강 중류 지방의 여진인들을 정벌한 파저강 전투 때에 간첩을 효과적으로 활용했던 사례가 세종실록에 기록되어 있습니다. 그는 "예로부터 장군이 적군을 대할 적에는 반드시 간첩을 사용하였나니, 그렇지 않으면 적의 실정을 알아서 그때그때의 형편에 따라 적당히 처리할 수가 없게 된다"[7]라고 했습니다. 그리고 "병가는 오직 정직함만을 숭상할 뿐만이 아니고 부득이하면 기이한 술책도 겸용하여야 한다"[8]고 말한 것과 같이 사형수를 이용해 적진에 정보를 빼오도록 했고, 실제로 공이 큰 사람에게 특별상을 주었습니다. 이외에도 세종실록에는 장수들과 반간 운용을 포함하여 작전에서 대해 토의하고 지침을 주는 등의 정보와 관련된 내용이 많이 기록되어 있습니다.

셋째, 이순신입니다. 그는 전라좌수사 부임과 동시에 인근의 지리적 요충지를 관찰하고 적에 대한 정보를 상세히 수집하고 대비했습니다. 임

---

6 김용만(2001). 살수 대첩의 영웅 을지문덕. 「인물로 보는 고구려사」.
   〈https://terms.naver.com/entry.nhn?docId=1921802&cid=62036&categoryId=62036〉.

7 「조선왕조 실록」 세종실록 74권 야인에게 간첩을 보내는 일에 관한 논의(세종 18년 7월 18일).
   〈http://sillok.history.go.kr/id/kda_11807018_003〉.

8 「조선왕조 실록」 세종실록 79권 파저강을 염탐하라 이르나 이천이 여름으로 미룰 것을 건의하다
   (세종 19년 10월 17일). 〈http://sillok.history.go.kr/id/kda_11910017_003〉.

진왜란이 일어나자 적의 동태를 파악하기 위하여 적극적으로 첩보를 수집했고 이를 바탕으로 전략과 전술을 짰습니다. 현장 답사는 물론 피난민과 포로로부터 정보를 수집하고 정보원과 정탐선을 파견해 적의 규모와 이동 상황을 세밀히 관찰했습니다. 그리고 "백성들에게서 물길이나 물때에 관해 듣고 이를 꼼꼼히 기록한 뒤 현장을 확인하며 전투에 필요한 정보를 수집했습니다."[9] 이처럼 이순신은 전투 전에 반드시 정보 활동을 통해 적정을 탐지하고 출동하였기에 승리할 수 있었습니다.

이 같은 사례를 보면 우리나라에서 많은 사람들로부터 존경받는 훌륭한 왕이나 장군은 정보의 중요성을 인식하고 실천함으로써 전쟁이나 전투에 승리했습니다. 이것은 군이나 사회 조직의 리더가 정보의 중요성에 대하여 인식할 수 있는 좋은 교훈이 된다고 생각합니다.

[D+80일] 용간(用間, The Use of Spies) 4

[14] 故三軍之事, 親莫親於間, 賞莫厚於間, [15] 事莫密於間, [16] 非聖智不能用間, 非仁義不能使間, [17] 非微妙不能得間之實。 (고삼군지사, 친막친어간, 상막후어간, 사막밀어간, 비성지불능용간, 비인의불능사간, 비미묘불능득간지실)

그러므로 전군의 군사 문제를 다루면서 간첩만큼 친밀한 사람이 없고, 포상은 간첩에게 주는 것보다 후한 것이 없으며, 일은 간첩을 다루는

---

9   김영태(2017. 4.24). 이순신은 독서가, 서재 '운주당' 지어 개방. 「노컷뉴스」.
    〈https://www.nocutnews.co.kr/news/4773501〉.

것보다 더 은밀한 일이 없다. 뛰어난 지혜가 없으면 간첩을 이용할 수 없고, 어질고 의롭지 않으면 간첩을 부릴 수 없으며, 섬세하고 교묘하지 않으면 간첩으로부터 참된 정보를 얻을 수 없다.

<한자> 親(친할 친) 친하다 ; 莫(없을 막) 없다 ; 賞(상줄 상) 상주다 ; 厚(두터울 후) 후하다 ; 密(빽빽할 밀) 빈틈없다, 은밀하다 ; 聖(성인 성) 뛰어나다, 총명하다 ; 智(슬기/지혜 지) 슬기, 지혜, 재능 ; 義(옳을 의) 옳다, 의롭다 ; 微(작을 미) 작다, 정교[정묘]하다 ; 妙(묘할 묘) 묘하다 ; 實(열매 실) 열매, 내용, 본질

<참고> ① 삼군지사(三軍之事): '삼군의 일' 곧 '군대 내 군사 문제나 군사 작전을 다루는 일'의 의미임. 죽간본에는 '三軍之親'으로 되어 있음. ② 막친어간(莫親於間): '간첩보다 친밀한 사람이 없다'는 뜻임. 죽간본과 대부분의 판본에 어구의 앞의 親자가 없음. 장예는 '모든 병사와 다 친하게 지내지만 유독 첩자만큼은 복심처럼 대하는 까닭에 가장 친하다'고 풀이했음. [신동준]. ③ 비성지불능용간(非聖智不能用間): 聖智는 '뛰어난 지혜'로 해석함. 죽간본은 智가 없음. ④ 비인의불능사간(非仁義不能使間): 仁義는 '어질고 의로움', 使는 '부리다'라는 뜻임. 죽간본에는 義가 없음. ⑤ 비미묘불능득간지실(非微妙不能得間之實): 微妙는 '섬세하고 교묘함', 間之實은 간첩으로부터 '참된, 쓸모 있는, 가치 있는 정보' 등의 의미로 해석함. "장예는 '세심하고 정묘하게 분석하는 까닭에 정보의 진위를 알 수 있다'라고 해석했음." [신동준].

[14] Hence it is that which none in the whole army are more intimate relations to be maintained than with spies. None should be more liberally rewarded. In no other business should greater secrecy be preserved. [15] Spies cannot be usefully employed without a certain intuitive sagacity. [16] They cannot be properly managed without benevolence and straight- forwardness. [17] Without subtle ingenuity of mind, one cannot make certain of the truth of their reports.

D intimate 친(밀)한 ; maintain 유지하다 ; liberally 후하게, 관대하게 ; reward 보상하다 ; secrecy 비밀(유지) ; preserve 보호하다, 유지하다 ; intuitive 직관적인, 지관력 있는

; sagacity 현명, 총명 ; benevolence 자비심, 선의 ; straightforwardness 똑바름, 정직 ; subtle 미묘한 ; ingenuity 재간, 독창성 ; make certain 확인하다, 확실히 하다

[18] 微哉, 微哉, 無所不用間也。[19] 間事未發而先聞者, 間與所告者皆死。(미재, 미재, 무소불용간야. 간사미발이선문자, 간여소고자개사)

　　미묘하고 미묘하다. 간첩을 사용하지 않는 곳이 없다. 간첩의 일이 실행되기도 전에 먼저 알려지면, 간첩과 그 사실을 아는 사람을 모두 죽인다.

<한자> 微(작을 미) 작다, 정교하다 ; 發(필 발) 일어나다, 떠나다 ; 聞(들을 문) 듣다, 알다 ; 告(고할 고) 알리다, 발표하다 ; 皆(다 개) 다, 모두

<참고> ① 미재, 미재(微哉, 微哉): 哉는 어조사임. ② 간사미발이선문자(間事未發而先聞者): 間事는 '간첩의 일 또는 첩보 공작', 未發은 '실행(시작)하기도 전에'로 해석함. 先聞者는 '먼저 알려지면', 곧 '기밀이 누설되면'의 뜻임. 者는 '~면(접속사)'로 해석함. 일설은 '소문을 들은 자'로 해석함. ③ 간여소고자개사(間與所告者皆死): 所告者는 '간자가 미리 알려준 사람', 곧 '사실을 아는 사람'임. 일설은 '소문을 고한 자'로 해석함. 이것은 간첩에게는 누설의 책임을 묻고, 그것을 아는 사람은 비밀이 퍼지는 것을 막고자 하는 것임. 곧 '비밀 엄수'를 실행하는 것임.

[18] Be subtle! be subtle! and use your spies for every kind of business. [19] If a secret piece of news is divulged by a spy before the time is ripe, he must be put to death together with the man to whom the secret was told.

D secret 비밀의, 비밀, 기밀 ; divulge 알려주다, 누설하다 ; ripe (시기가) 무르익은 ; put to death ~을 처형하다

◎ 오늘(D+80일)의 思惟 ◎

손자는 군주는 간첩에게 친밀하게 대하고 후한 상을 주며 은밀하게 하되, 뛰어난 지혜가 있고 어질고 섬세해야 참된 정보를 얻을 수 있다고 했으며, 기밀이 노출되면 관련자를 모두 죽이도록 했습니다. 전쟁사를 보면 간첩이 활약한 사례가 많고 전쟁의 승패에 결정적인 영향을 미치기도 했습니다. 이에 중국과 우리나라의 옛 사례를 몇 가지 살펴보겠습니다.

이목(李牧)은 조(趙)나라의 장수였는데, 전국 시대 말기 최고의 명장 중의 한 명이었습니다. 그는 기원전 233~229년에 진나라가 조나라를 공격했을 때 수차례 격파했습니다. 그러자 진나라는 조나라의 곽개에게 뇌물을 주고는 이목을 모함하게 했고 조왕은 그를 죽였습니다. 그가 죽은 지 세 달 후에 조왕은 진나라 군에 사로잡혔고, 기원전 228년에 조나라는 완전히 멸망하였습니다.[10]

다음은 한(漢)나라 유방입니다. 기원전 205년에 유방은 팽성 전투에서 대패하고 겨우 목숨을 구하고 도망쳐서 형양성에 피신했습니다. 그리고 유방은 항우에게 화의를 청했으나 범증의 방해 때문에 실패했습니다. 유방은 진평의 계책에 의해 첩자를 파견해서 유언비어를 퍼뜨렸는데, 항우가 뜬소문을 듣고 종리말 등을 불신하고, 범증에 대한 신뢰를 떨어뜨리며 권력을 빼앗기 시작했습니다. 그래서 화가 난 범증은 군을 떠났고 팽성에 도착하기도 전에 독창이 나서 죽고 말았습니다.[11] 결국 유방은 어렵게 형양성을 탈출하였으며, 기원전 202년에 해하 전투에서 초나라를 멸망시킬 수 있었습니다.

---

10 이목(2020. 4.12). 「위키백과」. 〈https://ko.wikipedia.org/wiki/〉.

11 형양·성고전역(2020. 10.6.). 「나무위키」. 〈https://namu.wiki/〉.

우리나라의 장수왕(長壽王)은 고구려의 제20대 국왕입니다. 그는 첩자인 승려 도림을 백제에 간첩으로 보냈는데, 도림은 개로왕과 바둑을 두면서 개로왕이 왕권을 강화한다는 목적으로 궁궐 등을 짓게 하여 국고를 낭비하게 했습니다. 그리고 475년에 백제를 전격적으로 침공해 위례성을 함락하여 개로왕을 죽였습니다. 그 후에 장수왕은 남진하여 웅진 인근의 대전까지 내려와 산성을 쌓았으며 고구려군을 저지하는 데 성공한 백제는 멸망 위기에서 가까스로 살아남게 되었습니다.[12]

다음은 신라 김유신(金庾信)에 대하여 신채호는 《삼국사기》에 등장하는 전공은 대부분 믿기 어렵다고 판단했지만, 첩보 공작 분야에서만큼은 출중한 능력을 인정했습니다. 하나의 예로서 그는 백제와의 전쟁에서 포로가 되었다가 좌평 임자의 가노가 된 조미압을 통해 좌평 임자와 연계하는 데 성공하여 백제의 내부 사정에 대한 정보를 얻었으며, 무녀 금화를 백제 의자왕에게 보내 현혹함에 따라 왕이 충신들을 제거하고 나라의 재물을 고갈하게 했습니다.[13] 결국 백제는 의자왕 때인 678년에 멸망했습니다.

이와 같은 사례를 보면 전쟁에서는 첩보전이 빈번하게 전개되었고 군사 실력뿐만 아니라 간첩의 역할이 전쟁의 승패에 큰 영향을 미쳤다는 것을 보여줍니다. 그리고 무능한 군주와 아첨하는 간신들, 내부 분열 등에 의하여 국가가 멸망했다는 사실과 무엇보다도 위기 시에 국론의 단합이 중요하다는 교훈을 얻을 수 있습니다.

12　장수왕(2020. 11.8). 「나무위키」. 〈https://namu.wiki/〉.
13　강상구(2011). 같은 자료. 319-321.

[D+81일] 용간(用間, The Use of Spies) [5]

[20] 凡軍之所欲擊, 城之所欲攻, 人之所欲殺; 必先知其守將, 左右, 謁者, 門者, 舍人之姓名, 令吾間必索知之。 [21] 必索敵間之來間我者, 因而利之, 導而舍之, 故反間可得而使也。 (범군지소욕격, 성지소욕공, 인지소욕살; 필선지기수장, 좌우, 알자, 문자, 사인지성명, 영오간필색지지. 필색적간지래간아자, 인이리지, 도이사지, 고반간가득이사야)

　　무릇 공격하려는 군대와 공략하려는 성과 죽이려는 사람이 있으면, 반드시 먼저 적의 장수와 측근, 부관, 수문장, 막료 등의 이름을 알아내고, 아군의 간첩으로 하여금 반드시 정탐하여 그들의 정보를 알아야 한다. 적의 간첩으로 우리 쪽에 와서 간첩 행위를 하는 자를 반드시 색출하고, 그들을 이익으로 매수하고, 전향시켜서 태연하게 활동하게 한다. 그러면 반간으로 얻어서 활용할 수 있다.

<한자> 所(바 소) ~하는 바 ; 欲(하고자할 욕) ~하려 하다 ; 擊(칠 격) 치다, 공격하다 ; 攻(칠 공) 공격하다 ; 守(지킬 수) 지키다 ; 謁(뵐 알) 아뢰다, 고하다 ; 舍(집 사) 집 , 내버려두다, 베풀다 ; 令(하여금 령/영) 하여금 ; 索(찾을 색) 찾다 ; 來(올 내) 오다 ; 因(인할 인) 인하다 ; 導(인도할 도) 이끌다, 인도하다 ; 使(부릴 사) 부리다, 시키다

<참고> ① 군지소욕격(軍之所欲擊): "이는 목적어를 전치한 형식으로 '所欲擊之軍'과 같음." [박삼수]. '공격하려는 (바의) 군대'를 뜻함. 아래 2개의 어구도 같음. ② 수장(守將)~사인(舍人): 守將은 '적의 장수, 우두머리 장수', 左右는 '측근, 참모', 謁者는 '부관', 門者는 '문지기, 수문장', 舍人은 '문객, 곧 장수의 책사, 막료, 관리'임. ③ 영오간필색지지(令吾間必索知之): 索知는 '찾아서(정탐, 탐색, 탐지해) 알아냄', 之는 '앞에서 열거한 사람들의 정보'를 뜻함. ④ 필색적간지래간아자(必索敵間之來間我者): 索은 '찾음, 색출함', 敵間은 '적의 간첩', 來間我者는

'우리쪽에 와서(숨어들어) 간첩 행위를 하는 자'를 말함. ⑤ 인이리지(因而利之) 因은 '~로 인함'임. '기회를 잡음, 상황을 봄'으로 해석한 역자도 있는데, '앞의 사실로 말미암아'로 이해하며, 문맥상 굳이 해석하지 않음. ⑥ 도이사지(導而舍之): 導는 '이끌다, 인도한다'는 뜻인데, '회유하다'로 해석함. 舍는 '내버려두다, 베풀다'임. '석방한다는 뜻의 사(捨)와 통함, 집에 묵게(머물게) 함'으로 해석하기도 하는데, 여기서는 '태연하게 활동하게 함'의 의미로 해석함. ⑦ 반간가득이사야(反間可得而使也): 죽간본에는 使가 用으로 되어 있음.

[20] Whether the object be to crush an army, to storm a city, or to assassinate an individual, it is always necessary to begin by finding out the names of the attendants, the aides-de-camp, and door-keepers and sentries of the general in command. Our spies must be commissioned to ascertain these. [21] The enemy's spies who have come to spy on us must be sought out, tempted with bribes, led away and comfortably housed. Thus they will become converted spies and available for our service.

D crush 궤멸시키다, 눌러 부수다 ; storm 기습[급습]하다 ; assassinate 암살하다 ; find out 알아내다 ; attendants 수행원 ; aides-de-camp 부관 ; door-keeper 문지기 ; sentry 보초 (병) ; the general in command 사령관 ; commission 위임하다, 주문하다 ; ascertain 알아내다, 확인하다 ; seek out 찾아내다 ; tempt 유혹하다, 설득하다 ; bribe 매수하다 ; lead away 유인하다 ; comfortably 편안하게 ; house 거처를 제공하다 ; available 이용할 수 있는 ; service 군무

[22] 因是而知之, 故鄕間內間可得而使也; [23] 因是而知之, 故死間爲 誑事, 可使告敵; [24] 因是而知之, 故生間可使如期。 (인시이지지, 고향간내간, 가득이사야; 인시이지지, 고사간위광사, 가사고적; 인시이지지, 고생간가사여기)

　반간을 통해 적의 사정을 알아내면, 향간이나 내간을 얻어서 활용할 수 있다. 반간을 통해 적의 사정을 알아내면, 사간을 통해 허위 정보를 만들어 적에게 알리게 할 수 있다. 반간을 통해 적의 사정을 알아내면, 생간이 약속된 기일에 맞춰 돌아오게 할 수 있다.

<한자> 是(이 시) 이, 이것 ; 得(얻을 득) 얻다, 손에 넣다 ; 使(부릴 사) 부리다, 시키다 ; 誑(속일 광) 속이다, 기만 ; 告(고할 고) 알리다 ; 如(같을 여) 같다 ; 期(기약할 기) 기약하다, 약속하다

<참고> ① 인시이지지(因是而知之): 是는 '반간', 因是는 '반간을 통해서(말미암아)', 之는 '적 정'을 뜻함. 다음 어구의 故는 '곧'으로 해석할 수 있는데 생략함. ② 고사간위광사, 가사고적 (故死間爲誑事, 可使告敵): 반간을 통해서 적국을 속일 만한 일이 무엇인지를 알아내어 허위 정보를 만들어 사간으로 하여금 적국으로 들어가서 적에게 거짓 정보를 알리는 것을 의미함. ③ 생간가사여기(生間可使如期): 如期는 '약속된 기일에 맞춰 돌아오다', 곧 생간이 적의 정보 를 가지고 약속된(예정된) 기일(기한)에 맞춰 돌아와서 (적정을 보고할 수 있음)을 뜻함.

[22] It is through the information brought by the converted spy that we are able to acquire and employ local and inward spies. [23] It is owing to his information, again, that we can cause the doomed spy to carry false tidings to the enemy. [24] Lastly, it is by his information that the surviving spy can be used on appointed occasions.

D through ...을 통해 ; acquire 얻다, 획득하다 ; employ 이용하다 ; owing to ...때문에 ; cause 야기하다, 초래하다 ; tidings 소식, 뉴스 ; appointed 정해진, 약속된 ; occasion 때, 기회

◎ 오늘(D+81일)의 思惟 ◎

손자는 정보 수집 대상이 있으면 간첩으로 하여금 정보를 수집하게 해야 하며, 아군 쪽에서 활동하는 간첩은 반드시 색출하고 매수하여 반간으로 활용할 것을 말했습니다. 오늘날은 국가 간의 전쟁이 대부분이므로 손자가 말한 다양한 간첩들을 운용하지는 않지만, 여전히 주요 국가들은 간첩 활동과 첩보전에서 치열하게 경쟁하고 있습니다.

1, 2차 세계대전 이후 현대에 이르기까지 미국, 구소련, 영국, 독일, 이스라엘 등에는 세계적인 간첩, 즉 스파이들이 매우 많았습니다. 여기서는 역사상 최고의 스파이로 불렸던 '리하르트 조르게'에 대하여 소개하겠습니다. 리하르트 조르게는 국적은 독일인데 소련으로 이주했으며, 1933년에 독일 언론사 특파원으로 일본에서 스파이 활동을 했습니다. 그는 1941년 5월 30일에 "독일 정부가 6월 말 소련을 공격한다고 오트 대사(주일 독일 대사)에게 통보했다"고 보고했습니다. 이에 스탈린이 조르게를 이중간첩으로 여겨서 특급 정보를 묵살했는데, 그 정보대로 스탈린은 기습을 당했습니다. 9월 들어 모스크바가 함락당할 위기에서 소련의 최후 희망은 극동 시베리아 부대의 투입이었는데 스탈린은 일본 관동군의 침략 가능성 때문에 주저했습니다. 이때 조르게는 "제국 일본군은 북진하지 않는다"라고 특급 정보를 타전했습니다.[14] 스탈린은 이번에는 조르게의 보고를 신뢰하고 극동군을 모스크바 방어전에 투입하여 독일군에게 패배를 안기면서 소련을 구했습니다. 결국 조르게의 보고는 2차 세계대전의 향방과 세계사의 흐름을 바꾸어 놓았습니다.

---

14 박보균(2020. 7.18). 전설의 스파이 조르게가 소련 구했다. 「중앙선데이」.
⟨https://news.joins.com/article/23827587⟩.

그리고 2차 세계대전에서는 첩보전 사례들이 매우 많았지만, 2차 세계대전의 향방을 가른 민스미트 작전에 대하여 소개하겠습니다.[15] 이 작전은 영국의 첩보 기관이 진행시킨 작전으로서 영국군 장교로 위장된 시체를 사고로 위장하여 스페인 해안에 버리면서 손목에 묶어둔 가방에 정보를 넣어둔 교묘한 계책이었습니다. 이 가방에는 가짜 기밀문서가 있었는데, 내용은 영국 해군의 지중해 사령관에게 연합군이 조만간 그리스를 침공할 것이니 철저히 대비하라는 명령이었습니다. 이 문서를 스페인에서 전달받은 독일 정보국은 정밀 감식한 후 연합군이 사르데냐와 그리스로 진공할 계획을 갖고 있다는 결론을 내렸습니다. 이에 히틀러는 시칠리아에 주둔하고 있던 병력을 대거 그리스와 사르데냐 일대로 옮겼습니다. 이로 인해 연합군은 손쉽게 이탈리아에 상륙한 뒤 이내 로마로 진군해 무솔리니의 항복을 받아냈습니다. 결국 민스미트 작전은 시칠리아 상륙 작전인 허스크 작전이 성공하는 데 직접 기여했으며, 시종 철저한 기밀 속에 한 치의 착오도 없이 정밀하게 작전이 진행된 결과라고 평가합니다.

---

15 신동준(2012). 같은 자료(영국군과 민스미트 작전).
    〈https://terms.naver.com/entry.nhn?docId=2175418&cid=51057&categoryId=51057&expCategory
    Id=51057〉.

[D+82일] 용간(用間, The Use of Spies) 6

[25] 五間之事, 主必知之, 知之必在於反間, 故反間不可不厚也。 (오간지사,

주필지지, 지지필재어반간, 고반간불가불후야)

　　다섯 가지 간첩의 활동은 군주가 반드시 알아야 하는 것이며, 그것을
알 수 있는 것은 반드시 반간에게 달려 있으니, 그러므로 반간을 후하게
대하지 않을 수 없다.

<한자> 事(일 사) 일 ; 在(있을 재) 있다, 존재하다 ; 於(어조사 어) 에, 에게 ; 厚(두터울 후) 후
하다, 지극하다

<참고> ① 오간지사(五間之事): '다섯 가지 간첩의 일 또는 활동, 운용, 운용 방법, 이용하는
일' 등의 해석이 있음. 여기서는 '활동'으로 해석함. ② 주필지지(主必知之): 主는 '군주', 죽간
본에는 主가 빠져 있음. ③ 반간불가불후(反間不可不厚): 군주가 간첩의 활동을 잘 알고 있다
면 다섯 가지 간첩을 모두 반간을 토대로 활용할 수 있으므로 당연히 반간에게 후하게 대접해
야 한다는 뜻임.

[25] The end and aim of spying in all its five varieties is knowledge
of the enemy; and this knowledge can only be derived, in the
first instance, from the converted spy. Hence it is essential that the
converted spy be treated with the utmost liberality.

D end 목적 ; varieties 종류, 다양성 ; derived from ~에서 유래되다, ~에서 얻다 ; in the
first instance 우선 먼저 ; treat with ...로 대하다 ; utmost 최고의 ; liberality 후함, 관대함

[26] 昔殷之興也, 伊摯在夏。周之興也, 呂牙在殷。[27] 故明君賢將, 能以上智爲間者, 必成大功, 此兵之要, 三軍之所恃而動也。(석은지흥야, 이지재하, 주지흥야, 여아재은. 고명군현장, 능이상지위간자, 필성대공, 차병지요, 삼군지소시이동야)

　옛날에 은나라가 흥기한 것은 이지가 하나라에 있었기 때문이며, 주나라가 흥기한 것은 여아가 은나라에 있었기 때문이다. 그러므로 명석한 군주와 현명한 장수는 뛰어난 지혜를 가진 사람을 간첩으로 삼아 반드시 대업이나 큰 공을 이룰 수 있다. 이것이 용병의 요체이며, 전군이 간첩이 제공하는 정보를 믿고 움직이게 되는 것이다.

<한자> 昔(예 석) 옛날 ; 興(일 흥) 일으키다, 시작하다 ; 伊摯(이지), 呂牙(여아) 사람 이름 ; 明(밝을 명) 밝다 ; 賢(어질 현) 어질다, 현명하다 ; 智(지혜 지) 지혜 ; 恃(믿을 시) 믿다, 의지하다 ; 所(바 소) 바, 것 ; 動(움직일 동) 움직이다

<참고> ① 석은지흥(昔殷之興): 殷은 은나라, 정확한 명칭은 상(商)나라임. 중국 고대의 왕조임. 興는 '일어나다, 흥기하다(세력이 왕성해짐)'의 뜻임. ② 이지재하(伊摯在夏): 伊摯는 상나라의 개국 공신인 이윤(伊尹)을 말하며, '이지가 하나라에 있었다'는 뜻인데, 의미상 '있었기 때문이다'로 해석함. 이윤은 상나라 탕(湯)왕에게 등용되었고, 수차례 하나라로 가서 실정을 살펴 탕왕에게 알리고 하나라 걸(桀)왕의 왕후인 말희(末喜)를 포섭해 하나라의 내부 분열을 책동하고 탕왕이 걸왕을 멸망시키도록 도왔음. ③ 여아(呂牙): 강상, 강태공, 여상이라고도 부르며 주(周)나라 건국 공신임. 주(紂)왕 아래서 벼슬을 했는데, 후에 주 무(武)왕을 도와 은나라 주왕을 멸망시키는 데 기여했으며, 주나라 건국 후 제(濟)나라의 시조가 되었음. ④ 명군현장(明君賢將): 明은 '밝다, 명료하다'는 뜻인데 '명석하다'로 해석함. 죽간본에는 明君 앞에 惟자가 포함되어 있음. ⑤ 능이상지위간자(能以上智爲間者): 上智는 몹시 '뛰어난 지혜'를 뜻함. 곧 '뛰어난 지혜를 가진 사람을 간첩으로 삼는다(운용하다)'는 의미임. 일설은 '뛰어난 지혜로 간첩을 부리다'로 해석함. ⑥ 대공(大功): '큰 공' 또는 '대업'으로 해석함. ⑦ 차병지요(此兵之要): 이것이 '용병(병법, 전쟁)의 요체'임. 此는 구체적으로 '용간 또는 간첩에 의해 적정을 아는 것'을 의미할 수 있음. "장예는 '용병의 근본은 적의 실정을 정확히 파악하는 데 있다. 그

래서 용병의 요체라고 한 것이다'라고 풀이했음." [신동준]. ⑧ 삼군지소시이동(三軍之所恃而動): '전군이 믿고(의지하고) 움직이게 하는 것'인데, 문맥상 앞의 此가 의미하는 '간첩이 제공한 정보'를 포함함.

[26] Of old, the rise of the Yin dynasty was due to I Chih who had served under the Hsia. Likewise, the rise of the Chou dynasty was due to Lu Ya who had served under the Yin. [27] Hence it is only the enlightened ruler and the wise general who will use the highest intelligence of the army for purposes of spying and thereby they achieve great results. Spies are a most important element in water, because on them depends an army's ability to move.

D of old 옛날의 ; the Yin dynasty 은왕조 ; I Chih 이지(伊摯: 이윤) ; serve 봉사하다, 근무하다 ; Hsia 하왕조 ; likewise 똑같이, 또한 ; the Chou dynasty 주왕조 ; due to ...때문에 ; Lu Ya 여아(呂牙: 여상); enlightened 깨우친, 현명한 ; intelligence 지능, 정보요원 ; thereby 그렇게 함으로써 ; water 미지의, 위험한 영역[상황]

◎ 오늘(D+82일)의 思惟 ◎

손자는 군주가 다섯 가지 간첩의 활동을 알아야 하며, 특히 반간이 가장 중요하다고 했습니다. 그리고 이윤과 여상을 설명하면서 군주와 장수는 뛰어난 지혜를 가진 사람을 간첩으로 삼으면 대업을 이룰 수 있으며 이것이 용병의 요체라고 했습니다.

중국의 전쟁사를 보면 반간의 역할로 인해 전쟁의 승리가 좌우되었던 사례가 매우 많습니다. 사실 군주가 반간을 이용할 수 있다면 군주에게 큰 도움이 되겠지만 상대의 군주가 신뢰받고 내부 단결이 잘되어 있다면 결코 쉽지 않을 것입니다. 오히려 자국이 군주나 내부에 취약한 점이 있다면 상대의 반간 활용에 의해 당할 수도 있다는 점을 유의해야 할 것입니다. 그리고 이윤과 여상을 반간으로 오해할 수 있는데 그들은 반간이라기보다는 새 나라를 세우는 데 큰 공헌을 한 공신들이었습니다.[16] 아마도 용간을 강조하고 왕도 정치를 펴는 데 가장 좋은 이야기로 손자병법을 마무리하고 싶었기 때문에 포함한 것으로 생각합니다.

이제 〈用間篇〉을 마무리하겠습니다. 손자는 〈用間篇〉을 통하여 전쟁에서 정보 수집이 매우 중요하며, 간첩을 운용하여 정보를 수집하는 것이 용병의 요체라고 말했습니다. 오늘날은 정보가 돈이며 권력이 될 수 있는 정보화 시대가 도래됨에 따라, 현대전뿐만 아니라 국가 안보나 산업 전반에 걸쳐 정보가 더욱 중요해졌습니다. 오늘날 간첩의 활동은 전 세계적으로 정치, 군사 분야에서 경제, 산업, 사회 전 분야에 걸쳐 있습니다. 특히 세계 경제 환경 변화에 따라 기술 경쟁력이 기업과 국가의 경쟁력을 좌우하기 때문에 다른 기업의 특허나 기술, 설계도 등의 정보를 고의적으로 유출하거나 입수하고자 하는 산업 스파이가 기업 현장에서 얼마나 많은 활동을 하는지 알 수 없는 실정입니다.

우리는 국가 안보와 국가 경쟁력을 강화하기 위하여 국가 차원에서 정보의 수집과 더불어 방첩 업무에 더 많이 노력할 필요가 있습니다. 종래의 정치, 군사 중심의 첩보전이 이제는 경제가 중심이 되는 양상으로 변모되었습니다. 우리나라는 경제 첩보전에서 패할 경우 글로벌 시장에서 경쟁하는 것이 어렵게 되고 국가 경쟁력에도 큰 영향을 미칩니다. 그러므로 국가가 기업들의 해외 수주나 수출 경쟁에서 조력자 역할을 해야

---

16 "이윤이나 여아 모두 첩자는 아니었지만, 제각기 그 적대국에서 벼슬아치로 있었고 또한 정세와 지리에 밝았다." 유동환(2013). 「손자병법」. 202. 참조.

하겠지만, 글로벌 기업도 손자병법을 읽고, 첩보전의 사례도 연구하는 등 정보 수집과 경제 스파이를 근절하는 노력을 해야 할 것입니다. 한편 국가는 간첩이나 공작원, 산업 스파이 색출 및 검거 등 방첩 업무도 강화해야 합니다. 군에서는 정보 수집을 위한 첨단 장비 및 기술을 개발하는 것뿐만 아니라, 정보의 중요성과 관련하여 정보 보안이 매우 중요합니다. 오늘날에는 빅데이터 마이닝과 같은 첨단 IT 기술을 사용하여 사소한 대화에서도 데이터가 많아지면 새로운 중요한 정보를 알아낼 수 있습니다. 이와 같은 사실은 정보를 갖고 있는 모든 조직이나 현대인이 유의해야 할 것입니다.

맺음말

이제 연구를 마감하겠습니다. 돌이켜 보면 저는 2020년을 코로나19로 인하여 매일 집에서 연구하고 산책하면서 보냈습니다. 이와 같은 일과 속에서 하루에 10시간 이상 손자(孫子)를 생각하고 대화를 했는데 참으로 행복한 시간이었습니다. 그리고 젊은 사람에게 도움이 될 수도 있는 책을 쓸 수 있었던 것에 대하여 항상 감사한 마음을 갖고 있습니다.

제가 2500여 년 전의 손자를 생각하면서 대화를 하면 할수록 손자는 시대를 초월했던 창조자이자 개혁자이며, 무려 2천 년 이상을 내다본 선지자라는 생각이 듭니다. 그리고 6천여 자에 불과한 손자병법을 아직까지 불후의 고전으로서 많은 사람들이 읽고 있다는 것은 그가 역사상 가장 존경받는 전쟁 사상가라는 것을 의미합니다. 동양에서 《손자병법》은 《도덕경》과 《논어》에 버금가는 고전이 되었으며, 손자는 노자, 공자와 같은 성인으로 존경받고 있습니다. 저는 그가 〈허실편〉에서 적의 변화에 따라 적절히 대응하여 승리를 얻을 수 있으면 신의 경지에 이르렀다고 했는데, 그 자신이 이미 전쟁의 신의 경지에 오른 사람이라고 생각합니다.

그러면 손자병법을 연구하면서 군사적인 측면에서 느낀 점을 몇 가지 적어 보겠습니다. 첫째, 손자병법은 오왕 합려에게 바쳐진 책으로서 원정 작전을 염두에 두었기 때문에 대체로 공격 위주로 기술되었습니다. 그래서 종합적인 전쟁 이론서로서는 다소 아쉬운 점이 있습니다. 중국의 춘추 전국 시대에도 약세의 제후국이 수없이 많았고, 우리나라도 역사상 오랜 기간 동안 수세적인 상황에서 전쟁을 했습니다. 그러므로 병법서에는 공격뿐만 아니라 방어나 지연전 등도 균형 있게 편성되는 것이 바람직합니다. 그러므로 이러한 지침이 '화공'이나 '용간'처럼 1개 편이라도 편성되었으면 하는 아쉬움이 있습니다. 둘째, 손자병법에는 병력 운용 지침이 창의적이고 탁월하며 일관성 있고 섬세하지만 대부분의 내용이 주관적이며 객관적인 실행 방법의 기술이 생략되어 있습니다. 그래서 실행에 있어서 지혜로운 사람과 그렇지 못한 사람 간에 차이가 있을 것이라는 점입니다. 예를 들면 병형상수(兵形象水)입니다. 너무나 좋은 지침으로서 머리로는 이해하지만 실제 상황에서 어떻게 행동해야 하는지는 사람의 능력에 따라 다양할 수밖에 없습니다. 셋째, 세계 전쟁사를 보면 대부분의 전쟁은 기동 형태, 대형, 전략과 전술, 무기 체계 등의 혁신적인 변화로 전쟁의 승패가 결정되었고, 이러한 전례를 통하여 전쟁의 원칙을 발굴하고 이를 계승하여 전쟁에 적용했습니다. 그런데 손자병법에서 법(法)에 대하여 많이 기술했지만 전쟁의 보편적인 원칙이라는 측면에서 제시할 수 있는 내용이 분명하지 않다는 것입니다.

한편 손자병법은 전쟁에 대한 병법을 논한 책이지만, 각 편에서 군주나 장수의 지휘 통솔을 비중 있게 다루고 있습니다. 현대적인 관점에서 보면 지휘 또는 리더십에 대한 것입니다. 특히 장수와 병사의 관계, 병사들의 심리에 따른 용병 등은 오늘날의 군 지휘관이나 조직의 지도자들에게도 좋은 지침이 될 수 있습니다. 이에 많은 사람들이 오기연저(吳起吮疽)라는 일화로 표현된 오기(吳起)의 리더십을 소개하는데, 저는 현대적인 의미에서 미국 해병대에서 가장 중요시하는 룰을 소개하고자 합니다. 사이먼 사이넥(Simon Sinek)이 쓴 『리더는 마지막에 먹는다』에서, "미해병대에서 '장교는 마지막에 먹는다'란 표현은 행사 때만 외치는 형식적인 슬로건이 아니라 장교 혹은 리더라면 누구나 기억하고 실천해야 할 골든 룰이자 조직을 지탱해 주는 문화인 것입니다"라고 설명했습니다. 곧 리더는 솔선수범과 자기희생을 실천하고 조직 구성원들은 리더에 대한 신뢰와 존경, 조직에 대한 자부심을 쌓아가는 것이라는 의미입니다. 이 룰이 의미하는 것은 손자병법에 있는 말을 그대로 현대에 표현한 것으로서 모든 조직의 지도자에게도 필요한 룰인 것 같습니다.

다음은 독자 중에 많은 사람이 군인일 것으로 예상하기 때문에 그들에게 다음과 같이 제안합니다. 우리 군에는 개인적으로 손자병법을 연구하고 전문적인 지식을 가진 군인들이 있을 것으로 생각하지만, 군 차원에서 조직적으로 체계 있게 연구하여 활용한 사례는 알지 못합니다. 군에서 손자병법을 공식적으로 심층 연구하고 결과를 군사 업무에 활용할 것을 제안합니다. 그리고 손자가 2천 년 전에 이미 '병사의 심리에 따른 용병'을 말했음에도 불구하고 오늘날에도 전장에서 병사의 심리 분석과 작전을 연관시킨 연구는 미흡한 것 같습니다. 현재 유명 서점들의 도서 목록에서 전장심리에 관련된 도서를 찾기 어려운데, 다행이 미국 육군 사관학교의 매튜(Michael D. Matthews) 교수가 쓴 『Head Strong: How Psychology is Revolutionizing War(2014, 2020 개정)』라는 책이 있습니다. 국내에서는 거의 관심을 갖지 않고 번역서도 없는데, 군에서 이 책을 번역하여 전장심리 연구나 리더십에 활용할 것을 제안합니다. 이와 같은 모든 연구 결과는 '전쟁 지도 지침'이나 교범을 보완하거나 전술 지침서와 같은 책자를 발행하여 활용할 수도 있을 것입니다. 리더십과 부대 관리는 민간 전문가와 협업하여 책을 발간하면 군뿐만 아니라 민간 분야에서도 활용할 수 있습니다. 그리고 군인이나 군인이 되고자 하는 사람들은 손자병법을 젊은 시절에 반드시 한 번 이상 숙독하기를 권장합니다.

이후에 매년 또는 계급별로 손자병법에 있는 좋은 글귀를 생활 지침으로 삼아 업무에 정진한다면 전투 지휘뿐만 아니라 부대 관리 면에서도 큰 도움이 될 것입니다.

그리고 경영자 및 일반인이 손자병법을 읽는 방법에 대하여 의견을 제안합니다. 현재 시중에 판매되는 책은 군사 전문 지식에 관심이 있다면 어렵지만 좋은 책이 있을 것입니다. 그러나 경영이나 자기 계발 등의 목적으로 쓰여진 책은 저자의 해석에 관한 책이지, 그것으로《손자병법》을 이해할 수는 없습니다.《손자병법》은 원문을 읽고 그 뜻을 이해해야 병법을 제대로 읽었다고 말할 수 있습니다. 저는 군인으로서 30년 이상 근무하고 경영학을 전공하여 오랜 기간 동안 대학교에서 강의를 했습니다. 하지만《손자병법》은 전쟁 이론이므로 13개 편을 모두 병법과 경영이나 자기 계발과 연계하여 설명하기가 어렵습니다. 그러므로 먼저 손자병법을 읽고 이해하는 것이 중요합니다. 그런 후에 지혜로운 독자라면 원하는 분야의 응용을 스스로 결정할 수 있을 것입니다. 아마도 손정의, 빌 게이츠, 저커버그도 그렇게 했을 것입니다.

독자 여러분! 이 책을 다 읽었다면 특히 젊은이들이 읽을 수 있도록 책을 증정하거나 권장해 주시기 바랍니다. 저도 오랫동안 대학생들을 교육하면서 대학생들을 위한 자기 계발서를 많이 읽었습니다. 좋은 책들이 많지만, 저는 젊은 사람들이 자기 계발을 위해 꼭 '손자병법 읽기'를 권유하고 싶습니다. 저는 젊은 사람 중에서 손자병법을 읽은 사람과 안 읽은 사람은 인생을 살아가는 데 있어서 많은 차이가 있을 것으로 생각합니다. 또한 젊은 사람들이 많이 읽으면 읽을수록 자신의 발전은 물론 기업이나 조직, 사회가 더 좋아질 것으로 생각합니다. 그러므로 저는 많은 대학교에서 손자병법 강의가 개설되기를 희망합니다.

끝으로 손자병법을 먼저 연구하여 책이나 자료를 제가 참고할 수 있도록 해주신 선배 연구자들께 감사드립니다. 그리고 제가 연구하는 동안에 응원해 주신 모든 분과 책의 발간을 적극 도와준 친구 신현범 님, 한자와 씨름하면서 책을 편집하는 데 엄청 고생하신 오동희 님, 최새롬 님에게 감사드립니다. 이제 펜을 놓을 시간이 되었는데, 언제나 함께 하면서 힘이 되어준 저의 가족들에게 그동안 고맙다는 말을 하지 못했습니다. 이 글을 통해 "고맙습니다. 사랑합니다. 그리고 행복합니다"라는 말을 전합니다.

이 책을 읽는 모든 분들이
손자병법의 지혜로 세파를 극복하고
선한영향력을 전파하여 주시길 기원드립니다.

권선복
도서출판 행복에너지 대표이사

손자병법은 고전 중의 고전으로 누구나 한 번쯤은 읽어 보아야할 전략전술서입니다. 기본적으로 전쟁에 관해 이야기하고 있는 책이지만 동시에 조직 경영과 발전, 자기계발과 경쟁에서의 생존 등에 대해 깊은 이해를 담고 있는 책이기도 합니다. 그렇기에 경영 분야에서도 영향을 미쳐 손정의, 빌 게이츠 같은 세계적인 사업가들이 통찰을 얻었다고 알려져 있습니다.

이 책 『초심으로 읽는 글로벌 시대 손자병법 해설』은 예비역 육군 장군으로서 국가를 위해 다양한 방면으로 활동 중인 저자 신병호 님께서 전 세계가 멈춘 '코로나 19 팬데믹' 위기상황 속에서 육군사관학교 29기 동기회 카카오톡 대화방을 통해 꾸준히 게재한 손자병법

해설과 연구, 사유를 엮은 책입니다.

동아시아 불멸의 고전 중 하나인 『손자병법』은 그 유명세만큼이나 많은 해설서들이 나와 있지만 원문의 뜻을 완전하게 전달하는 경우는 많지 않습니다. 이 책은 기본적으로 손자병법 원문의 뜻을 올바로 살려 해설하는 데에 주력을 두되 한문보다 영어에 익숙한 젊은 세대를 위한 영어 번역문도 곁들여 모든 세대가 손자병법에 친숙해질 수 있도록 돕고 있습니다.

여기에 더해 손자병법에서 배우는 인생의 지혜 '러블리 팁(Lovely TIP)'과 군사, 역사, 문화를 아우른 인문학적 사유를 돕는 '오늘의 사유'를 추가하여 재미와 교훈을 동시에 가져갈 수 있도록 하고 있습니다. 군사적 지식과 함께 역사 속 명장들의 이야기가 덧붙여진 자세한 해설은 읽을수록 재미를 더하며 누가 읽어도 삶에 도움이 되는 지침을 얻길 바란다면 필독을 권합니다.

청소년들 및 군 장병들이 필독하여야 하는 좋은 책, 손자병법을 쉽고 유용하게 해설해 주는 이 책 『초심으로 읽는 글로벌 시대 손자兵法 해설』은 김진양 (주)신한시스템 회장님의 적극 후원으로 출간하게 되었습니다. 이 자리를 빌려 깊은 감사를 드리며 이 책을 읽는 모든 분들이 불멸의 고전 손자병법의 지혜로 어려운 세파를 극복하고 기운찬 행복에너지가 긍정의 힘으로 선한영향력과 함께 전파될수 있도록 마법을 걸어 보내드리겠습니다.

출간후기

참고문헌

《손자병법》

강상구(2011). 「마혼에 읽는 손자병법」. 흐름출판.

노병천(2012).. 「만만한 손자병법」. 세종서적.

노태준(1989). 「손자병법」. 홍신문화사.

박삼수(2019). 「손자병법」. 문예출판사.

박창희(2017). 「손자병법」. 플래닛미디어.

유동한(2013). 「손자병법」. 홍익출판사.

유종문(2014). 「손자병법」. 아이템북스.

신동준(2012. 9. 28.). 무경1서 손자병법. 「무경십서」.
〈https://terms.naver.com/entry.nhn?docId=2175335&cid=51057&categoryId=51057&expCategoryId=51057〉.

「손자병법」. 나무위키.
〈https://namu.wiki/w/%EC%86%90%EC%9E%90%EB%B3%91%EB%B2%95〉.

「손자병법직역」. 네이버 블로그(소호자).
〈https://blog.naver.com/sohoja/50183112108〉.

「孫子兵法」. 維基百科 自由的百科全書.
〈https://zh.wikipedia.org/wiki/%E5%AD%99%E5%AD%90%E5%85%B5%E6%B3%95〉.

「孫子兵法-The Art of War」. Chiness Text Project. 〈https://ctext.org/art-of-war〉.
LIONEL GILES, M.A. (1910). 「Sun Tzu on the Art of War」. Allandale Online
Publishing. 〈https://www.pdfdrive.com/sun-tzu-on-the-art-of-war-e5698199.html〉.

《참고 서적》

박혜일·최희동·배영덕·김명섭(2016). 「이순신의 일기」. 시와진실.

신채호(김종성 역)(2014). 「조선상고사」. 위즈덤하우스.

예병일(2014). 「전쟁의 판도를 바꾼 전염병」. 살림.

육군사관학교 전사학과(2004). 「세계전쟁사」. 황금알.

이민웅(2012). 「이순신 평전」. 책문.

이영훈(2018). 「세종은 과연 성군인가」. 백년동안.

이진우(2015). 「클라우제비츠의 전쟁론」. 흐름출판.

임용한(2012). 「세상의 모든 전략은 전쟁에서 탄생했다」. 교보문고.

조동성(2008). 「21세기를 위한 경영학」. 서울경제경영.

홍춘욱(2019). 「50대 사건으로 보는 돈의 역사」. ㈜로크미디어.

노자. 소준섭(역)(2020). 「도덕경」. 현대지성.

베아트리체 호이저. 윤시원(역)(2016). 「클라우제비츠의 전쟁론 읽기」. 일조각.

사이먼 사이넥. 이지연(역)(2014). 「리더는 마지막에 먹는다」. 36.5.

유발 하라리. 전병근(역)(2018). 「21세기를 위한 21가지 제언」. 김영사.

이타가키 에이젠. 김정환(역)(2015). , 「손정의 제곱법칙」. 한국경제신문.

자오위핑. 박찬철(역)(2012). 「마음을 움직이는 승부사 제갈량」. 위즈덤하우스.

《인터넷 자료》

김경준(2020. 5.21). 나폴레옹 야전 병원과 코로나 원격의료. 「한국경제」.
〈https://www.hankyung.com/opinion/article/2020052135451〉.

김병기(2015. 5.12). 연개소문, 왕을 시해한 무도한 인물이었나? 「K스피릿」.
http://www.ikoreanspirit.com/news/articleView.html?idxno=44920

김병헌(2018. 1.2). 4세기 백제의 대외 진출, 어느 장단에 춤을 춰야 하나.
「pub.chosun.com」. 〈http://pub.chosun.com/client/news/viw.asp?cate=C03&nNewsN
umb=20180127447&nidx=27448〉.

김영수(2013. 5.1). 사기: 열전(번역문)(회음후열전). 「네이버지식백과」.
〈https://terms.naver.com/entry.nhn?docId=3435342&cid=62144&categoryId=62250〉

김영준(2020. 2.17). 위기의 이순신! 부산 왜영 화공의 진실.「네이버 블로그」.
〈https://blog.naver.com/finelegend〉.

김영태(2017. 4.24). 이순신은 독서가, 서재 '운주당' 지어 개방.「노컷뉴스」.
〈https://www.nocutnews.co.kr/news/4773501〉.

김용만(2001). 살수 대첩의 영웅 을지문덕.「인물로 보는 고구려사」.
〈https://terms.naver.com/entry.nhn?docId=1921802&cid=62036&categoryId=62036〉.

김준태(2020. 6.22). 히틀러와 담판에서 허점 노출, 뒤통수 맞아.「중앙시사매거진」.
〈http://jmagazine.joins.com/economist/view/330321〉.

남석(2020. 6.7). 항우, 한신을 겁내다.「네이버 블로그」.
〈https://blog.naver.com/chun91638/221992666572〉.

노병천(2012. 1.29). 4만 조선군, 청나라 300명에 당한 치욕전투 패인은.「중앙일보」.
〈https://news.joins.com/article/7231289〉.

몽골제국의 호라즘 왕국 정복(2015. 10.11).「네이버 블로그」.
〈https://blog.naver.com/53traian/220505236081〉.

문휘창(2014. 9). 때론 우회로가 지름길이다 공유가치 창출한 네슬레처럼…「DBR」.
〈https://dbr.donga.com/article/view/1203/article_no/6654〉.

박보균(2020. 7.18). 전설의 스파이 조르게가 소련 구했다.「중앙선데이」.
〈https://news.joins.com/article/23827587〉.

반기성(2013. 1.5). 도요토미 히데요시 수공 전술.「기후와 역사 전쟁과 기상」.
〈https://tadream.tistory.com/29812〉.

배진영(2018. 2). 이간책, 동맹을 깨고 나라를 망하게 하다.「월간조선」.
〈http://monthly.chosun.com/client/news/viw.asp?ctcd=A&nNewsNumb=201802100028〉.

시사정보연구원(2020. 4.15). 이순신과 원균의 운명을 가른 손자병법.
〈https://m.post.naver.com/viewer/postView.nhn?volumeNo=27993955&memberNo=34783468&vType=VERTICAL〉.

신규진(2020. 10.20). 쉬쉬하며 들여온 글로벌 호크, 이름도 안 지어줘,「동아일보」.
〈https://www.donga.com/news/NewsStand/article/all/20201020/103522341/1〉.

아나드론스타팅(2017. 8.29). 전장의 필수요소, 군사용 드론의 현황과 미래.「네이버 포스트」.〈https://m.post.naver.com/viewer/postView.nhn?volumeNo=9317965&memberNo=15525599&vType=VERTICAL〉.

안정애(2012). 중국사 다이제스트 100. 「네이버 지식백과」.
〈https://terms.naver.com/entry.nhn?docId=1832969&cid=62059&categoryId=62059〉.

우에스기(2011. 1.5). 칭기즈칸이 자랑한 전략과 전술. 「다음 블로그」.
〈http://blog.daum.net/uesgi2003/6〉.

워치콘, 데프콘, 진돗개는 어떻게 다른가? (2009. 5.28). 「조선일보」.
〈https://www.chosun.com/site/data/html_dir/2009/05/28/2009052801136.html〉.

윤상용(2018. 10.11). 군사 정보, 군사 보안. 「유용원의 군사세계」.
〈http://bemil.chosun.com/site/data/html_dir/2018/10/08/2018100801631.html?related_all〉.

이종호(2005. 10.4) 4천 년 역사에 첫째로 꼽을 만한 영웅. 「대한민국 정책브리핑」.
〈http://www.korea.kr/news/policyNewsView.do?newsId=95084584〉

이코노미 조선(2017. 8.14). 손자병법. 「CEO handbook」.
〈http://economychosun.com/client/news/view.php?boardName=C24&t_num=12164〉.

이현우(2017. 2.7). 강감찬 귀주 대첩은 '수공'의 승리 아니었다, 「아시아경제」.
〈http://view.asiae.co.kr/news/view.htm?idxno=2017020709320770829〉.

이현우(2020. 3.10). 마라톤의 유래.
〈https://view.asiae.co.kr/article/2020030914161906350〉.

임기환(2016. 12.22.) 관구검에 당했던 동천왕은 재평가가 필요한 전략가. 「매경프리미엄」.
〈https://www.mk.co.kr/premium/special-report/view/2016/12/17188/〉

임용한(2016. 11.7). 한니발의 용병리더십. 「ECONOMYChosun」.
〈http://www.economychosun.com/client/news/view.php?boardName=C24&t_num=1
0756〉.

임원빈(2014. 6). 이순신 병법.
〈https://tadream.tistory.com/11248?category=396359〉.

정토웅(2010). 세계전쟁사 다이제스트 100. 「네이버 지식백과」.
〈https://terms.naver.com/entry.nhn?docId=1835985&cid=43073&categoryId=43073〉.

정충신(2020. 1.9). 한국군 최신 ISR자산 도입 속도. 「문화일보」.
〈http://www.munhwa.com/news/view.html?no=2020010901031630114001〉.

조갑제(2013. 10.17). 징기스칸 군대는 왜 무적이었나?. 「pub.chosun.com」.
〈http://pub.chosun.com/client/news/viw.asp?cate=C03&nNewsNumb=2013107012&n
idx=7013〉

조갑제(2019. 7.10). 어떻게 스웨덴 군대가 뮌헨을 점령했는가?. 「조갑제닷컴」.
〈https://www.chogabje.com/board/view.asp?C_IDX=83612&C_CC=BE〉.

「조선왕조 실록」. 세종실록 74권.
〈http://sillok.history.go.kr/id/kda_11807018_003〉.

「조선왕조 실록」. 세종실록 79권.
〈http://sillok.history.go.kr/id/kda_11910017_003〉.

채연석(2012. 5.11). 화약의 발명. 「사이언스올」.
〈https://www.scienceall.com/%ED%99%94%EC%95%BD%EC%9D%98-%EB%B0%9C
%EB%AA%85/〉.

케니(2020). 손자와 리델하트의 전략사상 비교. 「The In and Outside」.
〈https://brunch.co.kr/@yonghokye/149〉.

한국전 흐름 바꾼 '우직지계'의 승리, 인천 상륙 작전(2012.2.5.). 「중앙선데이」.
〈https://news.joins.com/article/7288325〉.

한국학중앙연구원. 백제요서경략. 「한국민족문화대백과」.
〈https://terms.naver.com/entry.nhn?docId=557243&cid=46620&categoryId=46620〉.

한기흥(2009). 손자병법. 「동아닷컴」.
〈https://www.donga.com/news/article/all/20060421/8298286/1〉.

헨리 5세 명연설, 아쟁쿠르 전투 대승을 이끌다(2012. 5.13.). 「중앙SUNDAY」.
〈https://news.joins.com/article/8161742〉.

David S. Alberts·Richard E. Hayes(2003). 「Power to the Edge」. CCRP. 150.
〈file:///C:/Users/user/AppData/Local/Microsoft/Windows/INetCache/IE/DK3IHIPE/
Alberts_Power.pdf〉.

David S. Alberts·Reiner K Huber·James MoffatJames Moffat(2010). 「NATO NEC C2
Maturity Model」. 19.
〈file:///C:/Users/user/AppData/Local/Microsoft/Windows/INetCache/IE/1FCBKR2K/
N2C2M2_web_optimized.pdf〉

HQ Department of the Army(2008. 2). 「FM 3-3 OPERATIONS」. 3~7-10.
〈https://armypubs.army.mil/ProductMaps/PubForm/Details.aspx?PUB_ID=1003121〉

HQ, Department of the ARMY(2014. 5.). 「FM 6-0, Commander and Staff Organization
and Operations」.
〈https://www.thelightningpress.com/fm-6-0-commander-staff-organization-operations/〉.

「Joint Publicatio 1-02. Department of Defense Dictionary of Military and Associated Terms」(2010. 11.8.). 〈https://fas.org/irp/doddir/dod/jp1_02.pdf〉.

Office of Force Transformation(2005). 「The Implementation of Network-Centric Warfare」. 4~45.
〈https://www.academia.edu/1611949/The_Implementation_of_Network_Centric_Warfare_DoD_OFT_〉.

Principles of war. 「Wikipedia」.
〈https://en.wikipedia.org/wiki/Principles_of_war〉.

※ 기타 참고 자료는 다음의 인터넷 백과에서 찾을 수 있습니다.

- 네이버 지식백과(https://terms.naver.com/) : 군사 용어 사전, 귀주 대첩, 나이팅게일, 데프콘, 봉오동 전투, 손자병법, 엘론 머스크, 왕전, 을지문덕, 진포 해전, 척계광, 청산리 전투, 춘천 전투, 춘추오패, 치우, 테르모필레 전투, 통킹만 사건, 황제, SWOT 분석.

- 나무위키(https://namuwiki.com/) : 고구려-수 전쟁, 관도대전, 귀주 대첩, 마라톤 전투, 마오쩌둥, 몽골제국/군사, 연개소문, 장수왕, 장정왕, 춘추오패, 패왕, 항우, 형양·성고전역, 호라즘 왕국.

- 위키백과(https://ko.wikipedia.org) : 병자호란, 쌍령 전투, 이목, 임유관 전투, 전투 준비 태세, 테르모필레 전투.

'행복에너지'의 해피 대한민국 프로젝트!
〈모교 책 보내기 운동〉

대한민국의 뿌리, 대한민국의 미래 **청소년·청년**들에게 **책**을 보내주세요.

많은 학교의 도서관이 가난해지고 있습니다. 그만큼 많은 학생들의 마음 또한 가난해지고 있습니다. 학교 도서관에는 색이 바래고 찢어진 책들이 나뒹굽니다. 더럽고 먼지만 앉은 책을 과연 누가 읽고 싶어 할까요?

게임과 스마트폰에 중독된 초·중고생들. 입시의 문턱 앞에서 문제집에만 매달리는 고등학생들. 험난한 취업 준비에 책 읽을 시간조차 없는 대학생들. 아무런 꿈도 없이 정해진 길을 따라서만 가는 젊은이들이 과연 대한민국을 이끌 수 있을까요?

한 권의 책은 한 사람의 인생을 바꾸는 힘을 가지고 있습니다. 한 사람의 인생이 바뀌면 한 나라의 국운이 바뀝니다. **저희 행복에너지에서는 베스트셀러와 각종 기관에서 우수도서로 선정된 도서를 중심으로 〈모교 책 보내기 운동〉을 펼치고 있습니다.** 대한민국의 미래, 젊은이들에게 좋은 책을 보내주십시오. 독자 여러분의 자랑스러운 모교에 보내진 한 권의 책은 더 크게 성장할 대한민국의 발판이 될 것입니다.

도서출판 행복에너지를 성원해주시는 독자 여러분의 많은 관심과 참여 부탁드리겠습니다.

도서출판 **행복에너지** 임직원 일동

Happy Energy books   좋은 **원고**나 **출판 기획**이 있으신 분은 언제든지 **행복에너지**의 문을 두드려 주시기 바랍니다.
ksbdata@hanmail.net   www.happybook.or.kr   단체구입문의 ☎ 010-3267-6277   행복에너지

하루 5분나를 바꾸는 긍정훈련
행복에너지

**'긍정훈련'당신의 삶을
행복으로 인도할
최고의, 최후의'멘토'**

'행복에너지
권선복 대표이사'가 전하는
행복과 긍정의 에너지,
그 삶의 이야기!

인터파크
자기계발 분야 주간
베스트 1위

권선복 지음 | 20,000원

권선복

도서출판 행복에너지 대표
지에스데이타(주) 대표이사
대통령직속 지역발전위원회
문화복지 전문위원
새마을문고 서울시 강서구 회장
전) 팔팔컴퓨터 전산학원장
전) 강서구의회(도시건설위원장)
아주대학교 공공정책대학원 졸업
충남 논산 출생

책 『하루 5분, 나를 바꾸는 긍정훈련 - 행복에너지』는 '긍정훈련' 과정을 통해 삶을
업그레이드하고 행복을 찾아 나설 것을 독자에게 독려한다.
긍정훈련 과정은[예행연습] [워밍업] [실전] [강화] [숨고르기] [마무리] 등
총 6단계로 나뉘어 각 단계별 사례를 바탕으로 독자 스스로가 느끼고 배운 것을
직접 실천할 수 있게 하는 데 그 목적을 두고 있다.
그동안 우리가 숱하게 '긍정하는 방법'에 대해 배워왔으면서도 정작 삶에 적용시키
지 못했던 것은, 머리로만 이해하고 실천으로는 옮기지 않았기 때문이다. 이제 삶
을 행복하고 아름답게 가꿀 긍정과의 여정, 그 시작을 책과 함께해 보자.

『하루 5분, 나를 바꾸는 긍정훈련 - 행복에너지』

"좋은 책을 만들어드립니다"

저자의 의도 최대한 반영!
전문 인력의 축적된 노하우를
통한 제작!
다양한 마케팅 및 광고 지원!

최초 기획부터 출간에 이르기까지, 보도
자료 배포부터 판매 유통까지! 확실히
책임져 드리고 있습니다. 좋은 원고나
기획이 있으신 분, 블로그나 카페에 좋은
글이 있는 분들은 언제든지 도서출판
행복에너지의 문을 두드려 주십시오!
좋은 책을 만들어 드리겠습니다.

| 출간도서종류 |
시·수필·소설·자기계발·
일반실용서·인문교양서·평전·칼럼·
여행기·회고록·교본·경제·경영 출판

도서출판 **행복에너지**
www.happybook.or.kr
☎ 010-3267-6277
e-mail. ksbdata@daum.net